名校名师精品系列教材

Windows Server Networking Technology

Windows Server 组网技术项目教程

Windows Server 2019 | 微课版

张文硕 杨昊龙 刘乐平 ◉ 主编

人 民 邮 电 出 版 社
北 京

图书在版编目（CIP）数据

Windows Server组网技术项目教程 : Windows Server 2019 : 微课版 / 张文硕, 杨昊龙, 刘乐平主编. -- 北京 : 人民邮电出版社, 2023.11
名校名师精品系列教材
ISBN 978-7-115-62739-1

Ⅰ. ①W… Ⅱ. ①张… ②杨… ③刘… Ⅲ. ①Windows操作系统－网络服务器－教材 Ⅳ. ①TP316.86

中国国家版本馆CIP数据核字(2023)第182148号

内容提要

本书采用“任务驱动、项目导向”的方式，着眼于实践应用，以企业真实案例为基础，全面系统地介绍 Windows Server 2019 在企业中的应用。

本书包含 12 个项目：规划与安装 Windows Server 2019、部署与管理 Active Directory 域服务、管理用户账户和组、管理文件系统与共享资源、配置与管理基本磁盘和动态磁盘、配置与管理 DNS 服务器、配置与管理 DHCP 服务器、配置与管理 Web 服务器、配置与管理 FTP 服务器、配置与管理 VPN 服务器、配置与管理 NAT 服务器、配置与管理证书服务器。书后的综合实训用于对学习完本书的读者进行综合检验。综合实训一涵盖系统管理、动态磁盘管理和文件服务器管理等内容；综合实训二集 DHCP、DNS、Web、FTP、VPN 和 NAT 等服务内容于一体，综合度较高。

本书结构合理，知识全面且实例丰富，语言通俗易懂，易教易学。本书提供知识点微课+课堂慕课，读者可随时随地扫描二维码来学习。

本书可以作为职业院校、技术技能型高校计算机应用技术、计算机网络技术等计算机类专业相关课程的教材，也可以作为 Windows Server 2019 系统管理和网络管理工作者的指导书。

◆ 主　　编　张文硕　杨昊龙　刘乐平
责任编辑　马小霞
责任印制　王　郁　焦志炜

◆ 人民邮电出版社出版发行　　北京市丰台区成寿寺路 11 号
邮编　100164　　电子邮件　315@ptpress.com.cn
网址　https://www.ptpress.com.cn
大厂回族自治县聚鑫印刷有限责任公司印刷

◆ 开本：787×1092　1/16
印张：16.25　　2023 年 11 月第 1 版
字数：412 千字　　2023 年 11 月河北第 1 次印刷

定价：59.80 元

读者服务热线：(010)81055256　印装质量热线：(010)81055316
反盗版热线：(010)81055315
广告经营许可证：京东市监广登字 20170147 号

前言 PREFACE

1. 编写背景

习近平总书记在党的二十大报告中指出“科技是第一生产力、人才是第一资源、创新是第一动力”。大国工匠和高技能人才作为人才强国战略的重要组成部分，在现代化国家建设中起着重要的作用。高等职业教育肩负着培养大国工匠和高技能人才的使命，近几年得到了迅速发展和普及。

《Windows Server 组网技术项目教程》是浙江省普通高校“十三五”新形态教材，该教材已历经 4 次升级，得到了各院校师生的厚爱。

依据精品在线开放课程建设、“三教”改革及“金课”建设要求，结合计算机领域发展及广大读者的反馈意见，在保留原书特色的基础上，将 Windows 服务器操作系统版本升级到 Windows Server 2019。

2. 本书特点

本书共包含 12 个项目，为教师和学生提供一站式课程解决方案和立体化教学资源，助力“易教易学”。

（1）落实立德树人根本任务，坚定文化自信。

充分领会党的二十大报告提出的“实施科教兴国战略，强化现代化建设人才支撑”的精神，通过讲故事、举例子，无缝融入“核高基”、国产操作系统“银河麒麟”“龙芯”等我国计算机领域发展的重要项目和重要成果，借此鞭策学生努力学习，引导学生树立正确的世界观、人生观和价值观，帮助学生成为德、智、体、美、劳全面发展的社会主义建设者和接班人。

充分领会党的二十大报告提出的“推进文化自信自强，铸就社会主义文化新辉煌”的精神，坚定文化自信。通过电子活页、电子课件、“课前两分钟，师生共分享”等方式将中华优秀传统文化，中国人的求索精神、工匠精神和优秀品质，融入教材、数字化教学资源、在线教学平台中。比如“天下兴亡，匹夫有责”“路漫漫其修远兮，吾将上下而求索”“求木之长者，必固其根本；欲流之远者，必浚其泉源”“大学之道，在明明德，在亲民，在止于至善”“‘高山仰止，景行行止。’虽不能至，然心向往之”等，使学生坚定文化自信，自觉成为中华优秀文化的学习者、践行者和传播者。

（2）本书是校企深度融合、“双元”合作开发的“项目导向、任务驱动”的项目式教材。

① 由行业专家、微软金牌讲师、教学名师、专业负责人等跨地区、跨学校联合编写。主编杨云教授是省级教学名师、微软系统工程师。

② 内容对接职业标准和企业岗位需求，做到产教融合，书证融通、课证融通。

③ 项目来自企业，并由业界专家参与拍摄配套的项目视频，充分实践了产教的深度融合和校企“双元”的合作开发。综合实训项目视频由微软工程师录制。

（3）遵循“三教”改革精神，创新教材形态，采用“纸质教材+电子活页”的形式对教材进行全面修订。

① 利用互联网技术扩充教材内容，在纸质教材外增加教学资源包，其中包含视频、音频、作业、试卷、拓展资源、主题讨论、14 个知识点微课、12 个课堂慕课、22 个电子活页拓展视频等数字资源，从而实现纸质教材三年一修订、电子活页随时增减和修订的目标。

② 本书融合互联网新技术，以嵌入二维码的纸质教材为载体，嵌入各种数字资源，将教材、课堂、教学资源、教法四者融合，实现线上线下有机结合，是翻转课堂、混合课堂改革的理想教材。

（4）打造“教、学、做、导、考”一体化教材，提供一站式“课程解决方案”。

① 电子活页、教材、微课和项目视频为“教”和“学”提供最大便利。

② 授课计划、项目指导书、电子教案、PPT 课件、课程标准、试卷、拓展资源、项目任务单、实训指导书、5GB 以上的视频（微课、课堂慕课、电子活页拓展视频）为教师备课和授课、学生预习和实训、课程考核提供一站式“课程解决方案”。

③ 利用 QQ 群实现 24 小时在线答疑，分享教学资源和教学心得。

PPT 课件、习题解答等必备资料可到人民邮电出版社人邮教育社区（http://www.ryjiaoyu.com）免费下载使用。订购本书的读者将得到全套教学资源包（获取方式：加入 QQ 群，号码为 189934741；或者添加 QQ，号码为 68433059）。

3. 教学大纲

本书的课内参考学时为 72 学时，其中实训为 44 学时。另外，本书配有电子活页，可供教师额外讲授 22 学时，学生实训 30 学时。具体的学时分配参见学时分配表。

学时分配表

项目编号	课程内容	学时分配	
		讲授	实训
项目 1	规划与安装 Windows Server 2019	2	2
项目 2	部署与管理 Active Directory 域服务	2	4
项目 3	管理用户账户和组	4	4
项目 4	管理文件系统与共享资源	2	2
项目 5	配置与管理基本磁盘和动态磁盘	2	2
项目 6	配置与管理 DNS 服务器	2	4
项目 7	配置与管理 DHCP 服务器	2	4
项目 8	配置与管理 Web 服务器	2	2
项目 9	配置与管理 FTP 服务器	4	4
项目 10	配置与管理 VPN 服务器	2	2
项目 11	配置与管理 NAT 服务器	2	2
项目 12	配置与管理证书服务器	2	2
综合实训		—	10
电子活页		22	30
学时总计		28+22	44+30

4. 其他

本书由张文硕、杨昊龙、刘乐平主编，浪潮云信息技术股份公司薛立强高级工程师全程参与教材的设计和编写工作。感谢徐培镟、郑泽和刁琦给予的支持和帮助。

编　者

2023 年 1 月春节于泉城

目录 CONTENTS

项目 5

项目 6

项目 7

项目 8

项目 9

项目 10

项目 11

项目 12

项目1 规划与安装Windows Server 2019

某高校组建校园网，需要架设一台支持 Web、FTP、DNS、DHCP 等服务的服务器来为校园网用户提供服务，现需要选择一种既安全又易于管理的网络操作系统。

在完成该项目之前，首先应选定网络中计算机的组织方式；其次根据微软操作系统的要求确定每台计算机应当安装的操作系统版本；再次对安装方式、安装磁盘的文件系统格式、启动方式等进行选择；最后才能开始系统的安装过程。

学习要点

- 了解不同版本的 Windows Server 2019 的安装要求。
- 了解并掌握安装 Windows Server 2019 的方法。
- 掌握配置 Windows Server 2019 的方法。
- 掌握添加与管理角色的方法。

素质要点

- 了解为什么会推出 IPv6。接下来的“IPv6”时代，我国有巨大的机遇，让我们拭目以待。
- “路漫漫其修远兮，吾将上下而求索。”国产化替代之路“道阻且长，行则将至；行而不辍，未来可期”。

1.1 项目基础知识

1-1 微课
了解 Windows Server 2019

Windows Server 2019 是微软公司于 2018 年 10 月 2 日正式发布的服务器操作系统。它在整体的设计风格与功能上更加接近 Windows 10 操作系统。

1.1.1 系统版本

Windows Server 2019 包括 3 个许可版本。

- Essentials Edition（基本版）：适用于最多拥有 25 个用户或 50 台设备的小型企业。该版本基于插槽授予许可证，在物理或虚拟环境中仅允许运行一个 Windows Server 实例。在系统中，用户和设备客户端许可证既非必需，系统也不提供。
- Standard Edition（标准版）：适用于物理或最低限度虚拟化环境。对于中小型企业而言，这是一个性价比极高的方案，而且可在购买之时或购买之后额外获得虚拟许可证，从而灵活地按需扩展。该版本依然使用基于处理器核心的许可方式，每台服务器至少需要 16 个核心基础许可证，包括 2 台虚拟机。基础许可证允许在获得许可的服务器上的虚拟环境中使用两个 Windows Server Standard 实例，其中一个实例在裸机上运行。裸机中的实例在与虚拟机中的两个实例配合使用时，只能用于服务器管理。客户可以另行购买额外的 Standard 许可证。
- Datacenter Edition（数据中心版）：适用于高度虚拟化的数据中心和云环境。它允许用户在物理和虚拟环境（包括容器）中，在服务器上运行不限数量的 Windows Server 实例。它包含标准版的所有功能，此外还支持加密虚拟机、软件定义网络和软件定义存储。该版本依然使用基于处理器核心的许可方式，每台服务器至少需要 16 个核心基础许可证，每个处理器至少需要 8 个核心基础许可证。

标准版和数据中心版的区别如表 1-1 所示。

表 1-1　标准版和数据中心版的区别

功　能	Windows Server 2019 标准版	Windows Server 2019 数据中心版
可用作虚拟化主机	支持（每个许可证允许运行两台虚拟机和一台 Hyper-V 主机）	支持（每个许可证允许运行无限台虚拟机和一台 Hyper-V 主机）
Hyper-V	支持	支持（包括受保护的虚拟机）
网络控制器	不支持	支持
容器	支持（Windows 容器不受限制；Hyper-V 容器最多为两个）	支持（Windows 容器和 Hyper-V 容器不受限制）
主机保护对 Hyper-V 的支持	不支持	支持
存储副本	支持（一种合作关系和一个具有单个 2TB 卷的资源组）	支持（无限制）
存储空间直通	不支持	支持
继承激活	托管于数据中心时作为访客	可以是主机或访客

1.1.2 硬件配置要求

Windows Server 2019 对硬件的最低配置要求如表 1-2 所示。

表 1-2　Windows Server 2019 对硬件的最低配置要求

硬　件	最低配置要求
处理器	1.4 GHz 64 位处理器
	与 x64 指令集兼容
	支持 NX 和 DEP
	支持 CMPXCHG16b、LAHF/SAHF 和 PrefetchW
	支持二级地址转换（EPT 或 NPT）
RAM	512 MB（对于带桌面体验的服务器，安装选项为 2 GB）
	用于物理主机部署的纠错码（Error Correcting Code，ECC）类型或类似技术
存储控制器	符合 PCI Express 体系结构规范的存储适配器
	硬盘驱动器的永久存储设备不能为 PATA
	不允许将 ATA/PATA/IDE/EIDE 用于启动驱动器、页面驱动器或数据驱动器
磁盘空间	32 GB（绝对最低值）
网络适配器	至少有千兆位吞吐量的以太网适配器
	符合 PCI Express 体系结构规范
其他	DVD 驱动器（如果要从 DVD 媒体安装操作系统）
不严格需要，但某些特定功能需要的	基于 UEFI 2.3.1c 的系统和支持安全启动的固件
	受信任的平台模块
	支持超级 VGA（1024px×768px）或更高分辨率的图形设备和监视器
	键盘和鼠标（或其他兼容的指针设备）
	Internet 访问（可能需要付费）

1.1.3　Windows Server 2019 的系统功能

Windows Server 2019 在 Windows Server 2016 的坚实基础上构建，围绕混合云、安全性、应用程序平台、超融合基础架构（Hyper-Converged Infrastructure，HCI）4 个关键主题实现了很多创新，其系统功能请扫描右侧二维码了解。

1-2 拓展阅读
Windows Server
2019 的系统功能

1.2　项目设计与准备

1.2.1　项目设计

Windows Server 2019 有多种安装方式，它们分别适用于不同的环境，选择合适的安装方式可以提高工作效率。这些安装方式除了全新安装，还有升级安装、远程安装及服务器核心安装等。在为学校选择网络操作系统时，首先考虑 Windows Server 2019 网络操作系统。而在安装 Windows Server 2019 网络操作系统时，根据教学环境的不同，可为“教”与“学”分别设计不同的安装方式。

1-3 课堂慕课
规划与安装
Windows Server
2019

1. 在 VMware 中安装 Windows Server 2019

① 物理主机安装了 Windows 10 操作系统，主机名为 Host。

② Windows Server 2019 的 DVD-ROM 或映像文件已准备好。

③ 硬盘大小为 60GB。要求 Windows Server 2019 的安装分区大小为 55GB，文件系统格式为新技术文件系统（New Technology File System，NTFS），主机名为 Server1，管理员密码为 P@ssw0rd1，服务器的互联网协议（Internet Protocol，IP）地址为 192.168.10.1，子网掩码为 255.255.255.0，域名系统（Domain Name System，DNS）服务器的 IP 地址为 192.168.10.1，默认网关的 IP 地址为 192.168.10.254，属于工作组 COMP。

④ 要求配置桌面环境、关闭防火墙，放行 ping 命令。

⑤ 安装 Windows Server 2019 的拓扑图如图 1-1 所示。

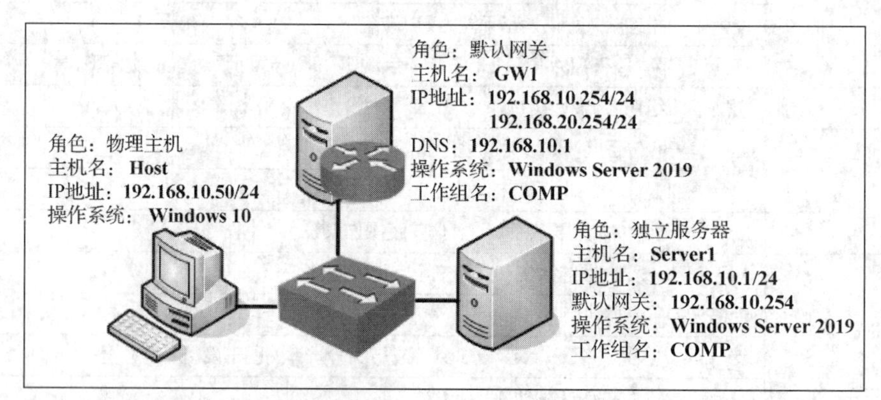

图 1-1 安装 Windows Server 2019 的拓扑图

2. 使用 Hyper-V 安装 Windows Server 2019

特别提醒，限于篇幅，有关 Hyper-V 的内容请读者查阅编者共享的电子资料。

1.2.2 项目准备

① 满足硬件要求的计算机 1 台。

② Windows Server 2019 相应版本的安装光盘或映像文件。

③ 用纸张记录安装文件的产品密钥（安装序列号）。规划启动盘的大小。

④ 在可能的情况下，在运行安装程序前，用磁盘扫描程序扫描所有硬盘，检查硬盘错误并进行修复，否则安装程序运行时检查到有硬盘错误会很麻烦。

⑤ 如果想在安装过程中格式化 C 盘或 D 盘（建议在安装过程中格式化用于安装 Windows Server 2019 的磁盘分区），则需要备份 C 盘或 D 盘中有用的数据。

⑥ 导出电子邮件账户和通信簿：将“C:\Documents and Settings\Administrator（或自己的用户名）”中的“收藏夹”文件夹复制到其他盘中，以备份收藏夹。

全新安装不需要进行步骤⑤和步骤⑥。

注意 Windows Server 2019 支持的文件系统包括 FAT16、FAT32 和 NTFS。Windows Server 2019 只能安装在 NTFS 分区中。

1.3 项目实施

Windows Server 2019 网络操作系统有多种安装方式。下面讲解如何安装与配置 Windows Server 2019。

为了方便教学，下面的安装操作使用 VMware 来完成。

任务 1-1 安装与配置 VMware

STEP 1 安装 VMware Workstation 16 Pro，安装成功后的界面如图 1-2 所示。

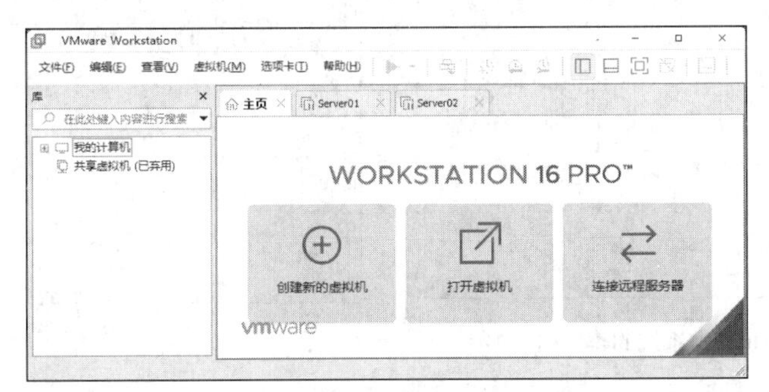

图 1-2 安装 VMware Workstation 16 Pro 成功后的界面

STEP 2 单击“创建新的虚拟机”按钮，并在弹出的“新建虚拟机向导”对话框中选中“典型(推荐)”单选按钮，如图 1-3 所示，单击“下一步”按钮。

STEP 3 选择虚拟机的安装来源，选中“稍后安装操作系统”单选按钮，如图 1-4 所示，单击“下一步”按钮。

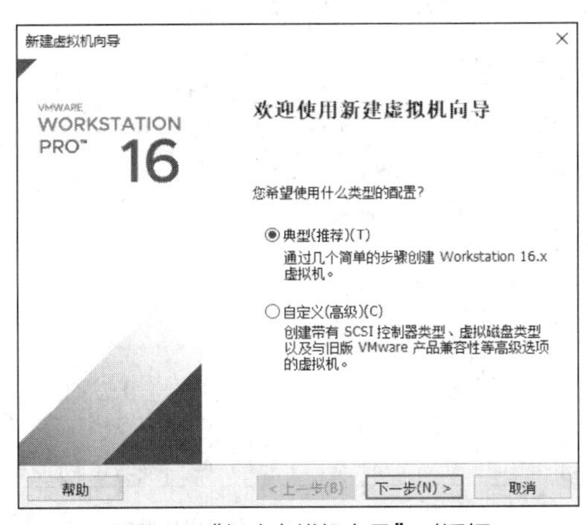

图 1-3 “新建虚拟机向导”对话框

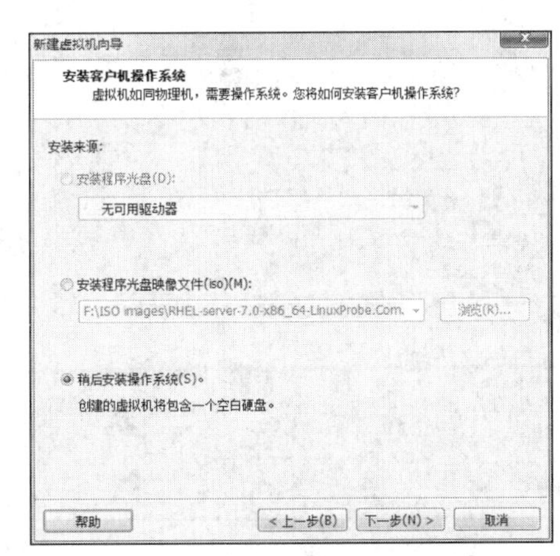

图 1-4 选择虚拟机的安装来源

注意 一定要选中“稍后安装操作系统”单选按钮，如果选中“安装程序光盘映像文件(iso)”单选按钮，并把下载好的 Windows Server 2019 的镜像文件选中，则虚拟机会通过默认的安装策略为用户部署最精简的系统，而不会让用户选择安装设置的选项。

STEP 4 选择客户机操作系统的类型为“Microsoft Windows”，版本为“Windows Server 2019”，如图 1-5 所示，单击“下一步”按钮。

STEP 5 填写“虚拟机名称”字段，选择安装位置，如图 1-6 所示，单击“下一步”按钮。注意，安装位置一定要提前规划好，并创建好相应的文件夹。

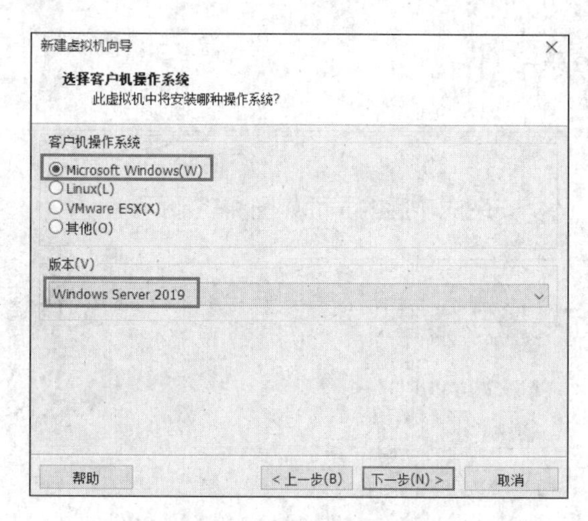

图 1-5 选择客户机操作系统的类型和版本

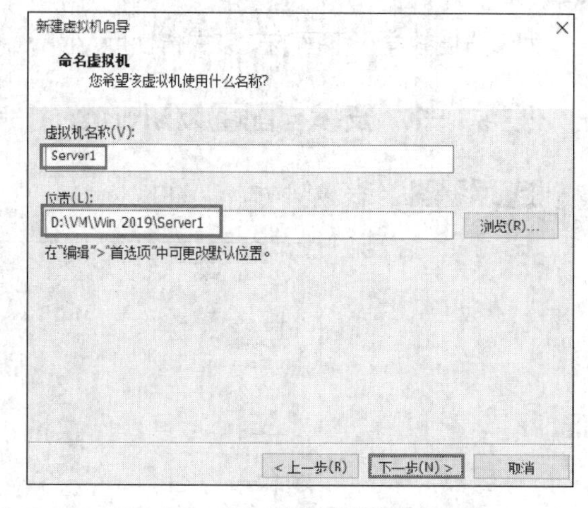

图 1-6 命名虚拟机并选择安装位置

STEP 6 虚拟机系统“最大磁盘大小”的默认值为 60GB，为了后续工作方便，建议设置磁盘大小为 200GB，如图 1-7 所示，单击“下一步”按钮。

STEP 7 进入“已准备好创建虚拟机”对话框，单击“自定义硬件”按钮，如图 1-8 所示。

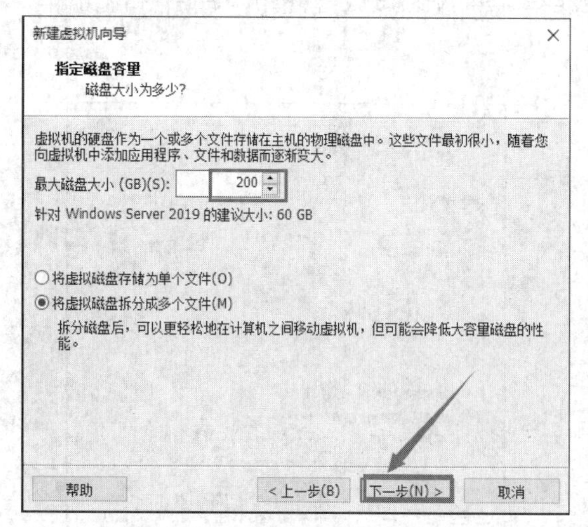

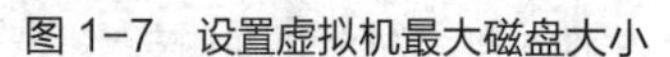

图 1-7 设置虚拟机最大磁盘大小

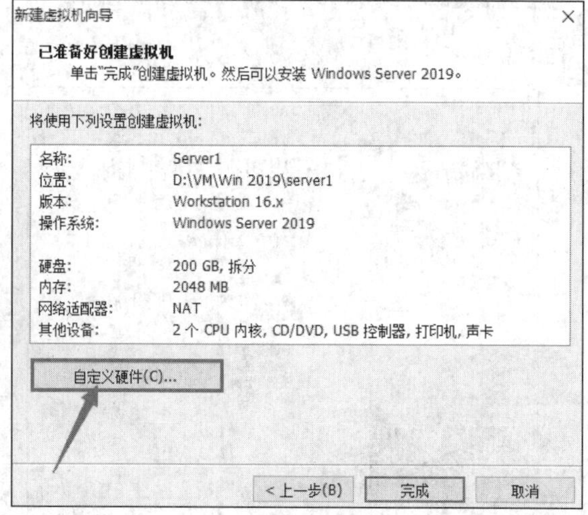

图 1-8 “已准备好创建虚拟机”对话框

STEP 8 在随后进入的图 1-9 所示的对话框中，建议将虚拟机系统内存的可用量设置为 2GB，最小不应低于 1GB。根据宿主机的性能设置处理器的数量及每个处理器的内核数量（不能超过宿主机的处理器的内核数量），并开启虚拟化功能，单击“关闭”按钮，如图 1-10 所示。注意，“虚拟化 CPU 性能计数器”复选框一般不勾选，因为很多计算机不支持此功能。

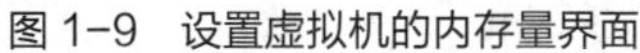
图 1-9　设置虚拟机的内存量界面

图 1-10　设置虚拟机的处理器参数

STEP 9 光驱设备此时应在“使用 ISO 映像文件”选项中选中下载好的 Windows Server 2019 映像文件，如图 1-11 所示。

STEP 10 VMware 为用户提供了 3 种可选的网络连接模式，分别为桥接模式、网络地址转换（Network Address Translation，NAT）模式与仅主机模式。由于本例宿主机是通过路由器自动获取 IP 地址等信息连接到 Internet 的，所以为了使虚拟机也能上网，选择使用桥接模式，如图 1-12 所示。（选择何种网络连接模式很重要，在每个实训前一定要规划好！请读者特别注意后面每个项目中涉及的网络连接模式。）

图 1-11　设置虚拟机的光驱设备

图 1-12　设置虚拟机的网络适配器

- 桥接模式：相当于在物理主机与虚拟机网卡之间架设了一座桥梁，从而可以通过物理主机的网卡访问外网。在物理主机中，桥接模式的虚拟机网卡对应的物理网卡是 VMnet0。
- NAT 模式：让 VMware 的网络服务发挥路由器的作用，使得通过虚拟机软件模拟的主机可以通过物理主机访问外网。在物理主机中，NAT 模式的虚拟机网卡对应的物理网卡是 VMnet8。

- 仅主机模式：仅让虚拟机内的主机与物理主机通信，不能访问外网。在物理主机中，仅主机模式的虚拟机网卡对应的物理网卡是 VMnet1。

STEP 11 把通用串行总线（Universal Serial，USB）控制器、声卡、打印机等不需要的设备移除，最终的虚拟机配置情况如图 1-13 所示。移除声卡可以避免在输入错误时发出提示声音，确保自己在今后的实验中思绪不被打扰。

STEP 12 返回“已准备好创建虚拟机”对话框后，单击“完成”按钮。如果能进入图 1-14 所示的界面，就说明虚拟机已经配置成功了。

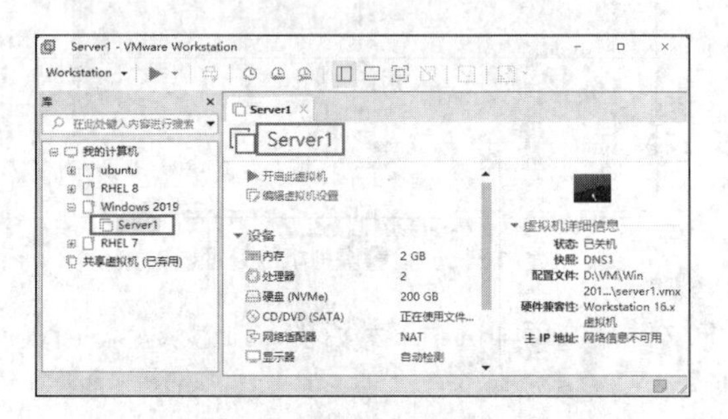

图 1-13　最终的虚拟机配置情况

图 1-14　虚拟机配置成功的界面

任务 1-2　认识固件类型：UEFI

在图 1-15 所示的对话框中选择“选项”→“高级”选项，可以看到固件类型默认选择的是“UEFI”。那么 UEFI 到底是什么呢？其较之传统的固件基本输入/输出系统（Basic Input/Output System，BIOS）有什么优点呢？

统一可扩展固件接口（Unified Extensible Firmware Interface，UEFI）规范提供并定义了固件和操作系统之间的软件接口。UEFI 取代了 BIOS，增强了可扩展固件接口（Extensible Firmware Interface，EFI），并为操作系统和启动时的应用程序及服务提供了操作环境。

想要了解 UEFI，需要从了解 BIOS 开始。BIOS 主要负责开机时检测硬件功能和引导操作系统启动；而 UEFI 相比传统的 BIOS 启动方式，跳过了启动时自检的过程，从而节省了开机时间。BIOS 与 UEFI 的运行流程如图 1-16 所示。

图 1-15　选择固件类型：UEFI

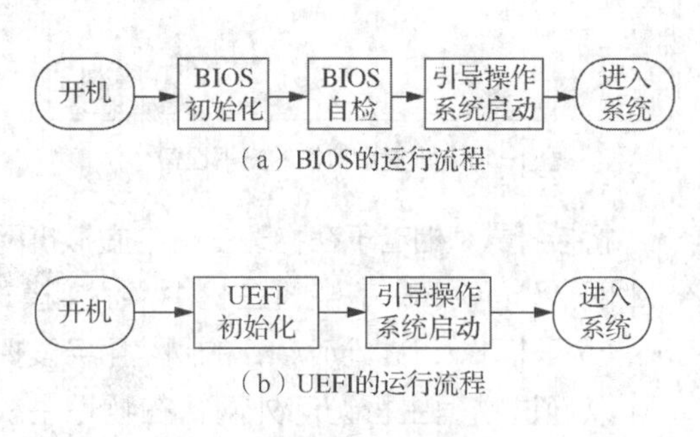

图 1-16　BIOS 与 UEFI 的运行流程

UEFI 是一种新的主板引导项，它被看作 BIOS 的继任者。UEFI 最主要的特点是拥有图形界面，这更有利于用户对象图形化的操作选择。

如今很多新品计算机都支持 UEFI 启动模式，有的计算机甚至已经抛弃 BIOS 而仅支持 UEFI。不难看出，UEFI 正在取代传统的 BIOS。

任务 1-3　安装 Windows Server 2019 网络操作系统

安装网络操作系统时，计算机的 CPU 需要支持虚拟化技术（Virtualization Technology，VT）。VT 是一项让单台计算机能够分隔出多个独立资源区，并让每个资源区按照需要模拟出系统的技术，其本质就是通过中间层实现计算机资源的管理和再分配，让系统资源的利用率最大化。计算机的 CPU 一般是会支持 VT 的。如果开启虚拟机后提示“CPU 不支持 VT”等信息，则请重启计算机并进入 BIOS 中将 VT 开启。

使用 Windows Server 2019 的引导光盘对其进行安装是最简单的安装方式。在安装过程中需要用户干预的地方不多，只需掌握几个关键点即可顺利完成安装。如果当前服务器没有安装 SCSI 设备或者 RAID 卡，则可以略过相应步骤。

STEP 1 安装启动程序以后，打开图 1-17 所示的“Windows 安装程序”窗口，选择安装语言并设置输入方法后单击“下一步”按钮。

STEP 2 在打开的询问是否立即安装 Windows Server 2019 的窗口中单击“现在安装”按钮。在图 1-18 所示的“激活 Windows”界面中输入产品密钥后单击“下一步”按钮，或者单击“我没有产品密钥”按钮（批量授权或评估版免此步骤）。

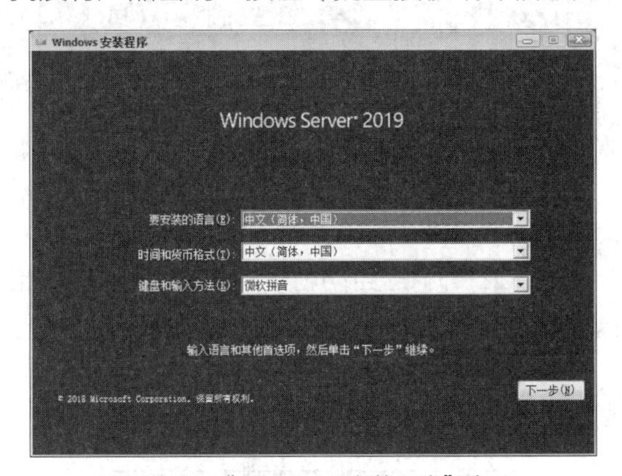

图 1-17 “Windows 安装程序”窗口

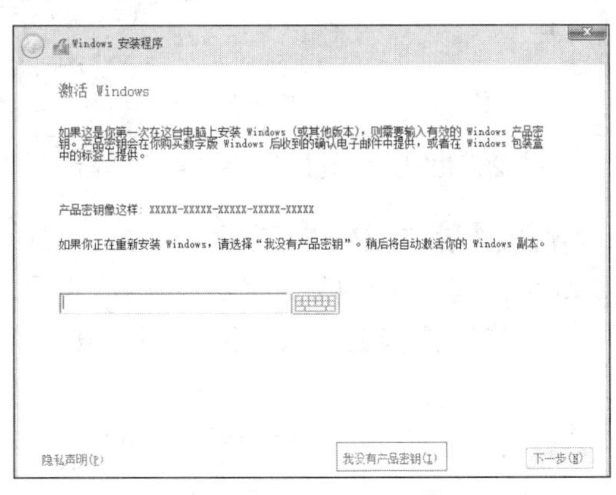

图 1-18 “激活 Windows”界面

STEP 3 进入图 1-19 所示的“选择要安装的操作系统”界面，“操作系统”列表框中列出了可以安装的网络操作系统，这里选择“Windows Server 2019 Datacenter(桌面体验)”选项，安装 Windows Server 2019 数据中心版。当然，也可以安装标准版。然后单击“下一步”按钮。

STEP 4 勾选“我接受许可条款”复选框接受许可条款，单击“下一步”按钮，进入图 1-20 所示的“您想进行何种类型的安装？”界面。其中，“升级”选项用于将网络操作系统从 Windows Server 2016 系列升级到 Windows Server 2019，如果当前计算机中没有安装网络操作系统，则该选项不可用；“自定义(高级)”选项用于全新安装。

STEP 5 选择“自定义(高级)”选项，进入图 1-21 所示的“你想将 Windows 安装在哪里？”

界面，该界面显示了当前计算机硬盘的分区信息。如果服务器安装有多块硬盘，则会依次显示为驱动器 0、驱动器 1、驱动器 2……

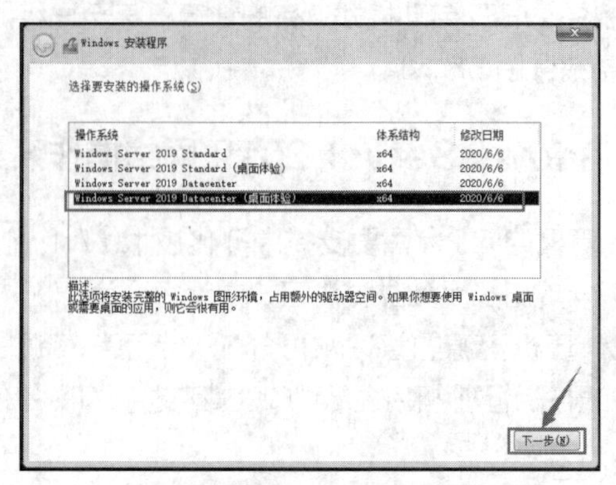

图 1-19 “选择要安装的操作系统”界面

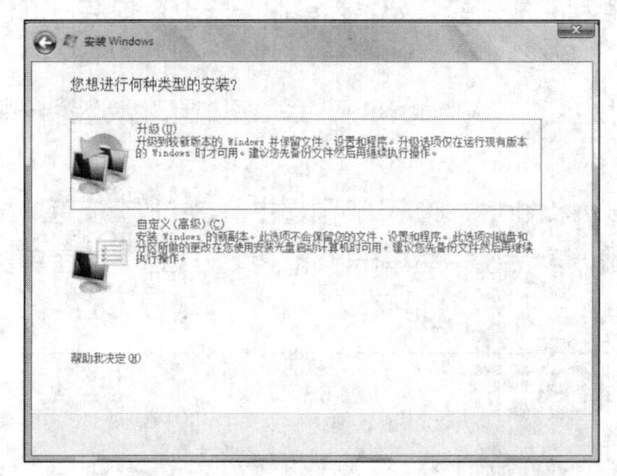

图 1-20 “您想进行何种类型的安装？”界面

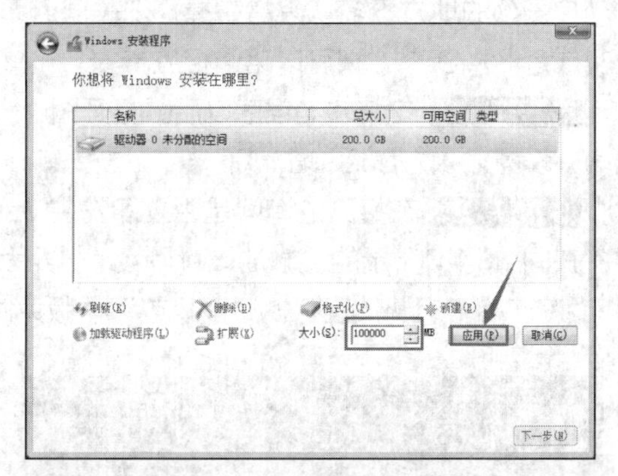

图 1-21 “你想将 Windows 安装在哪里？”界面

STEP 6 对硬盘进行分区。单击“新建”按钮，在“大小”文本框中输入分区大小数值，如 100000，如图 1-21 所示。单击“应用”按钮，弹出图 1-22 所示的自动创建额外分区的提示对话框，单击“确定”按钮，完成系统分区（第 1 个分区）和主分区（第 2 个分区）的创建。其他分区照此操作。

STEP 7 完成分区创建后的界面如图 1-23 所示。

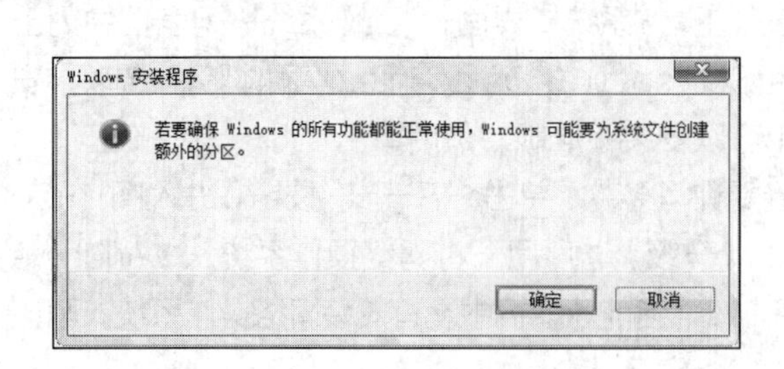

图 1-22 自动创建额外分区的提示对话框

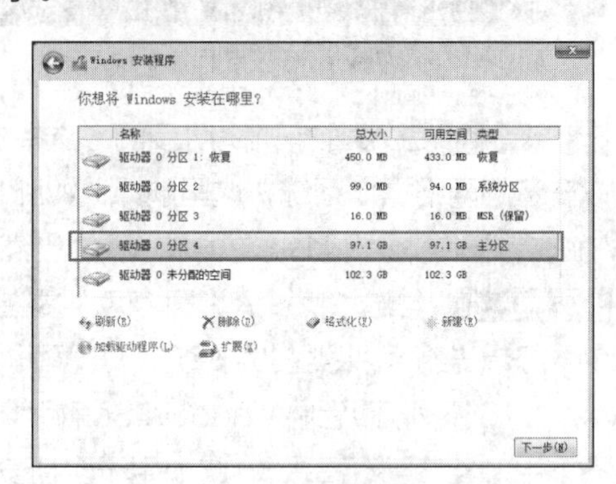

图 1-23 完成分区创建后的界面

STEP 8 选择“驱动器 0 分区 4”来安装网络操作系统，单击“下一步”按钮，进入图 1-24 所示的“正在安装 Windows”界面，开始复制文件并安装 Windows。

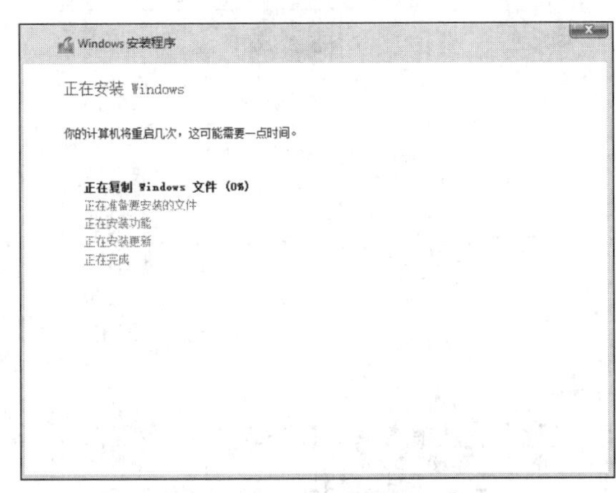

图 1-24 “正在安装 Windows”界面

STEP 9 在安装过程中，系统会根据需要自动重新启动。在安装完成之前，要求用户设置 Administrator 的密码，如图 1-25 所示。

对于账户密码，Windows Server 2019 的要求非常严格，无论是管理员账户还是普通账户，都要求必须设置强密码。除必须满足“至少 6 个字符”和“不包含 Administrator 或 admin”的要求外，还需至少满足以下 4 个条件中的两个。

- 包含大写字母（A、B、C 等）。
- 包含小写字母（a、b、c 等）。
- 包含数字（0、1、2 等）。
- 包含非字母数字字符（#、&、~等）。

STEP 10 按要求输入密码，按“Enter”键，即可完成 Windows Server 2019 的安装。按“Alt+Ctrl+Delete”组合键，输入管理员密码就可以正常登录 Windows Server 2019 了。系统默认自动打开“服务器管理器”窗口，如图 1-26 所示。

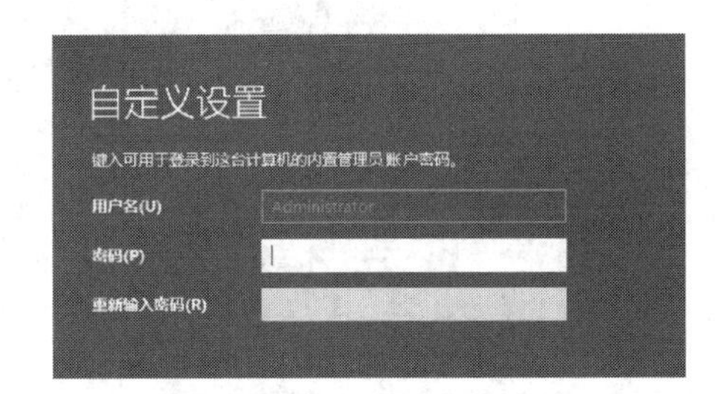

图 1-25 设置 Administrator 的密码

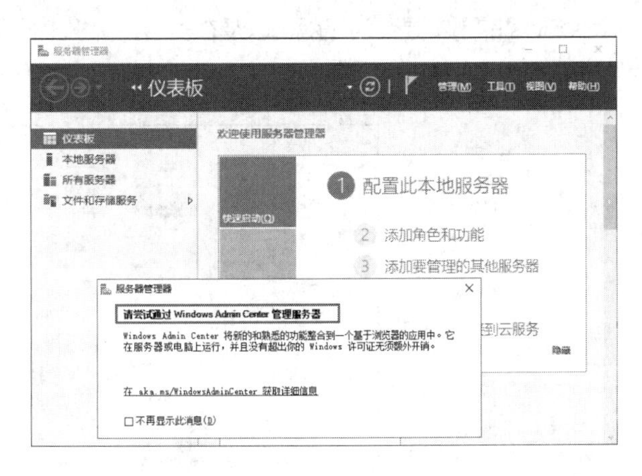

图 1-26 “服务器管理器”窗口

提示 Windows Admin Center 是本地部署的基于浏览器的应用，用于管理 Windows 服务器、集群、超融合基础架构和 Windows 10 操作系统的计算机。它是免费产品，可供生产使用。

STEP 11 选择 VMware 菜单栏中的“虚拟机”→“安装 VMware Tools”选项，在计算机的文件资源管理器窗口中双击“DVD 驱动器(D:)VMware Tools”，如图 1-27 所示。按照向导完成驱动程序的安装后，计算机自动重启。

图 1-27 双击“DVD 驱动器(D:)VMware Tools”

注意 在没有安装 VMware Tools 之前，在宿主机和虚拟机间切换需要同时按“Ctrl”和“Alt”键，安装后则无须切换，并可以自由地在两者间使用复制和粘贴功能。虽然不安装 VMware Tools 也可以运行客户机操作系统，但很多 VMware 功能在安装 VMware Tools 后才能使用。例如，未在虚拟机中安装 VMware Tools 时，无法从客户机操作系统中获取检测信号信息，或者无法使用工具栏中的关机或重新启动选项。用户只能使用电源选项，并且必须从每个虚拟机控制台中关闭客户机操作系统，也无法使用 VMware Tools 连接和断开虚拟设备以及压缩虚拟磁盘。

STEP 12 激活 Windows Server 2019。选择“开始”→“Windows 系统”→“控制面板”→“系统和安全”→“系统”选项，打开图 1-28 所示的“系统”窗口。该窗口右下角会显示 Windows 的激活状况，用户可以在此激活 Windows Server 2019 网络操作系统和更改产品密钥。激活有助于验证 Windows 的副本是否为正版，以及在多台计算机上使用的 Windows 数量是否已超过 Microsoft 软件许可条款所允许的数量。激活的最终目的在于防止软件伪造。如果不激活，则只能试用该操作系统。

图 1-28 “系统”窗口

STEP 13 以管理员身份登录 Server1，选择 VMware 菜单栏中的“虚拟机”→“快照”→“拍摄快照”选项，制作计算机安装成功的初始快照，以便实训后将系统恢复到初始状态。至此，Windows Server 2019 网络操作系统安装完成，接下来就可以使用它了。

任务 1-4 配置 Windows Server 2019 网络操作系统

在网络操作系统安装完成后，应先对其进行一些基本配置，如更改计算机名、配置网络、配置虚拟内存等，这些均可在“服务器管理器”窗口中完成。

1. 更改计算机名

Windows Server 2019 在安装过程中没有设置计算机名，而是使用系统随机配置的计算机名。但系统随机配置的计算机名不仅冗长，还不便于标记。为了更好地标识和识别服务器，应将其更改为易记或有一定意义的名称。

STEP 1 选择“开始”→“Windows 系统”→“控制面板”→“系统和安全”→“管理工具”→“服务器管理器”选项，或者直接单击“服务器管理器”按钮，打开“服务器管理器”窗口。选择该窗口左侧的“本地服务器”选项，进入“本地服务器”界面，如图 1-29 所示。

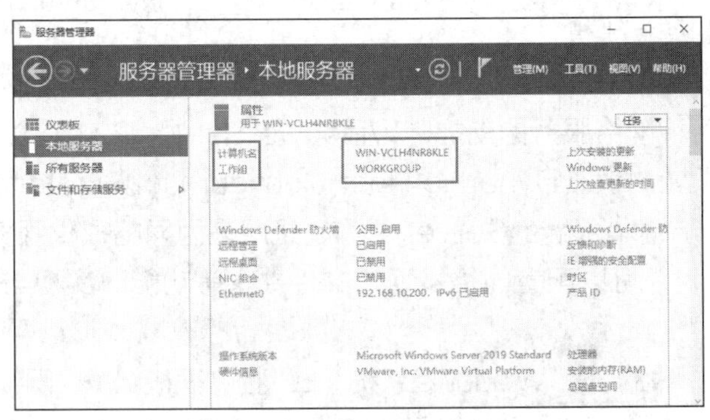

图 1-29 “本地服务器”界面

STEP 2 单击“计算机名”和“工作组”右侧的名称，对计算机名和工作组名进行修改。单击计算机名，弹出“系统属性”对话框，如图 1-30 所示。

STEP 3 单击“更改”按钮，弹出图 1-31 所示的“计算机名/域更改”对话框。在“计算机名”文本框中输入新的名称，如“Server1”；在“工作组”文本框中可以更改计算机所处的工作组。

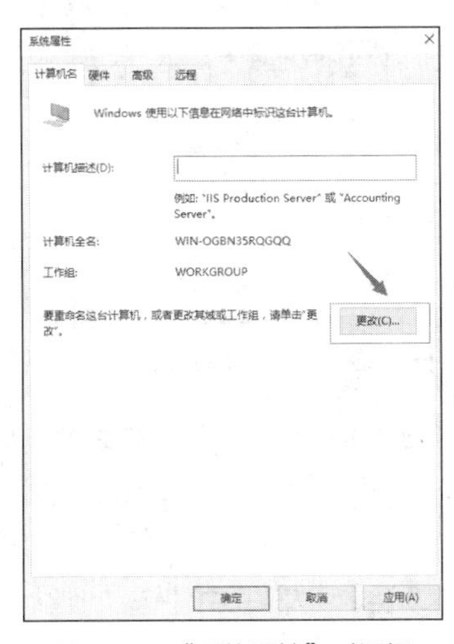

图 1-30 “系统属性”对话框

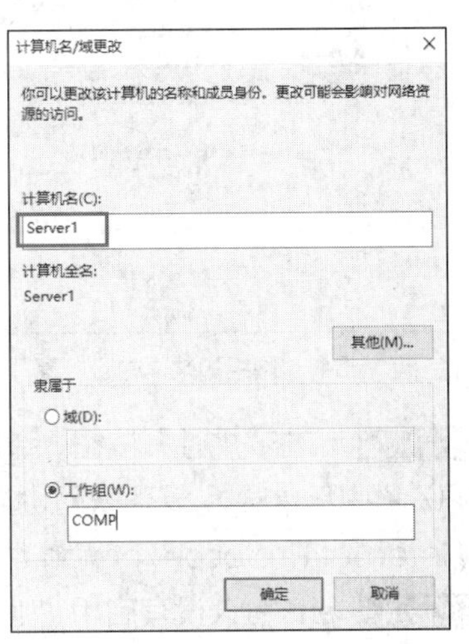

图 1-31 “计算机名/域更改”对话框

STEP 4 单击“确定”按钮，弹出“欢迎加入 COMP 工作组。”提示，如图 1-32 所示。单击“确定”按钮，弹出“必须重新启动计算机才能应用这些更改”提示，如图 1-33 所示。

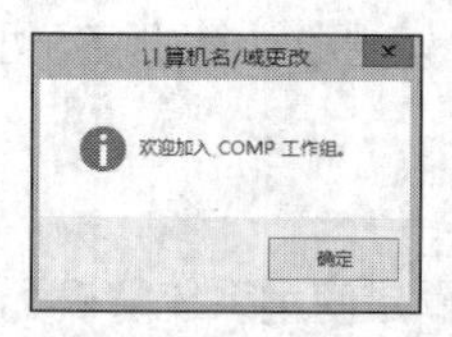

图 1-32 “欢迎加入 COMP 工作组”提示

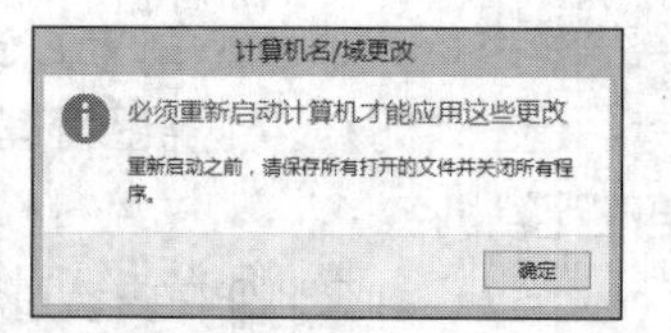

图 1-33 “必须重新启动计算机才能应用这些更改”提示

STEP 5 单击“确定”按钮，回到“系统属性”对话框，单击关闭按钮，关闭“系统属性”对话框。

STEP 6 在弹出的提示“必须重新启动计算机才能应用这些更改”的对话框中单击“立即重新启动”按钮，即可重新启动计算机，并应用新的计算机名。若单击“稍后重新启动”按钮，则不会立即重新启动计算机。

2. 配置网络

配置网络是提供各种网络服务的前提。Windows Server 2019 安装完成以后，默认自动从网络中的动态主机配置协议（Dynamic Host Configuration Protocol，DHCP）服务器获得 IP 地址。不过，由于 Windows Server 2019 是用来为网络提供服务的，所以通常需要设置静态 IP 地址。另外，还可以配置网络发现、文件共享等功能，实现与网络的正常通信。

（1）配置 TCP/IP

STEP 1 选择“开始”→“Windows 系统”→“控制面板”→“网络和 Internet”→“网络和共享中心”选项，打开图 1-34 所示的“网络和共享中心”窗口。

STEP 2 单击“Ethernet0”按钮，弹出“Ethernet0 状态”对话框，如图 1-35 所示。

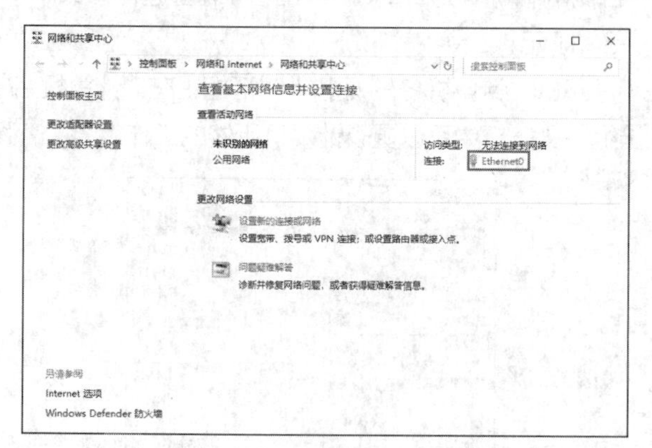

图 1-34 “网络和共享中心”窗口

图 1-35 “Ethernet0 状态”对话框

STEP 3 单击“属性”按钮，弹出图 1-36 所示的“Ethernet0 属性”对话框。Windows Server 2019 中包含第 6 版互联网协议（Internet Protocol Version 6，IPv6）和第 4 版互联网协议（Internet Protocol Version 4，IPv4）两个版本的 Internet 协议，并且默认都已启用。

STEP 4 若该协议没有启用，则在“此连接使用下列项目”列表框中勾选“Internet 协议版本 4(TCP/IPv4)”复选框，单击“属性”按钮，弹出图 1-37 所示的“Internet 协议版本 4(TCP/ IPv4)

属性”对话框。选中“使用下面的 IP 地址”单选按钮，分别输入为该服务器分配的 IP 地址、子网掩码、默认网关和 DNS 服务器的 IP 地址。如果要通过 DHCP 服务器获取 IP 地址，则可以保留默认的“自动获得 IP 地址”设置。

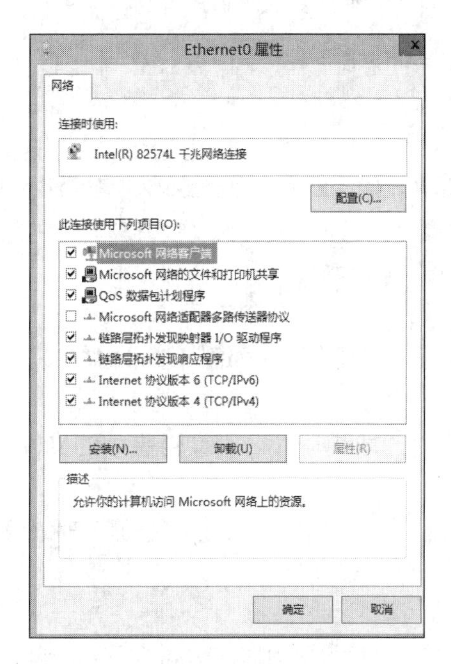

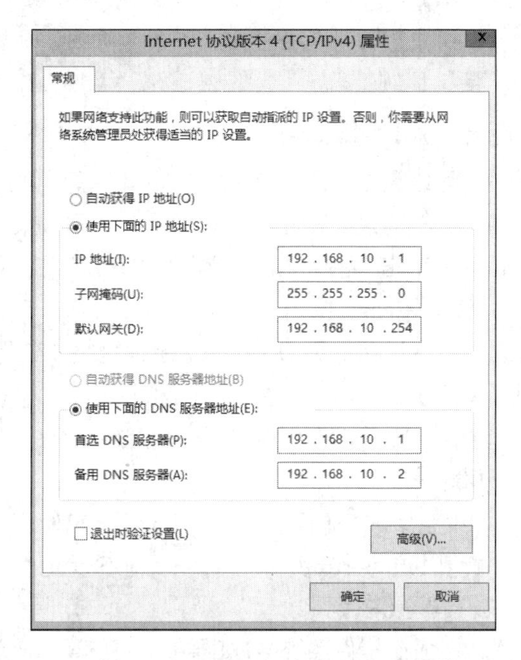

图 1-36 “Ethernet0 属性”对话框

图 1-37 “Internet 协议版本 4(TCP/IPv4)属性”对话框

STEP 5 单击“确定”按钮，保存所做的修改。

（2）启用“网络发现”

Windows Server 2019 的“网络发现”功能用来控制局域网中计算机和设备的显示与隐藏。如果启用“网络发现”功能，则可以显示当前局域网中发现的计算机，类似于“网络邻居”功能。同时，其他计算机也可以发现当前计算机。如果禁用“网络发现”功能，则既不能发现其他计算机，当前计算机也不会被发现。但关闭“网络发现”功能时，其他计算机仍可以通过搜索或指定计算机名、IP 地址的方式访问当前计算机，但当前计算机不会显示在其他用户的“网络邻居”中。

为了便于计算机之间的互相访问，可以启用“网络发现”功能。在图 1-34 所示的“网络和共享中心”窗口中单击“更改高级共享设置”超链接，打开图 1-38 所示的“高级共享设置”窗口，选中“启用网络发现”单选按钮，并单击“保存更改”按钮，即可启用“网络发现”功能。

图 1-38 “高级共享设置”窗口

> **提示** 如果计算机重启后仍无法启用“网络发现”功能，则应保证运行了 Function Discovery Resource Publication、SSDP Discovery 和 UPnP Device Host 这 3 个服务。注意按顺序手动启动这 3 个服务，并将其都改为自动启动。“服务”设置工具在“服务器管理器”窗口的“工具”菜单中。启动服务的方法如下：将服务改为“自动”状态后，依次单击“应用”和“确定”按钮。

（3）文件和打印机共享

管理员可以通过启用“文件和打印机共享”功能，实现为其他用户提供服务或访问其他计算机上的共享资源的功能。在图 1-38 所示的“高级共享设置”窗口中选中“启用文件和打印机共享”单选按钮，并单击“保存更改”按钮，即可启用“文件和打印机共享”功能。

（4）密码保护的共享

在图 1-38 所示的窗口中单击“所有网络”右侧的⌄按钮，展开“所有网络”的高级共享设置，如图 1-39 所示。

- 可以启用“启用共享以便可以访问网络的用户可以读取和写入公用文件夹中的文件”功能。
- 如果启用“密码保护共享”功能，则其他用户必须使用当前计算机上有效的用户账户和密码才可以访问共享资源。Windows Server 2019 默认启用该功能。

3. 配置虚拟内存

在 Windows 操作系统中，如果内存不够用，则系统会把内存中暂时不用的一些数据写到磁盘中，以腾出内存空间给其他应用程序使用；当系统需要这些数据时，会重新把数据从磁盘读回内存。用来临时存放内存数据的磁盘空间称为虚拟内存。建议将虚拟内存的大小设置为实际内存大小的 1.5 倍，虚拟内存太小会导致系统没有足够的内存运行程序，特别是当实际内存不大时。下面是设置虚拟内存的具体步骤。

STEP 1 选择“开始”→“Windows 系统”→“控制面板”→“系统和安全”→“系统”→“高级系统设置”选项，弹出“系统属性”对话框，选择“高级”选项卡，如图 1-40 所示。

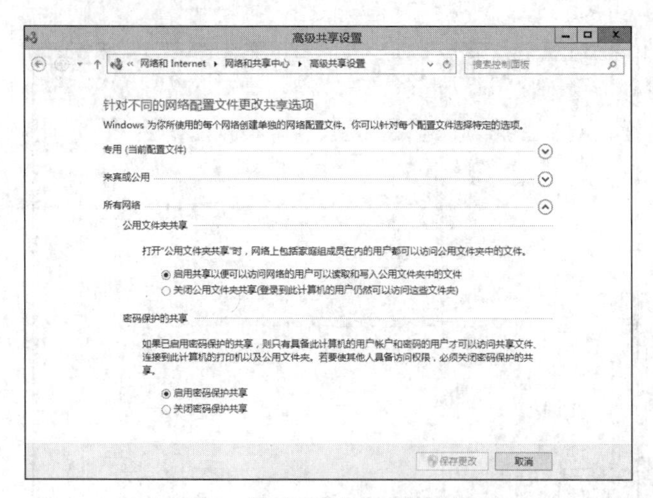

图 1-39 “所有网络”的高级共享设置

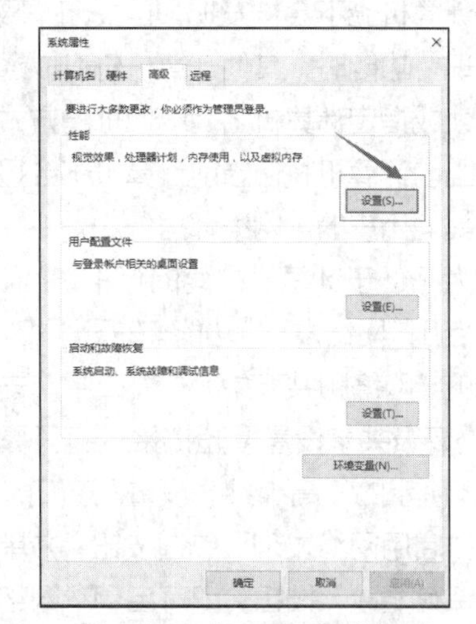

图 1-40 “系统属性”对话框的“高级”选项卡

STEP 2 单击“设置”按钮，弹出“性能选项”对话框，选择“高级”选项卡，如图 1-41 所示。

STEP 3 单击“更改”按钮，弹出“虚拟内存”对话框，如图 1-42 所示，取消勾选“自动管理所有驱动器的分页文件大小”复选框。选中“自定义大小”单选按钮，并设置初始大小为 4000MB，最大值为 6000MB，单击“设置”按钮。最后单击“确定”按钮并重启计算机，即可完成虚拟内存的设置。

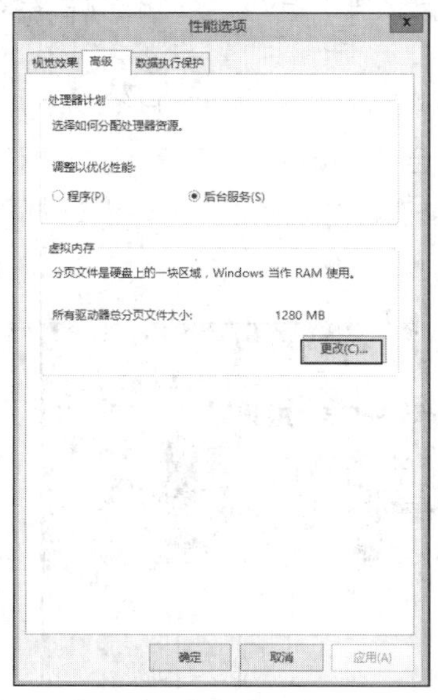

图 1-41 “性能选项”对话框的“高级”选项卡

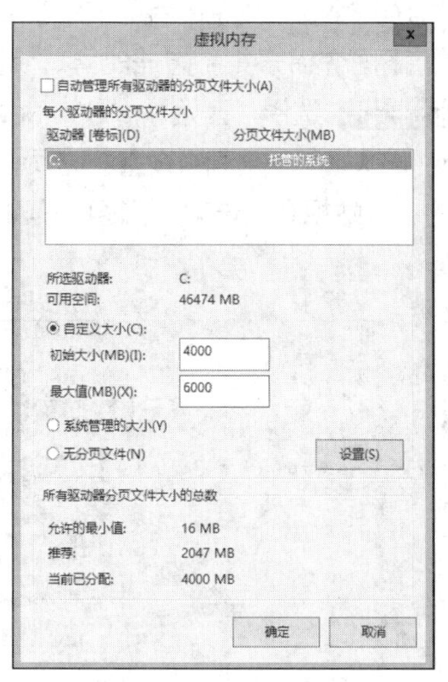

图 1-42 “虚拟内存”对话框

注意 虚拟内存可以分布在不同的驱动器中，总的虚拟内存等于各个驱动器上的虚拟内存之和。如果计算机上有多个物理磁盘，则建议把虚拟内存放在不同的磁盘中，以增强虚拟内存的读写性能。虚拟内存的大小可以自定义，即可由管理员手动指定，或者由系统自行决定。页面文件使用的文件是根目录下的 pagefile.sys，该文件为隐藏文件，不要轻易删除，否则可能会导致系统崩溃。

4. 设置外观和个性化

在“外观和个性化”窗口中可以对计算机的“文件资源管理器选项”和“字体”进行设置，如图 1-43 所示。

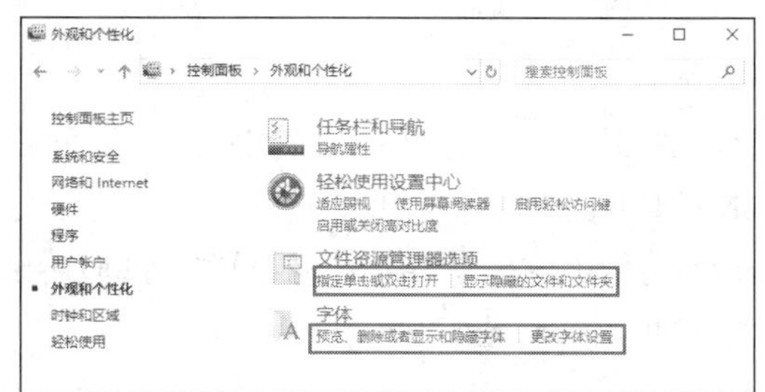

图 1-43 “外观和个性化”窗口

5. 配置防火墙，放行 ping 命令

Windows Server 2019 安装完成后，默认自动启用防火墙，而且 ping 命令默认被阻止，互联网控制报文协议（Internet Control Message Protocol，ICMP）包无法穿越防火墙。为了满足后面实训的要求及实际需要，应该配置防火墙，允许 ping 命令通过。放行 ping 命令有以下两种方法。

第 1 种方法是在防火墙配置中新建并启用一条允许 ICMPv4 通过的规则；第 2 种方法是在配置防火墙时，在“入站规则”中启用“文件和打印机共享（回显请求-ICMPv4-In）”的预定义规则（默认不启用）。下面介绍第 1 种方法的具体步骤。

STEP 1 选择“开始”→“Windows 系统”→“控制面板”→“系统和安全”→“Windows Defender 防火墙”→“高级设置”选项。在打开的“高级安全 Windows 防火墙”窗口中选择左侧目录树中的“入站规则”选项，如图 1-44 所示（第 2 种方法在此“入站规则”中设置即可，请读者自行操作）。

图 1-44 “高级安全 Windows 防火墙”窗口

STEP 2 选择“操作”窗格中的“新建规则”选项，弹出“新建入站规则向导”对话框，在“规则类型”界面中选中“自定义”单选按钮，如图 1-45 所示。

> **提示** 如果选中“端口”单选按钮，则可以设置基于端口的入站规则。例如，可以设置端口 2121 允许通过防火墙。请读者试着做一做。后续在使用多端口建立虚拟网站时，会建立基于端口的入站规则。

STEP 3 选择“协议和端口”选项，进入“协议和端口”界面，如图 1-46 所示。在“协议类型”下拉列表中选择“ICMPv4”选项。

STEP 4 单击“下一步”按钮，在“作用域”界面中选择应用于哪些本地 IP 地址和哪些远程 IP 地址。可以选中“任何 IP 地址”单选按钮。

STEP 5 单击“下一步”按钮，选择是否允许连接，此处选中“允许连接”单选按钮。

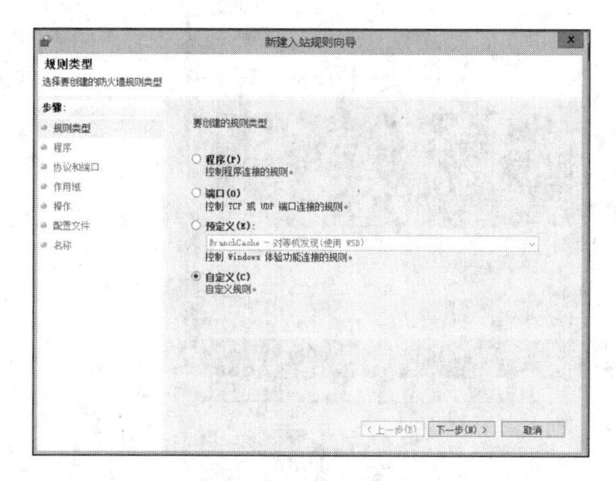

图 1-45 “新建入站规则向导”对话框的“规则类型”界面

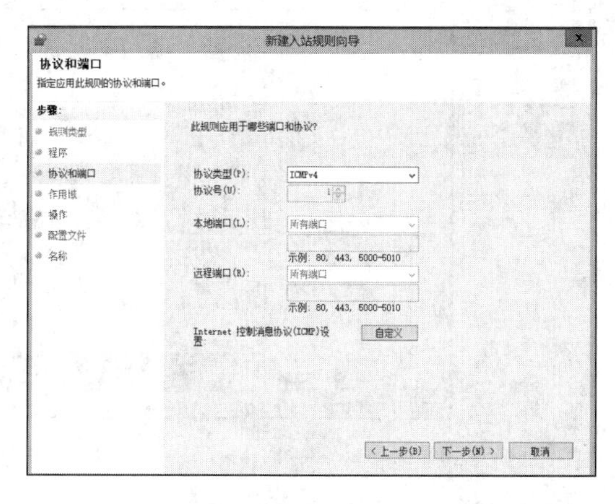

图 1-46 “新建入站规则向导”对话框的“协议和端口”界面

STEP 6 单击“下一步”按钮，选择何时应用本规则。

STEP 7 单击“下一步”按钮，输入本规则的名称，如 ICMPv4 规则。单击“完成”按钮，使新规则生效。

6. 查看系统信息

系统信息包括硬件资源、组件和软件环境等内容。选择“开始”→“Windows 系统”→“控制面板”→“系统和安全”→“管理工具”→“系统信息”选项，打开图 1-47 所示的“系统信息”窗口，即可查看系统信息。

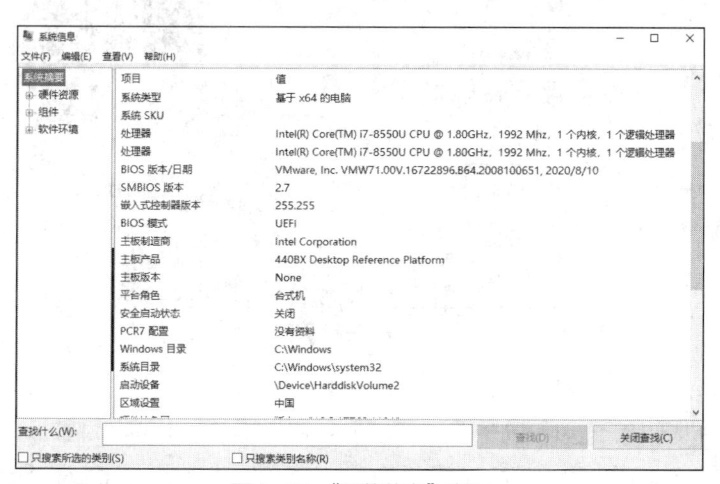

图 1-47 “系统信息”窗口

任务 1-5 使用 VMware 的快照和复制功能

Windows Server 2019 安装完成后，可以使用 VMware 的快照和复制功能迅速恢复或生成新的虚拟机，这给教学和实训带来了极大便利。

STEP 1 将前面安装完成的 Server1 虚拟机当作母盘，在 VMware 中选中 Server1 虚拟机，选择 VMware 菜单栏中的“虚拟机”→“快照”→“拍摄快照”选项，如图 1-48 所示。

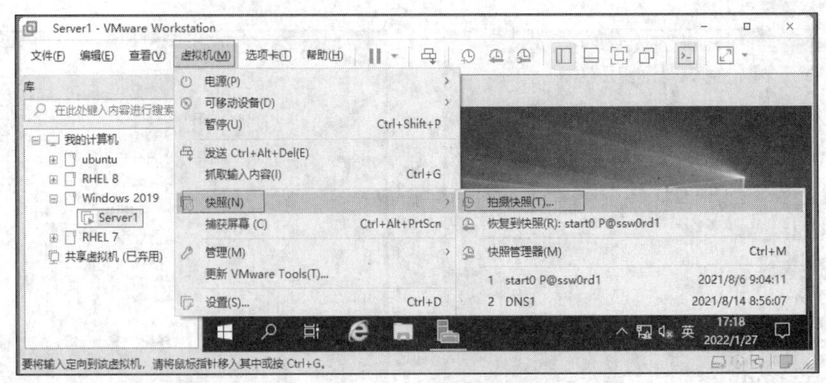

图 1-48　拍摄快照

STEP 2 按照向导制作快照 start1（一步步按照向导完成操作即可，这里不进行详细讲解）。利用该快照可以随时恢复到系统安装成功后的初始状态，这对反复进行实训或排除问题作用很大。

STEP 3 选中 Server1 虚拟机，选择 VMware 菜单栏中的“虚拟机”→“管理”→“克隆”选项，如图 1-49 所示（注意：只有处于关闭状态的虚拟机才可以被复制）。

图 1-49　复制虚拟机

STEP 4 按照向导填写新虚拟机的名称和位置，如图 1-50 所示，单击“下一步”按钮，快速生成 Server3 虚拟机（新虚拟机的位置要提前规划好，如 D:\VM\Win 2019\Server3）。

STEP 5 复制成功后，启动 Server3 虚拟机，以管理员身份登录。注意，Server3 与 Server1 的管理员账户和密码相同，因为 Server3 是复制而来的。

STEP 6 在命令提示符窗口中执行“c:\windows\system32\sysprep\sysprep”命令，在弹出的“系统准备工具 3.14”对话框中勾选“通用”复选框，如图 1-51 所示。单击“确定”按钮，对 Server3 进行重整，消除复制的影响。

STEP 7 按照向导完成对 Server3 的重整，并安装 VMware Tools。

STEP 8 按照上述方法，分别生成 Server2 和 Server4 两台独立服务器。

STEP 9 制作 Server1、Server2、Server3 和 Server4 的快照，以供后续使用！

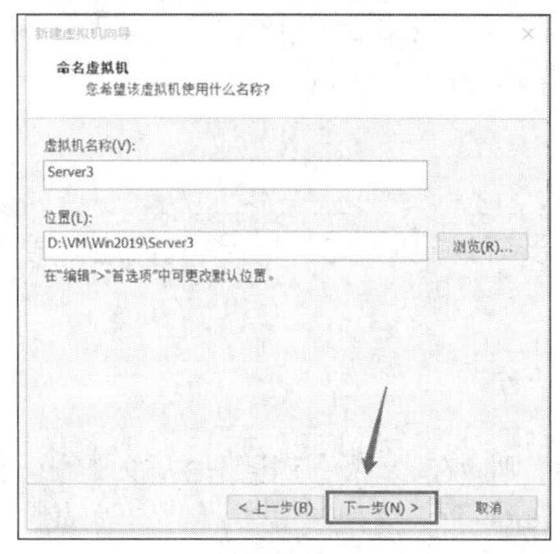

图 1-50　填写新虚拟机的名称和位置

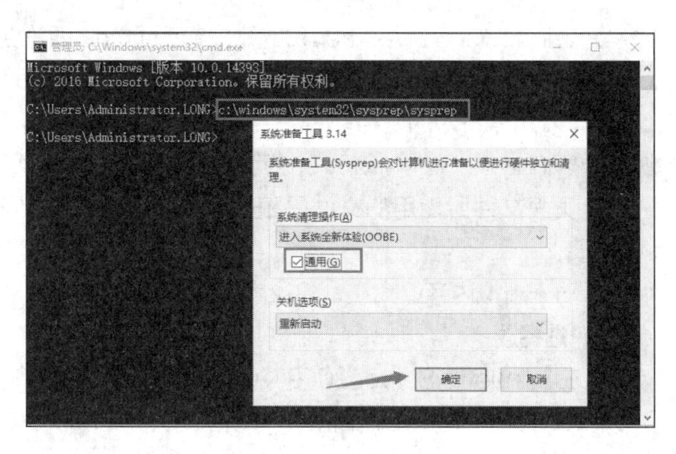

图 1-51　消除复制的影响

1.4 拓展阅读　IPv4 和 IPv6

2019 年 11 月 26 日是全球互联网发展历程中值得铭记的一天，一封来自欧洲地区互联网注册网络协调中心（RIPE NCC）的邮件宣布全球约 43 亿个 IPv4 地址正式耗尽，人类互联网跨入了“IPv6”时代。

全球 IPv4 地址耗尽到底是怎么回事？全球 IPv4 地址耗尽对我国有什么影响？该如何应对？

IPv4 是网际协议开发过程中的第 4 个修订版本，也是此协议被广泛部署的第一个版本。IPv4 是互联网的核心，也是使用最广泛的网际协议版本。IPv4 使用 32 位（4B）地址，地址空间中只有 4 294 967 296 个地址。全球 IPv4 地址耗尽意思就是全球联网的设备越来越多，“这一串数字”不够用了。IP 地址是分配给每个联网设备的一系列号码，每个 IP 地址都是独一无二的。由于 IPv4 中规定 IP 地址长度为 32 位，且现在互联网正在高速发展，使得目前 IPv4 地址已经告罄。IPv4 地址耗尽可能意味着不能将任何新的 IPv4 设备添加到 Internet，因此目前各国已经开始积极部署 IPv6 地址。

对于我国而言，在接下来的 IPv6 时代，我国有巨大的机遇，我国推出的“雪人计划”（详见本书 7.4 节）就是一件益国益民的大事，这一计划助力我国在互联网方面取得更多话语权和发展权。

1.5 习题

一、填空题

1. Windows Server 2019 支持的文件系统包括________、________和________。Windows Server 2019 只能安装在________分区中。

2. Windows Server 2019 有多种安装方式，分别适用于不同的环境，选择合适的安装方式可以提高工作效率。除了全新安装，还有________、________和________。

3. 安装 Windows Server 2019 时，内存至少不低于________，硬盘的可用空间不低于________，并且只支持________位版本。

4．Windows Server 2019 的账户密码要求必须符合以下条件：①至少 6 个字符；②不包含 Administrator 或 admin；③包含________、________、大写字母（A、B、C 等）、小写字母（a、b、c 等）4 组字符中的两组。

5．Windows Server 2019 许可版本主要有 3 个，即________、________和________。

6．页面文件所使用的文件是根目录下的________，不要轻易删除该文件，否则可能会导致系统崩溃。

7．对于虚拟内存的大小，建议为实际内存大小的________。

二、选择题

1．在 Windows Server 2019 中，如果要输入 DOS 命令，则应在“运行”对话框中输入（　　）。

A．CMD　　B．MMC　　C．AUTOEXE　　D．TTY

2．安装 Windows Server 2019 时生成的 Documents and Settings、Windows，以及 Windows\System32 文件夹是不能随意更改的，因为它们是（　　）。

A．Windows 的桌面

B．Windows 正常运行时所必需的应用软件文件夹

C．Windows 正常运行时所必需的用户文件夹

D．Windows 正常运行时所必需的系统文件夹

3. 有一台服务器的网络操作系统是 Windows Server 2016，文件系统是 NTFS，无任何分区。现要求对该服务器进行 Windows Server 2019 的安装，保留原数据，但不保留网络操作系统，应使用下列（　　）的方法进行安装才能满足需求。

A．在安装过程中进行全新安装并格式化磁盘

B．对原网络操作系统进行升级安装，不格式化磁盘

C．做成双引导系统，不格式化磁盘

D．重新分区并进行全新安装

4. 现要在一台装有 Windows Server 2016 网络操作系统的计算机上安装 Windows Server 2019，并做成双引导系统。此计算机硬盘的大小是 200GB，有两个分区，其中，C 盘大小为 100GB，文件系统是 FAT；D 盘大小为 100GB，文件系统是 NTFS。为使计算机成为双引导系统，最好的方法是（　　）。

A．安装时选择“升级”选项，并且选择 D 盘作为安装盘

B．全新安装，选择 C 盘中与 Windows 相同的文件夹作为 Windows Server 2019 的安装文件夹

C．升级安装，选择 C 盘中与 Windows 不同的文件夹作为 Windows Server 2019 的安装文件夹

D．全新安装，且选择 D 盘作为安装盘

三、简答题

1．请简述 Windows Server 2019 的最低硬件配置需求。

2．在安装 Windows Server 2019 前有哪些注意事项?

3．请简述 Windows Server 2019 的许可版本及最低安装要求。

1.6 项目实训 安装与配置 Windows Server 2019 网络操作系统

一、实训目的

- 掌握 Windows Server 2019 网络操作系统桌面环境的配置方法。
- 掌握 Windows Server 2019 网络操作系统防火墙的配置方法。
- 掌握 Windows Server 2019 网络操作系统控制台的应用方法。
- 掌握在 Windows Server 2019 网络操作系统中添加角色和功能的方法。

二、项目环境

公司新购进一台服务器，硬盘空间为 500GB。计算机已经安装了 Windows 10 操作系统和 VMware Workstation Pro 16，主机名为 Host。Windows Server 2019 网络操作系统的映像文件已保存在硬盘中。网络拓扑图参照图 1-1。

三、项目要求

本项目实训要求如下。

（1）在 VMware 中安装 Windows Server 2019 网络操作系统的虚拟机 Server1。

（2）配置桌面环境。

- 更改计算机名。
- 将虚拟内存大小设为实际内存大小的 2 倍。
- 配置网络：服务器的 IP 地址为 192.168.10.1/24，网关的 IP 地址为 192.168.10.254，首选 DNS 服务器的 IP 地址为 192.168.10.1。
- 设置显示属性。
- 查看系统信息。
- 利用“Windows 更新”功能将 Windows Server 2019 网络操作系统更新为最新版本。

（3）使用规则放行 ping 命令。

（4）使用规则放行通过端口 2121 和端口 8080 的 TCP 流量。

（5）关闭防火墙。

（6）测试物理主机（Host）与虚拟机（Server1）之间的通信。分别演示 3 种网络连接模式下的通信情况，从而总结出 3 种联网方式的区别及其适合的应用场景。

（7）根据具体的虚拟机环境演示虚拟机连接到 Internet 的方法。

（8）使用管理控制台。

（9）添加角色和功能。

（10）以 Server1 为母盘，复制生成 MS1，使用“c:\windows\system32\sysprep\sysprep”命令重整 MS1，并安装 VMware Tools。

（11）制作 MS1 的快照，以备后续项目使用。

四、做一做

独立完成项目实训，检查学习效果。

项目2 部署与管理Active Directory域服务

某公司内部的办公网络是基于工作组模式组建的，近期由于公司业务发展，人员激增，考虑到工作便利和网络安全管理的需要，想将基于工作组的网络升级为基于域的网络。现在需要将一台或多台计算机升级为域控制器，并将其他所有计算机加入域，使其成为成员服务器，同时将原来的本地用户账户和组也升级为域用户和组进行管理。

学习要点

- 掌握规划和安装局域网中活动目录的方法。
- 掌握创建域目录林根域的方法。
- 掌握安装额外域控制器的方法。

素质要点

- 明确职业技术岗位所需的职业规范和精神，树立社会主义核心价值观。
- “大学之道，在明明德，在亲民，在止于至善。”“‘高山仰止，景行行止。’虽不能至，然心向往之。”知悉大学的真正含义，以德化人，激发学生的科学精神和爱国情怀。

2.1 项目基础知识

2-1 微课
活动目录（一）

活动目录（Active Directory，AD）是 Windows Server 网络操作系统中非常重要的目录服务。活动目录用于存储网络中各种对象的有关信息，包括用户账户、组、打印机、共享文件夹等，并把这些数据存储在目录服务数据库中，便于管理员和用户查询及使用。活动目录具有安全、可扩展、可伸缩的特点，活动目录域服务与 DNS 集成在一起，可基于策略进行管理。

2.1.1 认识活动目录及其意义

什么是活动目录呢？活动目录就是 Windows 网络中的目录服务（Directory Service），即活动目录域服务（Active Directory Domain Service，ADDS）。目录服务有两方面的内容：目录和与目录相关的服务。

活动目录负责目录服务数据库的保存、新建、删除、修改与查询等服务，使得用户能够很容易地在目录内找到所需的数据。

Active Directory 域服务的适用范围非常广泛，它可以用在一台计算机、一个小型局域网或数个广域网结合的环境中。它包含此范围中的所有对象，如文件、打印机、应用程序、服务器、域控制器和用户账户等。使用活动目录具有以下意义。

（1）简化管理。

（2）提高系统的安全性。

（3）改善系统的性能与可靠性。

提示 命名空间、对象和属性、容器、可重新启动的 Active Directory 域服务相关内容请扫描右侧的二维码观看。

2-2 拓展阅读　命名空间、对象和属性、容器、可重新启动的 Active Directory 域服务等

2.1.2 认识活动目录的结构

2-3 微课　活动目录（二）

活动目录的结构是指网络中所有用户、计算机，以及其他网络资源的层次关系，就像一个大型仓库中分出若干个小储藏间，每个小储藏间分别用来存放一些东西。通常活动目录的结构可以分为逻辑结构和物理结构，分别包含不同的对象。

活动目录的逻辑结构非常灵活，其中的逻辑单元通常包括架构、域、组织单位、域目录树、域目录林、站点和目录分区。

1. 架构

Active Directory 域服务对象类型与属性数据是定义在架构（Schema）内的。例如，架构内定义了用户对象类型包含的属性（用户的姓、名、电话等）、每一个属性的数据类型等信息。

隶属于 Schema Admins 组的用户可以修改架构内的数据，应用程序也可以自行在架构内添加其所需的对象类型或属性。在一个域目录林内的所有域目录树共享相同的架构。

2. 域

域是在 Windows Server 2019 网络环境中组建客户机/服务器网络的实现方式。

3. 组织单位

组织单位（Organizational Unit，OU）在活动目录中扮演特殊的角色，它是当普通边界不能满足要求时创建的一个边界。组织单位把域中的对象组织成逻辑管理组，而不组织成安全组或代表地理实体的组。组织单位是应用组策略和委派责任的最小单位。

组织单位是包含在活动目录中的容器对象。创建组织单位的目的是对活动目录对象进行分类。因此，组织单位是可将用户、组、计算机和其他单元放入活动目录的容器，组织单位不能包括来自其他域的对象。

通过使用组织单位，用户可在组织单位中代表逻辑层次结构的域中创建容器，这样就可以根据组织模型管理网络资源的配置和使用。可授予用户对域中某个组织单位的管理权限，某个组织单位的管理员不需要具有域中任何其他组织单位的管理权限。

4. 域目录树

当要配置一个包含多个域的网络时，应该将网络配置成域目录树结构，如图 2-1 所示。

在图 2-1 所示的域目录树中，最上层的域名为 China***.com，它是这个域目录树的根域，也称为父域。下面两个域 Jinan.China***.com 和 Beijing.China***.com 是 China***.com 域的子域。这 3 个域共同构成了这个域目录树。

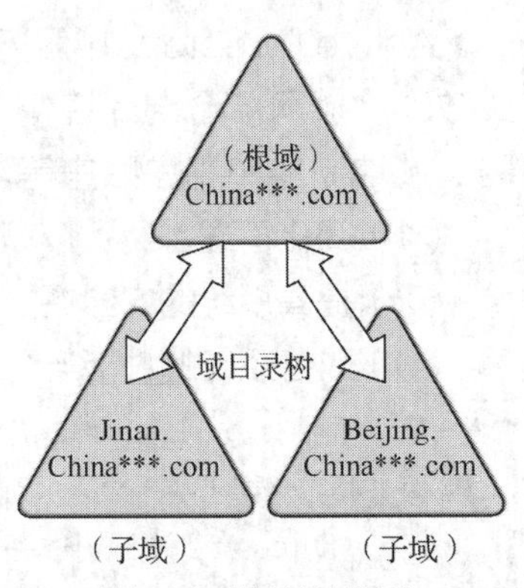

图 2-1　域目录树结构

5. 域目录林

如果网络的规模比前面提到的域目录树还要大，甚至包含多个域目录树，就可以将网络配置为域目录林（也称森林）结构。域目录林由一个或多个域目录树组成，如图 2-2 所示。域目录林中的每个域目录树都有唯一的名称空间，它们之间并不是连续的，这一点从图 2-2 所示的两个域目录树中可以看出。

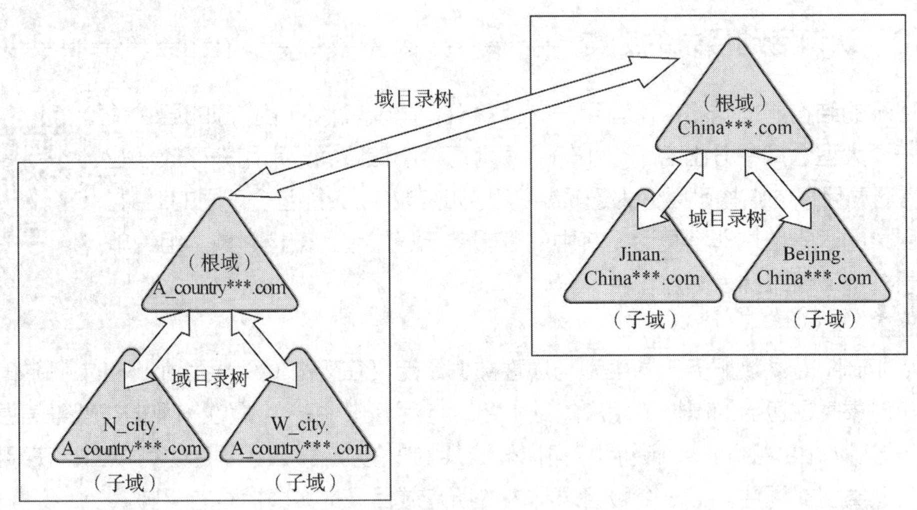

图 2-2　域目录林

域目录林中也存在一个根域，这个根域是域目录林中最先安装的域。在图 2-2 所示的域目录林中，因为 China***.com 是最先安装的，所以这个域是根域。

注意 在创建域目录林时，组成域目录林的两个域目录树的根域之间会自动创建双向的、可传递的信任关系。由于有了这样的信任关系，域目录林中的每个域中的用户都可以访问其他域的资源，也可以从其他域登录到本域。

6. 站点

站点由一个或多个 IP 子网组成，这些子网通过高速网络设备连接在一起。

7. 目录分区

Active Directory 域服务数据库被逻辑地分为 4 个目录分区（Directory Partition）：架构目录分区（Schema Directory Partition）、配置目录分区（Configuration Directory Partition）、域目录分区（Domain Directory Partition）和应用程序目录分区（Application Directory Partition）。

活动目录的逻辑结构与物理结构是彼此独立的两个概念。逻辑结构侧重于网络资源的管理，而物理结构则侧重于网络的配置和优化。物理结构的 3 个重要概念是域控制器、只读域控制器和全局编录服务器。

（1）域控制器

域控制器（Domain Controller，DC）是指安装了活动目录的 Windows Server 2019 的服务器，它保存了活动目录信息的副本。域控制器管理目录信息的变化，并把这些变化复制到同一个域中的其他域控制器上，使各域控制器上的目录信息同步。域控制器负责用户的登录过程及其他与域有关的操作，如身份鉴定、目录信息查找等。一个域可以有多个域控制器。规模较小的域可以只有两个域控制器，一个用于实际应用，另一个用于容错性检查；规模较大的域则有多个域控制器。

域控制器没有主次之分，采用多主机复制模式，每一个域控制器都有一个可写入的目录副本，这为目录信息容错带来了无尽的好处。尽管在某个时刻，不同的域控制器中的目录信息可能有所不同，但一旦活动目录中的所有域控制器执行同步操作，最新的变化信息就会变得一致。

（2）只读域控制器

只读域控制器（Read-Only Domain Controller，RODC）的 Active Directory 域服务数据库只可以读取，不可以修改，也就是说，用户或应用程序无法直接修改 RODC 的 Active Directory 域服务数据库。RODC 的 Active Directory 域服务数据库的内容只能够从其他可读写的域控制器中复制过来。RODC 主要是设计给远程分公司的网络使用的，因为一般来说，远程分公司的网络规模比较小、用户人数比较少，网络的安全措施或许并不如总公司完备，也可能缺乏信息技术（Information Technology，IT）人员，采用 RODC 可避免 Active Directory 域服务数据库被破坏而影响整个 Active Directory 域服务环境。

（3）全局编录服务器

尽管活动目录支持多主机复制模式，然而，复制引起的通信流量及网络潜在的冲突与变化导致传播并不一定能够顺利进行，因此有必要在域控制器中指定全局编录（Global Catalog，GC）服务器及操作主机。全局编录是一个信息仓库，包含活动目录中所有对象的部分属性，是在查询过程中访问最为频繁的属性。利用这些信息，可以定位任何一个对象实际所在的位置。全局编录服务器是一个域控制器，它保存了全局编录的一份副本，并执行对全局编录的查询操作。全局编录服务器可以提高活动目录中大范围内对象检索的性能，例如，在域目录林中查询所有的打印机时，如果没有全局编录服务器，那么必须调动域目录林中每一个域的查询过程。如果域中只有一个域控制器，那么它就是全局编录服务器；如果域中有多个域控制器，那么管理员必须把其中一个域控制器配置为全局编录服务器。

2.2 项目设计与准备

2.2.1 项目设计

下面利用图 2-3 来说明如何建立一个域目录林中的第 1 个域（根域）。这里将在项目 1 中安装的 Server1 升级为域控制器并建立域，架设根域的第 2 台域控制器（Server2）、第 3 台域控制器（Server3）、第 4 台域控制器（Server4）和一台加入域的成员服务器（MS1），如图 2-3 所示。

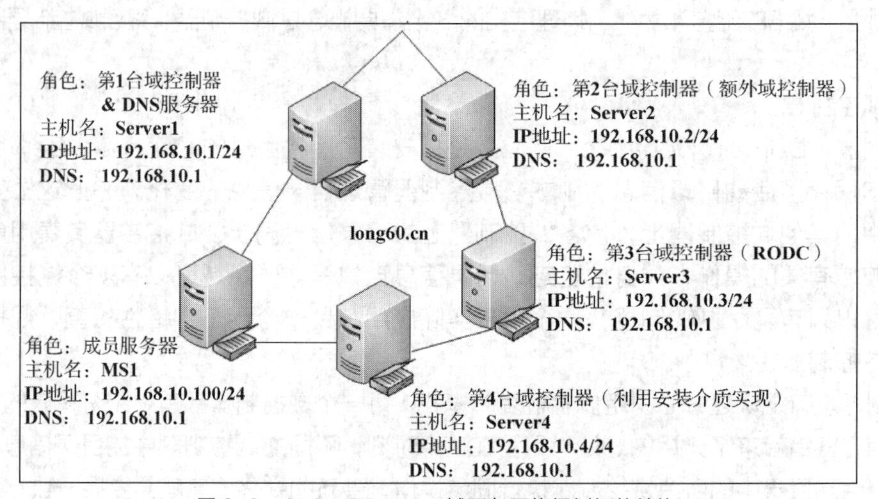

图 2-3 Active Directory 域服务网络规划拓扑结构

提示 建议利用 VMware Workstation 或 Windows Server 2019 Hyper-V 等提供虚拟环境的软件来搭建图 2-3 所示的网络环境。若复制现有虚拟机，则要记得使用“c:\windows\system32\sysprep\sysprep”命令并勾选“通用”复选框，因为复制生成的虚拟机要进行重整后才能正常使用。为了不相互干扰，VMware 虚拟机的网络连接模式采用“仅主机模式”。

特别注意 本项目涉及的虚拟机非常多，后面会交叉用到，故一定要在每台服务器升级为域控制器前制作好快照！后面会持续用到这些完成初始安装的快照，切记！若没有制作好快照，则后面继续使用时请将其降级为成员服务器或独立服务器。初始安装后制作好快照是一个好习惯！

2.2.2 项目准备

将图 2-3 中左上角的服务器 Server1 升级为域控制器（安装 Active Directory 域服务）时，

因为它是第 1 台域控制器，所以这个升级操作会同时完成下面的工作。

- 建立一个新域目录林。
- 建立新域目录林中的第 1 个域目录树。
- 建立新域目录树中的第 1 个域。
- 建立新域中的第 1 台域控制器。
- 计算机名称 Server1 自动更改为 Server1.long60.cn。

换句话说，在建立图 2-3 中的第 1 台域控制器 Server1.long60.cn 时，会同时建立此域控制器所属的域 long60.cn、域 long60.cn 所属的域目录树，而域 long60.cn 也是此域目录树的根域。由于是第 1 个域目录树，因此同时会建立一个新域目录林，它的名字就是第 1 个域目录树根域的域名 long60.cn，而域 long60.cn 就是整个域目录林的根域。

我们将通过新建服务器角色的方式，将图 2-3 中左上角的服务器 Server1 升级为网络中的第 1 台域控制器。

注意 超过一台计算机参与环境部署时，一定要保证各计算机间的通信畅通，否则无法进行后续的工作。使用 ping 命令测试通信失败有两种可能的情况：第 1 种情况是计算机间的配置确实存在问题，如 IP 地址、子网掩码等配置有误；第 2 种情况是本地计算机间的通信是畅通的，但防火墙等阻挡了 ping 命令的执行。第 2 种情况可以参考项目 1 中“任务 1-4 配置 Windows Server 2019 网络操作系统”中的“5.配置防火墙，放行 ping 命令”的相关内容进行处理，或者关闭防火墙。

2.3 项目实施

任务 2-1 创建第一个域控制器（域目录林根域）

由于域控制器使用的活动目录和 DNS 有非常密切的关系，因此网络中要求有 DNS 服务器存在，并且 DNS 服务器要支持动态更新。如果没有 DNS 服务器存在，则可以在创建域时一起把 DNS 服务器安装上。这里假设图 2-3 中的 Server1 尚未安装 DNS，下面介绍创建域目录林中的第 1 台域控制器的方法。

1. 安装 Active Directory 域服务

活动目录在整个网络中的重要性不言而喻。由于在 Windows Server 2016 的基础上不断完善，Windows Server 2019 中的活动目录服务功能更加强大，管理更加方便。在 Windows Server 2019 中安装活动目录时，需要先安装 Active Directory 域服务，再将服务器提升为域控制器，从而完成活动目录的安装。

Active Directory 域服务的主要作用是存储目录数据并管理域之间的通信，包括用户登录处理、身份验证和目录搜索等。

STEP 1 将 Server1 的名称、IP 地址等按图 2-3 所示的信息进行配置（图 2-3 中采用了 TCP/IPv4）。注意，将计算机名称设置为 Server1 即可，等升级为域控制器后，它会被自动改为

Server1.long60.cn。

STEP 2 以管理员用户身份登录到 Server1，选择“开始”→“Windows 系统”→“控制面板”→“系统和安全”→“管理工具”→“服务器管理器”选项，在打开的“服务器管理器”窗口中单击“添加角色和功能”按钮，打开图 2-4 所示的“添加角色和功能向导”窗口。

> **提示** 请读者注意图 2-4 中的“启动‘删除角色和功能’向导”超链接。如果安装完 Active Directory 域服务后需要删除该服务角色，则单击“启动‘删除角色和功能’向导”超链接即可。

STEP 3 持续单击“下一步”按钮，直到进入图 2-5 所示的“选择服务器角色”界面，勾选“Active Directory 域服务”复选框，在打开的“添加角色和功能向导”对话框中单击“添加功能”按钮。

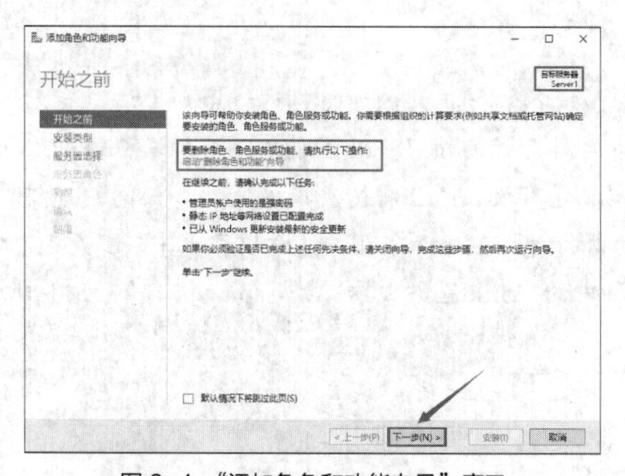

图 2-4 “添加角色和功能向导”窗口

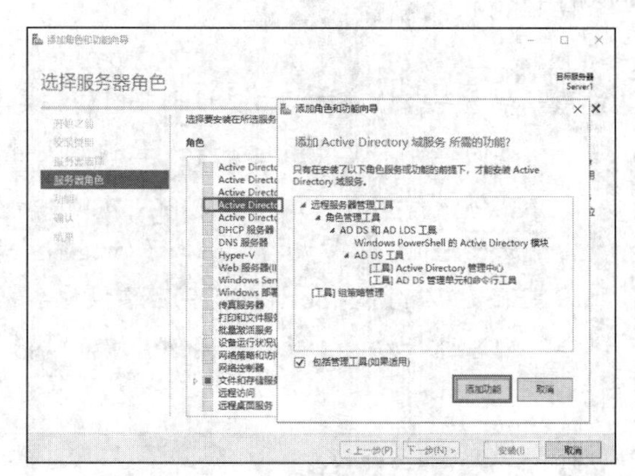

图 2-5 “选择服务器角色”界面

STEP 4 持续单击“下一步”按钮，直到进入图 2-6 所示的“确认安装所选内容”界面。

STEP 5 单击“安装”按钮开始安装。安装完成后会显示图 2-7 所示的安装结果，并提示 Active Directory 域服务“已在 Server1 上安装成功”。

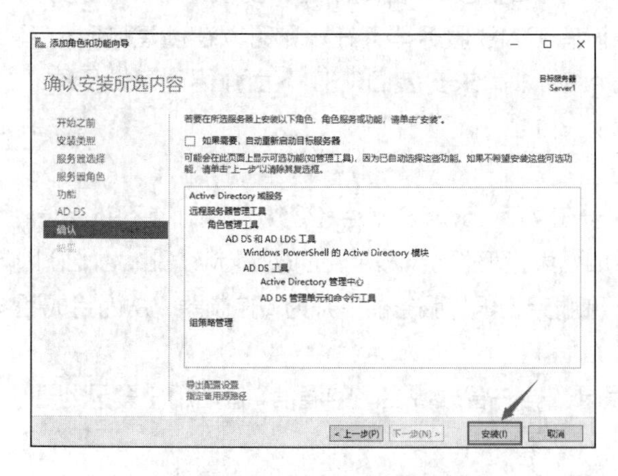

图 2-6 “确认安装所选内容”界面

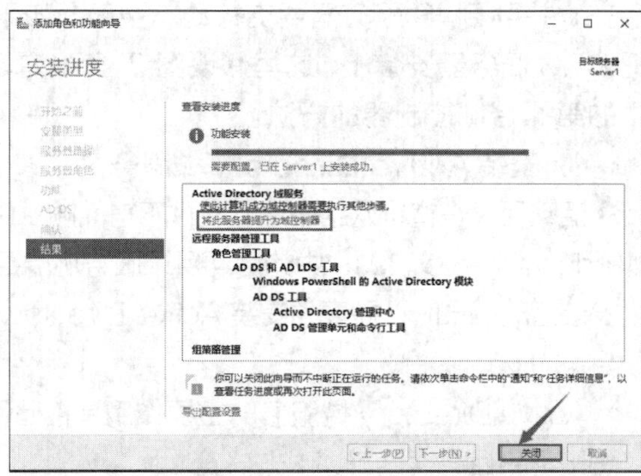

图 2-7 “Active Directory 域服务”安装成功

提示 如果在图 2-7 所示的界面中直接单击"关闭"按钮，则之后要想将相应服务器提升为域控制器，需单击图 2-8 所示的"服务器管理器"窗口右上方的旗帜符号，再单击"将此服务器提升为域控制器"超链接。

2. 安装活动目录

STEP 1 在图 2-7 或图 2-8 所示的窗口中单击"将此服务器提升为域控制器"超链接，进入图 2-9 所示的"Active Directory 域服务配置向导"窗口中的"部署配置"界面，选中"添加新林"单选按钮，设置根域名（本例为 long60.cn），创建一台全新的域控制器。如果网络中已经存在其他域控制器或域目录林，则可以选中"将新域添加到现有林"单选按钮，在现有林中对域控制器进行安装。

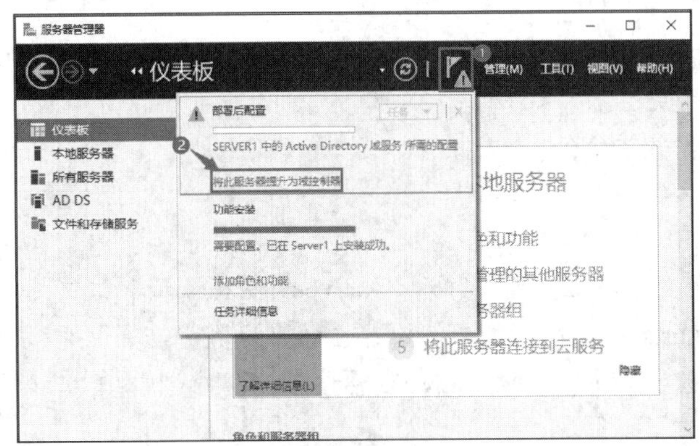

图 2-8 "将此服务器提升为域控制器"超链接

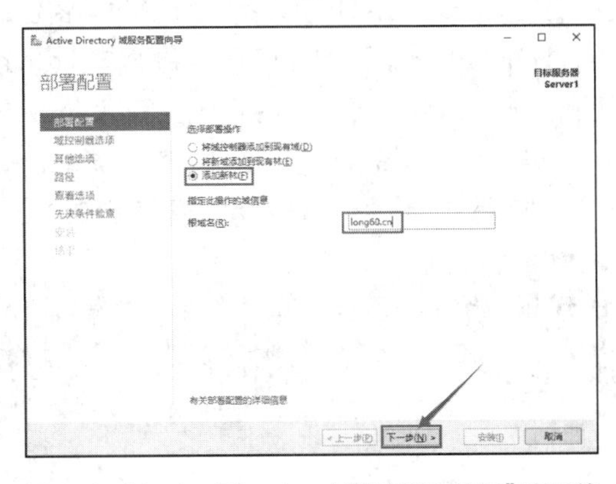

图 2-9 "Active Directory 域服务配置向导"窗口的"部署配置"界面

"选择部署操作"选项组中的 3 个选项的具体含义如下。

- 将域控制器添加到现有域：可以向现有域添加第 2 台或更多域控制器。
- 将新域添加到现有林：在现有域目录林中创建现有域的子域。
- 添加新林：新建全新的域。

提示 在网络中既可以配置一台域控制器，也可以配置多台域控制器，以分担用户的登录和访问。多个域控制器可以一起工作，并自动备份用户账户和活动目录数据，即使部分域控制器瘫痪，网络访问也不受影响，从而提高了网络的安全性和稳定性。

STEP 2 单击"下一步"按钮，进入图 2-10 所示的"域控制器选项"界面。

① 设置林功能级别和域功能级别。不同的林功能级别可以向下兼容不同平台的 Active Directory 域服务功能。选择"Windows Server 2008"选项可以提供 Windows Server 2008 网络操作系统以上的所有 Active Directory 域服务功能；选择"Windows Server 2016"选项可以提供 Windows Server 2016 网络操作系统以上的所有 Active Directory 域服务功能。用户可以根据实际的网络环境选择合适的林功能级别。设置不同的域功能级别主要是为了兼容不同平台下的网

络用户和子域控制器，在此只能设置“Windows Server 2016”的域控制器（注：Windows Server 2019 的最高功能级别仍然是 Windows Server 2016）。

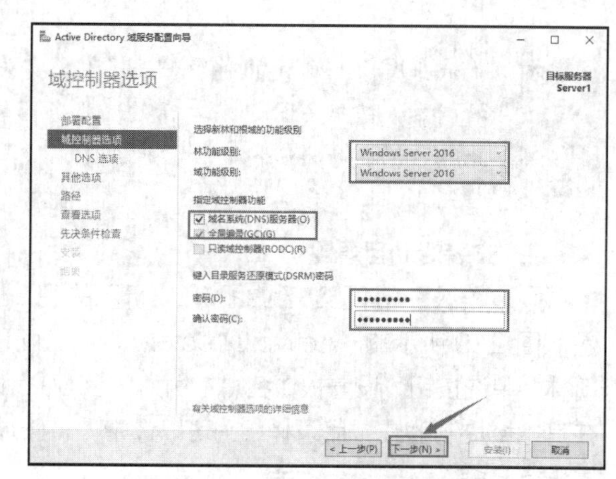
图 2-10 “域控制器选项”界面

② 设置“目录服务还原模式”密码。因为有时需要备份和还原活动目录，且还原活动目录（启动系统时按 F8 键）时必须进入“目录服务还原模式”，所以此处要求输入“目录服务还原模式”密码。由于该密码和管理员密码可能不同，所以一定要牢记。

③ 指定域控制器功能。因为默认在此服务器上直接安装 DNS 服务器，所以向导将自动创建 DNS 委派。无论 DNS 服务是否与 Active Directory 域服务集成，都必须将其安装在部署 Active Directory 域服务域目录林根域的第 1 台域控制器上。

④ 第 1 台域控制器需要扮演全局编录服务器的角色。

⑤ 第 1 台域控制器不可以是 RODC。

提示 安装后若要设置“林功能级别”，则可登录域控制器，打开“Active Directory 域和信任关系”窗口，用鼠标右键单击“Active Directory 域和信任关系”，在弹出的快捷菜单中选择“提升林功能级别”选项，再选择相应的林功能级别。正版的软件可在包装盒上查看其有效序列号。

STEP 3 单击“下一步”按钮，显示图 2-11 所示的警告信息，这对目前的操作不会产生影响，因此不必理会它，直接单击“下一步”按钮。

STEP 4 在图 2-12 所示的“其他选项”界面中，系统会自动为此域设置一个 NetBIOS 名称，也可以对其进行更改。如果名称已被占用，则安装程序会自动指定一个建议名称。设置完成后单击“下一步”按钮。

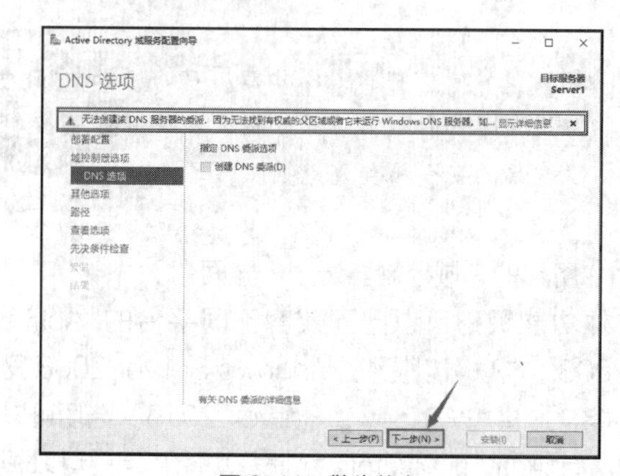
图 2-11 警告信息

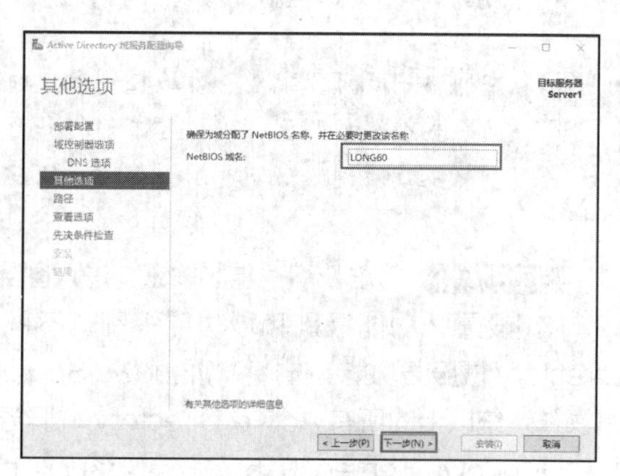
图 2-12 “其他选项”界面

STEP 5 在图 2-13 所示的“路径”界面中，用户可以单击“浏览”按钮更改相关路径。其中，“数据库文件夹”用来存储 AD DS 目录数据库，“日志文件文件夹”用来存储 AD DS 数据库的变更日志，以便于日常管理和维护。需要注意的是，“SYSVOL 文件夹”必须保存在 NTFS 格式的分区中。设置完成后单击“下一步”按钮。

STEP 6 在“查看选项”界面中单击“下一步”按钮。

STEP 7 在图 2-14 所示的“先决条件检查”界面中，如果所有先决条件检查都成功通过，则直接单击“安装”按钮开始安装，否则要先按提示排除问题。安装完成后计算机会自动重新启动。

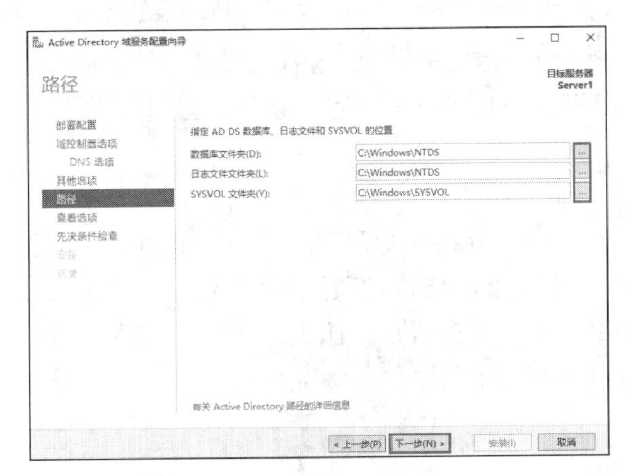

图 2-13 “路径”界面

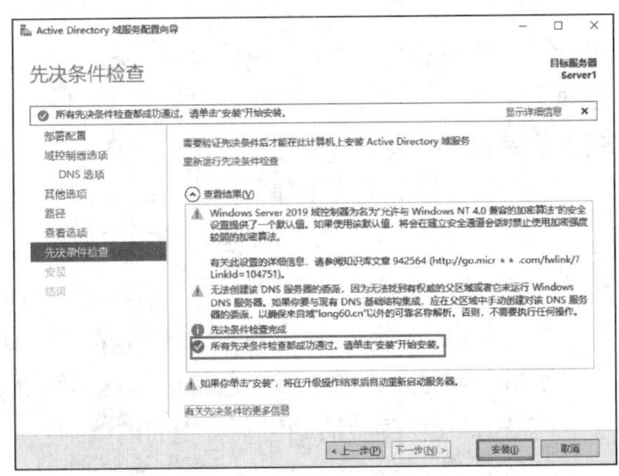

图 2-14 “先决条件检查”界面

STEP 8 重新启动后，计算机升级为域控制器，必须使用域用户账户登录，域用户账户的格式为“域名\用户账户”，如图 2-15（a）所示。选择界面左下角的“其他用户”选项可以更换登录用户，如图 2-15（b）所示。

- 用户 SamAccountName 登录。用户可以利用诸如 LONG60\Administrator 的名称来登录，其中 LONG60 是 NetBIOS 域名。同一个域中，此名称必须是唯一的。Windows NT、Windows 98 等旧版操作系统不支持 UPN 登录，因此，在这些计算机上登录时，只能使用此种登录方式。图 2-15（a）所示即此种登录方式。
- 用户 UPN 登录。用户可以利用与电子邮箱格式相同的名称来登录，如 administrator@long60.cn，此名称被称为用户主体名称（User Principal Name，UPN）。此名称在域目录林中是唯一的。图 2-15（b）所示即为此种登录方式。

（a）“SamAccountName 登录”界面

（b）“UPN 登录”界面

图 2-15 登录界面

3. 验证活动目录的安装

活动目录安装完成后，在 Server1 上可以从各方面进行验证。

（1）查看计算机名

选择“开始”→“Windows 系统”→“控制面板”→“系统和安全”→“系统”→“高级系统设置”选项，弹出“系统属性”对话框。选择“计算机名”，可以看到计算机已经由工作组成员变成了域成员，而且是域控制器，计算机名称已经变为“Server1.long60.cn”。

（2）查看管理工具

活动目录安装完成后，会添加一系列的活动目录管理工具，包括“Active Directory 用户和计算机”“Active Directory 站点和服务”“Active Directory 和信任关系”等。选择“开始”→“Windows 管理工具”选项，可以在“管理工具”中找到这些管理工具的快捷方式。“服务器管理器”窗口的“工具”菜单中也会增加这些管理工具。

（3）查看活动目录对象

选择“开始”→“Windows 管理工具”→“Active Directory 用户和计算机”选项，或者选择“服务器管理器”→“工具”→“Active Directory 用户和计算机”选项，打开“Active Directory 用户和计算机”窗口。可以看到公司的域名为 long60.cn，单击该域，窗口右侧的详细信息窗格中会显示域中的各个容器，其中包括一些内置容器，主要有以下几种。

- Builtin：存放活动目录域中的内置组账户。
- Computers：存放活动目录域中的计算机账户。
- Users：存放活动目录域中的一部分用户和组账户。
- Domain Controllers：存放域控制器的计算机账户。

（4）查看 Active Directory 域服务数据库

Active Directory 域服务数据库文件保存在%Systemroot%\Ntds（本例为 C:\Windows\ntds）文件夹中，其中的主要文件如下。

- Ntds.dit：数据库文件。
- Edb.chk：检查点文件。
- Temp.edb：临时文件。

（5）查看 DNS 记录

活动目录正常工作需要 DNS 服务器的支持。活动目录安装完成后，重新启动 Server1 时会向指定的 DNS 服务器注册 SRV 记录。

选择“开始”→“Windows 管理工具”→“DNS”选项，或者在“服务器管理器”窗口中选择右上方的“工具”→“DNS”选项，打开“DNS 管理器”窗口。一个注册了 SRV 记录的 DNS 服务器如图 2-16 所示。

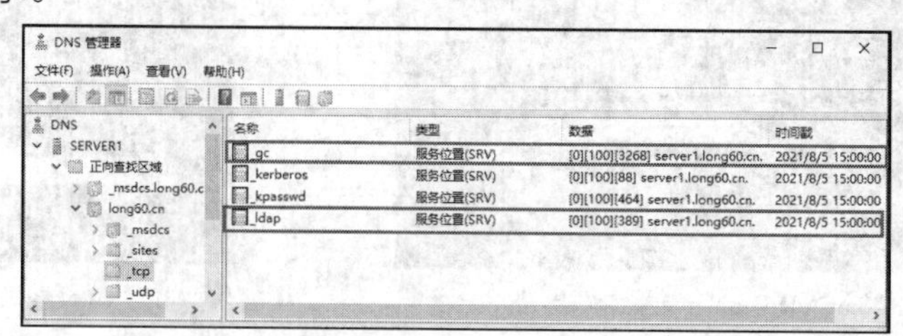

图 2-16 一个注册了 SRV 记录的 DNS 服务器

如果因为域成员本身的设置有误或者网络存在问题，它们无法将数据注册到 DNS 服务器，则可以在问题解决后重新启动这些计算机或利用以下方法来手动注册。

- 如果某域成员计算机的名称与 IP 地址没有正确注册到 DNS 服务器，则可到此计算机上运行 ipconfig /registerdns 命令来手动注册，完成后再到 DNS 服务器检查是否已有正确记录。例如，域成员计算机的名称为 Server1.long60.cn，IP 地址为 192.168.10.1，则检查域 long60.cn 内是否有 Server1 的记录，其 IP 地址是否为 192.168.10.1。
- 如果发现域控制器并没有将其扮演的角色注册到 DNS 服务器，也就是并没有类似图 2-16 所示的_tcp 等文件夹与相关记录，则可到此域控制器上选择“开始”→“Windows 管理工具”→“服务”选项，打开图 2-17 所示的窗口，选中“Netlogon”服务并单击鼠标右键，在弹出的快捷菜单中选择“重新启动”选项来实现注册，也可以使用以下命令来实现。

```
net stop netlogon
net start netlogon
```

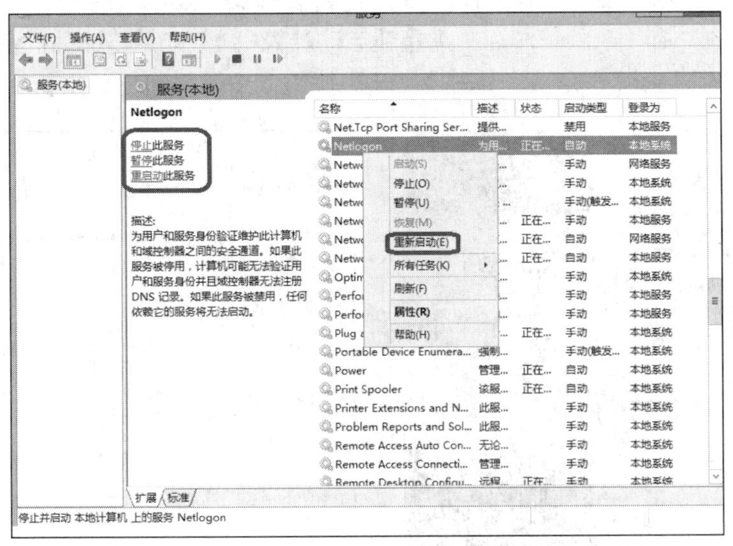

图 2-17　重新启动 Netlogon 服务

试一试　SRV 记录手动添加无效。将注册成功的 DNS 服务器中的 long60.cn 域下面的 SRV 记录删除一些，试着在域控制器上使用以上命令恢复 DNS 服务器中被删除的内容（使用命令后单击鼠标右键，在弹出的快捷菜单中选择“刷新”选项即可）。恢复成功了吗?

特别提示　“服务器管理器”窗口的“工具”菜单中包含“管理工具”的所有工具，因此，一般情况下，凡是集成在“管理工具”中的工具都能在“服务器管理器”窗口的“工具”菜单中找到。为了后面描述方便，后续项目中在提到工具时会采用其中一种方式且会简略表述。请读者从此刻开始，做到对打开“管理工具”和“服务器管理器”窗口的方法了然于心。

任务 2-2　将 MS1 加入 long60.cn 域

下面将 MS1（IP 地址为 192.168.10.100/24）独立服务器加入 long60.cn 域，并将 MS1 提升为 long60.cn 的成员服务器。MS1 与 Server1 的虚拟机网络连接模式都是“仅主机模式”。具体步骤如下。

STEP 1 在 MS1 服务器上确认“本地连接”属性中的 TCP/IP 首选 DNS 指向了 long60.cn 域的 DNS 服务器，即 192.168.10.1。

STEP 2 选择“开始”→“Windows 系统”→“控制面板”→“系统和安全”→“系统”→“高级系统设置”选项，弹出“系统属性”对话框。选择“计算机名”，单击“更改”按钮，弹出“计算机名/域更改”对话框，在“隶属于”选项组中选中“域”单选按钮，并输入要加入的域的名称“long60.cn”，单击“确定”按钮。

STEP 3 输入有权限加入该域的账户的名称和密码，单击“确定”按钮后重新启动计算机即可。例如，输入该域控制器 Server1.long60.cn 的管理员账户的名称和密码，如图 2-18 所示。

STEP 4 加入 long60.cn 域后（需重新启动计算机），其完整计算机名会包含域名，即图 2-19 所示的 MS1.long60.cn。单击“关闭”按钮，按照界面提示重新启动计算机。

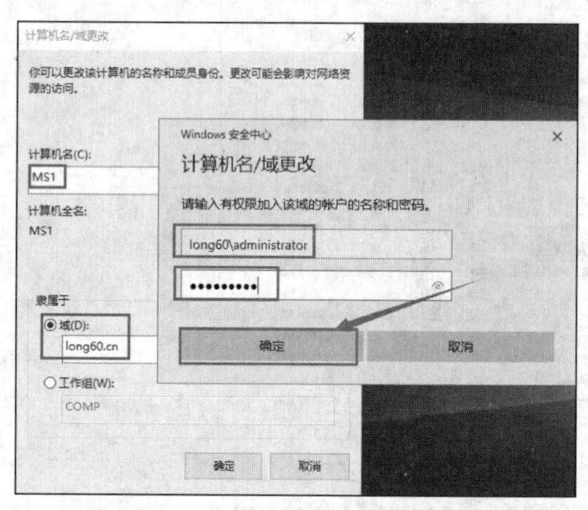

图 2-18　将 MS1 加入 long60.cn 域

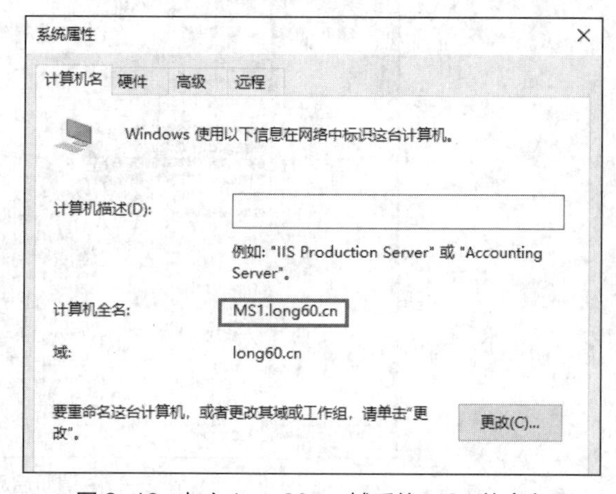

图 2-19　加入 long60.cn 域后的 MS1 的全名

提示 ① 装有 Windows 10 操作系统的计算机加入域的步骤和装有 Windows Server 2019 网络操作系统的计算机加入域的步骤相同。

② 加入域的计算机的账户会被创建在 Computers 窗口内。

任务 2-3　利用已加入域的计算机登录

除了利用本地账户登录，还可以在已经加入域的计算机上利用本地域用户账户登录。

1. 利用本地账户登录

在 MS1 登录界面中按“Ctrl+Alt+Delete”组合键后，进入图 2-20 所示的界面，图中默认让用户利用本地系统管理员 Administrator 的身份登录，因此只要输入 Administrator 的密码即可。

此时，系统会利用本地安全性数据库来检查账户与密码是否正确，如果正确，则可以成功登录，也可以访问计算机内的资源（若有权限），但无法访问域内其他计算机的资源，除非在连接其他计算机时再输入有权限的用户名与密码。

2. 利用本地域用户账户登录

如果要利用本地域管理员 Administrator 的身份登录，则可以选择图 2-20 所示界面左下角的“其他用户”选项，进入图 2-21 所示的“其他用户”登录界面，即利用本地域用户账户登录界面，输入本地域管理员的账户名（long60\administrator）与密码，单击“登录”按钮→即可进行登录。

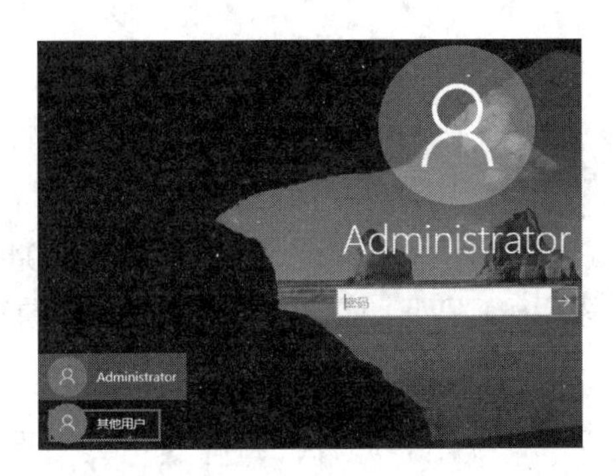

图 2-20　利用本地用户登录界面

图 2-21　利用本地域用户账户登录界面

注意　账户名前面要附加域名，如 long60.cn\administrator 或 long60\administrator，此时账户与密码会被发送给域控制器，并利用 Active Directory 域服务数据库来检查账户与密码是否正确，如果正确，则可以成功登录，也可以直接连接域内任何一台计算机并访问其中的资源（如果有权限），不需要手动输入用户名与密码。当然，也可以用 UPN 登录，如 administrator@long60.cn。

请思考在图 2-21 所示界面中，如何利用本地账户登录？输入用户名“MS1\administrator”及相应密码可以吗？

任务 2-4　安装额外域控制器与 RODC

一个域内有多台域控制器便可以拥有以下优势。

① 提高用户登录的效率。若同时有多台域控制器来为客户端提供服务，则可以分担用户身份验证（账户与密码）的负担，提高用户登录的效率。

② 提供容错功能。若有域控制器出现故障，则仍然可以由其他正常的域控制器来继续提供服务，因此对用户的服务不会停止。

在安装额外域控制器（Additional Domain Controller）时，需要将 Active Directory 域服务数据库从现有的域控制器复制到新的域控制器中。然而，若数据库的数据量非常庞大，则这个复制操作势必会增加网络负担，尤其是在新域控制器位于远程网络内时。系统提供了以下两种复制 Active Directory 域服务数据库的方式。

① 通过网络直接复制。若 Active Directory 域服务数据库的数据量庞大，则此方法会增加网络负担、影响网络效率。

② 通过安装介质复制。这种方法需要先到一台域控制器内制作安装介质，其中包含 Active Directory 域服务数据库；再将安装介质复制到 U 盘、CD（Compact Disc，小型光碟）、DVD（Digital Versatile Disc，数字通用光碟）等媒体或共享文件夹内；最后在安装额外域控制器时，要求安装向导到这个媒体或共享文件夹内读取安装介质内的 Active Directory 域服务数据库。这种方式可以大幅减小对网络造成的负担。若在安装介质制作完成之后，现有域控制器的 Active Directory 域服务数据库内有新的数据变动，则这些少量的数据会在完成额外域控制器的安装后，通过网络自动复制过来。

下面说明如何将图 2-22 所示网络拓扑图中的 Server2 升级为常规额外域控制器（可写域控制器），将 Server3 升级为 RODC。其中，Server2 为域 long60.cn 的成员服务器，Server3 为独立服务器。

1. 利用网络直接复制并安装额外域控制器

Server1、Server2 和 Server3 的网络连接模式都是“仅主机模式”，首先要保证 3 台服务器通信畅通。

STEP 1 在图 2-22 所示的服务器 Server2 与 Server3 上安装 Windows Server 2019，IP 地址等按照图 2-22 所示的信息来设置（图 2-22 中采用 TCP/IPv4），同时将 Server2 加入域 long60.cn。

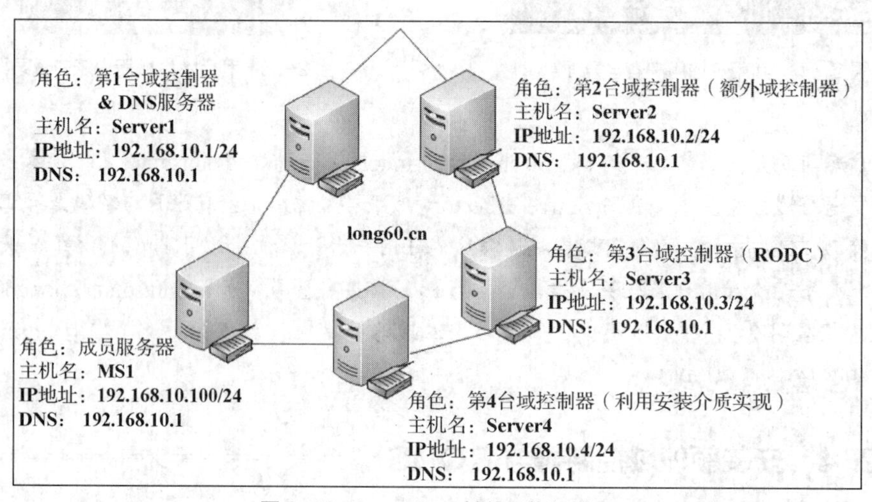

图 2-22 long60.cn 域的网络拓扑图

注意将计算机名称分别设置为 Server2 与 Server3 即可，等它们升级为域控制器后，会自动被改为 Server2.long60.cn 与 Server3.long60.cn。

STEP 2 在 Server2 上安装 Active Directory 域服务。操作方法与第 1 台域控制器的完全相同。安装完 Active Directory 域服务后，单击“将此服务器提升为域控制器”超链接，开始活动目录的安装。

STEP 3 当进入“部署配置”界面时，选中“将域控制器添加到现有域”单选按钮，在“域”文本框中直接输入“long60.cn”，或者单击“选择”按钮进行“域”的选择操作。单击“更改”按钮，弹出“Windows 安全中心”对话框，指定可以通过相应主域控制器验证的用户账户凭据，该用户账户必须隶属于 Domain Admins 组，且拥有域管理员权限，例如，根域控制器的管理员账户 long60\administrator（或 long60.cn\administrator），如图 2-23 所示。

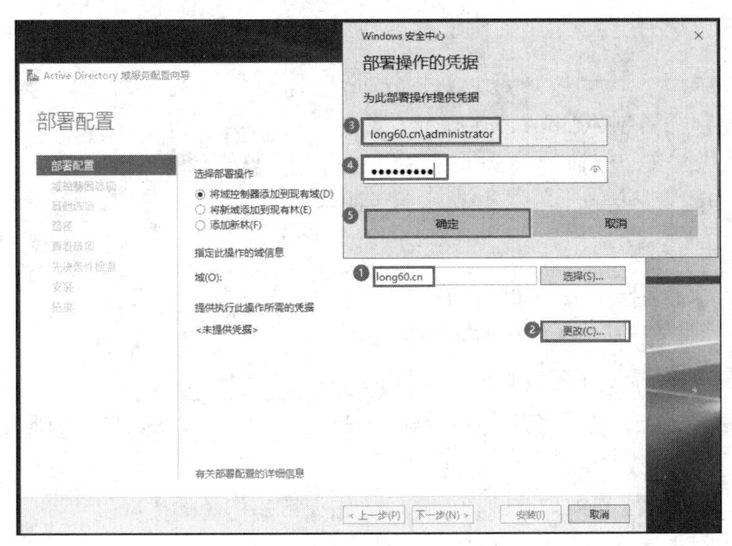

图 2-23 “部署配置”界面

注意 只有 Enterprise Admins 或 Domain Admins 组内的用户有权建立其他域控制器。若现在登录的账户不属于这两个组（例如，现在登录的账户为本机 Administrator），则需另外指定有权限的用户账户，如图 2-23 所示。

STEP 4 单击“下一步”按钮，进入图 2-24 所示的“域控制器选项”界面。

① 选择是否在此服务器上安装 DNS 服务器（默认是），本例选择在 Server2 上安装 DNS 服务器。

② 选择是否将其设定为全局编录服务器（默认是）。

③ 选择是否将其设定为 RODC（默认否）。

④ 设置目录服务还原模式密码。

STEP 5 单击“下一步”按钮，进入图 2-25 所示的“DNS 选项”界面，取消勾选“更新 DNS 委派”复选框。注意，如果不存在 DNS 委派却勾选了此复选框，则在后面将会报错。

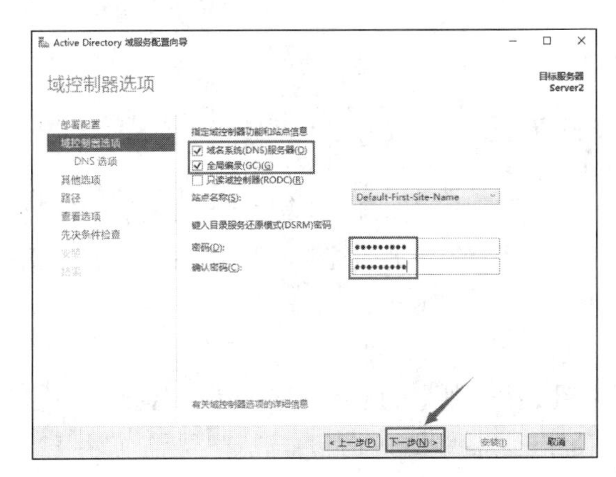

图 2-24 “域控制器选项”界面

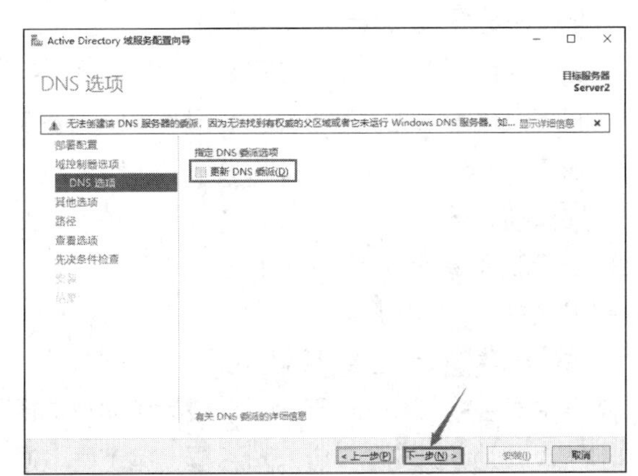

图 2-25 “DNS 选项”界面

STEP 6 单击“下一步”按钮，进入图 2-26 所示的界面，继续单击“下一步”按钮，会直接从其他任何一台域控制器复制 Active Directory 域服务数据库。

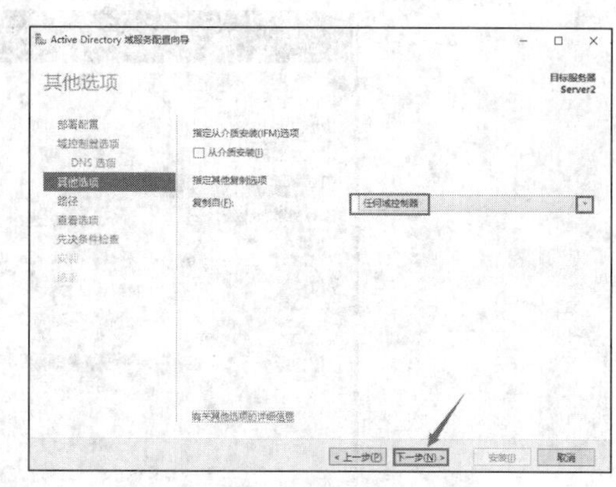

图 2-26 “其他选项”界面

STEP 7 在图 2-27 所示的“路径”界面中可直接单击“下一步”按钮。

① 数据库文件夹：用来存储 Active Directory 域服务数据库。

② 日志文件文件夹：用来存储 Active Directory 域服务数据库的变更日志，此日志文件可用来修复 Active Directory 域服务数据库。

③ SYSVOL 文件夹：用来存储域共享文件（如组策略相关的文件）。

STEP 8 在“查看选项”界面中单击“下一步”按钮。

STEP 9 在图 2-28 所示的“先决条件检查”界面中，若所有先决条件检查都成功通过，则直接单击“安装”按钮开始安装，否则请先根据界面提示排除问题。

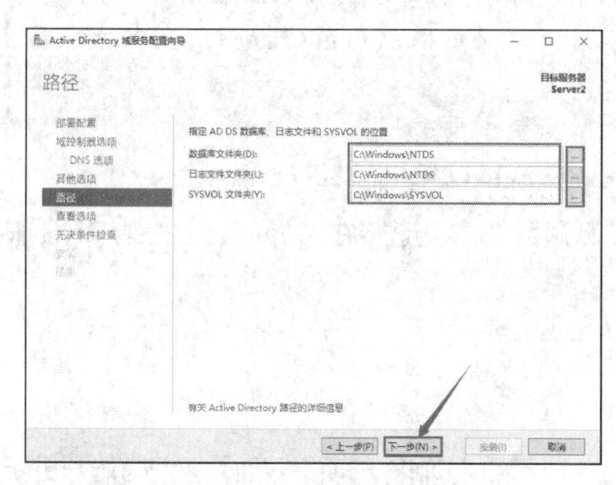

图 2-27 “路径”界面

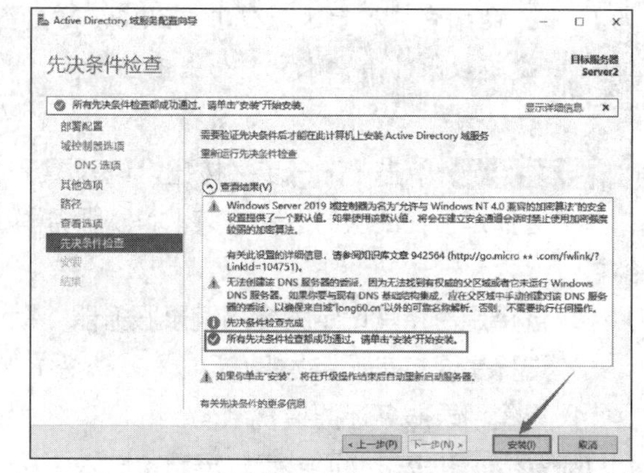

图 2-28 “先决条件检查”界面

STEP 10 安装完成后计算机会自动重新启动，请重新登录。

2. 利用网络直接复制并安装 RODC

在 Server3 上安装 RODC，Server3 为独立服务器。Server2 和 Server3 的网络连接模式都是“仅主机模式”，首先要保证两台服务器通信畅通。

STEP 1 在 Server3 上安装 Active Directory 域服务。操作方法与第 1 台域控制器的完全相同。安装完 Active Directory 域服务后，单击“将此服务器提升为域控制器”超链接，开始活动目录的安装。

STEP 2 当进入“部署配置”界面时，选中“将域控制器添加到现有域”单选按钮，在“域”文本框中直接输入“long60.cn”，或者单击“选择”按钮进行“域”的选择操作。单击“更改”按钮，弹出“Windows 安全中心”对话框，指定可以通过相应主域控制器验证的用户账户凭据，该用户账户必须隶属于 Domain Admins 组，拥有域管理员权限，例如，根域控制器的管理员账户 long60\

administrator，如图 2-29 所示。

STEP 3 单击“下一步”按钮，进入图 2-30 所示的“域控制器选项”界面，勾选“只读域控制器(RODC)”复选框，设置目录服务还原模式密码，单击“下一步”按钮，直到安装成功，计算机自动重新启动。

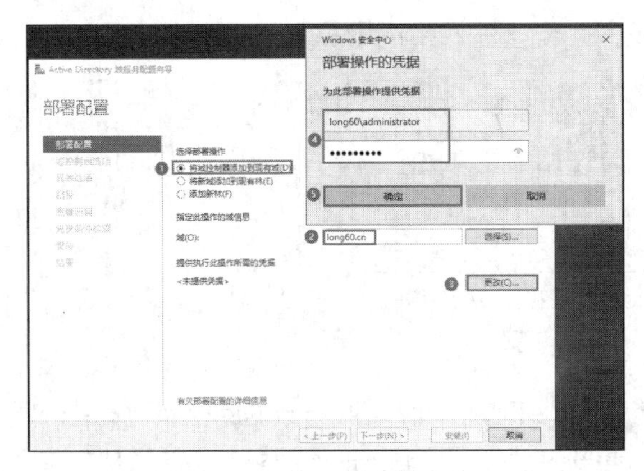

图 2-29 “部署配置”界面

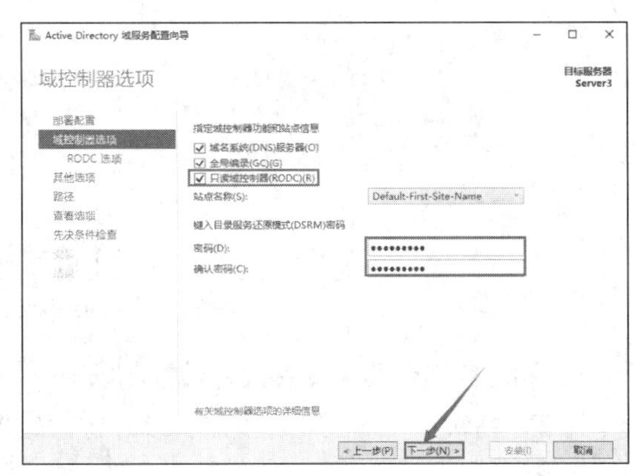

图 2-30 “域控制器选项”界面

STEP 4 选择“开始”→“Windows 管理工具”→“DNS”选项，分别打开 Server1、Server2、Server3 的“DNS 管理器”窗口，检查 DNS 服务器内是否有域控制器 Server2.long60.cn 与 Server3.long60.cn 的相关记录，如图 2-31 所示（Server2、Server3 上的 DNS 服务器与此类似）。

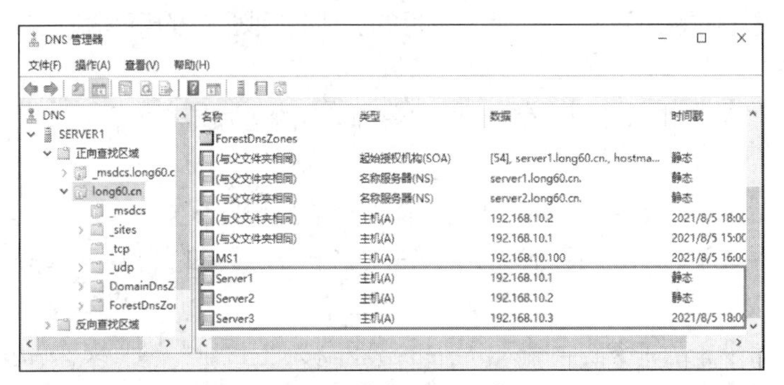

图 2-31 检查 DNS 服务器

Server2、Server3 这两台域控制器的 Active Directory 域服务数据库的内容是从其他域控制器复制过来的，而原本这两台计算机内的本地账户会被删除。

注意 在服务器 Server1（第 1 台域控制器）升级为域控制器之前，原本位于本地安全性数据库内的本地账户会在升级后被转移到 Active Directory 域服务数据库内，且被放置到 Users 容器内，这台域控制器的计算机账户会被放置到 Domain Controllers 组织单位中，其他加入域的计算机账户默认会被放置到 Computers 容器内。

只有在创建域内的第 1 台域控制器时，服务器原来的本地账户才会被转移到 Active Directory 域服务数据库内，创建其他域控制器（如本例中的 Server2、Server3）时，服务器原来的本地账户并不会被转移到 Active Directory 域服务数据库内，而是会被删除。

STEP 5 选择“开始”→“Windows 管理工具”→“Active Directory 用户和计算机”选项，分别打开 Server1、Server2、Server3 的“Active Directory 用户和计算机”窗口，检查 Domain Controllers 组织单位中是否存在 Server1、Server2、Server3（只读）等域控制器，如图 2-32 所示（Server2、Server3 上的情况与此类似）。

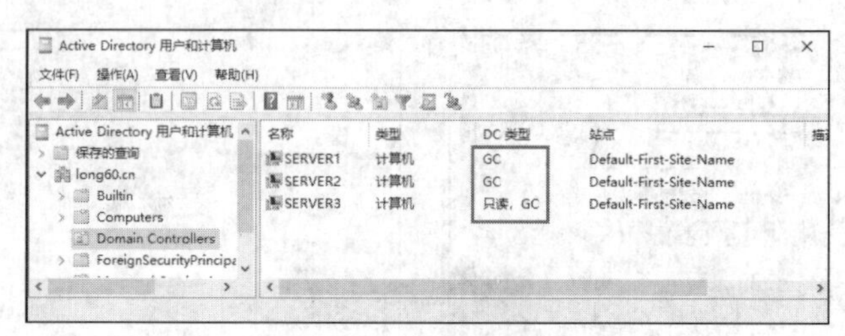

图 2-32 “Active Directory 用户和计算机”窗口

3. 利用安装介质来安装额外域控制器

先在一台域控制器上制作安装介质，也就是将 Active Directory 域服务数据库存储到安装介质内，并将安装介质复制到 U 盘或共享文件夹内；再在安装额外域控制器时，要求安装向导从安装介质中读取 Active Directory 域服务数据库。这种方式可以大幅减轻对网络造成的负担（为提升效率，操作本例时，可暂时将 Server2 和 Server3 挂机）。

（1）制作安装介质

到现有的域控制器上执行 ntdsutil 命令制作安装介质。

- 若此安装介质是要给可写域控制器使用的，则需到现有的可写域控制器上执行 ntdsutil 命令。
- 若此安装介质是要给 RODC 使用的，则需到现有的可写域控制器或 RODC 上执行 ntdsutil 命令。

STEP 1 在域控制器 Server1 上利用域管理员的身份登录。

STEP 2 选择“开始”→“运行”命令，在“运行”对话框的“打开”文本框中输入“CMD”，单击“确定”按钮。

STEP 3 在命令提示符窗口中输入以下命令后，按“Enter”键（操作界面可参考图 2-33）。

```
ntdsutil
```

STEP 4 在 ntdsutil 提示符下执行以下命令。

```
activate  instance  ntds
```

此命令会将域控制器的 Active Directory 域服务数据库设置为“使用中”。

STEP 5 在 ntdsutil 提示符下执行以下命令。

```
ifm
```

STEP 6 在 ifm 提示符下执行以下命令。

```
create  sysvol  full  C:\InstallationMedia
```

注意 此命令假设要将安装介质的内容存储到 C:\InstallationMedia 文件夹内。其中，sysvol 表示要制作包含 ntds.dit 与 SYSVOL 的安装介质；full 表示要制作供可写域控制器使用的安装介质。若是要制作供 RODC 使用的安装介质，则可将 full 改为 RODC。

STEP 7 成功创建 IFM 媒体信息后连续执行两次 quit 命令来结束 ntdsutil。图 2-33 所示为制作安装介质时的部分操作界面。

```
管理员: 命令提示符 - ntdsutil
Microsoft Windows [版本 10.0.14393]
(c) 2016 Microsoft Corporation。保留所有权利。

C:\Users\Administrator>ntdsutil
ntdsutil: activate instance ntds
活动实例设置为“ntds”。
ntdsutil: ifm
ifm: create sysvol full c:\InstallationMedia
正在创建快照...
成功生成快照集 {ad53b40f-67bd-4dba-8063-bdb7d29c81be}。
快照 {c6c493b8-0723-4a60-9013-794b3c8ce060} 已作为 C:\$SNAP_202002171423_VOLUMEC$\ 装载
已装载快照 {c6c493b8-0723-4a60-9013-794b3c8ce060}。
已装载快照 {c6c493b8-0723-4a60-9013-794b3c8ce060}。
正在启动碎片整理模式...
     源数据库: C:\$SNAP_202002171423_VOLUMEC$\Windows\NTDS\ntds.dit
     目标数据库: c:\InstallationMedia\Active Directory\ntds.dit

                  Defragmentation  Status (% complete)

          0    10   20   30   40   50   60   70   80   90  100
          |----|----|----|----|----|----|----|----|----|----|
          ...................................................

正在复制注册表文件...
正在复制 c:\InstallationMedia\registry\SYSTEM
正在复制 c:\InstallationMedia\registry\SECURITY
正在复制 SYSVOL...
正在复制 c:\InstallationMedia\SYSVOL
正在复制 c:\InstallationMedia\SYSVOL\long.com
正在复制 c:\InstallationMedia\SYSVOL\long.com\Policies
```

图 2-33　制作安装介质时的部分操作界面

STEP 8 将 C:\InstallationMedia 文件夹内的所有数据复制到 U 盘或共享文件夹内。

（2）安装额外域控制器

STEP 1 将 U 盘或共享文件夹内的安装介质放到即将扮演额外域控制器角色的 Server4（可以复制生成，但必须重整）中，本例将其放到 Server4 的“C:\InstallationMedia”文件夹内。设置 Server4 的计算机名称为 Server4，IP 地址为 192.168.10.4/24，DNS 服务器的 IP 地址为 192.168.10.1。

STEP 2 安装额外域控制器的方法与前面讲的大致相同，因此下面仅列出不同之处。在图 2-34 所示的界面中勾选“从介质安装”复选框，并在“路径”处指定存储安装介质的文件夹“C:\InstallationMedia”。在安装过程中会从安装介质所在的文件夹“C:\InstallationMedia”复制 Active Directory 域服务数据库。

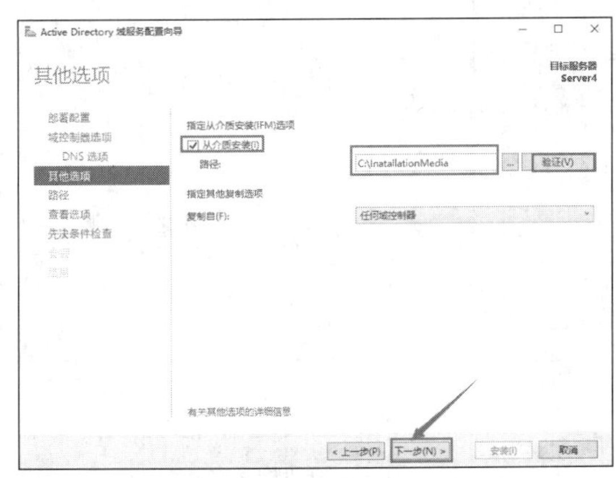

图 2-34　勾选“从介质安装”复选框

4. 修改 RODC 的委派设置与密码复制策略设置

若要修改密码复制策略设置或 RODC 系统管理工作的委派设置，则可在打开图 2-35 所示的“Active Directory 用户和计算机”窗口后，选择 Domain Controllers 中扮演 RODC 角色的域控制器，再单击上方的属性图标，在弹出的“属性”对话框中，通过图 2-36 所示的“密码复制策略”与“管理者”选项卡来进行设置。

也可以选择“开始”→“Windows 管理工具”→“Active Directory 管理中心”选项，通过“Active Directory 管理中心”窗口来修改上述设置：打开“Active Directory 管理中心”窗口后，选择 Domain Controllers 中扮演 RODC 角色的域控制器，如图 2-37 所示，选择“任务”窗格中的“属性”选项，通过图 2-38 所示的“管理者”选项与“扩展”选项中的“密码复制策略”选项卡来设置。

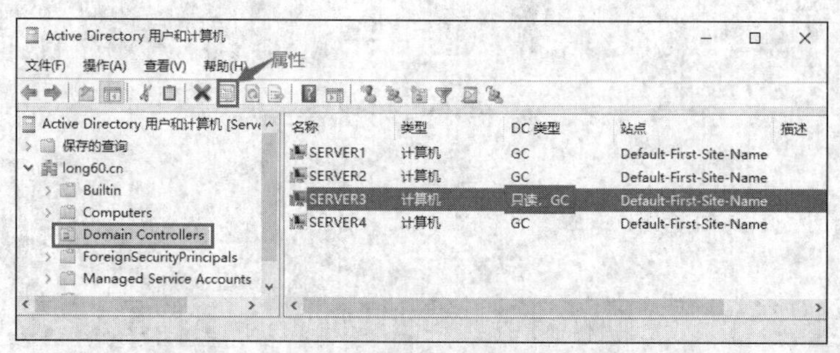

图 2-35 “Active Directory 用户和计算机”窗口

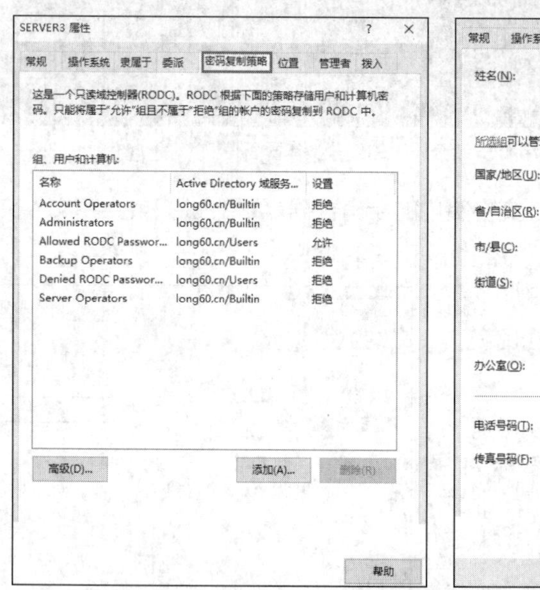

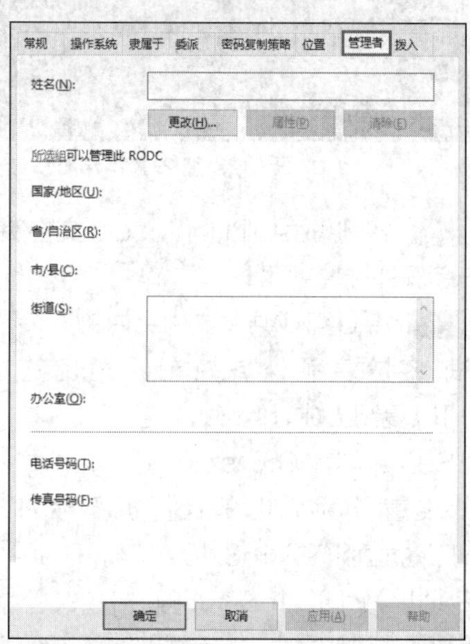

图 2-36 “密码复制策略”与“管理者”选项卡

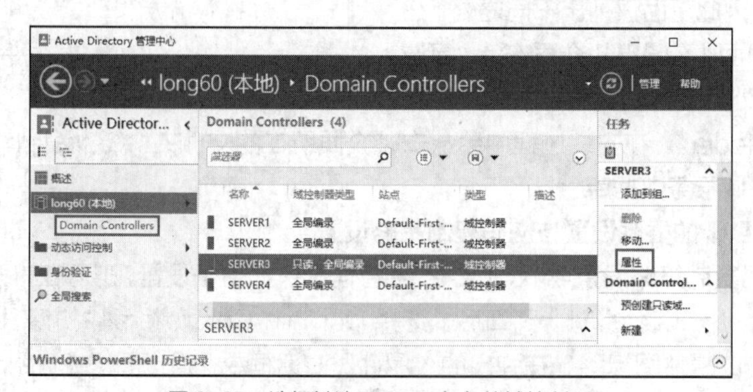

图 2-37 选择扮演 RODC 角色的域控制器

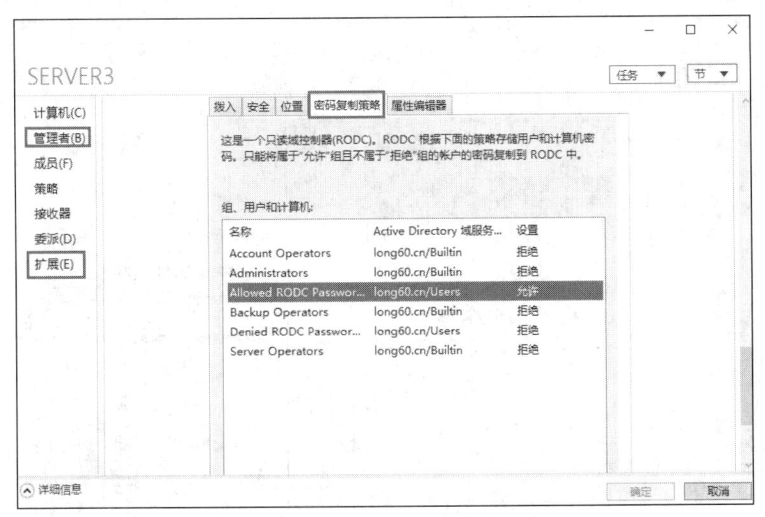

图 2-38 “密码复制策略”选项卡

5. 验证额外域控制器是否正常运行

Server1 是第 1 台域控制器，Server2 已经被提升为额外域控制器，现在可以将成员服务器 MS1 的首选 DNS 指向 Server1，将其备用 DNS 指向 Server2，当 Server1 发生故障时，Server2 可以负责域名解析和身份验证等工作，从而实现不间断服务。

STEP 1 在 MS1 上配置“首选 DNS”的 IP 地址为 192.168.10.1，“备用 DNS”的 IP 地址为 192.168.10.2。

STEP 2 在 Server1 的“Active Directory 用户和计算机”窗口中建立供测试用的域用户 domainuser1（新建用户时，姓名和用户登录名都是 domainuser1）。刷新 Server2、Server3 的“Active Directory 用户和计算机”窗口中的 Users 容器，发现 domainuser1 几乎同时同步到了这两台域控制器上。

STEP 3 将 Server1 暂时关闭，在 VMware 中也可以将 Server1 暂时挂起。

STEP 4 在MS1上注销原来的Administrator账户后，以“其他用户”的身份登录，使用 long60.cn\domainuser1 登录域，如图 2-39 所示，观察是否能够登录成功，如果能够登录成功，则说明可以提供活动目录的不间断服务，也验证了额外域控制器安装成功。下面转到 Server2 上进行操作。

图 2-39 在 MS1 上使用域账户“domainuser1”登录验证

STEP 5 选择 Server2 的“服务器管理器”→“工具”→“Active Directory 站点和服务”选项，打开“Active Directory 站点和服务”窗口，选择“Sites”→“Default-First-Site-Name”→“Servers”→“SERVER2”→“NTDS Settings”选项并单击鼠标右键，在弹出的快捷菜单中选择“属性”选项，如图 2-40 所示。

STEP 6 在弹出的属性对话框中取消勾选“全局编录”复选框，如图 2-41 所示。

STEP 7 在“服务器管理器”窗口中选择“工具”→“Active Directory 用户和计算机”选项，打开“Active Directory 用户和计算机”窗口，选择“Domain Controllers”选项，可以看到 Server2 的“DC 类型”由之前的“GC”变为现在的“DC”，如图 2-42 所示。

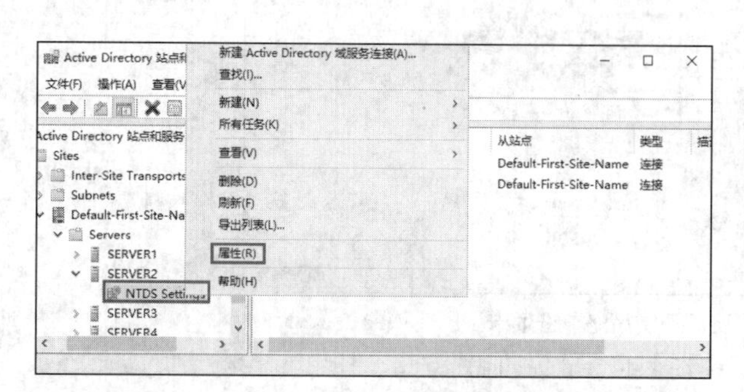

图 2-40 “Active Directory 站点和服务”窗口

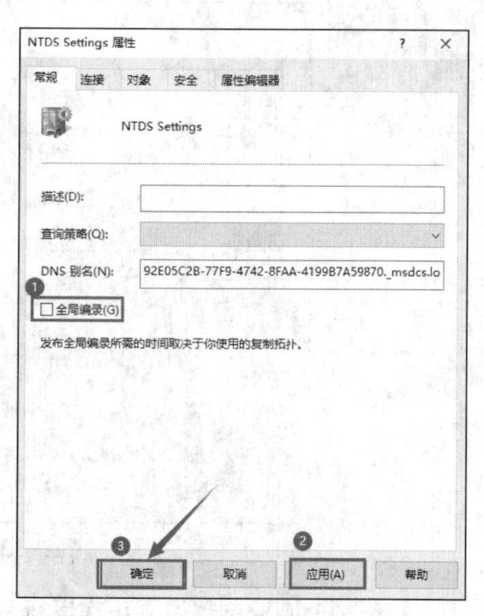

图 2-41 取消勾选“全局编录”复选框

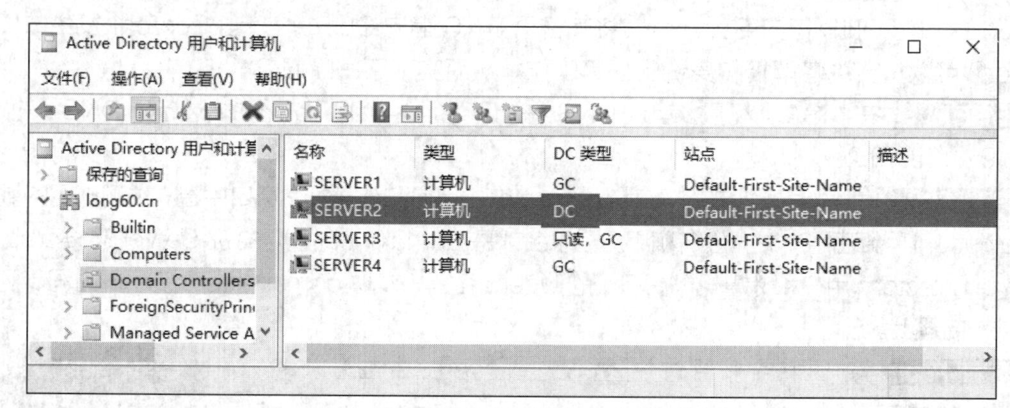

图 2-42 查看 Server 2 的“DC 类型”

任务 2-5 转换服务器角色

Windows Server 2019 网络操作系统的服务器在域中可以扮演 3 种角色：域控制器、成员服务器和独立服务器。当一台装有 Windows Server 2019 网络操作系统的成员服务器安装了活动目录后，它就成为域控制器，域控制器可以对用户的登录等进行验证。装有 Windows Server 2019 网络操作系统的成员服务器还可以只加入域，而不安装活动目录，此时服务器的主要功能是提供网络资源，这样的服务器称为成员服务器。严格来说，独立服务器和域没有什么关系，如果服务器不加入域，也不安装活动目录，则称其为独立服务器。服务器的 3 种角色的转换如图 2-43 所示。

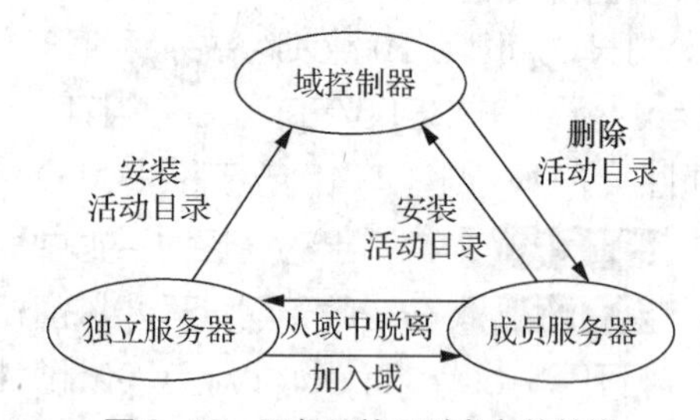

图 2-43 服务器的 3 种角色的转换

1. 域控制器降级

在域控制器上把活动目录删除，服务器就降级为成员服务器或独立服务器了。下面以将图 2-3 所示的 Server2 降级为例，介绍具体步骤。（切记，Server1 必须正常开启！）

（1）删除活动目录注意要点

用户删除活动目录就是将域控制器降级。降级域控制器时要注意以下 3 点。

① 如果要被降级的域控制器所在的域内还有其他域控制器，则它将被降级为该域的成员服务器。

② 如果要被降级的域控制器是其所在域的最后一个域控制器，则该域控制器将被删除，而该计算机被降级为独立服务器。降级后，该域内将不存在任何域控制器。

③ 如果要被降级的域控制器扮演“全局编录”的角色，则将其降级后，它将不再担当“全局编录”的角色，因此要先确定网络中是否还有其他“全局编录”域控制器。如果没有，则要先指派一台域控制器来扮演“全局编录”的角色，否则将影响用户的登录操作。

提示 指派“全局编录”角色时，可以选择“开始”→“Windows 管理工具”→“Active Directory 站点和服务”→“Sites”→“Default-First-Site-Name”→“Servers”选项，展开要扮演“全局编录”角色的服务器名称，用鼠标右键单击“NTDS Settings”选项，在弹出的快捷菜单中选择“属性”选项，在“NTDS Settings 属性”对话框中勾选“全局编录”复选框。

（2）删除活动目录

STEP 1 以管理员身份登录 Server2，单击“服务器管理器”按钮，在图 2-44 所示的窗口中选择“管理”→“删除角色和功能”选项。

STEP 2 在图 2-45 所示的窗口中取消勾选“Active Directory 域服务”复选框，在弹出的“删除角色和功能向导”对话框中单击“删除功能”按钮。

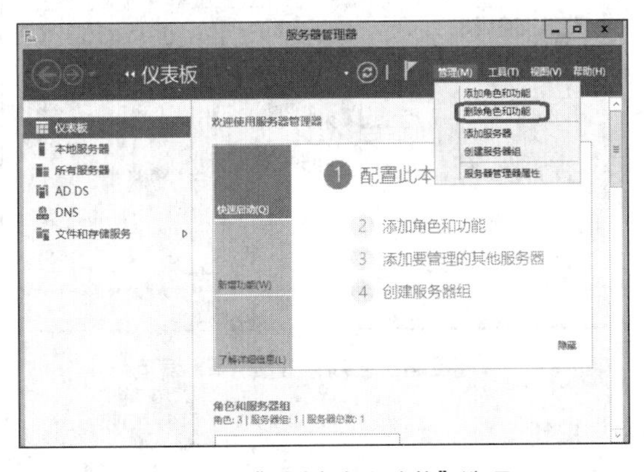

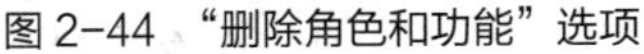
图 2-44 “删除角色和功能”选项

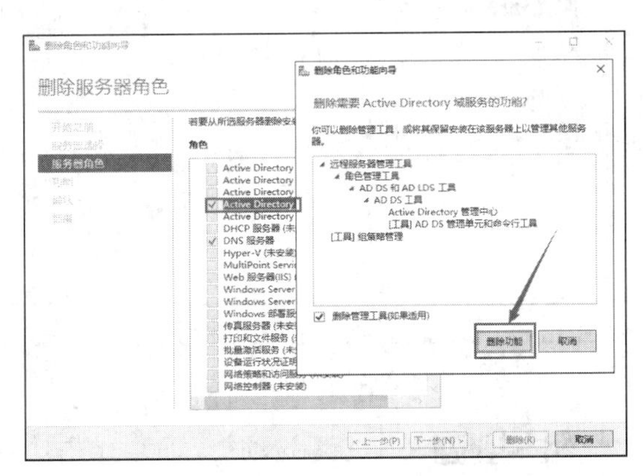

图 2-45 删除服务器角色和功能

STEP 3 在图 2-46 所示的对话框中单击“将此域控制器降级”超链接，将域控制器降级。

STEP 4 在图 2-47 所示的“Active Directory 域服务配置向导”窗口中，如果当前的用户有权删除此域控制器，则单击“下一步”按钮，否则单击“更改”按钮来输入新的账户的名称与密码。

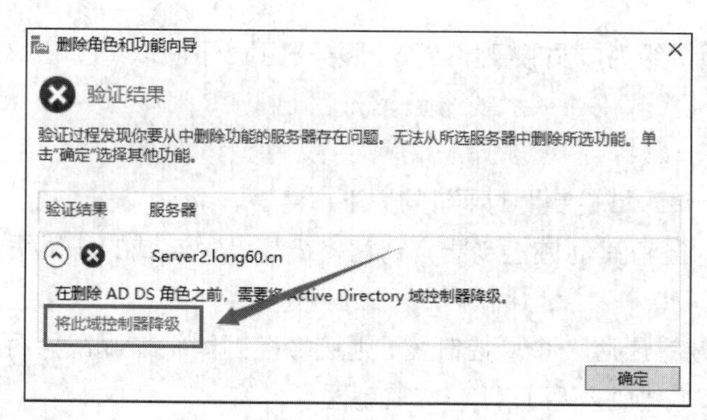

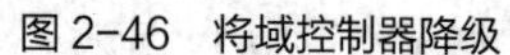
图 2-46　将域控制器降级

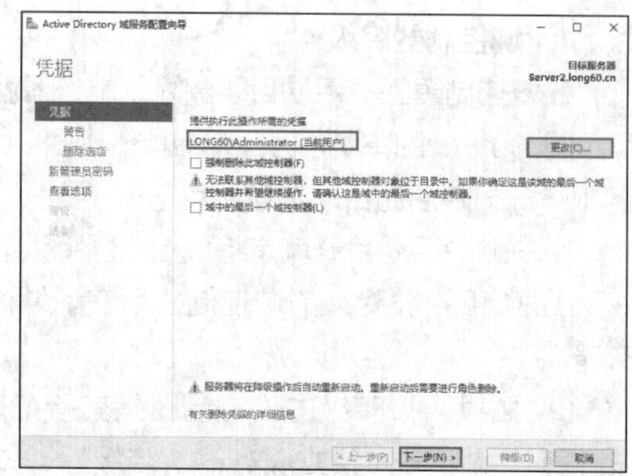

图 2-47　"Active Diretory 域服务配置向导"窗口

提示　如果因故无法删除域控制器（例如，在删除域控制器时，需要能够先连接到其他域控制器，但是一直无法连接，或者要删除的域控制器是域中的最后一个域控制器），则勾选图 2-47 所示窗口中的"强制删除此域控制器"复选框即可，一般情况下保持默认设置，即取消勾选此复选框。

STEP 5　在图 2-48 所示的"警告"界面中勾选"继续删除"复选框后，单击"下一步"按钮。

STEP 6　在图 2-49 所示的"新管理员密码"界面中为这台即将被降级为独立服务器或成员服务器的计算机设置本地 Administrator 的新密码，单击"下一步"按钮。

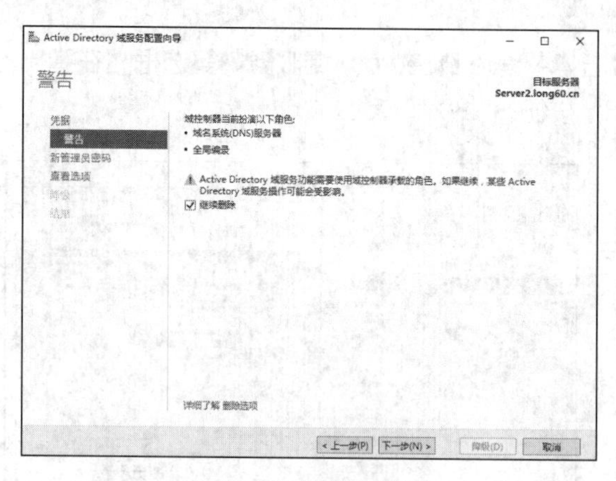

图 2-48　"警告"界面

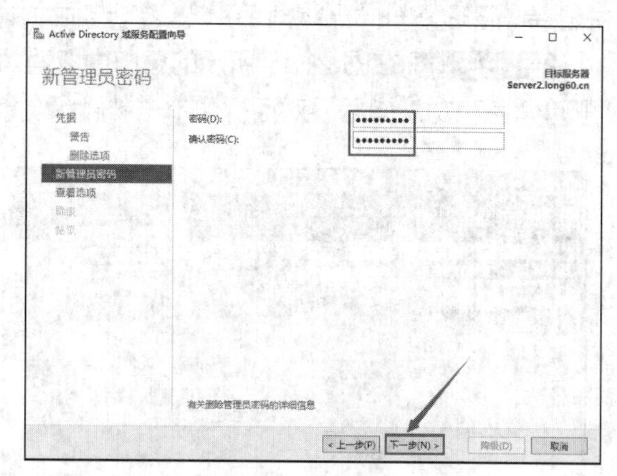

图 2-49　"新管理员密码"界面

STEP 7　在"查看选项"界面中单击"降级"按钮。

STEP 8　计算机自动重新启动后，请以域管理员账户重新登录。（图 2-49 中设置的是降级后的 Server2 的本地管理员密码。）

注意　虽然这台服务器已经不再是域控制器了，但此时其 Active Directory 域服务组件仍然存在，并没有被删除。因此，如有需要可以直接将其升级为域控制器。

STEP 9 在“服务器管理器”窗口中选择“管理”→“删除角色和功能”选项。

STEP 10 在“开始之前”界面中单击“下一步”按钮。

STEP 11 确认“服务器选择”界面中的服务器选择无误后，单击“下一步”按钮。

STEP 12 在图 2-50 所示的界面中取消勾选“Active Directory 域服务”复选框，在弹出的“删除角色和功能向导”对话框中单击“删除功能”按钮。

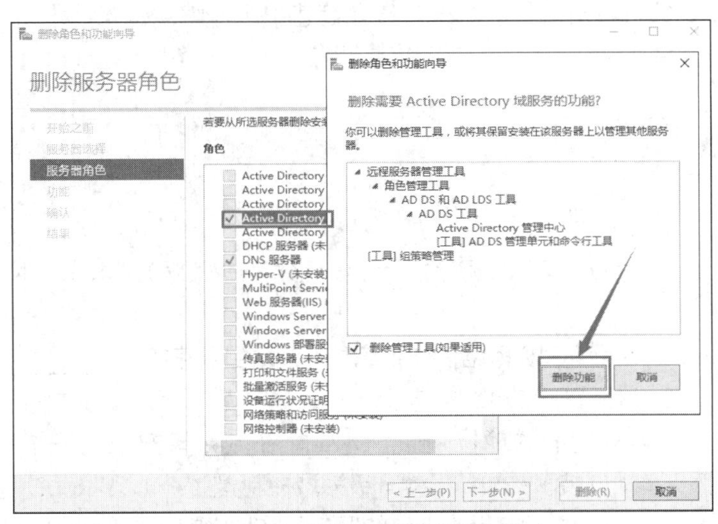

图 2-50　删除服务器角色和功能

STEP 13 返回“删除服务器角色”界面时，确认“Active Directory 域服务”复选框已经被取消勾选（也可以一起取消勾选“DNS 服务器”复选框）后，单击“下一步”按钮。

STEP 14 进入“功能”界面时，单击“下一步”按钮。

STEP 15 在“确认”界面中单击“删除”按钮，完成后重新启动计算机。

2. 成员服务器降级为独立服务器

删除 Server2 中的 Active Directory 域服务后，它降级为域 long60.cn 中的成员服务器。现在将该成员服务器继续降级为独立服务器。

首先在 Server2 上以域管理员（long60\administrator）或本地管理员（Server2\ administrator）身份登录。登录成功后，选择“开始”→“Windows 系统”→“控制面板”→“系统和安全”→“系统”→“高级系统设置”选项，弹出“系统属性”对话框，选择“计算机名”，单击“更改”按钮，弹出“计算机名/域更改”对话框；在“隶属于”选项组中选中“工作组”单选按钮，并输入服务器从域中脱离后要加入的工作组的名称（本例为 WORKGROUP），单击“确定”按钮；输入有权限让 Server2 脱离该域的账户的名称和密码，确定后重新启动计算机即可。

至此，Server2 就变成一台独立服务器了。

2.4 拓展阅读　我国计算机的主奠基者

在我国计算机发展的历史长河中，有一位做出突出贡献的科学家，他也是我国计算机的主奠基者，你知道他是谁吗？

他就是华罗庚教授——我国计算技术的奠基人和最主要的开拓者之一。华罗庚教授在数学上的造诣和成就深受世界科学家的赞赏。在美国任访问研究员时，华罗庚教授的心里就已经开始勾画我国电子计算机事业的蓝图了！

华罗庚教授于 1950 年回国，1952 年在全国高等学校院系调整时，他从清华大学电机系物色了闵乃大、夏培肃和王传英 3 位科研人员，在他任所长的中国科学院应用数学研究所内建立了中国第一个电子计算机科研小组。1956 年在筹建中国科学院计算技术研究所时，华罗庚教授担任筹备委员会主任。

2.5 习题

一、填空题

1. 通过 Windows Server 2019 网络操作系统组建客户机/服务器模式的网络时，应该将网络配置为________。
2. 在 Windows Server 2019 网络操作系统中，活动目录存放在________中。
3. 在 Windows Server 2019 网络操作系统中安装________后，计算机即成为一台域控制器。
4. 同一个域中的域控制器的地位是________。在域目录树中，子域和根域的信任关系是________。独立服务器上安装了________就升级为域控制器。
5. Windows Server 2019 网络操作系统的服务器在域中的 3 种角色是________、________和________。
6. 活动目录的逻辑结构包括________、________、________和________等。
7. 物理结构的 3 个重要概念是________、________和________。
8. 无论 DNS 服务器服务是否与 Active Directory 域服务集成，都必须将其安装在部署 Active Directory 域服务域目录林根域的第________台域控制器上。
9. Active Directory 域服务数据库文件保存在________。
10. 解决在 DNS 服务器中未能正常注册 SRV 记录的问题时，需要重新启动________服务。

二、判断题

1. 在一台装有 Windows Server 2019 网络操作系统的计算机上安装活动目录后，计算机就成了域控制器。 （ ）
2. 客户机在加入域时，需要正确设置首选 DNS 服务器的 IP 地址，否则无法加入。 （ ）
3. 在一个域中，至少有一个域控制器（服务器），也可以有多个域控制器。 （ ）
4. 管理员只能在服务器上对整个网络实施管理。 （ ）
5. 域中所有账户信息都存储于域控制器中。 （ ）
6. 组织单位是应用组策略和委派责任的最小单位。 （ ）
7. 一个组织单位只指定一个受委派管理员，不能为一个组织单位指定多个管理员。 （ ）
8. 同一域目录林中的所有域都显式或者隐式地相互信任。 （ ）
9. 一个域目录树不能称为域目录林。 （ ）

三、简答题

1. 什么时候需要安装多个域目录树?
2. 什么是活动目录、域、域目录树和域目录林?
3. 什么是信任关系?
4. 为什么在域中常常需要 DNS 服务器?
5. 活动目录中存放了什么信息?

2.6 项目实训　部署与管理 Active Directory 域服务

一、实训目的

- 掌握规划和安装局域网中的活动目录的方法和技巧。
- 掌握创建域目录林根域的方法和技巧。
- 掌握安装额外域控制器的方法和技巧。
- 掌握创建子域的方法和技巧。
- 掌握创建双向、可传递的林信任关系的方法和技巧。
- 掌握备份与恢复活动目录的方法和技巧。
- 掌握将服务器的 3 种角色相互转换的方法和技巧。

二、项目环境

随着公司的发展壮大，已有的工作组模式的网络已经不能满足公司的业务需求。经过多方论证，确定了公司服务器的拓扑结构，如图 2-51 所示。服务器操作系统选择 Windows Server 2019。

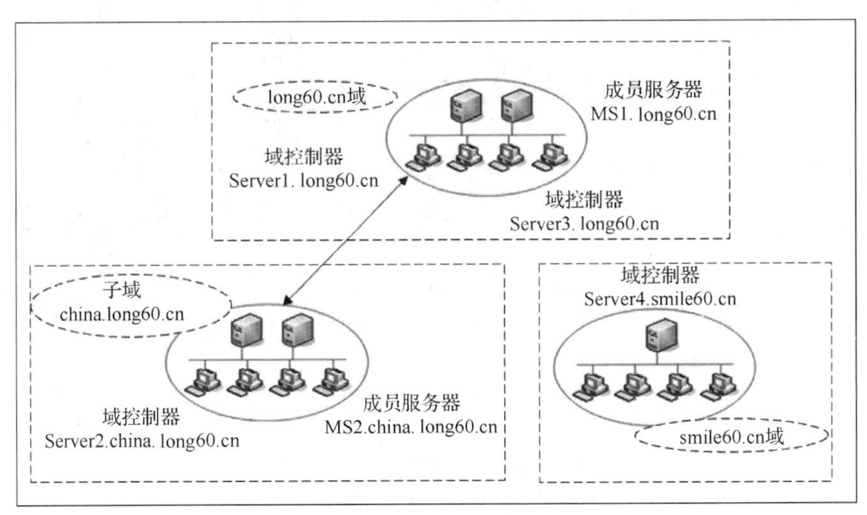

图 2-51　项目实训网络拓扑结构

三、项目要求

根据图 2-51 所示的拓扑结构，构建满足公司需求的域环境。具体要求如下。

① 创建域 long60.cn，其域控制器的计算机名称为 Server1。

② 安装额外域控制器 Server3.long60.cn。

③ 检查安装后的域控制器。将独立服务器 MS1 加入域 long60.cn。

④ 创建子域 china.long60.cn，其域控制器的计算机名称为 Server2。

⑤ 将 MS1 降级为独立服务器，修改计算机名称为 MS2，并将其加入子域 china.long60.cn，使其成为子域的成员服务器。

⑥ 创建域 smile60.cn，其域控制器的计算机名称为 Server4。

⑦ 创建 long60.cn 和 smile60.cn 间的双向、可传递的林信任关系。

⑧ 备份 smile60.cn 域中的活动目录，并利用备份进行恢复。

⑨ 建立组织单位 sales，在其下建立用户 testdomain，并委派对组织单位的管理。

四、做一做

独立完成项目实训，检查学习效果。

提示 实训中用到的初始虚拟机可通过恢复 Server1～Server4、MS1 的快照得到。

项目3 管理用户账户和组

安装完网络操作系统，并完成网络操作系统的环境配置后，管理员应规划一个安全的网络环境，为用户提供有效的资源访问服务。Windows Server 2019 通过建立账户（包括用户账户和组账户）并赋予账户合适的权限，保证网络和计算机资源的使用合法性，确保数据访问、存储和交换满足安全需求。

如果是单纯的工作组模式的网络，则需要使用“计算机管理”工具来管理本地用户和组；如果是域模式的网络，则需要通过“Active Directory 管理中心”和“Active Directory 用户和计算机”工具管理整个域环境中的用户和组。

学习要点

- 理解管理用户账户的方法。
- 掌握管理本地用户账户和组的方法。
- 掌握一次添加多个用户账户的方法。
- 掌握管理域组账户的方法。
- 掌握组的使用原则。

素质要点

- 了解中国国家顶级域名“CN”，了解中国互联网发展中的大事，激发学生的自豪感。
- “古之立大事者，不惟有超世之才，亦必有坚忍不拔之志”，鞭策学生努力学习。

3.1 项目基础知识

域管理员需要为每一个域用户分别建立一个用户账户，使其可以利用相应账户来登录域、访问网络中的资源。域管理员同时需要了解如何有效利用组，以便高效地管理资源的访问。

3-1 微课 管理用户账户和组（一）

域管理员可以利用“Active Directory 管理中心”或“Active Directory 用户和计算机”工具来建立与管理域用户账户。当用户利用域用户账户登录域后，便可以直接连接域内的所有成员计算机，访问有权访问的资源。换句话说，域用户在一台域成员计算机上成功登录后，要连接域内的其他成员计算机时，并不需要再登录到被访问的计算机，这个功能称为单点登录。

> **提示** 本地用户账户并不具备单点登录的功能，也就是说，利用本地用户账户登录域后，再连接其他计算机时，需要再登录到被访问的计算机。

在服务器升级为域控制器之前，位于其本地安全数据库内的本地账户会在服务器升级为域控制器后被转移到 Active Directory 域服务数据库内，并且被放置到 Users 容器内，可以通过“Active Directory 管理中心”窗口来查看原本地账户的变化情况，如图 3-1 所示（可先单击该窗口上方的树视图图标，图中已用矩形标注）。同时，这台服务器的计算机账户会被放置到图 3-1 所示的组织单位 Domain Controllers 内。其他加入域的计算机账户默认会被放置到图 3-1 所示的 Computers 容器内。

图 3-1 “Active Directory 管理中心”窗口

在服务器升级为域控制器后，也可以通过“Active Directory 用户和计算机”窗口来查看本地账户的变化情况，如图 3-2 所示。

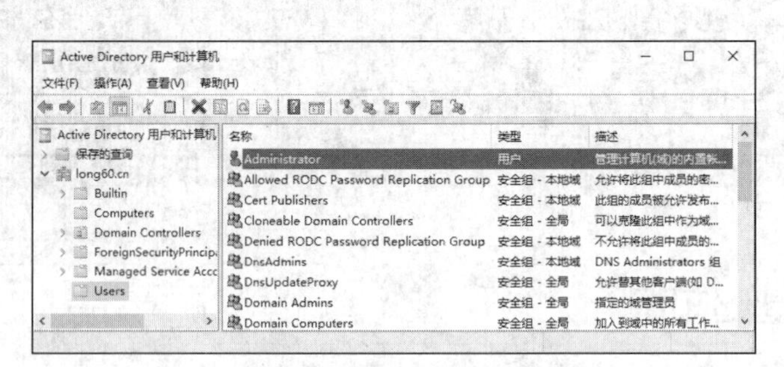

图 3-2 “Active Directory 用户和计算机”窗口

3.1.1 规划新的用户账户

Windows Server 2019 支持两种用户账户：域账户和本地账户。域账户可以登录到域上，并获得访问该网络中资源的权限；本地账户只能登录到一台特定的计算机上，并访问其资源。

遵循以下约定和规则可以简化账户创建后的管理工作。

1. 命名约定

- 账户名必须唯一，即本地账户在本地计算机上必须是唯一的。
- 账户名不能包含以下字符：*、;、?、/、\、[、]、:、|、=、,、+、<、>、"。
- 账户名最长不能超过 20 个字符。

2. 密码规则

- 一定要给 Administrator 账户指定一个密码，以防止他人随便使用该账户。
- 确定是管理员还是用户拥有密码的控制权。可以给每个用户账户指定一个唯一的密码，并防止其他用户对其进行更改，也可以允许用户在第一次登录时输入自己的密码。一般情况下，用户应可以控制自己的密码。
- 密码不能设置得太简单，不能让他人随意猜出。
- 密码最多可由 128 个字符组成，推荐最小长度为 8 个字符。
- 密码应由大小写字母、数字，以及合法的非字母、非数字的字符混合组成，如“P@$$word”。

3.1.2 本地用户账户

本地用户账户仅允许用户登录并访问创建该账户的计算机。当创建本地用户账户时，Windows Server 2019 仅在%Systemroot%\System32\config 文件夹下的安全账号管理器（Security Account Manager，SAM）数据库中创建相应账户，如 C:\Windows\System32\config\sam。

Windows Server 2019 默认只有 Administrator 账户和 Guest 账户。Administrator 账户可以执行计算机管理的所有操作；而 Guest 账户是为临时访问用户设置的，默认是禁用的。

Windows Server 2019 为每个账户提供了名称，如 Administrator、Guest 等，这些名称是为了方便用户记忆、输入和使用而提供的。本地计算机中的用户账户是不允许重复的。而系统内部则使用安全标识符（Security Identifier，SID）来识别用户身份，每个用户账户都对应一个唯一的 SID，这个 SID 在用户创建时由系统自动建立。系统指派角色、授予资源访问权限等都需要使用 SID。当删除一个用户账户后，重新创建名称相同的账户并不能获得先前账户的权限。用户登录后，可以在命令提示符窗口中输入并执行“whoami /logonid”命令查询当前用户账户的 SID。

3.1.3 本地组概述

对用户进行分组管理可以更加有效并且灵活地分配设置权限，并可以方便管理员对 Windows Server 2019 进行具体的管理。如果使用 Windows Server 2019 的计算机被安装为成员服务器（而不是域控制器），那么它将自动创建一些本地组。如果将特定角色添加到计算机中，则将创建额外的组，用户可以执行与该组角色相对应的任务。例如，计算机被配置成 DHCP 服务器后将创建管理和使用 DHCP 服务的本地组。

可以在“服务器管理器”→“工具”→“计算机管理”→“本地用户和组”→“组”文件夹中查看默认组。常用的默认组包括以下几种：Administrators、Backup Operators、Guests、Power Users、Print Operators、Remote Desktop Users、Users 等。

除了上述默认组及管理员自己创建的组，系统中还有一些特殊身份的组：Anonymous Logon、Everyone、Network、Interactive。

3.1.4 创建组织单位与域用户账户

可以将用户账户创建到任何一个容器或组织单位内。下面先创建名称为“网络部”的组织单位，再在其内建立域用户账户 Rose、Jhon、Mike、Bob、Alice。

创建组织单位“网络部”的方法如下。选择“服务器管理器”→“工具”→“Active Directory 管理中心”选项，打开“Active Directory 管理中心”窗口，选中“域名”选项并单击鼠标右键，在弹出的快捷菜单中选择“新建”→“组织单位”选项，打开图 3-3 所示的“创建组织单位:网络部”窗口，输入组织单位名称“网络部”，单击“确定”按钮。

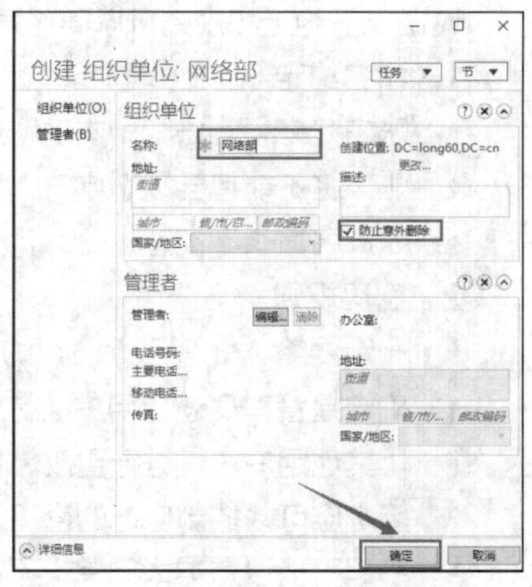

图 3-3 “创建组织单位:网络部”窗口

注意 图 3-3 所示窗口中默认已经勾选了“防止意外删除”复选框，因此无法将此组织单位删除，除非取消勾选此复选框。若使用“Active Directory 用户和计算机”工具，则选择“查看”→“高级功能”选项，选中此组织单位并单击鼠标右键，在弹出的快捷菜单中选择“属性”选项，在弹出的对话框中取消勾选“对象”选项卡（见图 3-4）中的“防止对象被意外删除”复选框。

在组织单位“网络部”内建立用户账户 Jhon 的方法如下：选中组织单位“网络部”并单击鼠标右键，在弹出的快捷菜单中选择“新建用户”选项，在打开的窗口中创建账户，如图 3-5 所示。注意，域用户的密码默认至少需要 7 个字符，且不可以包含用户账户名称（指用户 SamAccountName）或全名，至少要包含 A~Z、a~z、0~9、非字母非数字（如!、$、≠、%）4 组字符中的 3 组。例如，P@ssw0rd 是有效的密码，而 ABCDEF 是无效的密码。若要修改此默认值，则请参考后面相关内容的介绍。根据相同的方法，在该组织单位内创建 Rose、Mike、Bob、Alice 4 个账户（如果 Mike 账户已经存在，则请将其移动到“网络部”组织单位内）。

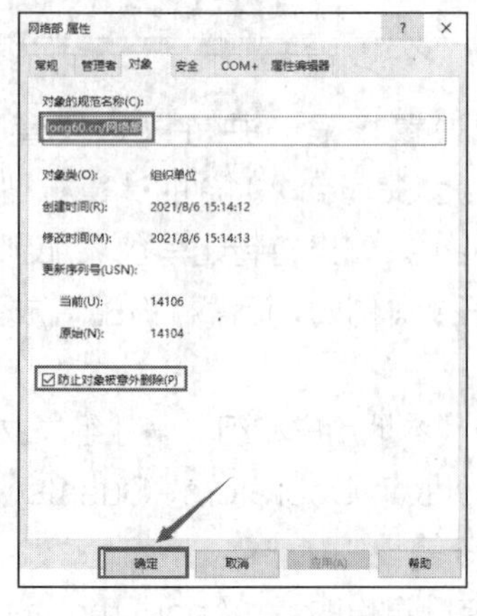

图 3-4 “对象”选项卡

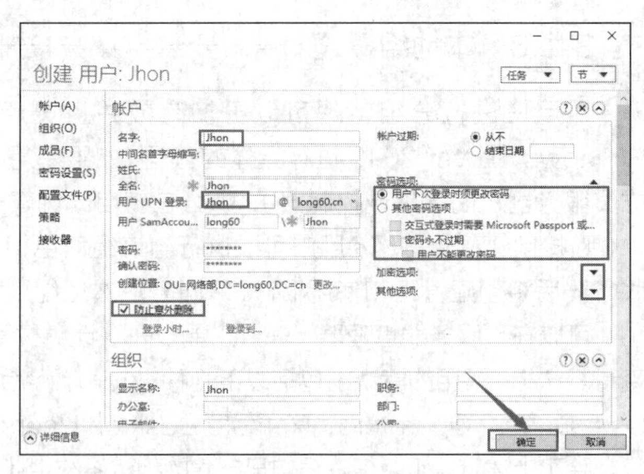

图 3-5 “创建用户：Jhon”窗口

3.1.5 用户登录账户

域用户可以在域成员计算机（域控制器除外）上利用两种账户登录方式来登录域，它们分别是用户 UPN 登录与用户 SamAccountName 登录。一般的域用户默认是无法在域控制器上登录的，图 3-6 所示的 Alice 用户是在“Active Directory 管理中心”窗口中打开的。

- 用户 UPN 登录。UPN 的格式与电子邮件账户的相同，例如，Alice@long60.cn 这个名称只能在隶属于域的计算机上登录域时使用，如图 3-7 所示。在整个域目录林内，这个名称必须是唯一的。

注意 请在 MS1 成员服务器上登录域，默认一般的域用户不能在域控制器上进行本地登录，除非赋予其“允许本地登录”权限。

UPN 并不会随着账户被移动到其他域而改变。例如，用户 Alice 的用户账户位于 long60.cn 域内，其默认的 UPN 为 Alice@long60.cn，即使之后此账户被移动到域目录林中的另一个域内，如移动到 smile60.cn 域内，其 UPN 仍然是 Alice@long60.cn，不会发生改变，因此 Alice 仍然可以继续使用原来的 UPN 登录。

- 用户 SamAccountName 登录。long60.cn\Alice 是旧格式的登录账户。Windows 2000 Server 之前版本的旧客户端需要使用这种格式的名称来登录域。在隶属于域的 Windows 2000 Server（含）之后的计算机上也可以采用这种名称来登录域，如图 3-8 所示。在同一个域内，这个名称必须是唯一的。

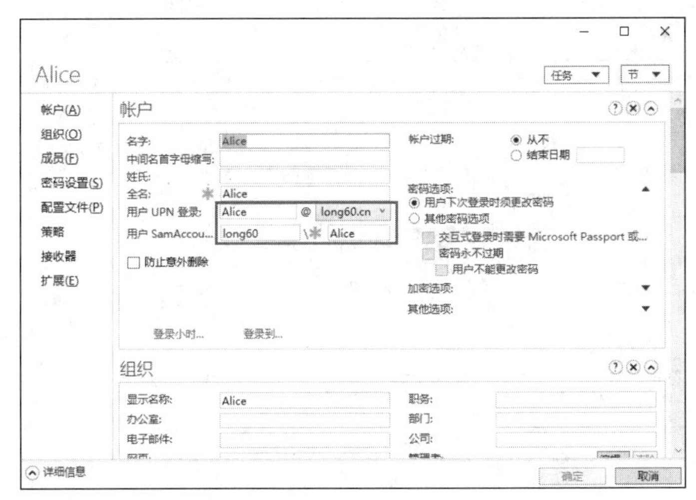

图 3-6 Alice 域账户属性

图 3-7 用户 UPN 登录

图 3-8 用户 SamAccountName 登录

提示 在“Active Directory 用户和计算机”窗口中，上述用户使用 UPN 登录时，用户登录名称表示为 Alice@long60.cn；上述用户使用 SamAccountName 登录时，用户登录名称（Windows 2000 Server 之前的版本）表示为 long60.cn\Alice。

3.1.6 创建 UPN 后缀

用户账户的 UPN 后缀默认是账户所在域的域名。例如，用户账户被建立在 long60.cn 域内，则其 UPN 后缀为 long60.cn。在下面这些情况下，用户可能希望能够改用其他后缀。

- 因 UPN 的格式与电子邮件账户的相同，故用户可能希望其 UPN 可以与电子邮件账户相同，以便无论是登录域还是收发电子邮件，都可使用一致的名称。
- 若域目录树内有多层子域，则域名会太长，如 network.jinan.long60.cn，UPN 后缀也会过长，这将造成用户在登录时的不便。

可以通过新建 UPN 后缀的方式来让用户拥有替代后缀，步骤如下。

STEP 1 选择"服务器管理器"→"工具"→"Active Directory 域和信任关系"选项，打开"Active Directory 域和信任关系"窗口，如图 3-9 所示，单击属性图标。

图 3-9 "Active Directory 域和信任关系"窗口

STEP 2 在图 3-10 所示的对话框中输入新的 UPN 后缀后，单击"添加"按钮并单击"确定"按钮，单击"应用"按钮后，再次单击"确定"按钮。注意：UPN 后缀不一定是 DNS 格式的，例如，可以是 long60.cn，也可以是 long60。

STEP 3 完成后，就可以通过"Active Directory 管理中心"（或"Active Directory 用户和计算机"）窗口来修改用户的 UPN 后缀了，此例修改为 long60，如图 3-11 所示。请在成员服务器 MS1 上以 Alice@long60 身份登录域，看是否能成功登录。

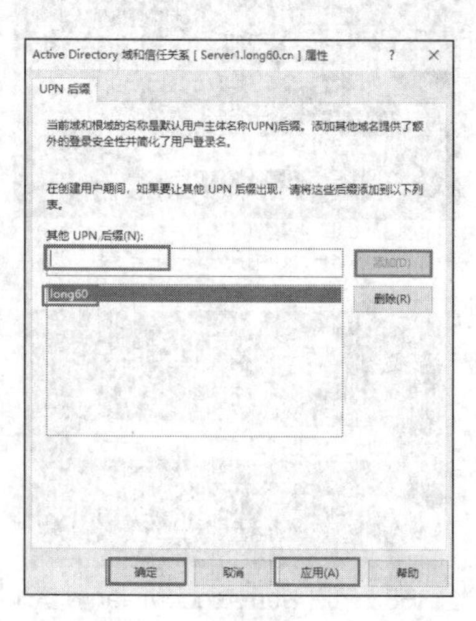

图 3-10 添加 UPN 后缀

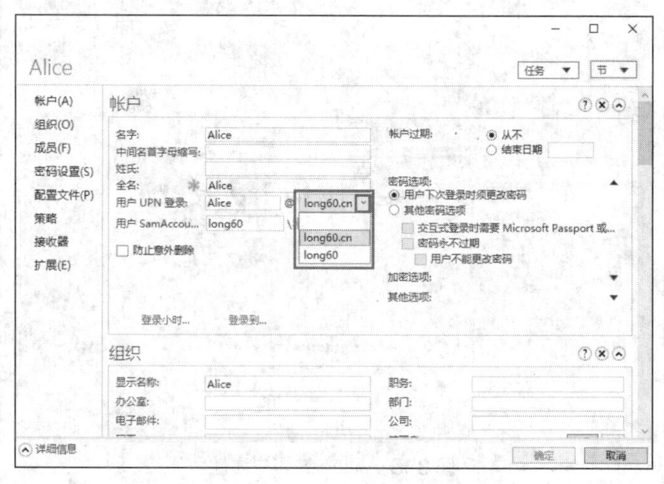

图 3-11 修改用户的 UPN 后缀

3.1.7 域用户账户的一般管理

一般管理是指重置密码、禁用（启用）账户、移动账户、重命名、删除账户与解锁账户等。

可以在“Active Directory 管理中心”窗口中选择想要管理的用户账户后，通过右侧的选项来进行设置，如图 3-12 所示。

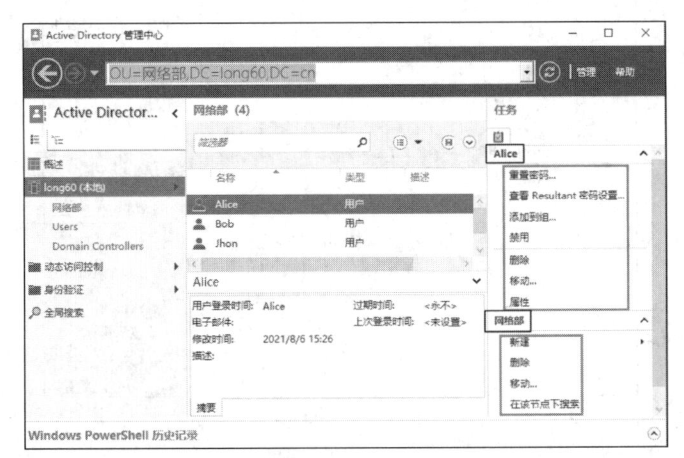

图 3-12　用户账户的一般管理

- 重置密码。当用户忘记密码或密码到期时，系统管理员可以为用户设置一个新的密码。
- 禁用（启用）账户。若某位员工因故在一段时间内无法来上班，则可以先将该员工的账户禁用，待该员工回来上班后，再将其账户重新启用。若用户账户已被禁用，则用户账户图形上会有一个向下的箭头符号。
- 移动账户。可以将账户移动到同一个域内的其他组织单位或容器内。
- 重命名。重命名（可通过选中用户账户并单击鼠标右键，在弹出的快捷菜单中选择“属性”选项的方法来进行重命名）以后，该用户原来所拥有的权限与组关系都不会受到影响。例如，当某员工离职时，可以暂时先将其用户账户禁用，等到新员工进入公司并接替其工作时，再将此账户名称改为新员工的名称，并重新设置密码，更改登录账户名称，修改其他相关个人信息，重新启用此账户。

说明　①在每一个用户账户创建完成之后，系统都会为其建立一个唯一的 SID，系统是利用 SID 来代表用户的，同时权限设置等都是通过 SID 来记录的，而不是通过用户名称来记录的。例如，在某个文件的权限列表内，它会记录哪些 SID 具备哪些权限，而不是哪些用户名称拥有哪些权限。

②由于用户账户名称或登录名称更改后，其 SID 并没有被改变，因此用户的权限与组关系都不变。

③可以双击用户账户或选择“属性”选项来更改用户账户名称与登录名称等相关设置。

- 删除账户。若某个账户以后再也用不到了，就可以将其删除。将账户删除后，即使再新建一个相同名称的用户账户，此新账户也不会继承原账户的权限与组关系，因为系统会给予新账户一个新的 SID，所以对于系统来说，这是两个不同的账户。
- 解锁账户。可以通过组策略管理器的账户策略来设置用户输入密码失败多少次后，就将账户锁定，而系统管理员可以利用下面的方法来解锁账户：双击相应用户账户，单击图 3-13 所示窗口中的“解锁账户”按钮（只有账户被锁定后才会显示此按钮）。

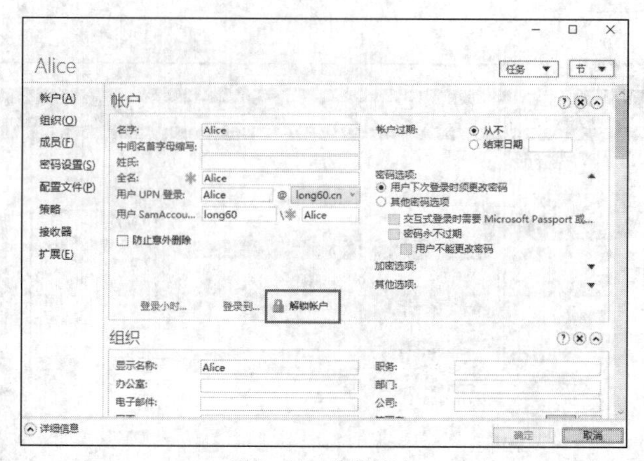

图 3-13　解锁账户

提示　设置账户策略的参考步骤如下：在“组策略管理”窗口中选择“Default Domain Policy GPO”［或其他域级别的组策略对象（Group Policy Object，GPO）］选项并单击鼠标右键，在弹出的快捷菜单中选择“编辑”→“计算机配置”→“策略”→“Windows 设置”→“安全设置”→“账户策略”→“账户锁定策略”选项。

3.1.8　设置域用户账户的属性

每一个域用户账户内都有一些相关的属性信息，如地址、电话号码与电子邮件地址等，域用户可以通过这些属性来查找 Active Directory 域服务数据库内的用户。例如，通过电话号码来查找用户。因此，为了更容易地找到所需的用户账户，这些属性信息应该越完整越好。下面通过“Active Directory 管理中心”窗口来介绍用户账户的部分属性，先双击要设置的用户账户 Alice。

1. 设置组织信息

组织信息就是指显示名称、职务、部门、地址、电话号码、电子邮件、网页等，如图 3-14 所示，这部分的内容都很简单。

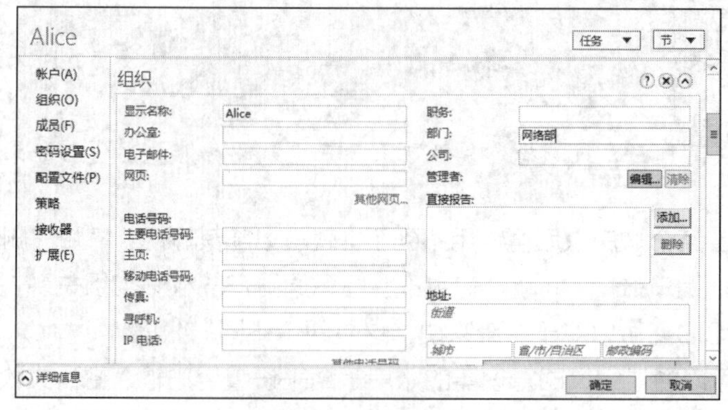

图 3-14　组织信息

2. 设置账户过期日期

在“账户”节点内的“账户过期”选项中设置账户过期日期，默认为“从不”，要想设置过期日期，可选中“结束日期”单选按钮，并在其后的文本框中输入格式为 yyyy/m/d 的过期日期，如图 3-15 所示。

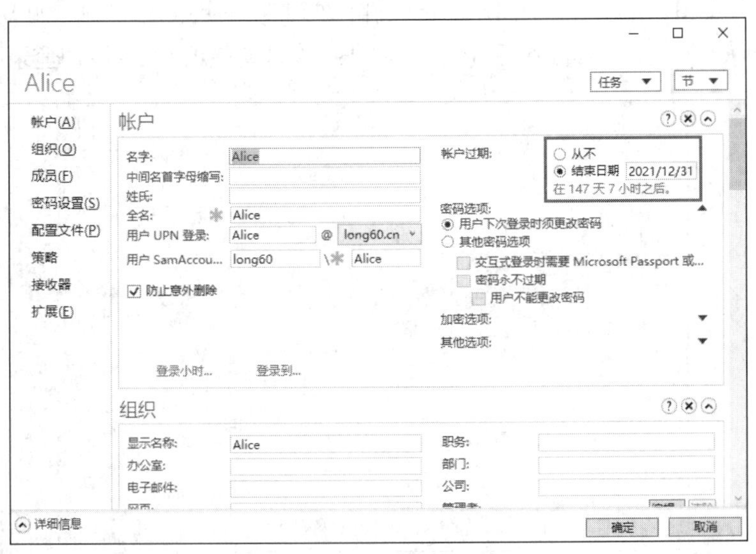

图 3-15　设置账户过期日期

3. 设置登录时段

登录时段用来指定用户可以登录到域的时间段，默认任何时间段都可以登录域，若要改变设置，则可单击“登录小时”超链接，并在“登录小时数”对话框中进行设置。“登录小时数”对话框中横轴的每一个方块代表一小时，纵轴的每一个方块代表一天，填满颜色的方块与空白方块分别代表允许与拒绝登录的时间段，默认开放所有时间段。选好时间段后，选中“允许登录”或“拒绝登录”单选按钮来允许或拒绝用户在设置的时间段登录。图 3-16 所示为允许 Alice 在星期一到星期五的 8:00—18:00 登录。

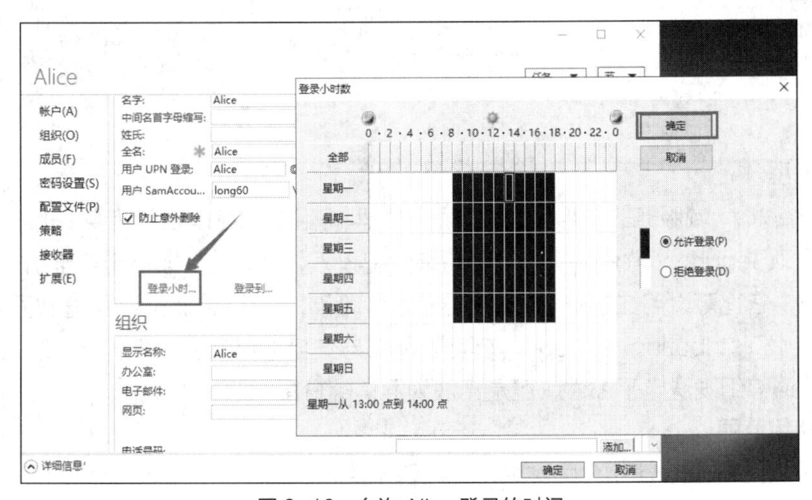

图 3-16　允许 Alice 登录的时间

4. 限制用户只可以利用某些特定计算机登录

一般域用户默认可以利用任意一台域成员计算机（域控制器除外）来登录域，不过也可以通过下面的方法来限制用户只可以利用某些特定计算机来登录域：在“账户”节点中单击“登录到”超链接，在“登录到”对话框中选中“下列计算机”单选按钮，输入计算机名称后单击“添加”按钮，然后单击“确定”按钮，如图 3-17 所示。计算机名称可为 NetBIOS 名称（如 MS1）或 DNS 名称（如 MS1.long60.cn）。这样配置后，只有在 MS1 上才能使用 Alice 账户登录域 long60.cn。

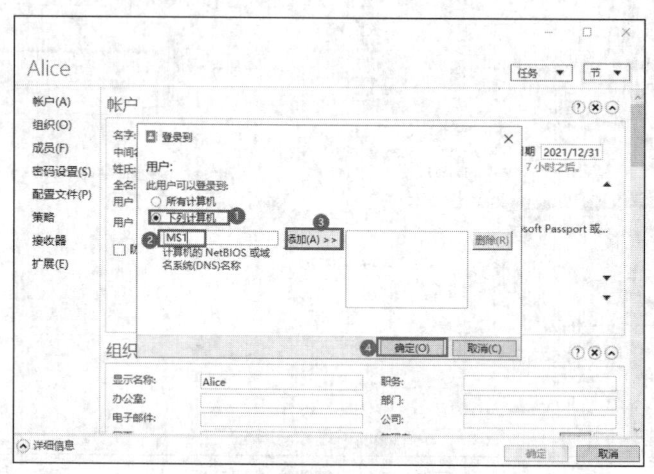

图 3-17　限制 Alice 只能在 MS1 上登录

3.1.9　域组账户

如果能够使用组（Group）来管理用户账户，则必定能够在很大程度上减轻网络管理的负担。例如，针对网络部组设置权限后，此组内的所有用户都会自动拥有相应权限，不需要为组内每一个用户单独进行设置了。

注意　域组账户也有唯一的 SID。命令 whoami /users 用于显示当前用户的信息和 SID；命令 whoami /groups 用于显示当前用户的组成员信息、账户类型、SID 和属性；命令 whoami /?用于显示该命令的常见用法。

1. 域组类型

Active Directory 域服务的域组分为以下两种类型，且它们可以相互转换。

- 安全组（Security Group）。它可以用来分配权限，例如，可以指定安全组对文件具备读取的权限。它也可以用在与安全无关的工作上，例如，可以给安全组发送电子邮件。
- 通信组（Distribution Group）。它可以用在与安全（权限设置等）无关的工作上。例如，可以给通信组发送电子邮件，但是无法为通信组分配权限。

2. 组的使用范围

从组的使用范围来看，域组分为本地域组（Domain Local Group）、全局组（Global Group）和通用组（Universal Group）3 种，如表 3-1 所示。

表 3-1 组的类型和特性

特　性	本地域组	全局组	通用组
可包含的成员	所有域内的用户、全局组、通用组；相同域内的本地域组	相同域内的用户与全局组	所有域内的用户、全局组、通用组
可以在哪一个域内分配权限	同一个域	所有域	所有域
组转换	可以转换成通用组（只要原组内的成员不包含本地域组即可）	可以转换成通用组（只要原组不隶属于任何一个全局组即可）	可以转换成本地域组；也可以转换成全局组（只要原组内的成员不包含通用组即可）

（1）本地域组

本地域组主要用来分配其所属域内的访问权限，以便访问该域内的资源。

- 本地域组的成员可以包含任何一个域内的用户、全局组、通用组；也可以包含相同域内的本地域组；但无法包含其他域内的本地域组。
- 本地域组只能够访问该域内的资源，无法访问其他域内的资源；换句话说，在设置权限时，只可以设置相同域内的本地域组的权限，无法设置其他域内的本地域组的权限。

（2）全局组

全局组主要用来组织用户，也就是可以让多个即将被赋予相同权限的用户账户加入同一个全局组。

- 全局组内的成员只可以包含相同域内的用户与全局组。
- 全局组可以访问任何一个域内的资源，也就是说，可以在任何一个域内设置全局组的权限（这个全局组可以位于任何一个域内），以便让此全局组具备权限来访问相应域内的资源。

（3）通用组

- 通用组可以在所有域内为通用组分配访问权限，以便访问所有域内的资源。
- 通用组具备万用领域的特性，其成员可以包含林中任何一个域内的用户、全局组、通用组，但是它无法包含任何一个域内的本地域组。
- 通用组可以访问任何一个域内的资源，也就是说，可以在任何一个域内设置通用组的权限（这个通用组可以位于任何一个域内），以便让此通用组具备权限来访问相应域内的资源。

3.1.10 建立与管理域组账户

下面建立和管理域组账户。

1. 组的新建、删除与重命名

要创建域组时，可选择“服务器管理器”→“工具”→“Active Directory 管理中心”选项，打开“Active Directory 管理中心”窗口，展开域名，单击容器或组织单位（如“网络部”），选择右侧任务窗格中的“新建”→“组”选项，并在图 3-18 所示的界面中输入组名、供旧版网络操作系统访问的组名，选择组类型与组范围等。若要删除组，则选中组账户并单击鼠标右键，在弹出的快捷菜单中选择“删除”选项即可。

2. 添加组的成员

将用户、组等成员加入组的方法如下：在图 3-19 所示的界面中选择“成员”节点，单击“添加”→“高级”→“立即查找”按钮，选取要加入组的成员（按住“Shift”键或“Ctrl”键可同时选择多个账户），单击“确定”按钮。本例将 Alice、Bob、Jhon 加入东北组。

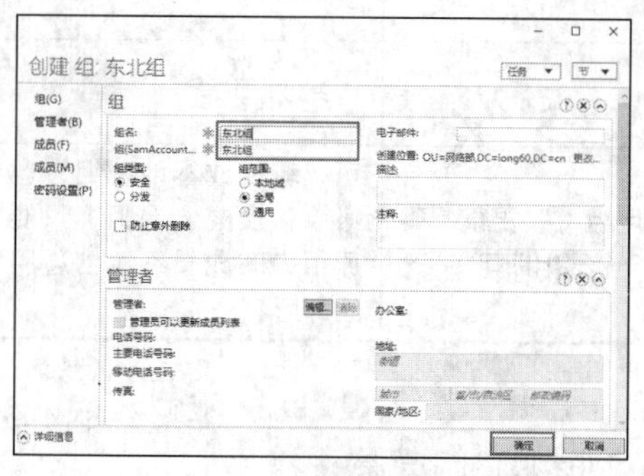

图 3-18　创建组界面

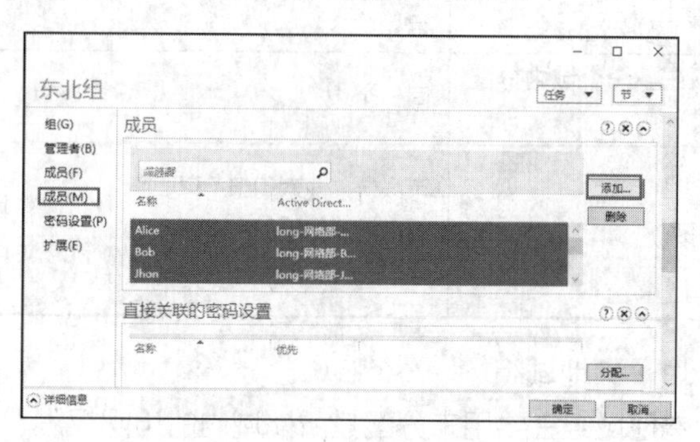

图 3-19　添加组成员界面

3. Active Directory 域服务内置的组

Active Directory 域服务有许多内置组，它们分别隶属于本地域组、全局组、通用组与特殊组。

（1）内置的本地域组

内置的本地域组本身已被赋予了一些权限，以便具备管理 Active Directory 域服务的能力。只要将用户或组账户加入这些组，这些账户就会自动具备相同的权限。

- Account Operators。其成员默认可在容器与组织单位内添加、删除和修改用户、组与计算机账户，但部分内置的容器例外，如 Builtin 容器与 Domain Controllers 组织单位，同时不允许在部分内置的容器内添加计算机账户，如 Users。它们也无法更改大部分组的成员，如 Administrators 等。
- Administrators。其成员具备系统管理员权限，对所有域控制器拥有最高控制权，可以执行 Active Directory 域服务管理工作。
- Backup Operators。其成员可以通过 Windows Server Backup 工具来备份与还原域控制器内的文件，而不管它们是否有权限访问这些文件。其成员也可以对域控制器执行关机操作。
- Guests。其成员无法永久改变桌面环境，当它们登录时，系统会为它们建立一个临时的用户配置文件，而注销时，这些配置文件就会被删除。此组默认的成员为用户账户 Guest 与全局组 Domain Guests。

（2）内置的全局组

Active Directory 域服务内置的全局组本身并没有任何权限，但是可以将其加入具备权限的本地域组内，或直接另外分配权限给此全局组。

（3）内置的通用组

- Enterprise Admins。此组只存在于域目录林根域中，其成员有权管理域目录林内的所有域。此组默认的成员为域目录林根域内的用户 Administrator。
- Schema Admins。此组只存在于域目录林根域中，其成员具备管理架构的权限。此组默认的成员为域目录林根域内的用户 Administrator。

（4）特殊组

除了前面介绍的组，还有一些特殊组，用户无法更改这些特殊组的成员。下面列出了几个经常使用的特殊组。

- Everyone。任何一位用户都属于这个组。若 Guest 账户被启用，则在分配权限给 Everyone 时需小心，因为若某位在计算机内没有账户的用户通过网络来登录这台计算机，则该用户会被自动允许利用 Guest 账户来连接，此时因为 Guest 也隶属于 Everyone 组，所以其将具备 Everyone 拥有的权限。
- Anonymous Logon。任何未利用有效的普通用户账户来登录的用户都隶属于此组。Anonymous Logon 默认不隶属于 Everyone 组。

3.1.11 掌握组的使用原则

为了让网络管理更为容易，也为了减轻以后维护的负担，在利用组来管理网络资源时，建议尽量采用下面的原则，尤其是在管理大型网络时。

3-3 拓展阅读
掌握组的使用原则

- A、G、DL、P 原则。
- A、G、G、DL、P 原则。
- A、G、U、DL、P 原则。
- A、G、G、U、DL、P 原则。

其中，A 代表用户账户（User Account），G 代表全局组（Global Group），DL 代表本地域组（Domain Local Group），U 代表通用组（Universal Group），P 代表权限（Permission）。

3.2 项目设计与准备

本项目的网络拓扑结构如图 3-20 所示。任务 3-1 将使用 MS1，任务 3-2 将使用 Server1、Server2 和 MS1 等 3 台计算机，其他计算机在本项目中不需要。

为了提高效率，建议将不使用的计算机在 VMware 中挂起或关闭。

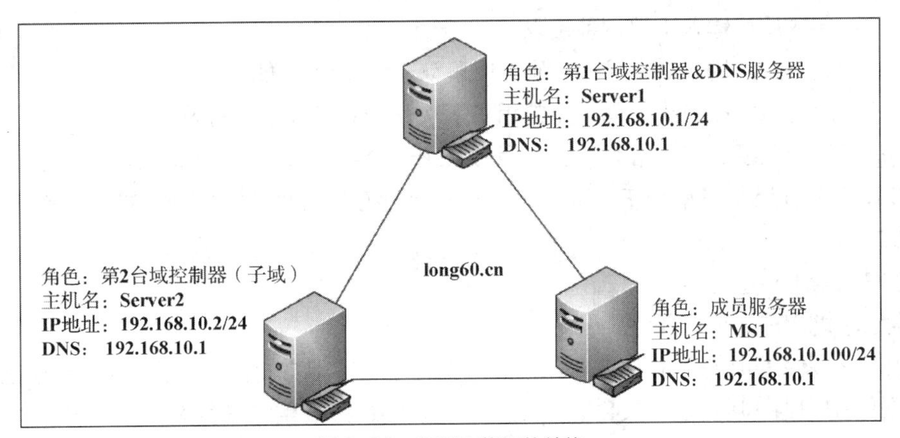

图 3-20 项目网络拓扑结构

3.3 项目实施

3-4 课堂慕课
管理用户账户和组

任务 3-1 在成员服务器上管理本地账户和组

1. 创建本地用户账户

用户可以在 MS1 上以本地管理员账户登录，使用“计算机管理”中的“本地用户和组”选项来创建本地用户账户，且用户必须拥有管理员权限。创建本地用户账户 student1 的步骤如下。

STEP 1 选择“服务器管理器”→“工具”→“计算机管理”选项，打开“计算机管理”窗口。

STEP 2 在“计算机管理”窗口中展开“本地用户和组”选项，在“用户”文件夹上单击鼠标右键，在弹出的快捷菜单中选择“新用户”选项，如图 3-21 所示。

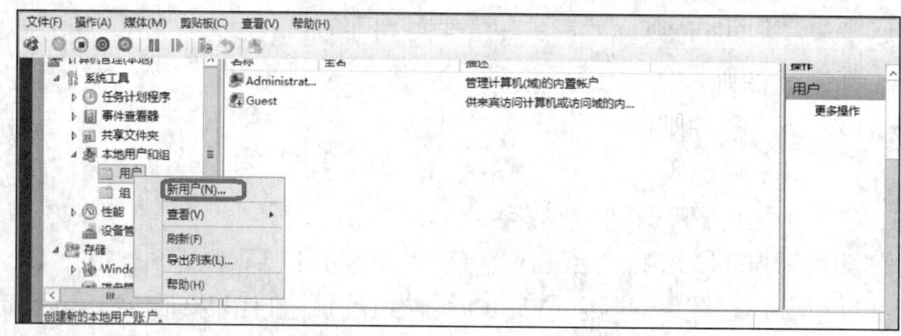

图 3-21 选择“新用户”选项

STEP 3 在“新用户”对话框中输入用户名、全名、描述和密码，如图 3-22 所示。可以设置密码选项，包括“用户下次登录时须更改密码”“用户不能更改密码”“密码永不过期”“账户已禁用”等。设置完成后，单击“创建”按钮，新增用户账户。创建完本地用户账户后，单击“关闭”按钮，返回“计算机管理”窗口。

有关密码的选项如下。

- 密码：要求用户输入密码，系统以“*”显示。
- 确认密码：要求用户再次输入密码，以确认密码是否正确。
- 用户下次登录时须更改密码：要求用户下次登录时必须修改密码。
- 用户不能更改密码：通常用于多个用户共用一个用户账户（如 Guest 等）的情况。
- 密码永不过期：通常用于 Windows Server 2019 的服务账户或应用程序所使用的用户账户。
- 账户已禁用：禁用用户账户。

2. 设置本地用户账户的属性

用户账户不只包括用户名和密码等信息，为了管理和使用方便，一个用户账户还包括其他属性，如用户隶属的用户组、用户配置文件、用户的拨入权限、终端用户设置等。

在“本地用户和组”选项对应的右侧窗格中双击刚刚创建的 student1 用户账户，弹出图 3-23 所示的“student1 属性”对话框。

图 3-22 “新用户”对话框

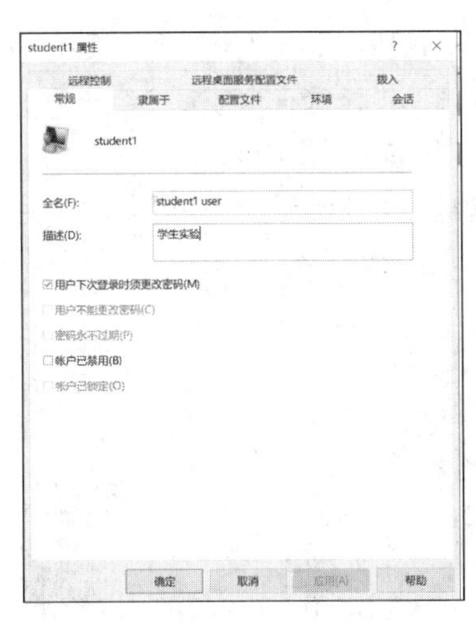

图 3-23 “student1 属性”对话框

（1）“常规”选项卡

可以设置与账户有关的描述信息，如全名、描述和账户选项等。管理员可以设置密码选项或禁用账户。如果账户已经被系统锁定，则管理员可以解除锁定。

（2）“隶属于”选项卡

在“隶属于”选项卡（见图 3-24）中，可以将该账户加入其他本地组。为了管理方便，通常需要为用户组分配与设置权限。用户属于哪个组，就具有相应用户组的权限。新增的用户账户默认加入 Users 组，Users 组的用户一般不具备一些特殊权限，如安装应用程序、修改系统设置等。所以当要分配给这个用户一些权限时，可以将该用户账户加入其他组，也可以单击“删除”按钮，将用户从一个或几个用户组中删除。例如，将 student1 添加到管理员组中的操作步骤如下。

单击图 3-24 所示界面中的“添加”按钮，在图 3-25 所示的“选择组”对话框中直接输入组的名称，如管理员组的名称 Administrators、高级用户组的名称 Power Users。输入组名称后，若需要检查名称是否正确，则可单击“检查名称”按钮，名称会变为“MS1\Administrators”。其中，“\”前面的部分表示本地计算机名称，“\”后面的部分表示组名称。如果输入了错误的组名称，则检查时，系统将提示找不到相应名称，并提示更改，再次搜索。

图 3-24 “隶属于”选项卡

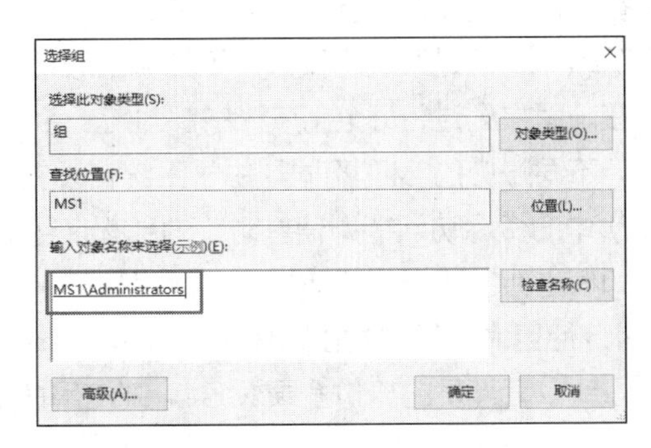

图 3-25 “选择组”对话框

如果不希望手动输入组名称，则可以单击“高级”按钮，再单击“立即查找”按钮，从“搜索结果”列表框中选择一个或多个组（同时按住“Ctrl”键或“Shift”键），如图 3-26 所示。

（3）“配置文件”选项卡

在“配置文件”选项卡中可以设置用户账户的配置文件路径、登录脚本和主文件夹的本地路径，如图 3-27 所示。

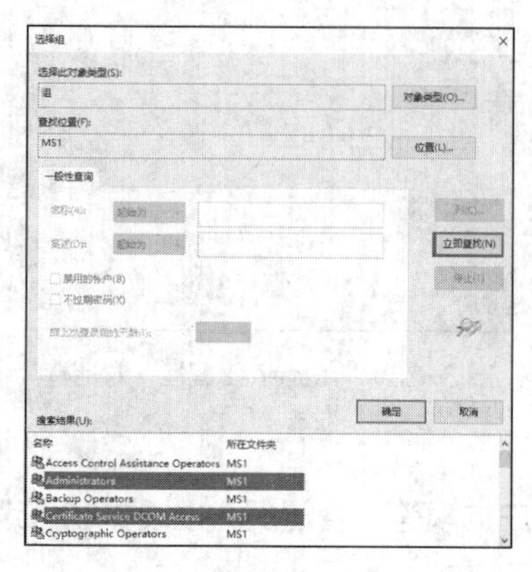

图 3-26 查找可用的组

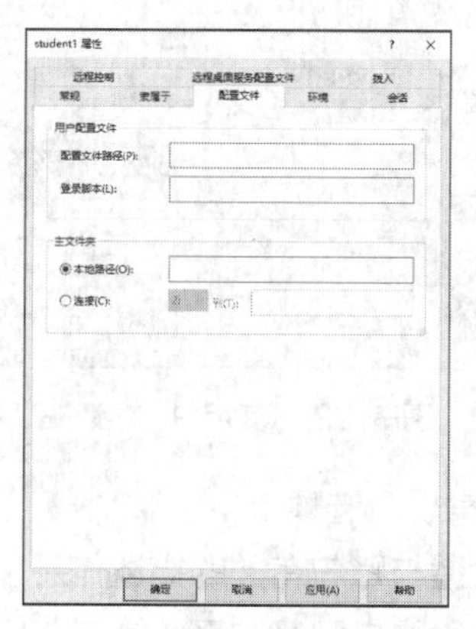

图 3-27 “配置文件”选项卡

管理员在为用户提供主文件夹时，应考虑以下因素：用户可以通过网络中任意一台联网的计算机访问其主文件夹；在对用户文件进行集中备份和管理时，基于安全性考虑，应将用户主文件夹存放在 NTFS 卷中，可以利用 NTFS 的权限来保护用户文件（若将其放在 FAT 卷中，则只能通过共享文件夹权限来限制用户对主文件夹的访问）。

登录脚本是用户登录计算机时自动运行的脚本文件，脚本文件的扩展名可以是“.vbs”“.bat”或“.cmd”。

其他选项卡（如“拨入”“远程控制”）的具体内容请参考 Windows Server 2019 的帮助文件。

3. 删除本地用户账户

当用户不再需要使用某个账户时，可以将其删除。因为删除用户账户会导致与该账户有关的所有信息遗失，所以在删除之前，最好确认操作的必要性或者考虑使用其他方法，如禁用账户。许多企业给临时员工设置了 Windows 账户，当临时员工离开企业时将账户禁用，新来的临时员工需要使用该账户时只需修改账户名称。

在“计算机管理”窗口中选中要删除的用户账户并单击鼠标右键，在弹出的快捷菜单中可以执行删除操作，但是系统内置账户（如 Administrator、Guest 等）无法删除。

在前面提到过，每个用户账户都对应一个唯一的 SID，这个 SID 在用户账户创建时由系统自动建立，不同账户的 SID 不同。由于系统在设置用户的权限、访问控制列表（Access Control List，ACL）中的资源访问能力信息时，内部都使用 SID，所以一旦用户账户被删除，这些信息也就消失了。即使重新创建一个名称相同的用户账户，也不能获得原先用户账户的权限。

4. 使用命令行方式创建用户

重新以管理员的身份登录 MS1，并使用命令行方式创建用户，命令格式如下（注意密码要满足密码复杂度要求）。

```
net user username password /add
```

例如，要建立一个用户名为 mike、密码为 P@ssw0rd 的用户，可以使用以下命令。

```
net user mike P@ssw0rd /add
```

要想修改旧账户的密码，可以按如下步骤操作。

STEP 1 打开“计算机管理”窗口。

STEP 2 选择“本地用户和组”选项。

STEP 3 选中要重置密码的用户账户并单击鼠标右键，在弹出的快捷菜单中选择“设置密码”选项。

STEP 4 阅读警告消息，如果要继续操作，则单击“继续”按钮。

STEP 5 在“新密码”和“确认密码”文本框中输入新密码，单击“确定”按钮。

或者可以使用命令行方式，命令格式如下。

```
net user username password
```

例如，将用户 mike 的密码设置为 P@ssw0rd3（必须符合密码复杂度要求），可以使用以下命令。

```
net user mike P@ssw0rd3
```

5. 创建本地组

Windows Server 2019 计算机在运行某些特殊功能或应用程序时，可能需要特定的权限。为这些任务创建一个组并将相应的成员添加到组中是一个很好的解决方案。对计算机中被指定的大多数角色来说，系统会自动创建一个组来管理该角色。例如，如果计算机被指定为 DHCP 服务器，则相应的组会添加到计算机中。

要想创建一个新组 common，首先要打开“计算机管理”窗口，再选中“组”文件夹并单击鼠标右键，在弹出的快捷菜单中选择“新建组”选项，最后在“新建组”对话框中输入组名和描述，单击“添加”按钮向组中添加成员，如图 3-28 所示。

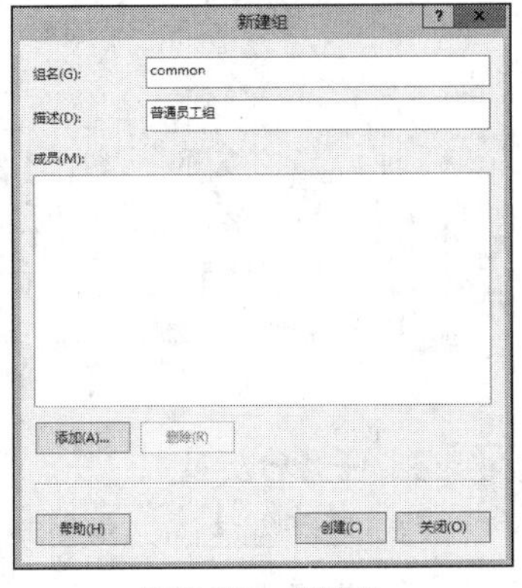

图 3-28　新建组

另外，也可以使用命令行方式创建一个组，命令格式如下。

```
net localgroup groupname /add
```

例如，要添加一个名为 sales 的组，可以使用如下命令。

```
net localgroup sales /add
```

6. 为本地组添加成员

可以将对象添加到任何组中。在域中，这些对象可以是本地用户、域用户，甚至是其他本地组或域组。但是在工作组环境中，本地组的成员只能是用户账户。

要将用户 mike 添加到本地组 common 中，可以执行以下操作。

STEP 1 选择“服务器管理器”→“工具”→“计算机管理”选项，打开“计算机管理”窗口。

STEP 2 在左侧窗格中展开“本地用户和组”选项，双击“组”文件夹，在右侧窗格中将显示本地组。

STEP 3 双击要添加成员的组 common，弹出“common 属性”对话框。

STEP 4 单击“添加”按钮，选择要加入的用户 mike。

使用命令行方式时，命令格式如下。

```
net localgroup groupname username /add
```

例如，将用户 mike 加入 administrators 组中，可以使用如下命令。

```
net localgroup administrators mike /add
```

任务 3-2 使用 A、G、U、DL、P 原则管理域组

1. 任务背景

未名公司目前正在实施某工程，该工程需要总公司工程部和分公司工程部协同实施，因此需要创建一个共享目录，供总公司工程部和分公司工程部共享数据，公司决定在子域控制器 china.long60.cn 上临时创建共享目录 Projects_share。请通过权限分配使总公司工程部用户和分公司工程部用户对共享目录有写入和删除权限。网络拓扑结构如图 3-29 所示。

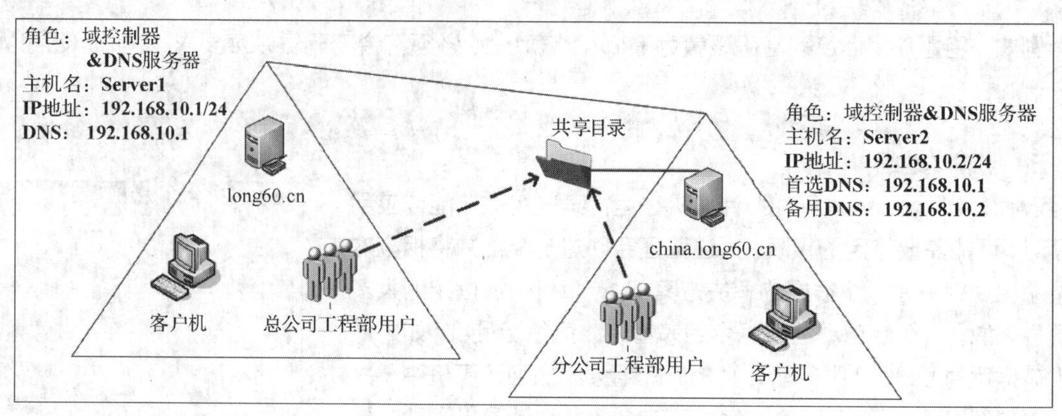

图 3-29 网络拓扑结构

2. 任务分析

为本任务创建的共享目录需要对总公司工程部用户和分公司工程部用户配置写入和删除权限。

（1）解决方案

① 在总公司 Server1 和分公司 Server2 上创建相应工程部用户。

② 在总公司 Server1 上创建全局组 Project_long_Gs，并将总公司工程部用户加入该全局组；在分公司 Server2 上创建全局组 Project_china_Gs，并将分公司工程部用户加入该全局组。

③ 在总公司 Server1（域目录林根域）上创建通用组 Project_long_Us，并将总公司和分公司的工程部全局组配置为成员。

④ 在分公司 Server2 上创建本地域组 Project_china_DLs，并将通用组 Project_long_Us 加入本地域组。

⑤ 创建共享目录 Projects_share，配置本地域组权限为读写权限。

（2）实施后面临的问题及解决方法

① 总公司工程部员工增加或减少。

总公司管理员直接对工程部用户进行 Project_long_Gs 全局组的加入与退出。

② 分公司工程部员工增加或减少。

分公司管理员直接对工程部用户进行 Project_china_Gs 全局组的加入与退出。

3. 任务实施

STEP 1 在总公司的 Server1 上创建 Project 组织单位，在总公司的 Project 组织单位中创建 Project_userA 和 Project_userB 工程部用户（选中“Project”选项并单击鼠标右键，在弹出的快捷菜单中选择“新建”→“用户”选项，在弹出的“新建对象-用户”对话框的“姓名”和“用户登录名”文本框中输入相应内容；用户密码必须符合密码复杂度要求），如图 3-30 所示。

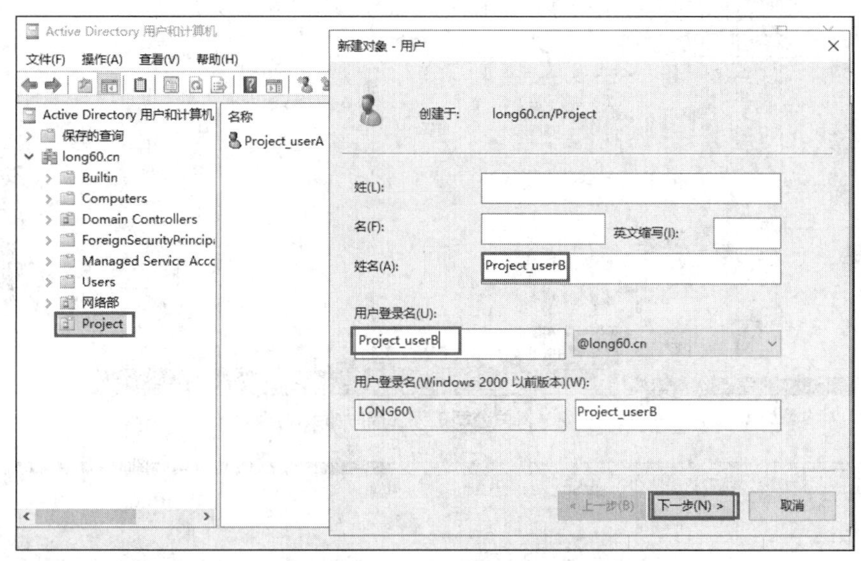

图 3-30　在根域中创建工程部用户

STEP 2 在分公司的 Server2 上创建 Project 组织单位，在分公司的 Project 组织单位中创建 Project_user1 和 Project_user2 工程部用户，如图 3-31 所示。

STEP 3 在总公司的 Server1 上创建全局组 Project_long_Gs，并双击该全局组，选择“成员”选项，单击“添加”→“高级”→“立即查找”按钮，将总公司工程部用户 Project_userA 和 Project_userB 加入该全局组，如图 3-32 所示。

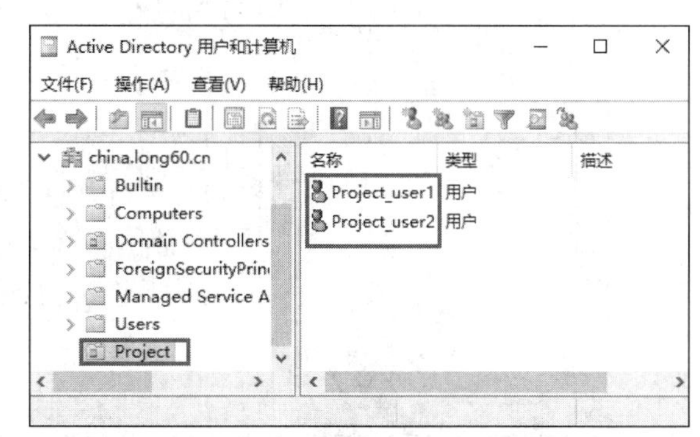

图 3-31　在子域中创建工程部用户

STEP 4 在分公司的 Server2 上创建全局组 Project_china_Gs，并将分公司工程部用户加入该全局组。

STEP 5 在总公司的 Server1（域目录林根域）上创建通用组 Project_long_Us，并双击前面创建的全局组，选择“成员”选项，单击“添加”→“高级”按钮，查找位置处选择“整个目录”，单击“立即查找”按钮，将总公司和分公司的工程部全局组配置为通用组的成员（由于分属于不同域，加入时要注意“查找位置”信息，这里将其设为“整个目录”），最后单击“确定”按钮，如图 3-33 所示。

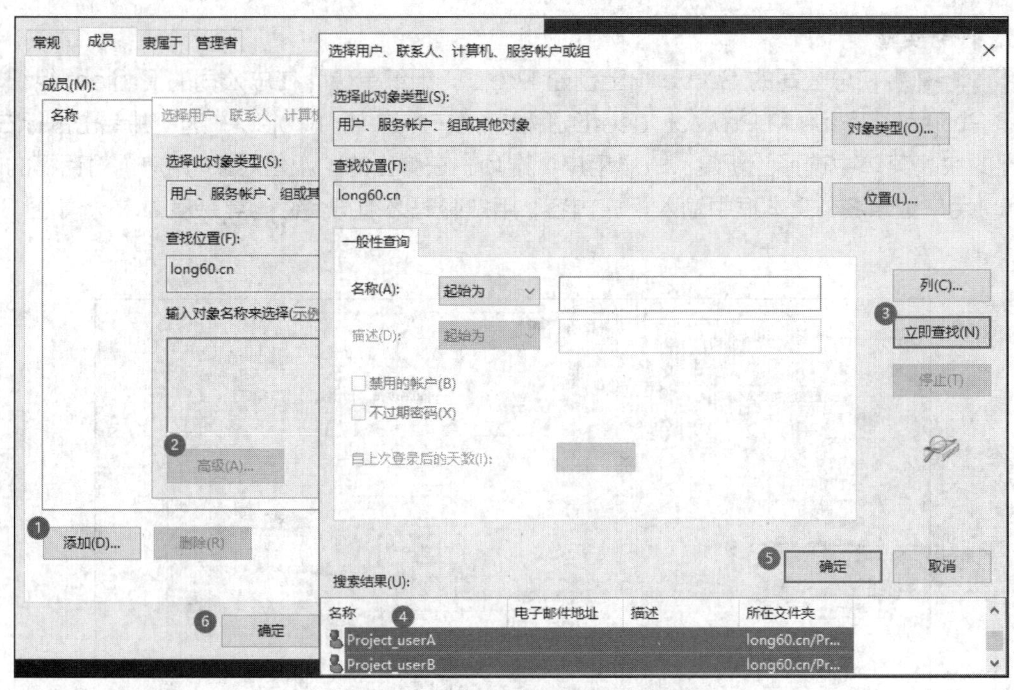

图 3-32　将总公司工程部用户加入全局组

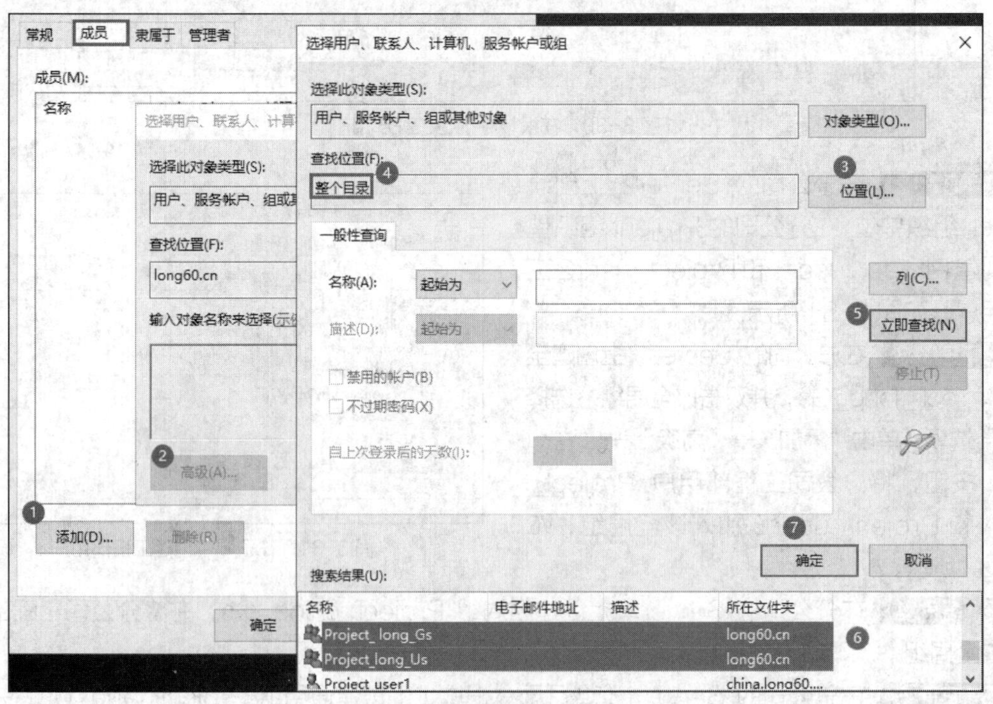

图 3-33　将全局组加入通用组

STEP 6　在分公司的 Server2 上创建本地域组 Project_china_DLs，并将通用组 Project_long_Us 加入本地域组（加入时，“查找位置”是“整个目录”），如图 3-34 所示。

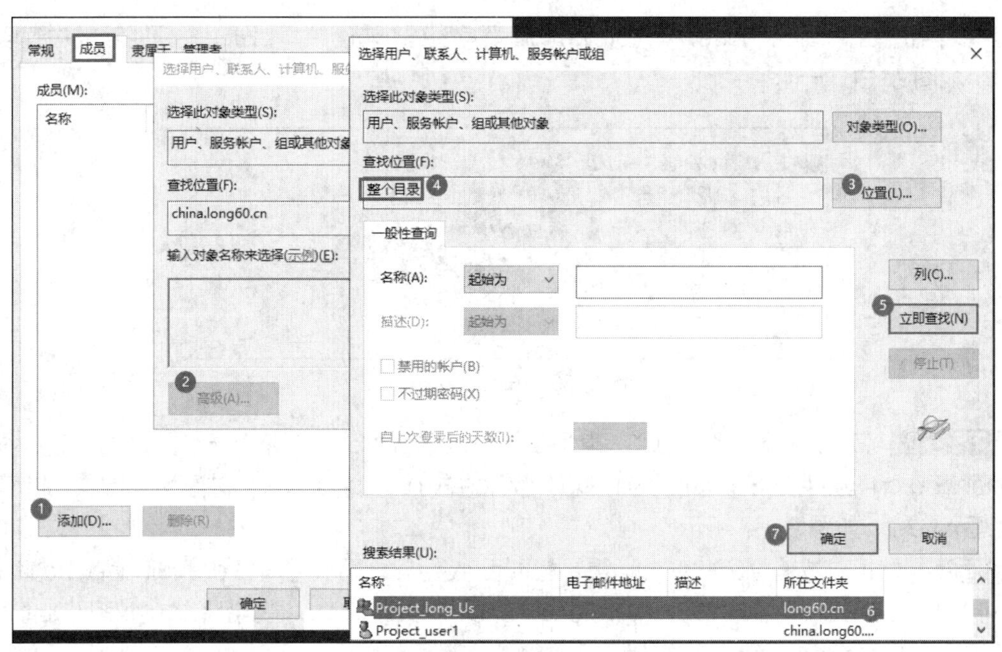

图 3-34　将通用组加入本地域组

STEP 7 在分公司的 Server2 上创建共享目录 Projects_share，选中该目录并单击鼠标右键，在弹出的快捷菜单中选择“属性”选项，在弹出的对话框中选择“共享”，单击“共享”按钮，弹出“网络访问”对话框。在“用户或组”下拉列表中选择查找“个人”，找到本地域组 Project_china_DLs 并添加，将读写的权限赋予该本地域组，如图 3-35 所示。单击“共享”按钮，然后单击“完成”按钮，完成共享目录的设置。

图 3-35　设置共享目录的共享权限

> **注意**　还可以结合 NTFS 权限进行权限设置，详细内容请读者参考相关图书，在此不做详细介绍。

STEP 8 总公司工程部员工增加或减少：总公司管理员直接对工程部用户进行 Project_long_Gs 全局组的加入与退出。

STEP 9 分公司工程部员工增加或减少：分公司管理员直接对工程部用户进行 Project_china_Gs 全局组的加入与退出。

4．测试验证

STEP 1 在客户机 MS1（DNS 服务器的 IP 地址一定要设为 192.168.10.1 和 192.168.10.2）上选中“开始”并单击鼠标右键，在弹出的快捷菜单中选择“运行”选项，输入 UNC 路径“\\Server2.china.long60.cn\Projects_share”，按“Enter”键，在弹出的凭据对话框中输入总公司域用户名 Project_userA@long60.cn 及其密码，访问共享目录，发现能够成功读取和写入文件，如图 3-36 所示。

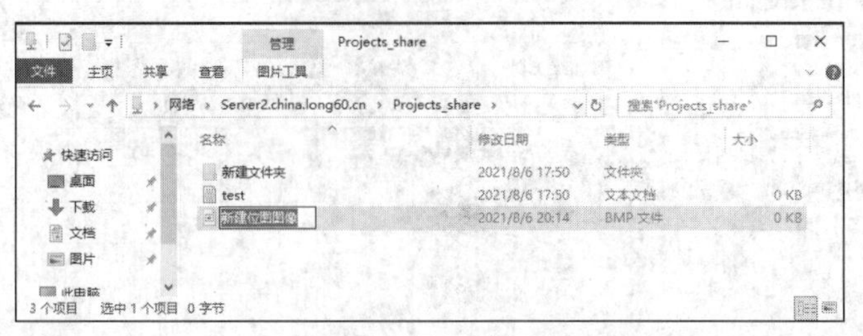

图 3-36　访问共享目录 1

STEP 2 注销 MS1 客户机，重新登录后，使用分公司域用户名 Project_user1@china.long60.cn 访问"\\Server2.china.long60.cn\Projects_share"共享目录，发现能够成功读取和写入文件，如图 3-37 所示。

STEP 3 再次注销 MS1 客户机，重新登录后，使用总公司域用户名 domainuser1@long60.cn 访问"\\Server2.china.long60.cn\Projects_share"共享目录，提示没有访问权限，如图 3-38 所示，因为 domainuser1 用户不是工程部用户。

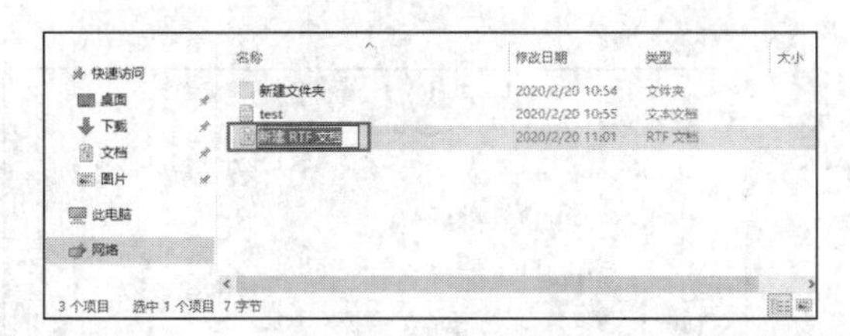

图 3-37　访问共享目录 2

图 3-38　提示没有访问权限

注意　如果本例中的账户是首次登录，则请将账户选项"用户下次登录时须更改密码"复选框取消勾选，以免出现输入的密码正确却不能访问共享文件的问题。

3.4 拓展阅读　我国国家顶级域名"CN"

你知道我国是在哪一年真正拥有了 Internet 吗？我国国家顶级域名 CN 服务器是在哪一年完成设置的呢？

1994 年 4 月 20 日，一条 64kbit/s 的国际专线从中国科学院计算机网络信息中心通过美国 Sprint 公司连入 Internet，实现了我国与 Internet 的全功能连接。从此国际上正式承认我国是真正拥有全功能互联网的国家。此事被我国新闻界评为 1994 年我国十大科技新闻之一，被国家统计公报列为我国 1994 年重大科技成就之一。

1994 年 5 月 21 日，在钱天白教授和德国卡尔斯鲁厄大学的协助下，中国科学院计算机网络信息中心完成了我国国家顶级域名 CN 服务器的设置，改变了我国国家顶级域名 CN 服务器一直放在国外的历史。钱天白、钱华林分别担任我国国家顶级域名 CN 的行政联络员和技术联络员。

3.5 习题

一、填空题

1. 账户的类型分为________、________和________。

2. 根据服务器的工作模式，组分为________和________。

3. 在工作组模式下，用户账户存储在________中；在域模式下，用户账户存储在________中。

4. 在活动目录中，组按照能够授权的范围分为________、________和________。

5. 假设创建了一个名为 Helpdesk 的全局组，其中包含所有帮助账户。若希望帮助人员能在本地桌面计算机上执行任何操作，包括取得文件所有权，则最好使用________内置组。

二、选择题

1. 在设置域账户属性时，(　　) 项目是不能被设置的。

A. 账户登录时间　　B. 账户的个人信息

C. 账户的权限　　D. 指定账户登录域的计算机

2. 下列账户名不合法的是 (　　)。

A. abc_234　　B. Linux book

C. doctor*　　D. addeofHELP

3. 以下用户不是内置本地域组成员的是 (　　)。

A. Account Operator　　B. Administrator

C. Domain Admins　　D. Backup Operators

4. 公司聘用了 10 名新雇员，并希望这些新雇员通过 VPN 连接接入公司总部。假设创建了新用户账户，并将总部中的共享资源的“允许读取”和“允许执行”权限授予新雇员，但是新雇员仍然无法访问总部的共享资源。要想确保用户能够建立可接入总部的 VPN 连接，应该 (　　)。

A. 授予新雇员“允许完全控制”权限

B. 授予新雇员“允许访问拨号”权限

C. 将新雇员添加到 Remote Desktop Users 安全组中

D. 将新雇员添加到 Windows Authorization Access 安全组中

5. 公司有一个 Active Directory 域。有一个用户试图从客户端计算机登录到域，但是收到以下消息：“此用户账户已过期。请管理员重新激活该账户。”要想确保该用户能够登录到域，应该 (　　)。

A. 修改该用户账户的属性，将该账户设置为永不过期

B. 修改该用户账户的属性，延长“登录时间”设置

C. 修改该用户账户的属性，将密码设置为永不过期

D. 修改默认域策略，缩短账户锁定持续时间

6. 公司有一个 Active Directory 域，该域名为 intranet.smile60.cn。所有域控制器都运行 Windows Server 2019 网络操作系统。域功能级别和林功能级别都设置为 Windows 2008 纯模式。要想确保用户账户有 UPN 后缀 smile60.cn，应该 (　　)。

A. 将 smile60.cn 林功能级别提升到 Windows Server 2016

B．将 smile60.cn 域功能级别提升到 Windows Server 2016

C．将新的 UPN 后缀添加到林中

D．将 Default Domain Controllers 组策略对象中的 Primary DNS Suffix 选项设置为 smile60.cn

7．公司有一个总部和 10 个分部。每个分部都有一个 Active Directory 站点，其中包含一个域控制器。只有总部的域控制器被配置为全局编录服务器。若要在分部域控制器上停用“通用组成员身份缓存”（UGMC），则应在（　　）中停用 UGMC。

A．站点　　B．服务器

C．域　　D．连接对象

8．公司有一个单域的 Active Directory 林。该域的功能级别是 Windows Server 2016。假设需要执行以下活动。

- 创建一个全局通信组。
- 将用户添加到该全局通信组中。
- 在 Windows Server 2019 成员服务器上创建一个共享文件夹。
- 将该全局通信组放入有权访问该共享文件夹的本地域组。
- 确保用户能够访问该共享文件夹。

应该做的操作是（　　）。

A．将林功能级别提升为 Windows Server 2016

B．将该全局通信组添加到 Domain Administrators 组中

C．将该全局通信组的组类型更改为安全组

D．将该全局通信组的作用域更改为通用通信组

三、简答题

1．简述通用组、全局组和本地域组的区别。

2．假设某人负责管理他所属组的成员的账户及其对资源的访问权。组中的某个用户离开了公司，此人希望在几天内有人来代替该员工。对于前一个用户的账户，应该如何处理？

3．假设需要预先在 Active Directory 域服务中配置数百个计算机账户，并且希望在无人参与的情况下进行配置，最佳的方法是什么？

4．用户反映其无法登录到自己的计算机，错误消息表明计算机和域之间的信任关系中断。如何解决该问题？

5．BranchOffice_Admins 组对 BranchOffice_OU 中的所有用户账户有完全控制权限。对于从 BranchOffice_OU 移入 HeadOffice_OU 的用户账户，BranchOffice_Admins 将对其有何权限？

3.6 项目实训　管理用户账户和组

一、实训目的

- 掌握创建用户账户的方法。
- 掌握创建组账户的方法。

- 掌握管理用户账户的方法。
- 掌握管理组账户的方法。
- 掌握组的使用原则。

二、项目环境

本项目实训部署在图 3-39 所示的环境下，本例中用到 Server1 和 MS1 两台计算机。其中，Server1 和 MS1 是 VMware（或者 Hyper-V 服务器）的两台虚拟机，Server1 是域 long60.cn 的域控制器，MS1 是域 long60.cn 的成员服务器。本地用户和组的管理在 MS1 上进行，域用户和组的管理在 Server1 上进行，其测试在 MS1 上进行。

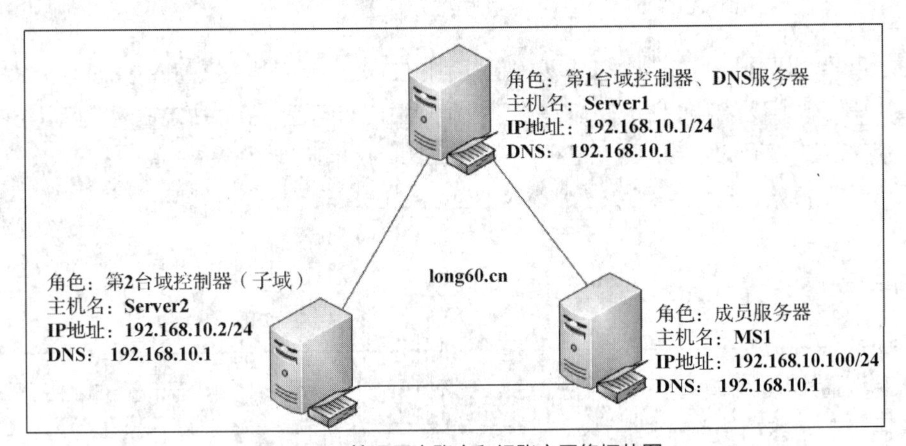

图 3-39　管理用户账户和组账户网络拓扑图

三、做一做

独立完成项目实训，检查学习效果。

项目4
管理文件系统与共享资源

网络中最重要的是安全，安全中最重要的是权限。在网络中，网络管理员首先面对的是权限，日常解决的问题也是权限问题，出现漏洞大多是由于权限设置出了问题。权限决定着用户可以访问的数据、资源，也决定着用户享受的服务；更有甚者，权限决定着用户拥有什么样的桌面。理解 NTFS 的作用和应用，有助于更加高效、安全地使用 Windows Server 2019 网络操作系统。

学习要点

- 掌握设置和访问共享资源的方法。
- 掌握卷影副本的使用方法。
- 掌握使用 NTFS 控制资源访问的方法。

素质要点

- 了解图灵奖，激发学生的求知欲，从而激发学生的潜能。
- “观众器者为良匠，观众病者为良医。”“为学日益，为道日损。”学生要多动手、多动脑，只有多实践、多积累，才能提高技艺，才能成为优秀的“工匠”。

4.1 项目基础知识

文件和文件夹是计算机系统组织数据的集合单位。Windows Server 2019 提供了强大的文件管理功能，其 NTFS 具有高安全性，用户可以十分方便地在计算机或网络中处理、使用、组织、共享和保护文件及文件夹。

4-1 微课 管理文件系统与共享资源

文件系统是指文件命名、存储和组织的总体结构，运行 Windows Server 2019 的计算机的磁盘分区可以使用 3 种类型的文件系统：FAT16、FAT32 和 NTFS。

4.1.1 FAT

FAT 包括 FAT16 和 FAT32 两种。FAT 是一种适合小卷集的文件系统，对系统安全性要求不高、需要双重引导的用户应选择使用。

在推出 FAT32 之前，通常个人计算机使用的文件系统是 FAT16。FAT16 支持的最大分区有 2^{16}（65536）个簇，每个簇包括 64 个扇区，每个扇区有 512 字节，所以 FAT16 支持的最大分区约为 2.147GB。FAT16 最大的缺点就是簇的大小和分区有关，这样当外存中存放较多小文件时，会浪费大量的空间。FAT32 是 FAT16 的派生文件系统，支持大到 2TB（2048GB）的磁盘分区。它使用的簇比 FAT16 的要小，从而有效地节约了磁盘空间。

FAT 是一种最初用于小型磁盘和简单文件夹结构的简单文件系统。它向后兼容，最大的优点是适用于所有的 Windows 操作系统。另外，FAT 在容量较小的卷上使用的效果比较好，因为 FAT 启动只使用非常小的开销。FAT 在容量低于 512MB 的卷上工作最好，当卷的容量超过 1.024GB 时，它的工作效率就显得很低。对于 400MB～500MB 的卷而言，FAT 相对于 NTFS 来说是一个比较好的选择；但对于使用 Windows Server 2019 的用户来说，FAT 无法满足系统的要求。

4.1.2 NTFS

NTFS 是 Windows Server 2019 推荐使用的高性能文件系统。它支持许多新的文件安全、存储和容错功能，而这些功能也正是 FAT 所缺少的。

NTFS 是从 Windows NT 开始使用的文件系统，它是一种特别为网络和磁盘配额、文件加密等管理安全特性设计的磁盘格式。NTFS 包括文件服务器和高端个人计算机所需的安全特性，它还支持对关键数据及十分重要的数据的访问控制和私有权限设置。除了可以赋予计算机中的共享文件夹特定权限，NTFS 文件和文件夹无论共享与否都可以被赋予权限，NTFS 是唯一允许为单个文件指定权限的文件系统。但是，当用户从 NTFS 卷移动或复制文件到 FAT 卷时，NTFS 的权限和其他特有属性将会丢失。

NTFS 设计简单但功能强大，从本质上讲，卷中的一切都是文件，文件中的一切都是属性。从数据属性到安全属性，再到文件名属性，NTFS 卷中的每个扇区都分配给了某个文件，甚至文件系统的超数据（描述文件系统自身的信息）也是文件的一部分。

如果安装 Windows Server 2019 时采用了 FAT，则用户可以在安装完成后，使用 convert 命令将 FAT 分区转换为 NTFS 分区，如下所示。

```
convert  D:/FS:NTFS
```

上面命令的作用是将 D 盘转换成 NTFS 格式。无论是在运行安装程序的过程中，还是在运行安装程序之后，相对于重新格式化磁盘来说，这种转换都不会使用户的文件受到损害。但由于 Windows 95/98 操作系统不支持 NTFS，所以在配置双重启动系统时，即在同一台计算机上同时安装 Windows Server 2019 和其他操作系统（如 Windows 98）时，可能无法从计算机的另一个操作系统访问 NTFS 分区中的文件。

4.2 项目设计与准备

本项目所有实例都部署在图 4-1 所示的环境下。Server1、Server2 和 MS1 是 3 台虚拟机。在 Server1 与 MS1 上可以测试资源共享情况，而资源访问权限的控制、分布式文件系统等需在 MS1 上实施并测试。

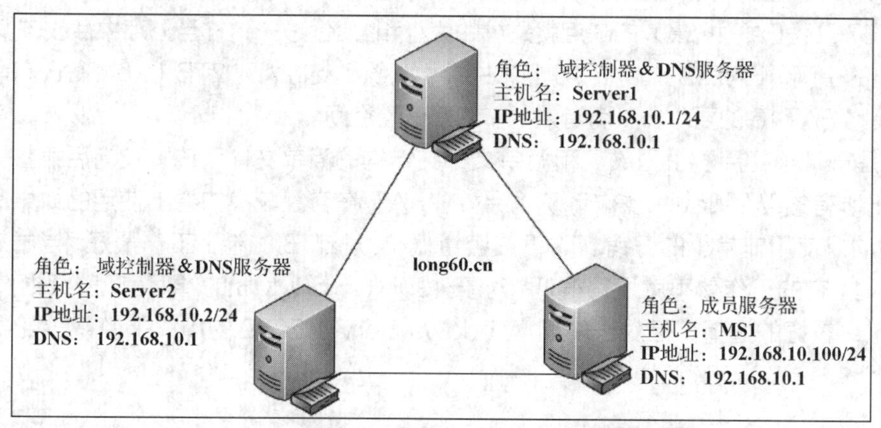

图 4-1　管理文件系统与共享资源网络拓扑结构

注意　为了不受外部环境的影响，将 3 台虚拟机的网络连接模式设置为“仅主机模式”。

4.3 项目实施

按图 4-1 所示的信息，配置好 Server1 和 MS1 的所有参数，保证 Server1 和 MS1 之间通信畅通，建议将 Hyper-V 中虚拟网络的模式设置为“专用”。

任务 4-1　设置共享资源

为安全起见，在默认状态下，服务器中所有的文件夹都不共享，而创建文件服务器时，又只创建一个共享文件夹，因此，若要赋予用户某种资源的访问权限，则必须先将该文件夹设置为共享文件夹，并赋予授权用户相应的访问权限。创建不同的用户组，并将拥有相同访问权限的用户加入同一用户组，会使用户权限的分配变得简单而快捷。

4-2 课堂慕课
管理文件系统与
共享资源

1. 在“计算机管理”窗口中设置共享资源

STEP 1 在 Server1 上选择“服务器管理器”→“工具”→“计算机管理”选项，打开“计算机管理”窗口，展开左侧窗格中的“共享文件夹”选项，选择“共享”选项，如图 4-2 所示。该“共享文件夹”中提供了有关本地计算机上的所有共享、会话和打开的文件的信息，可以查看本地和远程计算机的连接和资源使用概况。

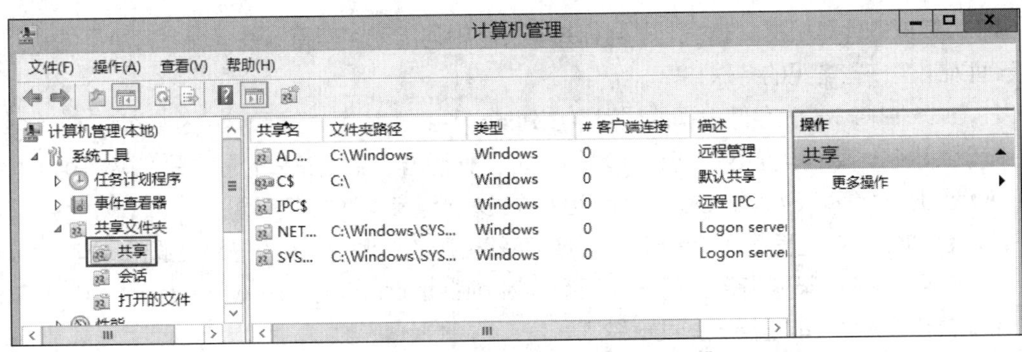

图 4-2 “计算机管理”窗口“共享文件夹”

注意 共享文件名称后的“$”符号表示隐藏共享。对于隐藏共享的文件，网络中的用户无法通过网上邻居直接浏览到。

STEP 2 在左侧窗格中选中“共享”选项并单击鼠标右键，在弹出的快捷菜单中选择“新建共享”选项，即可弹出“创建共享文件夹向导”对话框。注意共享文件夹的权限的设置，如图 4-3 所示。其他操作过程不再详述。

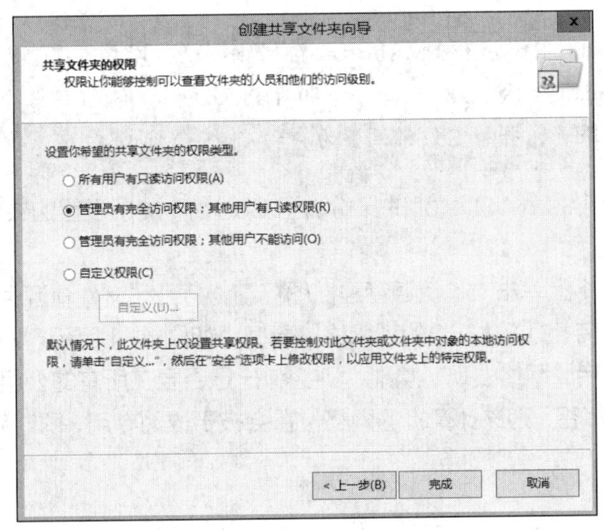

图 4-3 设置共享文件夹的权限

试一试 请读者将 Server1 的文件夹“C:\share1”设置为共享，并赋予管理员完全访问权限，赋予其他用户只读权限。提前在 Server1 上创建 student1 用户（取消勾选“用户首次登录修改密码”复选框）。

2. 特殊共享

前面提到的共享资源中有一些是系统自动创建的，如 C$、IPC$等。这些系统自动创建的共享资源就是“特殊共享”，它们在 Windows Server 2019 中用于本地管理和系统使用。一般情况下，用户不应该删除或修改这些特殊共享。

由于被管理的计算机的配置情况不同，共享资源中列出的这些特殊共享也会有所不同。

下面列出了一些常见的特殊共享。

（1）driveletter$：为存储设备的根目录创建的一种共享资源，显示形式为 C$、D$等。例如，D$是一个共享名，管理员通过它可以在网络上访问驱动器。值得注意的是，只有 Administrators 组、Power Users 组和 Server Operators 组的成员才能连接这些共享资源。

（2）ADMIN$：在远程管理计算机的过程中系统使用的资源。该资源的路径通常指向 Windows Server 2019 系统目录的路径。同样，只有 Administrators 组、Power Users 组和 Server Operators 组的成员才能连接这些共享资源。

（3）IPC$：共享命名管道的资源，它对程序之间的通信非常重要。在远程管理计算机的过程中及查看计算机的共享资源时使用。

（4）PRINT$：在远程管理打印机的过程中系统使用的资源。

任务 4-2　访问网络共享资源

企业网络中的客户端计算机可以根据需要采用不同的方式访问网络共享资源。下面介绍两种访问网络共享资源的方法。

1. 利用网络发现访问网络共享资源

> **提示**　必须确保 Server1、Server2 和 MS1 开启了“网络发现”功能，并运行了 Function Discovery Resource Publication、SSDP Discovery 和 UPnP Device Host 这 3 个服务。注意按顺序手动启动这 3 个服务，并将它们都设置为自动启动。

分别以 student1 和 administrator 的身份访问 Server1 中所设置的共享文件夹 share1，步骤如下。

STEP 1 在 MS1 上单击文件资源管理器图标，打开“文件资源管理器”窗口，单击窗口左下角的“网络”超链接，打开 MS1 的“网络”窗口，如图 4-4 所示。如果此计算机当前的网络是公用网络，且没有开启“网络发现”功能，则会弹出是否要在所有的公用网络中启用网络发现和文件共享提示。如果选择否，则该计算机的网络位置会被更改为专用，同时启用“网络发现”和“文件共享”。

> **注意**　若看不到网络中的其他 Windows 计算机，则可检查这些计算机是否已启用“网络发现”功能，并检查其 Function Discovery Resource Publication、SSDP Discovery 和 UPnP Device Host 这 3 个服务是否已启用。

STEP 2 双击“SERVER1”，弹出“Windows 安全中心”对话框。输入用户 student1 的用户名及其密码，单击“确定”按钮连接到 SERVER1，如图 4-5 所示（用户 student1 是 SERVER1 中的域用户）。

STEP 3 单击“确定”按钮，打开 SERVER1 上的共享文件夹，如图 4-6 所示。

STEP 4 双击“share1”共享文件夹，尝试在该文件夹中新建文件，提示创建文件失败，如图 4-7 所示。

图 4-4 “网络”窗口

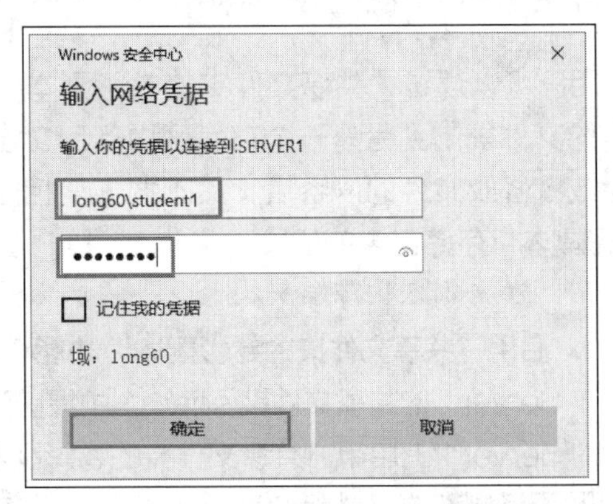

图 4-5 “Windows 安全中心”对话框

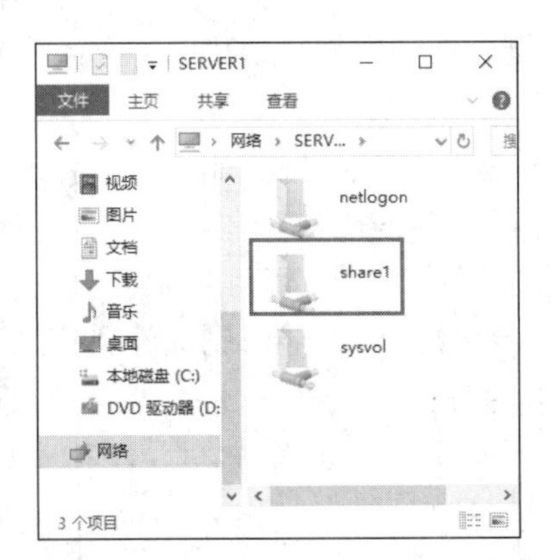

图 4-6 SERVER1 上的共享文件夹

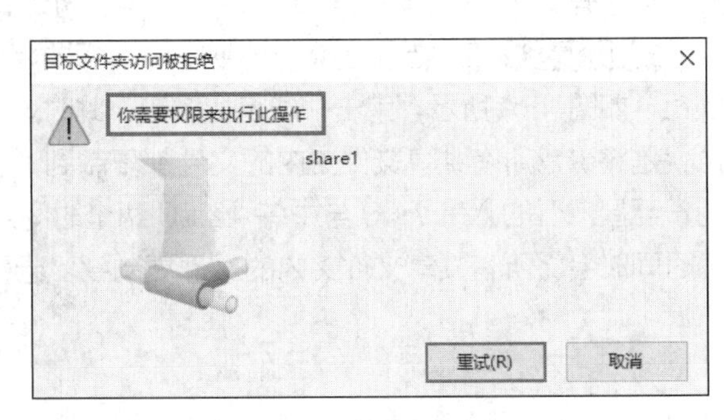

图 4-7 创建文件失败

STEP 5 注销 MS1，重新执行 STEP 1～STEP 4。注意，本次使用 SERVER1 的用户 administrator 的用户名及其密码连接到 SERVER1。验证任务 4-1 设置的资源共享权限情况。

2. 使用 UNC 访问网络共享资源

通用命名规则（Universal Naming Convention，UNC）是用于命名文件和其他资源的一种约定，以两个反斜杠“\”开头，指明该资源位于网络计算机中。UNC 路径的格式如下。

```
\\Servername\sharename
```

其中，Servername 是服务器的名称，也可以用 IP 地址代替，而 sharename 是共享资源的名称。目录或文件的 UNC 名称也可以把目录路径包含在共享资源的名称之后，其语法格式如下。

```
\\Servername\sharename\directory\filename
```

本例在 Server2 的“运行”对话框中输入并执行如下命令，并分别以不同用户连接到 Server1 上来测试任务 4-1 所设置的共享资源。

```
\\192.168.10.2\share1
```

也可以输入并执行如下命令。

```
\\Server1\share1
```

任务 4-3 使用卷影副本

用户可以通过“共享文件夹的卷影副本”功能，使系统自动在指定的时间将所有共享文件夹内的文件复制到另外一个存储区内备用。当用户通过网络访问共享文件夹内的文件，将文件删除或者修改文件的内容后，又想要恢复相应文件或者想要还原文件原来的内容时，可以通过“卷影副本”存储区内的旧文件来达到目的，因为系统之前已经将共享文件夹内的所有文件都复制到了“卷影副本”存储区内。

1．启用“共享文件夹的卷影副本”功能

在 Server1 的共享文件夹 share1 中提前建立 test1 和 test2 两个文件夹，并在该共享文件夹所在的 Server1 上启用“共享文件夹的卷影副本”功能，步骤如下。

STEP 1 选择“服务器管理器”→“工具”→“计算机管理”选项，打开“计算机管理”窗口。

STEP 2 选中“共享文件夹”选项并单击鼠标右键，在弹出的快捷菜单中选择“所有任务”→“配置卷影副本”选项，如图 4-8 所示。

STEP 3 在“卷影副本”选项卡中选择要启用“卷影副本”的驱动器（如 C:\），单击“启用”按钮，如图 4-9 所示，单击“确定”按钮。此时，系统会自动为相应磁盘创建第 1 个“卷影副本”，也就是将磁盘所有共享文件夹内的文件都复制到“卷影副本”存储区内，而且系统默认以后会在星期一至星期五的上午 7:00 与中午 12:00 两个时间点分别自动添加一个“卷影副本”，即在到达这两个时间时会将所有共享文件夹内的文件复制到“卷影副本”存储区内备用。

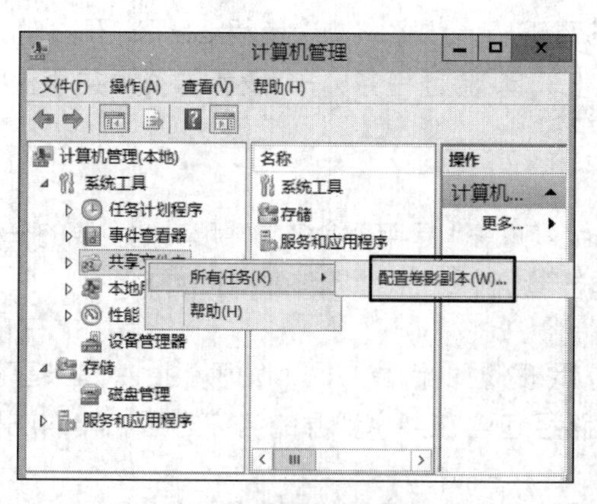

图 4-8 选择“配置卷影副本”选项

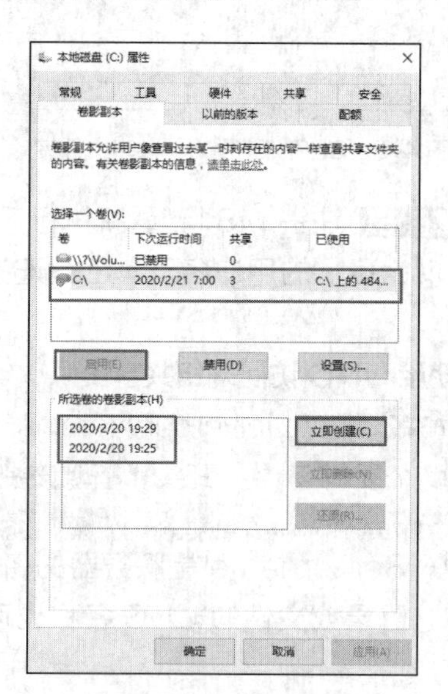

图 4-9 卷影副本

> **提示** 在“文件资源管理器”窗口中双击“此电脑”选项，并在任意一个磁盘分区中单击鼠标右键，在弹出的快捷菜单中选择“属性”选项，在弹出的对话框中选择“卷影副本”，同样能启用“共享文件夹的卷影副本”功能。

STEP 4 C 盘中已经有两个“卷影副本”，如图 4-9 所示，用户还可以随时单击“立即创建”按钮，以自行创建新的“卷影副本”。在还原文件时，用户可以选择在不同时间点创建的“卷影副本”内的旧文件来还原。

注意 “卷影副本”内的文件只可以读取，不可以修改，且每个磁盘最多可以有 64 个“卷影副本”。如果达到此限制，则最旧版本的“卷影副本”会被删除。

STEP 5 系统会以共享文件夹所在磁盘的磁盘空间决定“卷影副本”存储区的容量大小，默认配置磁盘空间的 10%作为“卷影副本”的存储区，且该存储区的容量最小为 100MB。如果要更改其容量，则可单击图 4-9 所示界面中的“设置”按钮，弹出图 4-10 所示的“设置”对话框，在“最大值”选项组中更改设置。还可以单击该对话框的“计划”按钮来更改自动创建“卷影副本”的时间点。用户可以通过“位于此卷”来更改存储“卷影副本”的磁盘，但必须在启用“共享文件夹的卷影副本”功能前更改，启用该功能后“位于此卷”选项就无法更改了。

2. 通过客户端访问“卷影副本”内的文件

本例任务：先将 Server1 上的共享文件夹 share1 中的 test1 文件夹删除，再用此前的卷影副本进行还原，测试是否恢复了 test1 文件夹。

STEP 1 在 MS1 上使用\\Server1 命令，以 Server1 的 administrator 身份连接到 Server1 上的共享文件夹，双击打开“share1”文件夹，删除 share1 中的 test1 文件夹。

STEP 2 向上回退到 Server1 根目录，选中“share1”文件夹并单击鼠标右键，在弹出的快捷菜单中选择“属性”选项，弹出“share1(\\Server1)属性”对话框，打开“以前的版本”选项卡，如图 4-11 所示。

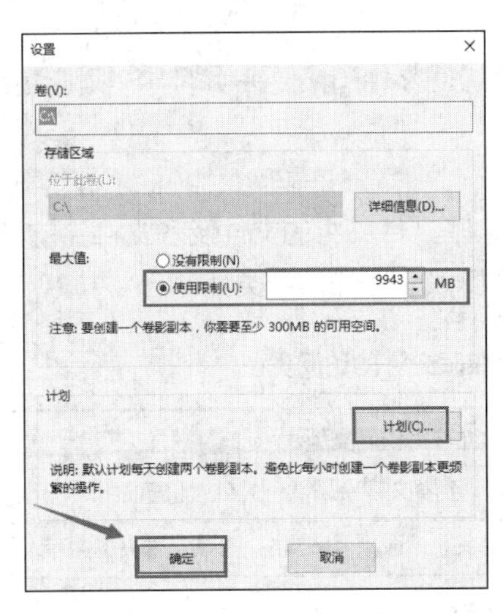

图 4-10 “设置”对话框

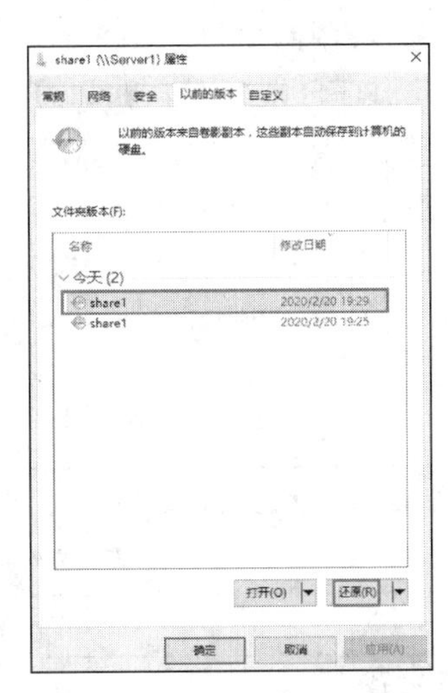

图 4-11 “以前的版本”选项卡

STEP 3 选中“share1 2020/2/20 19:29”版本，单击“打开”按钮可查看该时间点内的文件夹内容，单击“还原”按钮可以将文件夹还原到该时间点的状态。在此单击“还原”按钮，还原误删除的 test1 文件夹。

STEP 4 打开“share1”文件夹，检查“test1”文件夹是否被恢复。

提示 如果要还原被删除的文件，则可在连接到共享文件夹后，在“文件列表”对话框的空白区域单击鼠标右键，在弹出的快捷菜单中选择“属性”选项，在弹出的对话框中选择“以前的版本”，选择旧版本的文件夹，单击“打开”按钮，并复制需要还原的文件。

任务 4-4 认识 NTFS 权限

利用 NTFS 权限，可以控制用户账户和组对文件夹及个别文件的访问。

NTFS 权限只适用于 NTFS 磁盘分区。NTFS 权限不能用于由 FAT16 或者 FAT32 格式化的磁盘分区。

Windows Server 2019 只为用 NTFS 进行格式化的磁盘分区提供 NTFS 权限。为了保护 NTFS 磁盘分区中的文件和文件夹，要为需要访问该资源的每一个用户账户授予 NTFS 权限。用户必须在获得明确的授权之后才能访问资源。用户账户如果没有被组授予权限，则无法访问相应的文件或者文件夹。不管用户是访问文件还是访问文件夹，也不管这些文件或文件夹是在计算机上还是在网络中，NTFS 的安全性功能都有效。

对于 NTFS 磁盘分区中的每一个文件和文件夹，NTFS 都存储一个远程 ACL。ACL 中包含那些被授权访问该文件或者文件夹的所有用户账户、组和计算机，还包含它们被授予的访问类型。为了让某个用户能够访问某个文件或者文件夹，针对用户账户、组或者该用户所属的计算机，ACL 中必须包含一个相对应的元素，即访问控制项（Access Control Entry，ACE）。为了让用户能够访问文件或者文件夹，ACE 必须具有用户所请求的访问类型。如果 ACL 中没有相应的 ACE 存在，则 Windows Server 2019 拒绝该用户访问相应的资源。

1. NTFS 权限的类型

可以利用 NTFS 权限指定哪些用户、组和计算机能够访问文件和文件夹。NTFS 权限也指明了哪些用户、组和计算机能够操作文件或文件夹中的内容。

（1）NTFS 文件夹权限

可以通过授予文件夹权限来控制对文件夹和包含在这些文件夹中的文件及子文件夹的访问。表 4-1 列出了可以授予的标准 NTFS 文件夹权限和各个权限允许的访问类型。

表 4-1 标准 NTFS 文件夹权限和各个权限允许的访问类型

标准 NTFS 文件夹权限	允许的访问类型
读取（Read）	查看文件夹中的文件和子文件夹，查看文件夹属性、拥有人和权限
写入（Write）	在文件夹内创建新的文件和子文件夹，修改文件夹属性，查看文件夹的拥有人和权限
列出文件夹内容（List Folder Contents）	查看文件夹中的文件和子文件夹的名称
读取和执行（Read & Execute）	遍历文件夹，执行由“读取”权限与“列出文件夹内容”权限进行的动作
修改（Modify）	删除文件夹，执行由“写入”权限和“读取和执行”权限进行的动作
完全控制（Full Control）	改变权限，成为拥有人，删除子文件夹和文件，以及执行允许所有其他 NTFS 文件夹权限进行的动作

注意 “只读”“隐藏”“归档”“系统文件”等都是文件夹属性，不是 NTFS 权限。

（2）NTFS 文件权限

可以通过授予文件权限控制对文件的访问。表 4-2 列出了可以授予的标准 NTFS 文件权限和各个权限允许的访问类型。

表 4-2　标准 NTFS 文件权限和各个权限允许的访问类型

标准 NTFS 文件权限	允许的访问类型
读取（Read）	读文件，查看文件属性、拥有人和权限
写入（Write）	覆盖写入文件，修改文件属性，查看文件的拥有人和权限
读取和执行（Read & Execute）	运行应用程序，执行由“读取”权限进行的动作
修改（Modify）	修改和删除文件，执行由“写入”权限与“读取和执行”权限进行的动作
完全控制（Full Control）	改变权限，成为拥有人，执行允许所有其他 NTFS 文件权限进行的动作

注意 无论用什么权限保护文件，允许对文件夹进行“完全控制”的组或用户都可以删除该文件夹内的任何文件。尽管“列出文件夹内容”和“读取和执行”看起来有相同的特殊权限，但这些权限在继承时却有所不同。“列出文件夹内容”可以被文件夹继承而不能被文件继承，且它只在查看文件夹权限时才会显示。“读取和执行”可以被文件和文件夹继承，且在查看文件和文件夹权限时始终出现。

2. 多重 NTFS 权限

如果将针对某个文件或者文件夹的权限授予个别用户账户，又授予某个组，而该用户是该组的一个成员，那么该用户对同样的资源有了多个权限。关于 NTFS 如何组合多个权限，存在一些规则和优先权。除此之外，复制或者移动文件和文件夹对权限也会产生影响。

（1）权限是可累积的

一个用户对某个资源的有效权限是授予这个用户账户的 NTFS 权限与授予该用户所属组的 NTFS 权限的组合。例如，如果用户 Long 对文件夹 Folder 有“读取”权限，该用户 Long 是组 Sales 的成员，而组 Sales 对文件夹 Folder 有“写入”权限，那么用户 Long 对文件夹 Folder 就有“读取”和“写入”两种权限。

（2）文件权限优先于文件夹权限

NTFS 的文件权限优先于 NTFS 的文件夹权限。例如，某个用户对某个文件有“修改”权限，那么即使其对包含该文件的文件夹只有“读取”权限，其仍然能够修改该文件。

（3）拒绝权限优先于其他权限

要拒绝某用户账户或者组对特定文件或者文件夹的访问，将“拒绝”权限授予该用户账户或者组即可。这样，即使某个用户在作为某个组的成员时具有访问该文件或文件夹的权限，但是因为将“拒绝”权限授予了该用户，所以该用户具有的任何其他权限都被阻止了。因此，对于权限的累积规则来说，“拒绝”权限是一个例外。应该避免使用“拒绝”权限，因为允许用户和组进行某种访问比明确拒绝其进行某种访问更容易做到。巧妙地构造组和组织文件夹中的资源，使用各种各样的“允许”权限就足以满足需要，从而可避免使用“拒绝”权限。

例如，用户 Long 同时属于组 Sales 和组 Manager，文件 File1 和 File2 是文件夹 Folder 下的两个文件。其中，用户 Long 拥有对 Folder 的“读取”权限，组 Sales 拥有对 Folder 的“读取”和“写入”权限，组 Manager 则被禁止对 File2 的“写入”操作。那么用户 Long 的最终权限是什么？

由于使用了“拒绝”权限，所以用户 Long 拥有对 Folder 和 File1 的“读取”和“写入”权限，但对 File2 只有“读取”权限。

注意 在 Windows Server 2019 中，用户不具有某种访问权限和明确拒绝用户的访问权限，这二者之间是有区别的。“拒绝”权限是通过在 ACL 中添加一个针对特定文件或者文件夹的拒绝元素而实现的。这就意味着管理员还有另外一种拒绝访问的手段，而不只是不允许某个用户访问文件或文件夹。

3. 共享文件夹权限与 NTFS 权限的组合（Server1）

如何快速有效地控制对 NTFS 磁盘分区中的网络资源的访问呢？答案就是利用默认的共享文件夹权限，并通过授予 NTFS 权限控制对这些文件夹的访问。当共享的文件夹位于 NTFS 格式的磁盘分区中时，该共享文件夹的权限会与 NTFS 权限进行组合，以保护文件资源。

要为共享文件夹设置 NTFS 权限，可在共享文件夹的属性对话框中依次单击“共享”→“高级共享”→“权限”按钮，在弹出的权限对话框中进行设置，如图 4-12 所示。

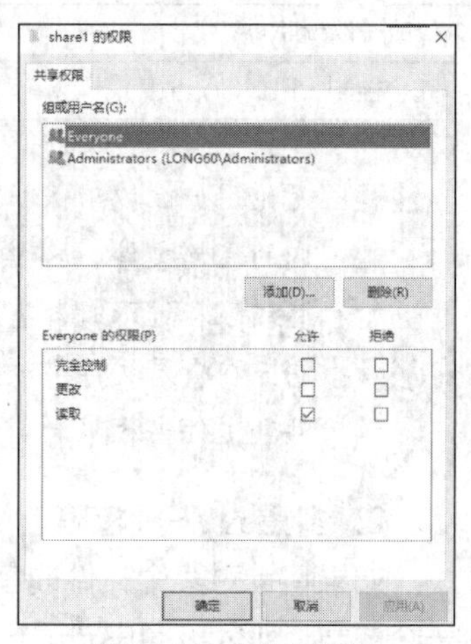

图 4-12　权限对话框

共享文件夹权限具有以下特点。

（1）共享文件夹权限只适用于文件夹，而不适用于单独的文件，且只能为整个共享文件夹设置共享文件夹权限，而不能对共享文件夹中的文件或子文件夹进行设置。所以，共享文件夹权限不如 NTFS 权限详细。

（2）共享文件夹权限并不对直接登录到服务器上的用户起作用，只适用于通过网络连接共享文件夹的用户，即共享文件夹权限对直接登录到服务器上的用户是无效的。

（3）在 FAT/FAT32 系统卷上，共享文件夹权限是保证网络资源被安全访问的唯一方法。原因很简单：NTFS 权限不适用于 FAT/FAT32 系统卷。

（4）默认的共享文件夹权限是“读取”，并被指定给 Everyone 组。

共享文件夹权限分为“读取”“修改”“完全控制”。共享文件夹权限列表如表 4-3 所示。

表 4-3　共享文件夹权限列表

权　限	允许用户完成的操作
读取	显示文件夹名称、文件名称、文件数据和属性，运行应用程序文件，改变共享文件夹内的文件夹
修改	创建文件夹，向文件夹中添加文件，修改文件中的数据，向文件中追加数据，修改文件属性，删除文件夹和文件，执行“读取”权限所允许的操作
完全控制	修改文件权限，获得文件的所有权，执行“修改”和“读取”权限所允许的所有操作。默认情况下，Everyone 组具有该权限

当管理员对 NTFS 权限和共享文件夹权限进行组合时，结果是组合的 NTFS 权限，或组合的共享文件夹权限，哪个范围更窄取哪个。

当在 NTFS 卷上为共享文件夹授予权限时，应遵循以下规则。

（1）可以对共享文件夹中的文件和子文件夹应用 NTFS 权限。可以对共享文件夹中包含的每个文件和子文件夹应用不同的 NTFS 权限。

（2）除共享文件夹权限外，用户必须具有该共享文件夹包含的文件和子文件夹的 NTFS 权限，才能访问那些文件和子文件夹。

（3）在 NTFS 卷上必须设置 NTFS 权限。默认 Everyone 组具有“完全控制”权限。

任务 4-5　继承与阻止继承 NTFS 权限

NTFS 权限可以继承，也可以被阻止。

1. 使用权限的继承性

默认情况下，授予父文件夹的任何权限都将应用于包含在该文件夹中的子文件夹和文件。当授予访问某个文件夹的 NTFS 权限时，就将授予该文件夹的 NTFS 权限授予了该文件夹中任何现有的文件和子文件夹，以及在该文件夹中创建的任何新文件和新子文件夹。

如果想让文件夹或者文件具有不同于它们的父文件夹的权限，则必须阻止权限的继承性。

2. 阻止权限的继承性

阻止权限的继承性也就是阻止子文件夹和文件从父文件夹继承权限。为了阻止权限的继承性，要删除继承来的权限，只保留被明确授予的权限。

被阻止从父文件夹继承权限的子文件夹现在就成为新的父文件夹，包含在这一新的父文件夹中的子文件夹和文件将继承授予它们的父文件夹的权限。

以 test2 文件夹为例，若要阻止权限的继承性，则可在该文件夹的“属性”对话框中选择“安全”，再选择“高级”→“权限”，弹出图 4-13 所示的“test2 的高级安全设置”对话框。

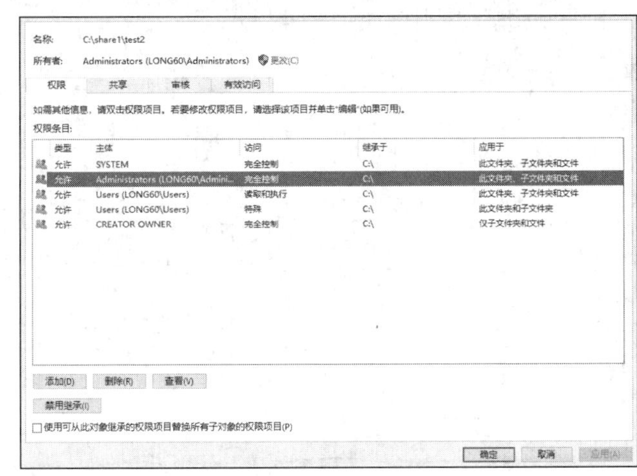

图 4-13　“test2 的高级安全设置”对话框

选中某个要阻止继承的权限，单击“禁用继承”按钮，在弹出的“阻止继承”对话框中选择“将已继承的权限转换为此对象的显式权限。”或“从此对象中删除所有已继承的权限。”选项。

任务 4-6　复制和移动文件及文件夹

1. 复制文件和文件夹

当从一个文件夹向另一个文件夹复制文件或文件夹，或者从一个磁盘分区向另一个磁盘分区复制文件或文件夹时，这些文件或文件夹具有的权限可能会发生变化。复制文件或文件夹将对 NTFS 权限产生如下效果。

（1）当在单个 NTFS 磁盘分区内或在不同的 NTFS 磁盘分区之间复制文件夹或文件时，复制的文件夹或文件将继承目的地文件夹的权限。

（2）当将文件或文件夹复制到非 NTFS 磁盘分区（如 FAT 格式的磁盘分区）中时，因为非 NTFS 磁盘分区不支持 NTFS 权限，所以这些文件夹或文件就丢失了它们的 NTFS 权限。

注意 为了在单个 NTFS 磁盘分区之内或者在 NTFS 磁盘分区之间复制文件和文件夹，必须具有对源文件夹的“读取”权限，并具有对目的地文件夹的“写入”权限。

2. 移动文件和文件夹

当移动某个文件或文件夹的位置时，针对这个文件或文件夹的权限可能发生变化，这主要取决于目的地文件夹的权限情况。移动文件或文件夹将对 NTFS 权限产生如下效果。

（1）当在单个 NTFS 磁盘分区内移动文件夹或文件时，文件夹或文件保留它原来的权限。

（2）当在 NTFS 磁盘分区之间移动文件夹或文件时，文件夹或文件将继承目的地文件夹的权限。在 NTFS 磁盘分区之间移动文件夹或文件实际是将文件夹或文件复制到新的位置，并将其从原来的位置删除。

（3）当将文件夹或文件移动到非 NTFS 磁盘分区时，因为非 NTFS 磁盘分区不支持 NTFS 权限，所以这些文件夹或文件就丢失了它们的 NTFS 权限。

复制和移动规则如图 4-14 所示。

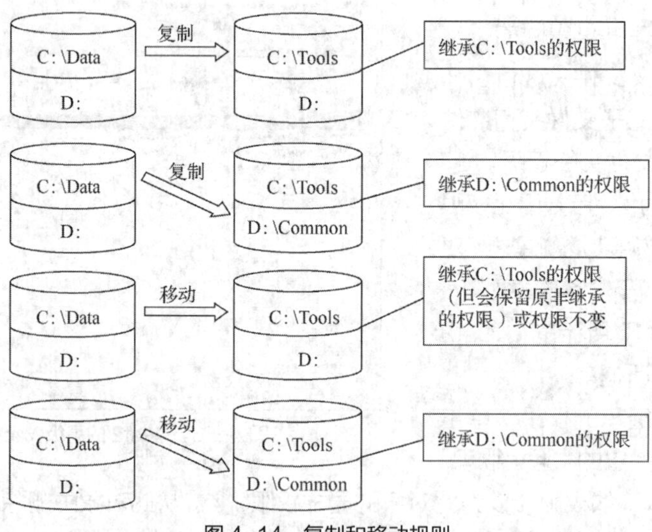

图 4-14　复制和移动规则

注意 为了在单个 NTFS 磁盘分区之内或者多个 NTFS 磁盘分区之间移动文件和文件夹，必须具有对目的地文件夹的“写入”权限，并具有对源文件夹的“修改”权限。之所以要求“修改”权限，是因为在移动文件或者文件夹时，在将文件或者文件夹复制到目的地文件夹之后，Windows Server 2019 将从源文件夹中删除相应文件或文件夹。

任务 4-7　利用 NTFS 权限管理数据

在 NTFS 磁盘中，系统会自动设置默认的权限，且这些权限会被其子文件夹或其中的文件所继承。为了控制用户对某个文件夹及该文件夹中的文件和子文件夹的访问，需要指定文件夹权限。但设置文件或文件夹权限的必须是 Administrators 组的成员、文件或者文件夹的拥有者、具有“完全控制”权限的用户。

请读者预先在 Server1 上建立 C:\network 文件夹和本地域用户 sales。

1. 授予标准 NTFS 权限

授予标准 NTFS 权限包括授予 NTFS 文件夹权限和授予 NTFS 文件权限。

（1）授予 NTFS 文件夹权限

STEP 1 打开 Server1 的“文件资源管理器”窗口，选中要设置权限的文件夹（如 network）并单击鼠标右键，在弹出的快捷菜单中选择“属性”选项，弹出“network 属性”对话框，选择“安全”选项卡，如图 4-15 所示。

STEP 2 默认已经有了一些权限设置，这些权限是从父文件夹（或磁盘）继承来的。例如，在 Administrators 组用户的权限中，灰色阴影√标记的权限就是继承的权限。

STEP 3 如果要给其他用户指派权限，则可单击“编辑”按钮，弹出图 4-16 所示的“network 的权限”对话框。

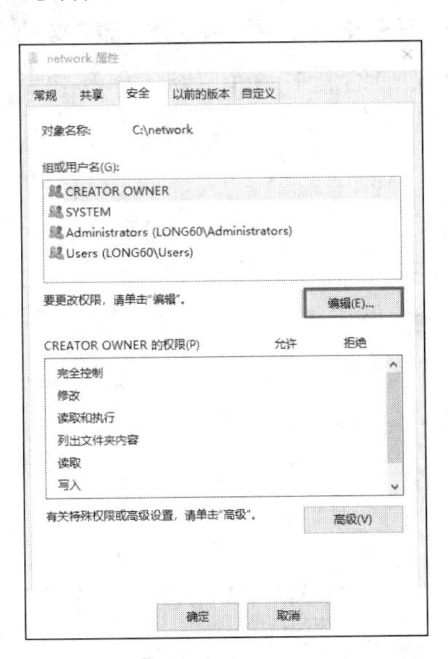

图 4-15 “network 属性”对话框

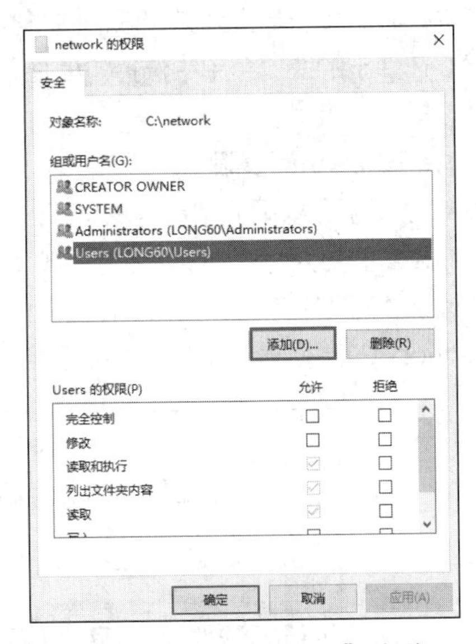

图 4-16 “network 的权限”对话框

STEP 4 单击“添加”→“高级”→“立即查找”按钮，弹出“选择用户、计算机、服务账户或组”对话框，从本地计算机上添加拥有对该文件夹访问和控制权限的用户或用户组，如 sales，如图 4-17 所示。

STEP 5 选择好后单击两次“确定”按钮，拥有对该文件夹访问和控制权限的用户或用户组就被添加到“组或用户名”列表框中。特别注意，如果新添加的用户的权限不是从父项继承的，那么其所有的权限都可以修改。

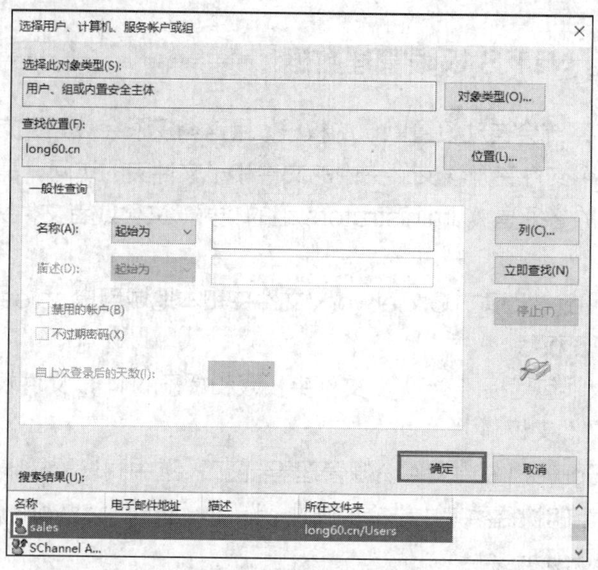

图 4-17 “选择用户、计算机、服务账户或组”对话框

STEP 6 如果不想继承上一层的权限，则可参照“任务 4-5 继承与阻止继承 NTFS 权限”的内容进行修改。这里不赘述。

（2）授予 NTFS 文件权限

文件权限的授予与文件夹权限的授予类似。要想对 NTFS 文件指派权限，直接在文件上单击鼠标右键，在弹出的快捷菜单中选择“属性”选项，在弹出的对话框中选择“安全”选项卡，即可为该文件设置相应权限。

2. 授予特殊访问权限

标准的 NTFS 权限通常能提供足够的权限，用以控制对用户资源的访问，进而保护用户的资源。但是，如果需要更为特殊的访问级别，则可以使用 NTFS 的特殊访问权限。

选择文件或文件夹（如 network）属性对话框中的“安全”选项卡，选择“高级”→“权限”，弹出“network 的高级安全设置”对话框，选择“sales”，如图 4-18 所示。

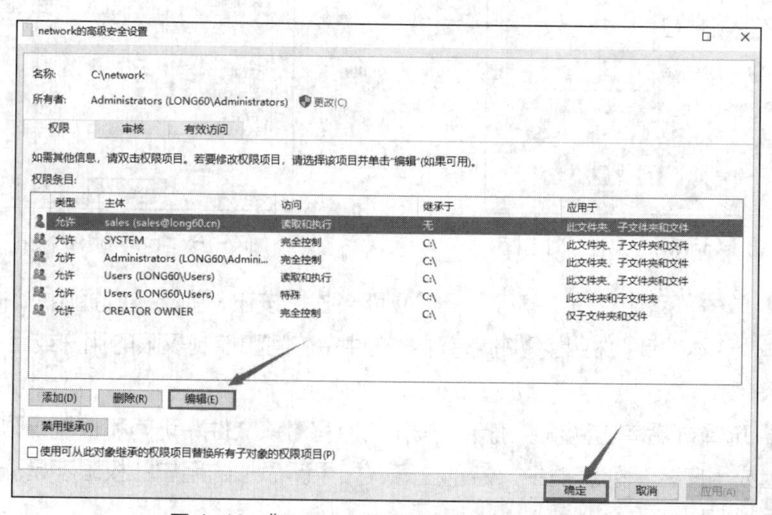

图 4-18 “network 的高级安全设置”对话框

单击“编辑”按钮，弹出图 4-19 所示的“network 的权限项目”对话框，在此可以更精确地设置“sales”用户的权限。其中，“显示基本权限”和“显示高级权限”超链接在被单击后交替出现。

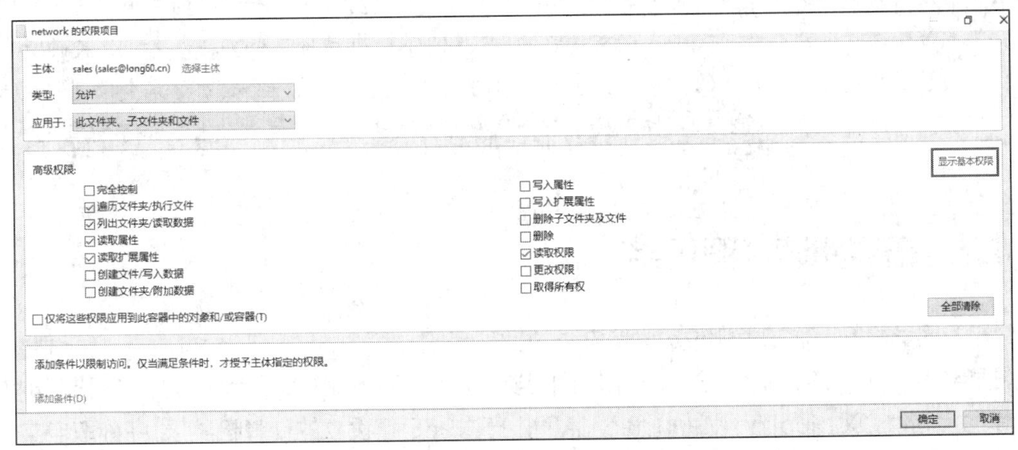

图 4-19 “network 的权限项目”对话框

特殊访问权限（高级权限）有 14 项，把它们组合在一起就构成了标准的 NTFS 权限。例如，标准的“读取”权限包含“遍历文件夹/执行文件”“列出文件夹/读取数据”“读取属性”“读取权限”“读取扩展属性”等特殊访问权限。

其中有两个特殊访问权限对管理对文件和文件夹的访问来说特别有用。

（1）“更改权限”

如果为某用户授予“更改权限”，该用户就具有了修改文件或者文件夹权限的能力。

可以将针对某个文件或者文件夹修改权限的能力授予其他管理员或用户，但是不可以授予其对相应文件或者文件夹的“完全控制”权限。通过这种方式，这些管理员或用户就不能删除相应文件或文件夹，也不能对其进行写入，但是可以为文件或者文件夹授权。

要将修改权限的能力授予管理员，将针对文件或文件夹的“更改权限”授予 Administrators 组即可。

（2）“取得所有权”

如果为某用户授予“取得所有权”权限，该用户就具有了取得文件或文件夹的所有权的能力。

可以将文件或文件夹的所有权从一个用户账户或者组转移到另一个用户账户或者组。也可以将“取得所有权”权限授予某个用户。而作为管理员，也可以取得某个文件或者文件夹的所有权。

对取得某个文件或者文件夹的所有权来说，需要应用以下规则。

- 当前的拥有者或者具有“完全控制”权限的任何用户，可以将“完全控制”这一标准权限或者“取得所有权”这一特殊访问权限授予另一个用户账户或者组。这样，被授予权限的用户账户或组的成员就能取得所有权。
- Administrators 组的成员可以取得某个文件或者文件夹的所有权，而不管为该文件或者文件夹授予了怎样的权限。如果某个管理员取得了所有权，则 Administrators 组也取得了所有权。因而该管理员组的任何成员都可以修改针对相应文件或者文件夹的权限，并可以将“取得所有权”这一权限授予另一个用户账户或者组。例如，如果某个雇员离开了某公司，则该公司的某个管理员即可取得该雇员的文件的所有权，且其可将“取得所有权”这一权限授予另一个雇员，这一个雇员就取得了前一个雇员的文件的所有权。

提示 为了成为某个文件或者文件夹的拥有者，具有“取得所有权”这一权限的某个用户或者组的成员必须明确获得相应文件或者文件夹的所有权。不能自动将某个文件或者文件夹的所有权授予任何一个人。文件的拥有者、管理员组的成员，或者任何一个具有“完全控制”权限的人都可以将“取得所有权”权限授予某个用户账户或者组，这样就使其获得了所有权。

4.4 拓展阅读 图灵奖

你知道图灵奖吗？你知道哪位科学家获得过此殊荣吗？

图灵奖（Turing Award）全称 A.M. 图灵奖（A.M. Turing Award），是由美国计算机协会（Association for Computing Machinery，ACM）于 1966 年设立的计算机奖项，名称取自艾伦·马西森·图灵（Alan Mathison Turing），旨在奖励对计算机事业做出重要贡献的个人。图灵奖对获奖条件要求极高，评奖程序极严，一般每年仅授予一名计算机科学家。图灵奖是计算机领域的国际最高奖项，被誉为“计算机界的诺贝尔奖”。

2000 年，科学家姚期智获图灵奖。

4.5 习题

一、填空题

1. 可供设置的标准 NTFS 文件权限有________、________、________、________、________和________。
2. Windows Server 2019 通过在 NTFS 下设置________，限制不同用户对文件的访问级别。
3. 相对于以前的 FAT16、FAT32 来说，NTFS 的优点包括可以对文件设置________、________、________和________。
4. 创建共享文件夹的用户必须属于________、________和________等用户组的成员。
5. 在网络中可共享的资源有________和________。
6. 要设置隐藏共享，需要在共享名的后面加________符号。
7. 共享文件夹权限分为________、________和________3 种。

二、判断题

1. 在 NTFS 下，可以对文件设置权限；而 FAT16 和 FAT32 文件系统只能对文件夹设置共享权限，不能对文件设置权限。（ ）
2. 通常，在管理系统中的文件时，要由管理员给不同用户设置访问权限，普通用户不能设置或更改权限。（ ）
3. NTFS 文件压缩必须在 NTFS 下进行，离开 NTFS 时，文件将不再压缩。（ ）
4. 磁盘配额的设置不能限制管理员账号。（ ）

5. 将已加密的文件复制到其他计算机后，以管理员账号登录就可以打开该文件了。 （ ）

6. 文件加密后，除加密者本人和管理员账号以外，其他用户无法打开该文件。 （ ）

7. 不可对加密的文件执行压缩操作。 （ ）

三、简答题

1. 简述 FAT16、FAT32 和 NTFS 的区别。

2. 重装 Windows Server 2019 后，原来加密的文件为什么无法打开？

3. 特殊权限与标准权限的区别是什么？

4. 如果一位用户拥有某文件夹的“写入”权限，且是拥有该文件夹“读取”权限的组的成员，那么该用户对该文件夹的最终权限是什么？

5. 如果某员工离开了公司，则怎样将该员工的文件的所有权转移给其他员工？

6. 如果一位用户拥有某文件夹的“写入”权限和“读取”权限，但被拒绝对该文件夹内的某文件有“写入”权限，则该用户对该文件的最终权限是什么？

4.6 项目实训 管理文件系统与共享资源

一、实训目的

- 掌握设置和访问共享资源的方法。
- 掌握卷影副本的使用方法。
- 掌握使用 NTFS 控制资源访问的方法。
- 掌握使用文件系统加密文件的方法。
- 掌握压缩文件的方法。

二、项目环境

本项目实训的网络拓扑结构如图 4-20 所示。

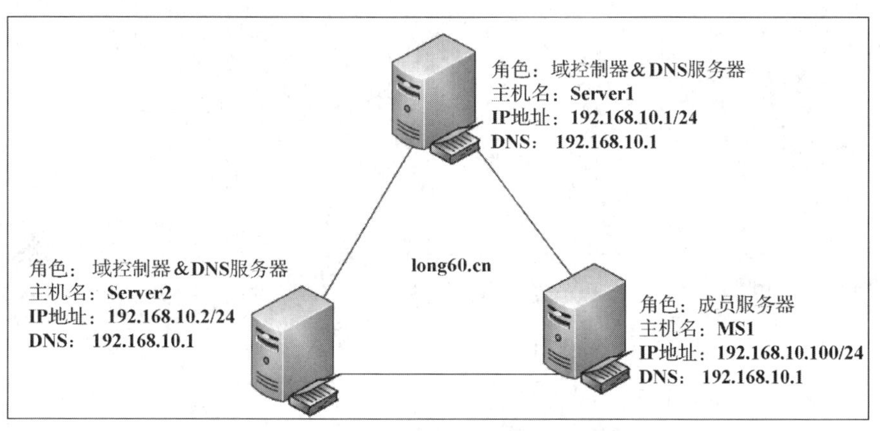

图 4-20 使用 NTFS 控制资源访问网络拓扑结构

三、项目要求

完成以下各项任务。

① 在 Server1 上设置共享资源\test。

② 在 MS1 上使用多种方式访问网络共享资源。

③ 在 Server1 上设置卷影副本，在 MS1 上使用卷影副本恢复误删除的内容。

④ 观察共享文件夹权限与 NTFS 权限组合后的最终权限。

⑤ 设置 NTFS 权限的继承性。

⑥ 观察复制和移动文件夹后 NTFS 权限的变化情况。

⑦ 利用 NTFS 权限管理数据。

⑧ 加密特定文件或文件夹。

⑨ 压缩特定文件或文件夹。

四、做一做

独立完成项目实训，检查学习效果。

项目5
配置与管理基本磁盘和动态磁盘

无论是在技术上还是在功能上，Windows Server 2019 的存储管理都比以前的 Windows 版本有很大的改进和提高，磁盘管理提供了更好的管理界面和性能。

掌握基本磁盘和动态磁盘的配置与管理，以及为用户分配磁盘配额的方法，是对一个网络管理员最基本的要求。

学习要点

- 掌握磁盘的基础知识。
- 掌握管理基本磁盘的方法。
- 掌握管理动态磁盘的方法。
- 掌握管理磁盘配额的方法。
- 掌握常用的磁盘管理命令。

素质要点

- 了解国家科学技术奖中最高等级的奖项——国家最高科学技术奖，激发学生的科学精神和爱国情怀。
- “盛年不重来，一日难再晨。及时当勉励，岁月不待人。”盛世之下，学生要惜时如金，学好知识，报效国家。

5.1 项目基础知识

在数据被存储到磁盘中之前，磁盘必须被划分成一个或数个磁盘分区。图 5-1 所示为一个磁盘（一块硬盘）被分割为 3 个磁盘分区。

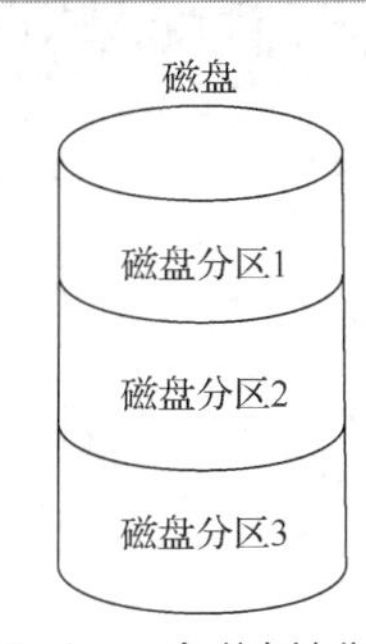

图 5-1　一个磁盘被分割为 3 个磁盘分区

磁盘中有一个被称为磁盘分区表的区域，用来存储磁盘分区的相关数据，如每一个磁盘分区的起始地址、结束地址和是否为活动的磁盘分区等信息。

5.1.1 MBR 磁盘与 GPT 磁盘

磁盘按分区表的格式可以分为主启动记录（Master Boot Record，MBR）磁盘与全局唯一标识分区表（GUID Partition Table，GPT）磁盘两种。

1. MBR 磁盘

MBR 磁盘使用的是旧的传统磁盘分区表格式，其磁盘分区表存储在 MBR 内，如图 5-2 左半部分所示。MBR 位于磁盘最前端。使用传统 BIOS（固化在计算机主板中的一个 ROM 芯片上的程序）的计算机，其启动时 BIOS 会先读取 MBR，并将控制权交给 MBR 内的程序代码，再由此程序代码来继续后续的启动工作。MBR 磁盘支持的硬盘最大容量为 2.2TB（1TB=1024GB）。

2. GPT 磁盘

GPT 磁盘使用的是一种新的磁盘分区表格式，其磁盘分区表存储在 GPT 内，如图 5-2 右半部所示。它位于磁盘的前端，且有主分区表与备份分区表，可提供容错功能。使用新式 UEFI BIOS 的计算机在启动时，BIOS 会先读取 GPT，并将控制权交给 GPT 内的程序代码，再由此程序代码来继续后续的启动工作。GPT 磁盘支持的硬盘最大容量超过 2.2TB。

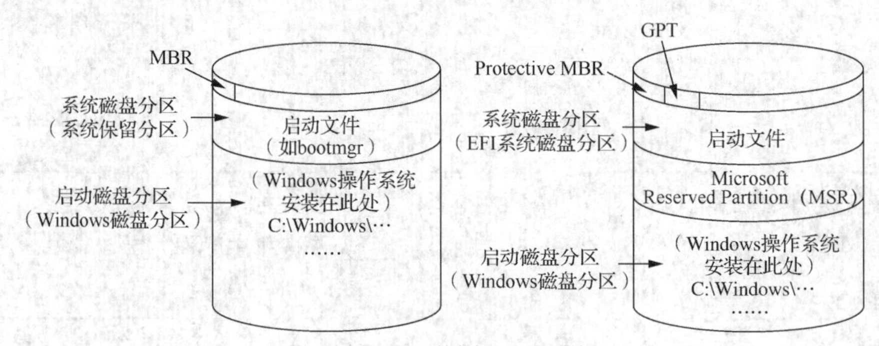

图 5-2 MBR 磁盘与 GPT 磁盘

可以利用图形接口的磁盘管理工具或 diskpart 命令将空的 MBR 磁盘转换成 GPT 磁盘，或将空的 GPT 磁盘转换成 MBR 磁盘。

提示 ① 为了兼容起见，GPT 磁盘内提供了 Protective MBR，使仅支持 MBR 的程序仍然可以正常运行。

② 可以在 BIOS Setup 中设置采用何种启动模式，如图 5-3 所示。

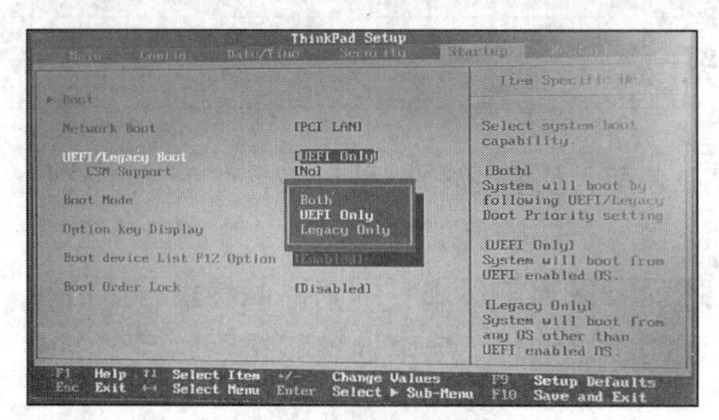

图 5-3 设置启动模式

5.1.2 认识基本磁盘

Windows 操作系统将磁盘分为基本磁盘与动态磁盘两种类型。

（1）基本磁盘：旧式的传统磁盘系统，新安装的硬盘默认是基本磁盘。

（2）动态磁盘：支持多种特殊的磁盘分区，其中有的可以提高系统访问效率，有的可以提供容错功能，有的可以扩大磁盘的使用空间。

下面先介绍基本磁盘。

1. 主磁盘分区与扩展磁盘分区

磁盘分区分为以下两种。

（1）主磁盘分区。主磁盘分区可以用来启动操作系统。计算机启动时，MBR 磁盘或 GPT 磁盘内的程序代码会到活动的磁盘分区内读取与执行启动程序代码，并将控制权交给此启动程序代码来启动相关的操作系统。

（2）扩展磁盘分区。扩展磁盘分区只能用来存储文件，无法用来启动操作系统，也就是说，MBR 磁盘或 GPT 磁盘内的程序代码不会到扩展磁盘分区内读取与执行启动程序代码。

一个 MBR 磁盘内最多可建立 4 个主磁盘分区，或最多建立 3 个主磁盘分区加 1 个扩展磁盘分区（见图 5-4 左半部分）。每一个主磁盘分区都可以被赋予一个驱动器号，如 C、D 等。扩展磁盘分区内可以建立多个逻辑驱动器。基本磁盘内的每一个主磁盘分区或逻辑驱动器又被称为基本卷（Basic Volume）。

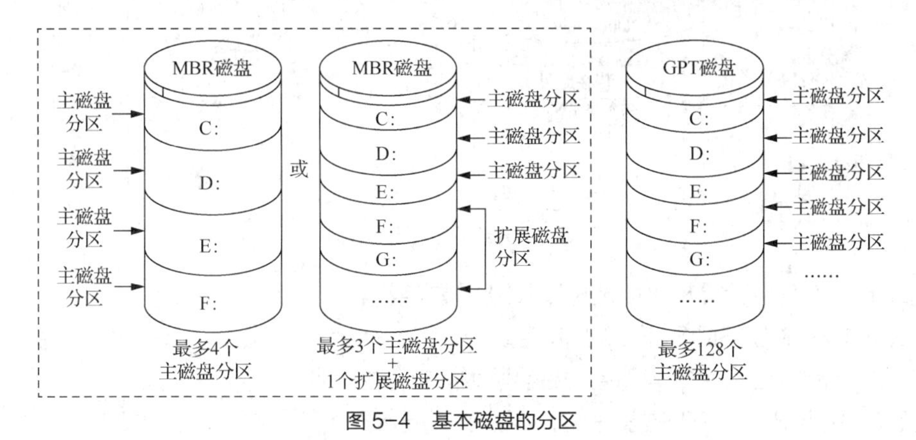

图 5-4 基本磁盘的分区

卷是由一个或多个磁盘分区组成的，在 5.1.3 小节介绍动态磁盘时会介绍包含多个磁盘分区的卷。

Windows 操作系统的一个 GPT 磁盘内最多可以建立 128 个主磁盘分区（见图 5-4 右半部分），而每一个主磁盘分区都可以被赋予一个驱动器号（最多只有 A～Z 共 26 个驱动器号可用）。由于可以有 128 个主磁盘分区，因此 GPT 磁盘不需要扩展磁盘分区。大于 2.2TB 的磁盘分区需使用 GPT 磁盘。旧版本的 Windows 操作系统（如 Windows 2000、32 位的 Windows XP 等）无法识别 GPT 磁盘。

2. 活动卷与系统卷

Windows 操作系统又将磁盘分区分为启动分区（Boot Volume）与系统分区（System Volume）两种。

（1）启动分区。它是用来存储 Windows 操作系统文件的磁盘分区。操作系统文件通常是存放在 Windows 文件夹内的，此文件夹所在的磁盘分区就是启动分区，如图 5-5 中的 MBR 磁盘所示，其左半部分与右半部分的 C 磁盘驱动器都是存储系统文件（Windows 文件夹）的磁盘分区，所以它们都是启动分区。启动分区可以是主磁盘分区或扩展磁盘分区内的逻辑驱动器。

（2）系统分区。如果将系统启动的程序分为两个阶段来看，则系统分区就用于存储第 1 阶段所需要的启动文件（如 Windows 启动管理器 bootmgr）。系统利用其中存储的启动信息，就可以到启动分区的 Windows 文件夹内读取启动 Windows 操作系统所需的其他文件，并进入第 2 阶段的启动程序。如果计算机内安装了多套 Windows 操作系统，则系统分区内的程序会负责显示操作系统列表来供用户选择。

例如，图 5-5 左半部分所示的系统保留分区与右半部分的 C 磁盘驱动器都是系统分区，其中右半部分因为只有一个磁盘分区，启动文件与 Windows 文件夹都存储在此处，所以它既是系统分区，又是启动分区。

在安装 Windows Server 2019 时，安装程序会自动建立扮演系统分区角色的系统保留分区，且无驱动器号（见图 5-5 左半部分），包含 Windows 恢复环境（Windows Recovery Environment，Windows RE）。用户可以自行删除此默认分区，图 5-5 右半部分中只有 1 个磁盘分区。

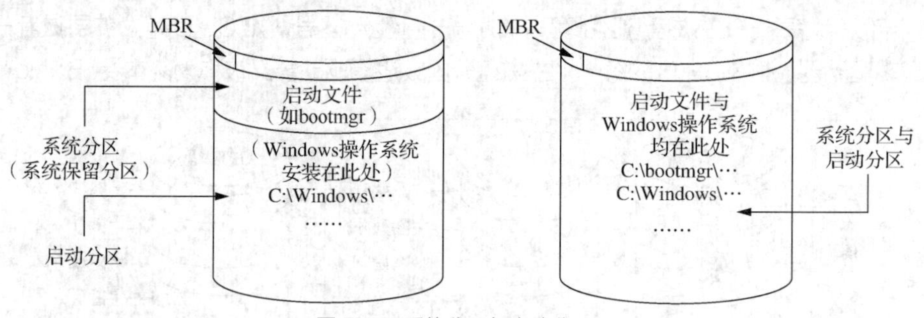

图 5-5　系统分区与启动分区

使用 UEFI BIOS 的计算机可以选择以 UEFI 模式或传统模式（以下将其称为 BIOS 模式）来启动 Windows Server 2019。若是 UEFI 模式，则启动磁盘需为 GPT 磁盘，且磁盘最少需要 3 个 GPT 磁盘分区，如图 5-6 所示。

- EFI 系统分区（EFI System Partition，ESP）。其文件系统为 FAT32，可用来存储 BIOS/OEM 厂商所需要的文件、启动操作系统所需要的文件（UEFI 的上一版被称为 EFI）、Windows RE 等。
- 微软保留分区（Microsoft Reserved Partition，MSR）。其为保留给操作系统使用的区域。若磁盘的容量小于 16GB，则此区域占用约 32MB；若磁盘的容量大于或等于 16GB，则此区域占用约 128MB。
- Windows 磁盘分区。其文件系统为 NTFS，是用来存储 Windows 操作系统文件的磁盘分区。操作系统文件通常放在 Windows 文件夹内。

GPT
Protective MBR
GPT磁盘
系统磁盘分区
（EFI系统分区）
启动文件
Microsoft
Reserved Partition（MSR）
（Windows操作系统
安装在此处）
C:\Windows\…
……
启动分区
（Windows磁盘分区）

图 5-6　UEFI 模式下的 GPT 磁盘

在 UEFI 模式下，要将 Windows Server 2019 安装到一个空硬盘中，除了以上 3 个磁盘分区，安装程序还会自动多建立一个恢复分区，如图 5-7 所示，它将 Windows RE 与EFI系统分区分成两个磁盘分区，存储Windows RE 的恢复分区的容量约为 300MB，此时的 EFI 系统分区的容量约为 100MB。

若是数据磁盘，则至少需要一个 MSR 分区与一个用来存储数据的磁盘分区。UEFI 模式的系统虽然也可以使用 MBR 磁盘，但 MBR 磁盘只能够作为数据磁盘，无法作为启动磁盘。

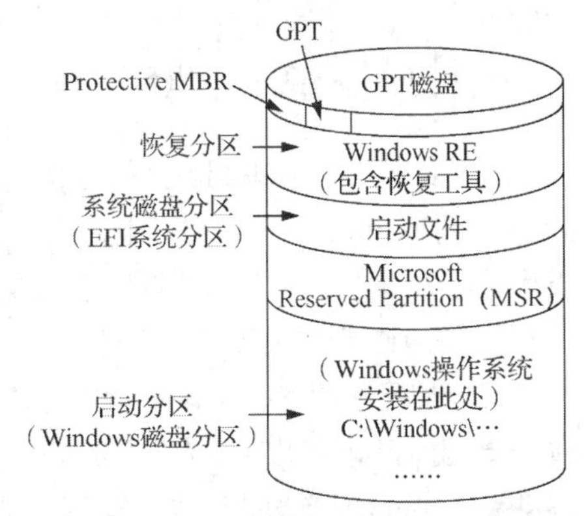

图 5-7　UEFI 模式下安装 Windows Server 2019 的 GPT 磁盘分区情况

特别提示　① 在安装 Windows Server 2019 之前，可能需要先进入 BIOS 内指定以 UEFI 模式工作。例如，将通过 DVD 来启动计算机的方式改为 UEFI 模式，否则可能会以传统 BIOS 模式工作，而不是以 UEFI 模式工作。

② 在 UEFI 模式下安装 Windows Server 2019 后，系统会自动修改 BIOS 设置，并将其改为优先通过“Windows Boot Manager”来启动计算机。

如果硬盘内已经有操作系统，且硬盘是 MBR 磁盘，则必须先删除其中的所有磁盘分区，再将其转换为 GPT 磁盘，具体方法如下：在安装过程中单击修复计算机进入命令提示符窗口，执行 diskpart 程序，并依次执行 select disk 0、clean、convert gpt 命令。

在“文件资源管理器”窗口中看不到系统保留分区、恢复分区、EFI 系统分区与 MSR 分区等磁盘分区。在 Windows 操作系统内置的磁盘管理工具“磁盘管理”中看不到 MBR、GPT、Protective MBR 等特殊信息，虽然可以看到系统保留分区（MBR 磁盘）、恢复分区与 EFI 系统分区等磁盘分区，但还是看不到 MSR 分区。例如，图 5-8 所示为 GPT 磁盘的相关信息，从中可以看到恢复分区、EFI 系统分区和 Windows 磁盘分区，但看不到 MSR 分区。

可以通过 diskpart 程序来查看磁盘分区：打开命令提示符窗口（选中“开始”菜单并单击鼠标右键，在弹出的快捷菜单中选择相应选项）或 Windows PowerShell（在“服务器管理器”窗口的“工具”菜单中），执行 diskpart 程序，并依次执行 select disk 0、list partition 命令，可以看到 4 个磁盘分区，如图 5-9 所示。

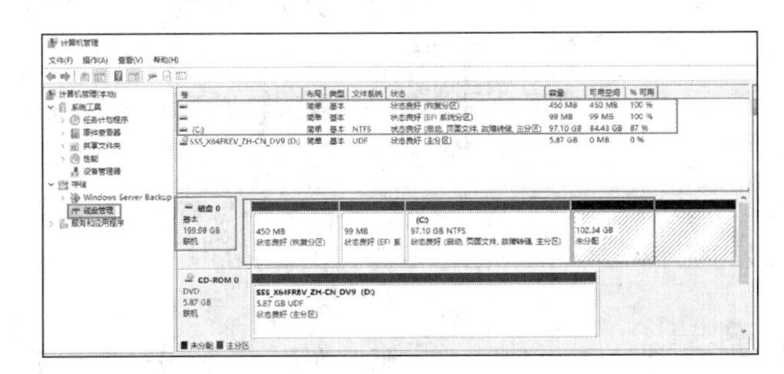

图 5-8　GPT 磁盘的相关信息

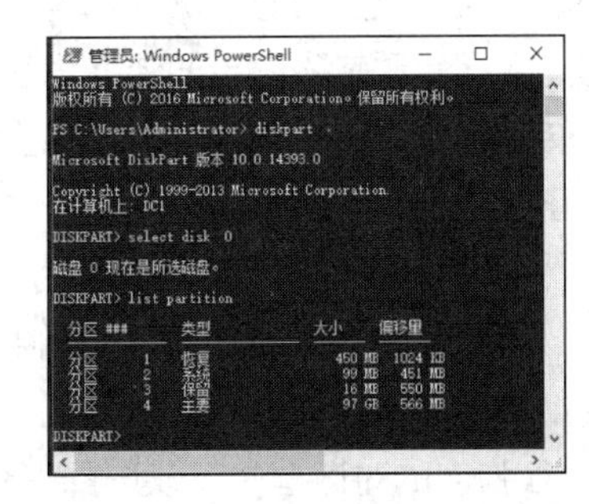

图 5-9　使用 diskpart 程序查看磁盘分区

5.1.3 认识动态磁盘

动态磁盘使用卷来组织空间，使用方法与基本磁盘分区相似。动态卷可建立在不连续的磁盘空间中，且其空间大小可以动态地变更。动态卷的创建数量也不受限制。在动态磁盘中可以建立多种类型的卷，以提供高性能的磁盘存储能力。

1. RAID 技术简介

如何提高磁盘的存取速度，如何防止数据因磁盘故障而丢失，如何有效利用磁盘空间，这些问题一直困扰着计算机专业人员和用户。独立磁盘冗余阵列（Redundant Arrays of Independent Disks，RAID）技术的产生一举解决了这些问题。

RAID 技术把多个磁盘组成一个阵列，当作单一磁盘使用。它将数据以分段（Striping）的方式存储在不同的磁盘中，存取数据时，阵列中的相关磁盘一起运作，大幅缩短了数据的存取时间，同时有更佳的空间利用率。磁盘阵列利用的不同技术称为 RAID 级别。不同的级别针对不同的系统及应用，以解决数据访问性能和数据安全的问题。

RAID技术的实现可以分为硬件实现和软件实现两种。现在很多操作系统，如Windows NT及UNIX等操作系统都提供软件 RAID，其性能略低于硬件 RAID，但成本较低，配置管理也非常简单。目前，Windows Server 2019网络操作系统支持的RAID级别包括RAID-0、RAID-1、RAID-4和RAID-5。

（1）RAID-0。RAID-0 通常被称作“条带”，它是面向性能的分条数据映射技术。使用它意味着被写入阵列的数据被分割成条带，并写入阵列中的成员磁盘，从而允许低费用的高效输入/输出（Input/Output，I/O）性能，但是不提供冗余性。

（2）RAID-1。RAID-1 被称为“磁盘镜像”，它通过在阵列中的每个成员磁盘上写入相同的数据来提供冗余性。由于镜像的简单性和高度的数据可用性，目前 RAID-1 仍然很流行。RAID-1 提供了极佳的数据可靠性，并提高了读取任务繁重的程序的执行性能，但是它的实现成本也相对较高。

（3）RAID-4。RAID-4 使用集中到单个磁盘驱动器上的奇偶校验来保护数据，更适合事务性的 I/O 而不是大型文件传输。专用的奇偶校验磁盘也带来了固有的性能瓶颈。

（4）RAID-5。RAID-5 是目前使用非常普遍的 RAID 类型。通过在某些或全部阵列成员磁盘驱动器中分布奇偶校验，RAID-5 避免了 RAID-4 中固有的写入瓶颈，它唯一的性能瓶颈是奇偶计算进程。与 RAID-4 一样，其结果是性能不对称，读取性能大大优于写入性能。

2. 动态卷类型

动态磁盘提供了更好的磁盘访问性能及容错等功能，可以将基本磁盘转换为动态磁盘，而不损坏原有的数据。动态磁盘若要转换为基本磁盘，则必须先删除原有的卷。

在转换磁盘之前需要关闭这些磁盘中运行的程序。如果转换启动盘，或者要转换的磁盘中的卷或分区正在使用，则必须重新启动计算机才能成功转换。转换过程如下。

① 关闭所有正在运行的应用程序，选择“服务器管理器”→“工具”→“计算机管理”→“磁盘管理”选项，在右侧窗格的底端选中要升级的基本磁盘并单击鼠标右键，在弹出的快捷菜单中选择“转换到动态磁盘”选项。

② 在弹出的对话框中可以选择多个磁盘一起升级。选择好之后，单击“确定”按钮，并单击“转换”按钮即可。

Windows Server 2019 支持的动态卷包括以下几类。

- 简单卷（Simple Volume）。简单卷与基本磁盘的分区类似，只是其空间可以扩展到非连续的空间上。
- 跨区卷（Spanned Volume）。跨区卷可以将多个磁盘（至少两个，最多 32 个）上的未分配空间合成一个逻辑卷。使用时先写满一部分空间，再写入下一部分空间。
- 带区卷（Striped Volume）。带区卷又称条带卷，它采用 RAID-0 技术，将 2～32 个磁盘空间中容量相同的空间组合成一个卷，写入时将数据分成 64KB 的大小相同的数据块，同时写入卷的每个成员磁盘中。带区卷提供了很好的磁盘访问性能，但是带区卷不能被扩展或镜像，也没有容错功能。
- 镜像卷（Mirrored Volume）。镜像卷采用 RAID-1 技术，它将两个磁盘中相同大小的空间建立为镜像，有容错功能，但空间利用率只有 50%，实现成本相对较高。
- 带奇偶校验的带区卷。其采用 RAID-5 技术，每个独立磁盘进行条带化分割、条带区奇偶校验，校验数据平均分布在每个磁盘中，容错性能好，应用广泛，需要 3 个以上的磁盘。其平均实现成本低于镜像卷。

5.2 项目设计与准备

1. 项目设计

Server1、MS1 和 MS2 是 3 台虚拟机。这 3 台虚拟机的网络连接模式被设置为“仅主机模式”。本项目只用到 MS1 和 MS2，其他虚拟机可以临时关闭或挂起。磁盘管理网络拓扑结构如图 5-10 所示。

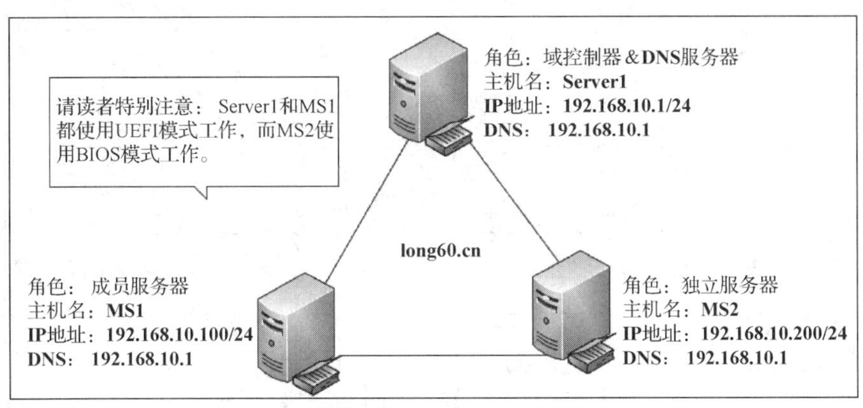

图 5-10　磁盘管理网络拓扑结构

2. 项目准备

5-2 课堂慕课　配置与管理基本磁盘和动态磁盘

（1）在 VMware 中安装独立服务器 MS2（使用 BIOS 启动模式）

新建虚拟机后，必须先对虚拟机进行设置才能正常安装。有如下几点提示。

① 设置 MS2 虚拟机时，将“选项”选项卡中的固件类型改为“BIOS”，如图 5-11 所示。

② 添加一个磁盘：磁盘 1（127GB）。

③ 虚拟机的其他选项设置请参照项目 1 的有关内容，这里不赘述。

④ 安装虚拟机，将其命名为 MS2，IP 地址为 192.168.10.200/24，DNS 服务器的 IP 地址为 192.168.10.1。

（2）在 MS1 上添加 4 个 SCSI 小型计算机系统接口磁盘

关闭 MS1，在 MS1 上添加 4 个磁盘小型计算机系统接口（Small Computer System Interface，SCSI），每个磁盘容量为 127GB，步骤如下。

STEP 1 打开 VMware，选中“MS1”虚拟机并单击鼠标右键，在弹出的快捷菜单中选择“设置”选项，弹出图 5-12 所示的“虚拟机设置”对话框。单击“添加”按钮，选择硬件类型为“硬盘”，单击“下一步”按钮，如图 5-13 所示。

STEP 2 选择磁盘类型，选中“SCSI”单选按钮，如图 5-14 所示，单击“下一步”按钮，进入图 5-15 所示的“指定磁盘容量”界面，输入磁盘容量。

STEP 3 单击“下一步”按钮，创建一个虚拟硬盘 MS1.vmdk（如果存在创建好的虚拟硬盘，则可以直接单击“浏览”按钮进行选择），如图 5-16 所示。单击“完成”按钮，成功添加第 1 个 SCSI 磁盘。

STEP 4 重复以上步骤，添加另外 3 个 SCSI 磁盘。

图 5-11　将固件类型改为“BIOS”

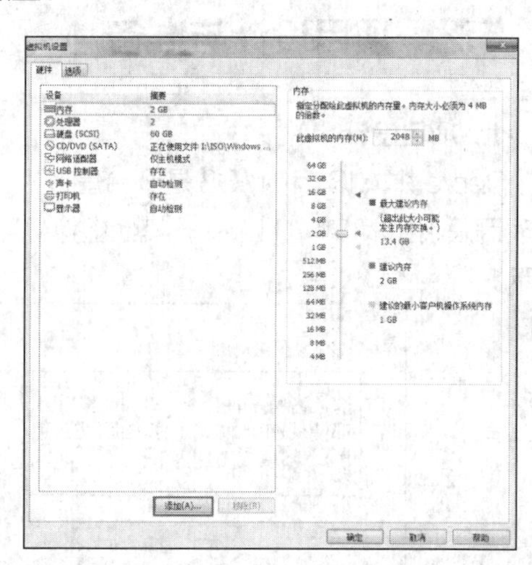

图 5-12 “虚拟机设置”对话框

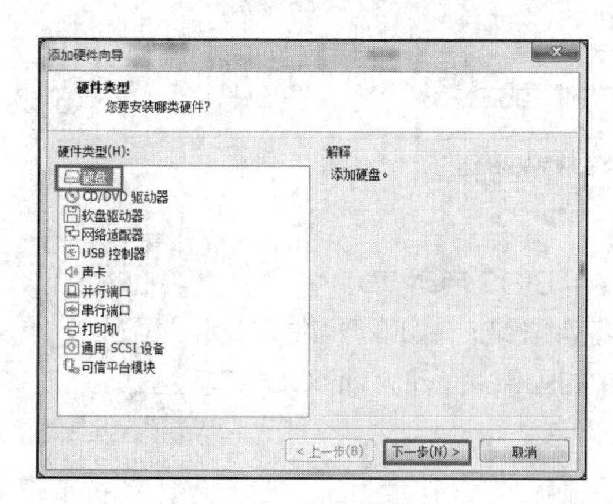

图 5-13　选择硬件类型

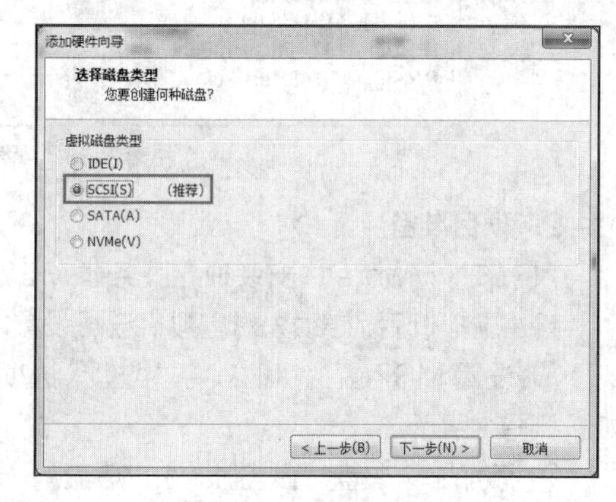

图 5-14　选择磁盘类型

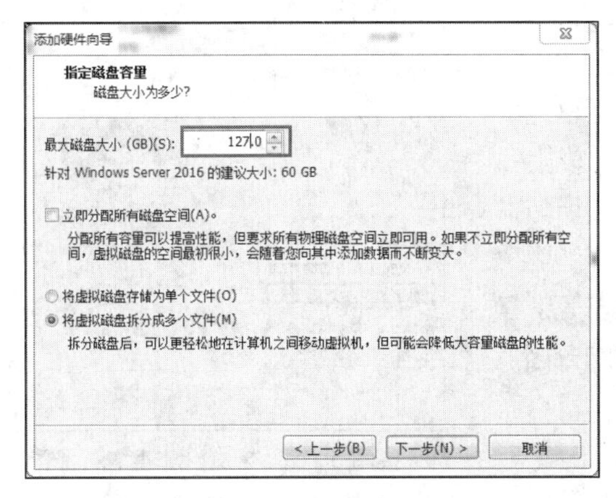

图 5-15 “指定磁盘容量”界面

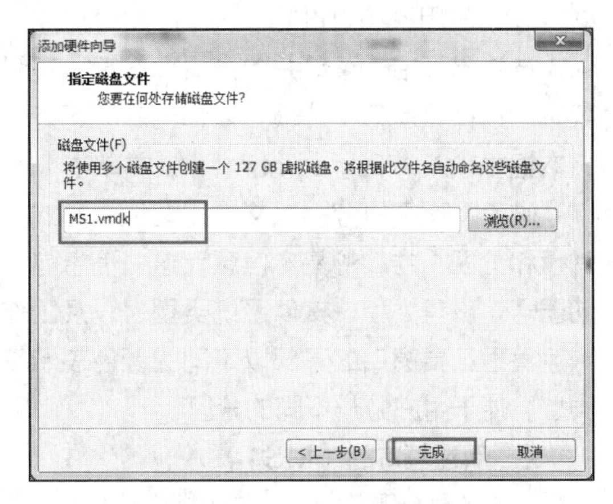

图 5-16 创建虚拟硬盘

5.3 项目实施

> **特别注意** 任务不一样，使用的虚拟机也不一样（MS1 或者 MS2）。只有 MS2 是采用 BIOS 模式启动的。虚拟机的启动模式不一样，会存在不一样的管理。

任务 5-1 管理基本磁盘

在安装 Windows Server 2019 时，硬盘将自动初始化为基本磁盘。基本磁盘中的管理任务包括磁盘分区的建立、删除、查看，以及分区的挂载和磁盘碎片整理等。

1. 使用磁盘管理工具（MS1）

Windows Server 2019 提供了一个界面非常友好的磁盘管理工具，使用此工具可以很轻松地完成各种基本磁盘和动态磁盘的配置及管理、维护工作。可以使用多种方法打开此工具。

（1）使用“计算机管理”窗口打开此工具

STEP 1 以管理员身份登录 MS1，打开“计算机管理”窗口。选择“存储”→“磁盘管理”选项，弹出图 5-17 所示的“初始化磁盘”对话框，要求对新添加的磁盘进行初始化。

> **注意** 如果没有弹出“初始化磁盘”对话框，或者弹出的对话框中要进行初始化的磁盘的数量少于预期的，则可在相应的新加磁盘上单击鼠标右键，在弹出的快捷菜单中选择“联机”选项，完成后再选中该磁盘并单击鼠标右键，在弹出的快捷菜单中选择“初始化磁盘”选项，对该磁盘单独进行初始化。

STEP 2 单击“确定”按钮，初始化新添加的 4 个磁盘。完成后，MS1 上即新添加了 4 个磁盘。

（2）使用系统内置的 MSC 控制台文件打开此工具

选中“开始”菜单并单击鼠标右键，在弹出的快捷菜单中选择“运行”选项，在弹出的“运行”对话框的文本框中输入“diskmgmt.msc”，并单击“确定”按钮。

磁盘管理工具分别以文本和图形的方式显示出所有磁盘和分区（卷）的基本信息，这些信息包括分区的驱动器号、磁盘类型、文件系统类型，以及工作状态等。磁盘管理工具窗口的下部以不同的颜色表示不同的分区类型，便于用户分辨不同的分区。

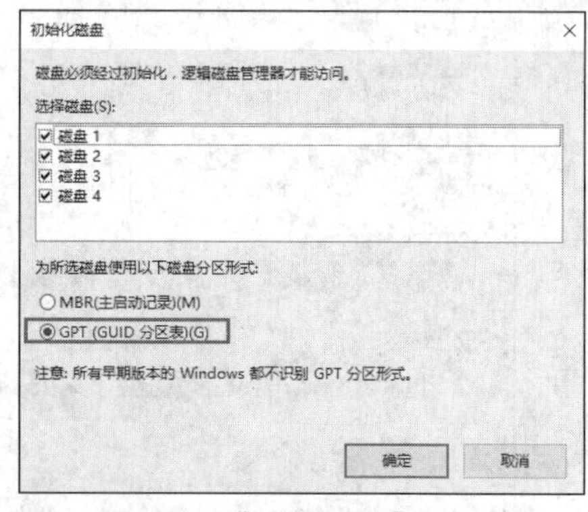

图 5-17 “初始化磁盘”对话框

2. 新建基本卷（MS1）

下面的任务是在 MS1 的磁盘 1 上创建主磁盘分区和扩展磁盘分区，并在扩展磁盘分区中创建逻辑驱动器。

对于 MBR 磁盘，基本磁盘中的分区和逻辑驱动器称为基本卷，基本卷只能在基本磁盘中创建。

特别注意 由于 GPT 磁盘可以有多达 128 个主磁盘分区，不需要扩展磁盘分区，所以将 GPT 磁盘转换为 MBR 磁盘是创建扩展磁盘分区的前提。选中磁盘 1 并单击鼠标右键，在弹出的快捷菜单中选择“转换成 MBR 磁盘”选项，可以将 GPT 磁盘转换成 MBR 磁盘，如图 5-18 所示。

（1）创建主磁盘分区

STEP 1 选择 MS1 计算机的“服务器管理器”→“工具”→“计算机管理”→“磁盘管理”选项，在右侧的窗格中选中“磁盘 1”的未分配空间并单击鼠标右键，在弹出的快捷菜单中选择“新建简单卷”选项，如图 5-19 所示。

STEP 2 弹出“新建简单卷向导”对话框，单击“下一步”按钮，设置卷的大小为 500MB。

STEP 3 单击“下一步”按钮，分配驱动器号，如图 5-20 所示。

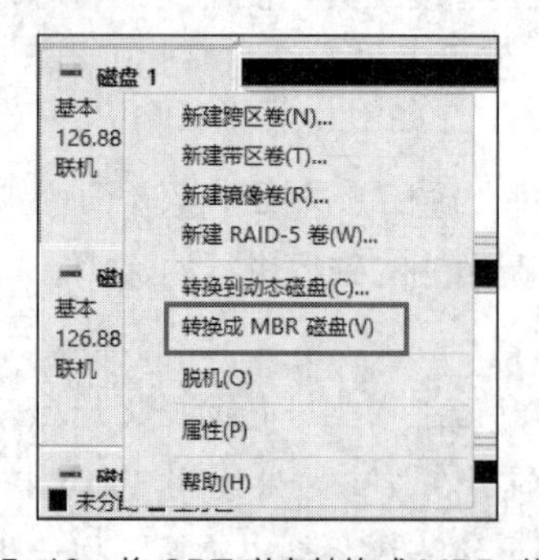

图 5-18 将 GPT 磁盘转换成 MBR 磁盘

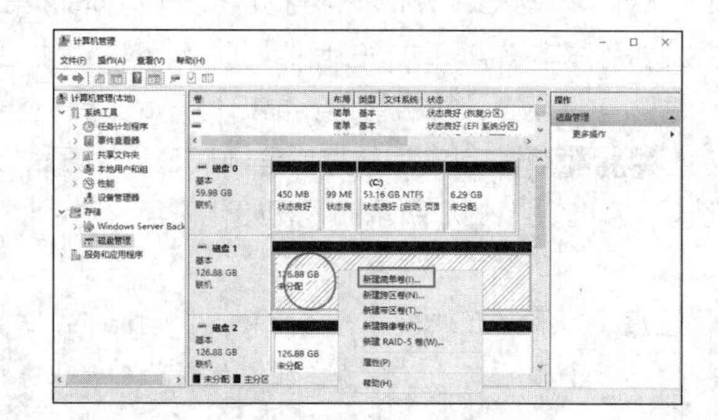
图 5-19 磁盘管理——新建简单卷

- 选中“装入以下空白 NTFS 文件夹中”单选按钮，表示指派一个在 NTFS 下的空文件夹来代表该磁盘分区。例如，用 C:\data 表示该分区，则以后所有保存到 C:\data 的文件都被保存到该分区中。该文件夹必须是空的文件夹，且位于 NTFS 卷内。这个功能特别适用于 26 个磁盘驱动器号（A~Z）不够使用时的网络环境。

- 选中“不分配驱动器号或驱动器路径”单选按钮，表示可以事后再指派驱动器号或指派某个空文件夹来代表该磁盘分区。

STEP 4 单击“下一步”按钮，选择格式化的文件系统，如图 5-21 所示。格式化结束后，单击“完成”按钮，完成主磁盘分区的创建。本例划分给主磁盘分区 500MB 的空间，赋予其驱动器号 E。

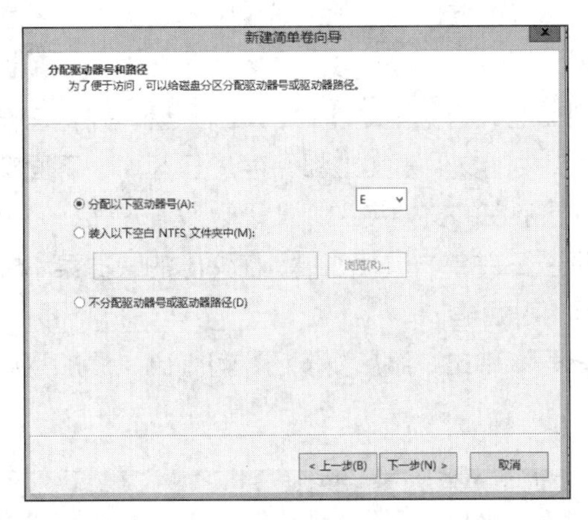

图 5-20　分配驱动器号

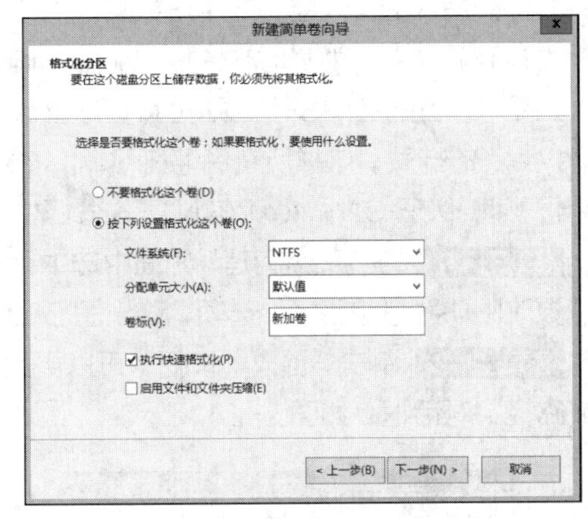

图 5-21　格式化分区

STEP 5 可以重复以上步骤创建其他主磁盘分区。

（2）创建扩展磁盘分区

Windows Server 2019 的磁盘管理不能直接创建扩展磁盘分区，必须先创建 3 个主磁盘分区再创建扩展磁盘分区。具体步骤如下。

STEP 1 继续在 MS1 的磁盘 1 上创建两个主磁盘分区。

STEP 2 完成 3 个主磁盘分区的创建后，在该磁盘未分配空间上单击鼠标右键，在弹出的快捷菜单中选择“新建简单卷”选项。

STEP 3 后面的步骤与创建主磁盘分区相似，不同的是当创建完成，显示“状态良好”的分区信息后，系统会自动将刚才这个分区设置为扩展磁盘分区的一个逻辑驱动器，如图 5-22 所示。

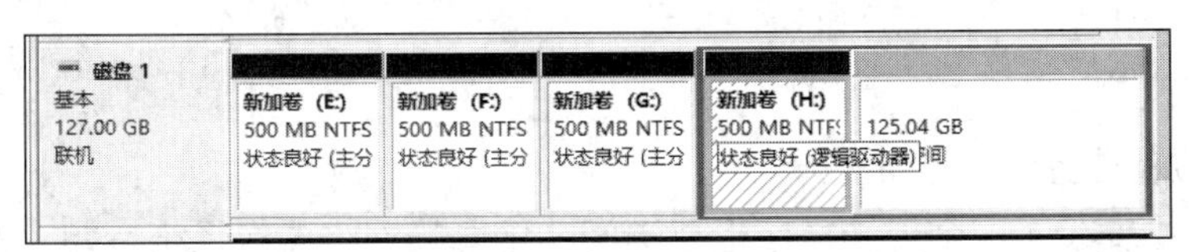

图 5-22　3 个主磁盘分区、1 个扩展磁盘分区

3. 更改驱动器号和路径（MS1）

Windows Server 2019 默认为每个分区分配一个驱动器号，这样分区就成为一个逻辑上的独立驱动器。有时出于管理的目的，可能需要修改默认分配的驱动器号。

可以使用磁盘管理工具在本地 NTFS 分区的任何空文件夹中连接或装入一个本地驱动器。当在空的 NTFS 文件夹中装入本地驱动器时，Windows Server 2019 为驱动器分配的是一个路径而不是一个驱动器号，可以装入的驱动器数量不受驱动器号限制的影响，因此可以使用挂载的驱动器在计算机上访问 26 个以上的驱动器。Windows Server 2019 确保驱动器路径与驱动器的关联，因此可以添加或重新排列存储设备而不会使驱动器路径失效。

另外，当某个分区的空间不足且难以扩展空间容量时，也可以通过挂载一个新分区到该分区某个文件夹中的方法达到扩展磁盘分区容量的目的。挂载的驱动器会使数据更容易访问，并提高了基于工作环境和系统使用情况管理数据存储的灵活性。例如，可以在 C:\Document and Settings 文件夹中装入带有 NTFS 磁盘配额及启用容错功能的驱动器，这样用户就可以跟踪或限制磁盘的使用，并保护装入的驱动器中的用户数据，而不用在 C 盘中做同样的工作。也可以将 C:\Temp 文件夹设为挂载驱动器，为临时文件提供额外的磁盘空间。

如果 C 盘的空间较小，则可将程序文件移动到其他大容量驱动器中，如 E 盘，并将它作为 C:\mytext 的挂载。这样所有保存在 C:\mytext 文件夹中的文件事实上都保存在 E 盘中。下面实现这个例子。（保证 C:\mytext 在 NTFS 分区中，并且是空白的文件夹。）

STEP 1 在“磁盘管理”界面中选中目标驱动器 E 并单击鼠标右键，在弹出的快捷菜单中选择“更改驱动器号和路径”选项，弹出图 5-23 所示的对话框。

STEP 2 单击“更改”按钮，可以更改驱动器号；单击“添加”按钮，可弹出“添加驱动器号或路径”对话框，如图 5-24 所示。

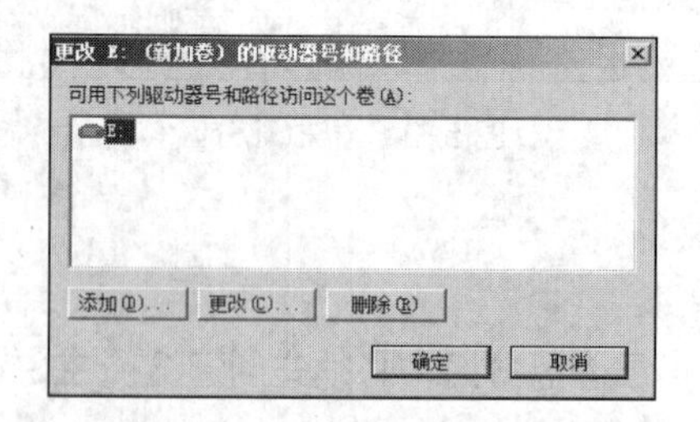

图 5-23　更改驱动器号和路径

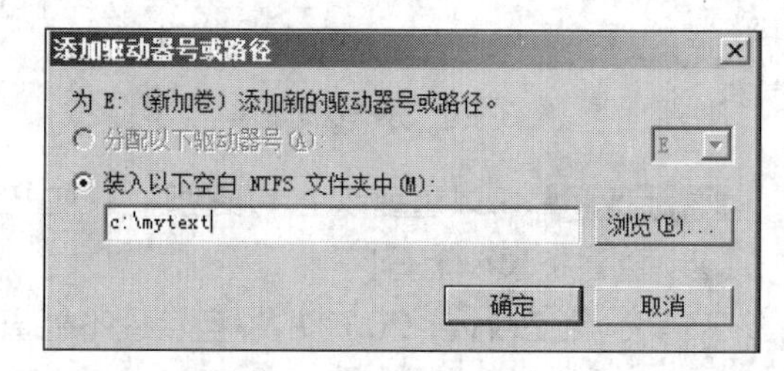

图 5-24　“添加驱动器号或路径”对话框

STEP 3 设置完成后，单击“确定”按钮。

STEP 4 测试。在 C:\mytext 中新建文件，并查看 E 盘中的信息，会发现文件实际存储在 E 盘中。

提示　要装入的文件夹一定是事先创建好的空文件夹，该文件夹所在的分区必须是 NTFS 分区。

4. 指定活动的磁盘分区（MS2）

如果计算机中安装了多个无法直接相互访问的不同的网络操作系统，如 Windows Server 2019、Linux 等，则计算机在启动时会启动被设为“活动”的磁盘分区内的网络操作系统。

假设当前第 1 个磁盘分区中安装的是 Windows Server 2019，第 2 个磁盘分区中安装的是 Linux，如果第 1 个磁盘分区被设为“活动”，则计算机启动时会启动 Windows Server 2019。若要在下一次启动时启动 Linux，则可将第 2 个磁盘分区设为“活动”。

以 x86/x64 计算机为例，系统分区内存储着启动文件，如启动管理器（Bootmgr）等。使用 BIOS 模式工作的计算机启动时，计算机主板上的 BIOS 会读取磁盘内的 MBR，并由 MBR 去读取系统分区内的启动程序代码［位于系统分区最前端的分区启动扇区（Partition Boot Sector）内］，再由此程序代码去读取系统分区内的启动文件，启动文件再到启动分区内加载操作系统文件并启动操作系统。因为 MBR 是到活动的磁盘分区去读取启动程序代码的，所以必须将系统分区设置为“活动”。

以管理员身份登录 MS2（使用 BIOS 模式工作），选择“开始”→“Windows 管理工具”→“计算机管理”选项，打开“计算机管理”窗口，选择“存储”→“磁盘管理”选项，进入图 5-25 所示的界面。磁盘 0 的第 2 个磁盘分区中安装着 Windows Server 2019，它是启动分区；第 1 个磁盘分区为系统保留分区，它存储着启动文件，如 Bootmgr，由于它是系统分区，因此必须是活动分区。

图 5-25　磁盘 0 的启动分区、系统保留分区和活动分区

在安装 Windows Server 2019 时，安装程序会自动建立两个磁盘分区，其中一个为系统保留分区，另一个用来安装 Windows Server 2019。安装程序会将启动文件放置到系统保留分区内，并将它设置为“活动”，此磁盘分区扮演系统分区的角色。若因特殊情况需要将活动磁盘分区更改为另外一个主磁盘分区，则选中相应主磁盘分区并单击鼠标右键，在弹出的快捷菜单中选择“将分区标记为活动分区”选项即可。

注意　只有主磁盘分区可以被设置为活动分区，扩展磁盘分区内的逻辑驱动器无法被设置为活动分区。

任务 5-2　创建动态卷（MS1）

在 Windows Server 2019 动态磁盘中建立卷与在基本磁盘中建立分区的操作类似。

1. 创建 1000MB 的 RAID-5 卷

STEP 1 以管理员身份登录 MS1，选择“计算机管理”→“磁盘管理”选项，打开“磁盘管理”窗口，选中“磁盘 1”并单击鼠标右键，在弹出的快捷菜单中选择“转换到动态磁盘”选项，在弹出的“转换到动态磁盘”对话框中勾选“磁盘 1”～“磁盘 4”复选框，如图 5-26 所示，单击“确定”按钮，将这 4 个磁盘转换为动态磁盘。请读者特别注意磁盘 1 转换为动态磁盘后其简单卷的变化。

STEP 2 在磁盘 2 的未分配空间上单击鼠标右键，在弹出的快捷菜单中选择“新建 RAID-5 卷”选项，弹出“新建 RAID-5 卷”对话框。

STEP 3 单击“下一步”按钮，进入“选择磁盘”界面，如图 5-27 所示。选择要创建的 RAID-5 卷需要使用的磁盘，选择空间量为 1000MB。对于 RAID-5 卷来说，至少需要选择 3 个动态磁盘。这里选择磁盘 2～磁盘 4。

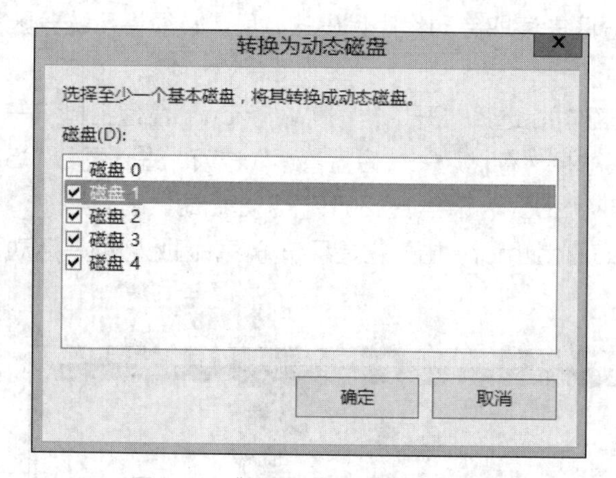

图 5-26 “转换为动态磁盘”对话框

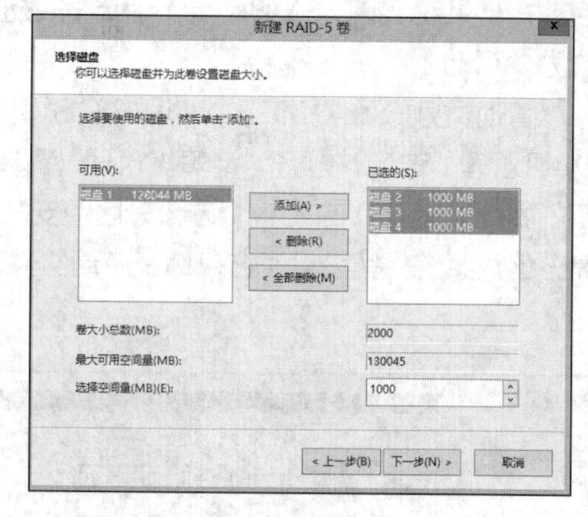

图 5-27 “选择磁盘”界面

STEP 4 为 RAID-5 卷指定驱动器号和文件系统类型，完成向导设置。

STEP 5 创建完成的 RAID-5 卷如图 5-28 所示。

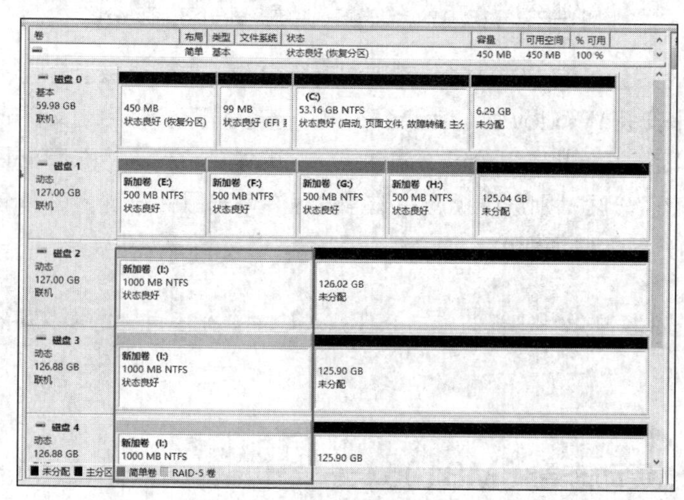

图 5-28 创建完成的 RAID-5 卷

2. 创建其他卷

创建其他类型动态卷的方法与创建 RAID-5 卷的类似，选中动态磁盘的未分配空间并单击鼠标右键，在弹出的快捷菜单中按需要选择相应的选项，完成不同类型动态卷的建立即可，这里不赘述。读者可以尝试创建如下动态卷。

- 在磁盘 2 上创建容量为 800MB 的简单卷。
- 在磁盘 3 上创建容量为 200MB 的扩展卷，使容量为 800MB 的简单卷变为 1000MB。
- 在磁盘 2 上创建容量为 1000MB 的跨区卷（只有磁盘容量不足时才会使用其他磁盘）。
- 在磁盘 2 上创建容量为 1000MB 的带区卷。

任务 5-3 维护动态卷（MS1）

下面举例说明维护动态卷的方法。

1. 维护镜像卷

在 MS1 上提前建立镜像卷 J，容量为 1000MB，使用磁盘 1 和磁盘 2。在 J 盘中存储一个文件夹 test，供测试使用。（这里使用的驱动器号可能与读者的不一样，请注意！）

不再需要镜像卷的容错能力时，可以选择将镜像卷中断。方法是选中镜像卷并单击鼠标右键，在弹出的快捷菜单中选择“中断镜像卷”“删除镜像”或“删除卷”选项。

- 如果选择“中断镜像卷”选项，则中断后的镜像卷成员会成为两个独立的卷，不再容错。
- 如果选择“删除镜像”选项，则选中的磁盘中的镜像卷会被删除，不再容错。
- 如果选择“删除卷”选项，则镜像卷成员会被删除，数据将会丢失。

如果包含部分镜像卷的磁盘已经断开连接，则磁盘状态会显示为“脱机”或“丢失”。要重新使用这些镜像卷，可以尝试重新连接并激活磁盘。方法是在要重新激活的磁盘上单击鼠标右键，并在弹出的快捷菜单中选择“重新激活磁盘”选项。

如果包含部分镜像卷的磁盘“丢失”且该卷没有返回到“良好”状态，则应该用另一个磁盘中的新镜像替换出现故障的镜像。具体方法如下。

STEP 1 构建故障：在虚拟机 MS1 的设置中，将 SCSI 控制器上的第 2 块磁盘（虚拟机设置中的第 2 个磁盘在计算机中的标号是磁盘 1）删除并单击“应用”按钮。回到 MS1，可以看到磁盘 1 显示为“丢失”状态。

STEP 2 在显示为“丢失”或“脱机”的磁盘的“镜像卷”上单击鼠标右键，在弹出的快捷菜单中选择“删除镜像”选项，弹出图 5-29 所示的“删除镜像”对话框。查看系统日志，以确认磁盘或磁盘控制器是否出现故障。如果出现故障的镜像卷成员位于有故障的控制器上，则在有故障的控制器上安装新的磁盘并不能解决问题。本例直接删除镜像卷后重建。删除镜像卷后仍能在 J 盘中查看到 test 文件夹，这说明了镜像卷具有容错能力。

STEP 3 选中要重新添加镜像的卷（不是已删除的卷）并单击鼠标右键，在弹出的快捷菜单中选择“添加镜像”选项，弹出图 5-30 所示的“添加镜像”对话框。选择合适的磁盘（如磁盘 3）后，单击“添加镜像”按钮，系统会使用新的磁盘重建镜像。

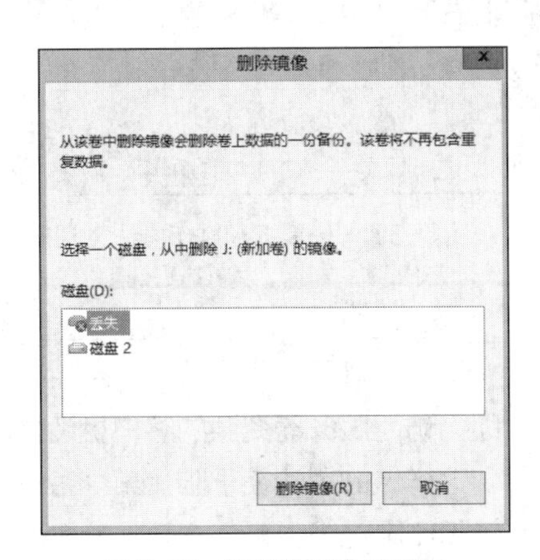

图 5-29 “删除镜像”对话框

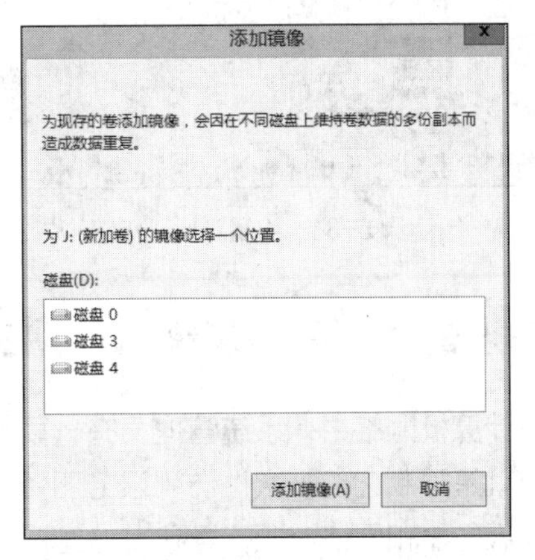

图 5-30 “添加镜像”对话框

2. 维护 RAID-5 卷

在 MS1 上提前建立 RAID-5 卷 I，容量为 1000MB，使用磁盘 2～磁盘 4。在 I 盘中存储一个文件夹 test，供测试使用。（磁盘符号根据不同情况会有所变化。）

对于 RAID-5 卷的错误，首先选中该卷并单击鼠标右键，在弹出的快捷菜单中选择“重新激活磁盘”选项进行修复。如果修复失败，则需要更换磁盘并在新磁盘中重建 RAID-5 卷。RAID-5 卷的故障恢复过程如下。

STEP 1 构建故障。在虚拟机 MS1 的设置中，将 SCSI 控制器中的第 2 块磁盘删除并单击“应用”按钮。回到 MS1，可以看到磁盘 2 显示为“丢失”状态，I 盘显示为失败的重复（原来的 RAID-5 卷）。

STEP 2 在“磁盘管理”界面中，选中将要修复的 RAID-5 卷（在“丢失”的磁盘中）并单击鼠标右键，在弹出的快捷菜单中选择“重新激活卷”选项。

STEP 3 由于卷成员磁盘失效，所以会弹出提示“缺少成员”的对话框，单击“确定”按钮。

STEP 4 再次选中将要修复的 RAID-5 卷并单击鼠标右键，在弹出的快捷菜单中选择“修复卷”选项，如图 5-31 所示。

STEP 5 在图 5-32 所示的“修复 RAID-5 卷”对话框中选择新添加的动态磁盘 0，单击“确定”按钮。

STEP 6 在“磁盘管理”界面中可以看到 RAID-5 卷在新磁盘中重新建立，并进行了数据的同步操作。同步完成后，RAID-5 卷的故障被修复成功，前面创建的文件夹 test 仍然存在于该卷中。

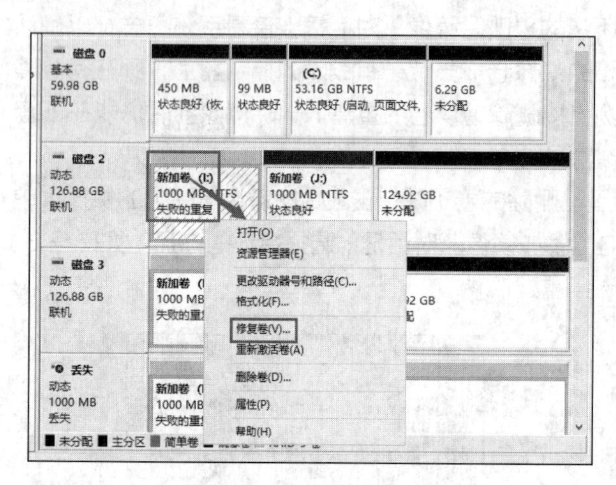

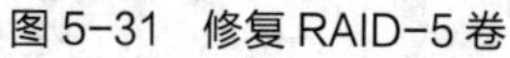
图 5-31 修复 RAID-5 卷

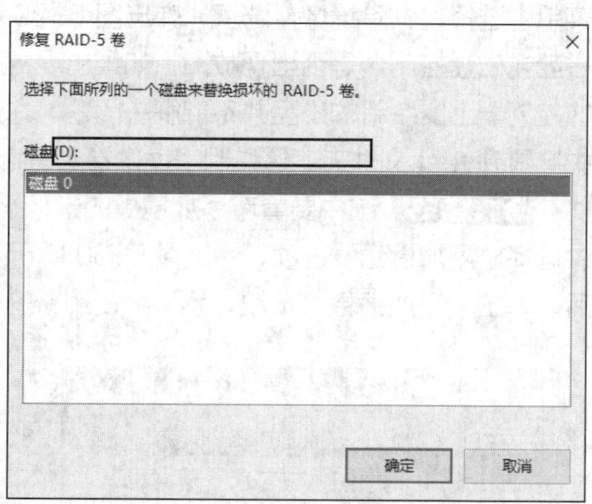

图 5-32 “修复 RAID-5 卷”对话框

任务 5-4 管理磁盘配额（MS1）

在计算机网络中，系统管理员有一项很重要的任务，即为访问服务器资源的客户机设置磁盘配额，也就是限制它们一次性访问服务器资源的卷空间数量。这样做的目的在于防止某个客户机过量地占用服务器和网络资源，导致其他客户机无法访问服务器和使用网络。

1. 磁盘配额基本概念

在 Windows Server 2019 中，磁盘配额跟踪及控制磁盘空间的使用使系统管理员可将 Windows 配置如下。

- 当用户使用空间超过指定的磁盘配额限度时，阻止进一步使用磁盘空间和记录事件。
- 当用户使用空间超过指定的磁盘配额警告级别时记录事件。

启用磁盘配额时，可以设置两个值：“磁盘配额限度”和“磁盘配额警告级别”。“磁盘配额限度”指定了允许用户使用的磁盘空间容量。“磁盘配额警告级别”指定了用户接近其配额限度的值。例如，可以把用户的磁盘配额限度设为 50MB，并把磁盘配额警告级别设为 45MB。在这种情况下，用户可在卷中存储不超过 50MB 的文件。如果用户在卷中存储的文件超过 45MB，则把磁盘配额系统记录为系统事件。如果不想拒绝用户访问卷，但想跟踪每个用户的磁盘空间使用情况，则启用配额但不限制磁盘空间使用将非常有用。

磁盘配额默认不应用到现有的卷用户上。可以在“配额项目”对话框中添加新的配额项目，将磁盘配额应用到现有的卷用户上。

磁盘配额是以文件所有权为基础的，且不受卷中用户文件所在的文件夹位置限制。例如，如果用户把文件从一个文件夹移到相同卷的其他文件夹中，则卷空间用量不变。

磁盘配额只适用于卷，且不受卷的文件夹结构及物理磁盘的布局限制。如果卷有多个文件夹，则分配给该卷的配额将应用于卷中所有的文件夹。

如果单个物理磁盘包含多个卷，并把配额应用到每个卷，则每个卷的配额只适用于特定的卷。例如，如果用户共享两个不同的卷，分别是 F 卷和 G 卷，即使这两个卷在相同的物理磁盘上，也会分别对这两个卷的配额进行跟踪。

如果一个卷跨越多个物理磁盘，则整个跨区卷使用该卷的同一配额。例如，如果 F 卷有 50MB 的磁盘配额限度，则不管 F 卷是在 1 个物理磁盘上还是跨越 3 个磁盘，都不能把超过 50MB 的文件保存到 F 卷中。

在 NTFS 中，卷使用信息按 SID 存储，而不是按用户账户名称存储。第一次弹出“配额项目”对话框时，磁盘配额必须从网络域控制器或本地用户管理器中获得用户账户名称，并将这些用户账户名称与当前卷用户的 SID 相匹配。

2. 设置磁盘配额

STEP 1 以管理员身份登录 MS1，选择“开始”→“Windows 管理工具”→“计算机管理”选项，打开“计算机管理”窗口，选择“存储”→“磁盘管理”选项，选中“新加卷(E:)”并单击鼠标右键，在弹出的快捷菜单中选择“属性”选项，弹出“新加卷(E:)属性”对话框。

STEP 2 选择“配额”选项卡，如图 5-33 所示。

STEP 3 勾选“启用配额管理”复选框，为新用户设置磁盘空间限制数值。

STEP 4 若需要对原有的用户设置配额，则单击“配额项”按钮，打开图 5-34 所示的配额项窗口。

STEP 5 选择“配额”→“新建配额项”选项，或单击工具栏中的“新建配额项”按钮，弹出“选择用户”对话框。单击“高级”→“立即查找”按钮，即可在“搜索结果”列表框中选择当前计算机用户，并设置磁盘配额。最后关闭配额项

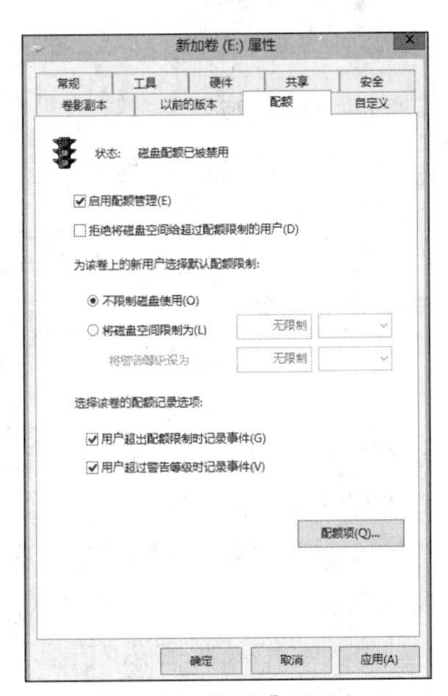

图 5-33 “配额”选项卡

窗口。图 5-35 所示为为 yhl 用户设置的磁盘配额。

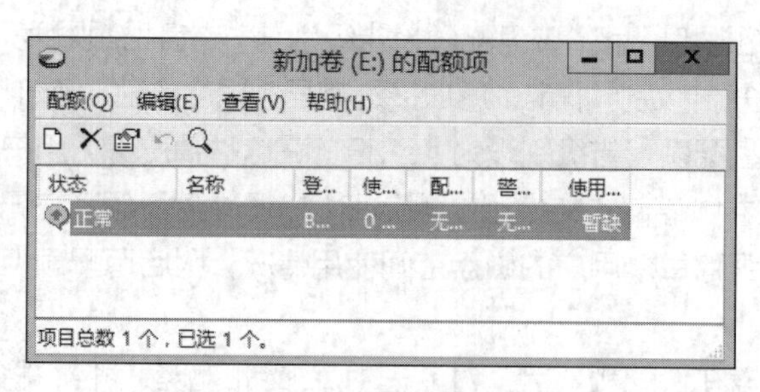

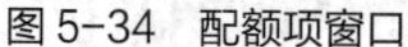

图 5-34　配额项窗口

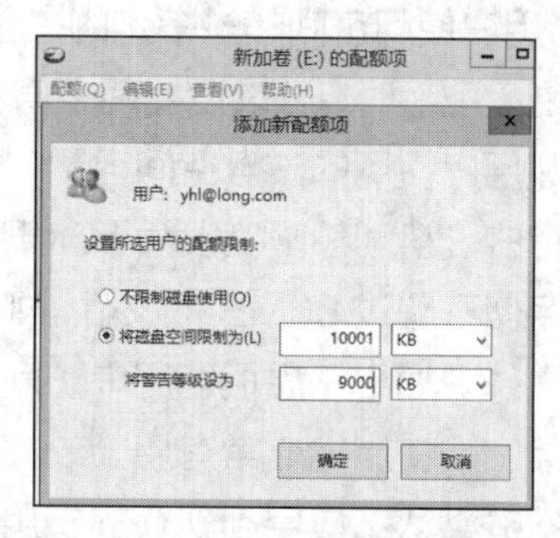

图 5-35　为 yhl 用户设置的磁盘配额

STEP 6　返回图 5-33 所示的“配额”选项卡。如果需要限制受配额影响的用户使用超过配额限制的空间，则勾选“拒绝将磁盘空间给超过配额限制的用户”复选框，单击“确定”按钮。

5.4　拓展阅读　国家最高科学技术奖

国家最高科学技术奖于 2000 年由中华人民共和国国务院设立，由国家科学技术奖励工作办公室负责，是我国 5 个国家科学技术奖中最高等级的奖项，授予在当代科学技术前沿取得重大突破、在科学技术发展中有卓越建树，或者在科学技术创新、科学技术成果转化和高技术产业化中创造巨大经济效益、社会效益、生态环境效益或者对维护国家安全做出巨大贡献的科学技术工作者。

根据国家科学技术奖励工作办公室官网显示，国家最高科学技术奖每年评选一次，授予人数每次不超过两名，由国家主席亲自签署、颁发荣誉证书、奖章和奖金。共有 35 位杰出科学工作者获得该奖。其中，计算机科学家王选院士获此殊荣。

5.5　习题

一、填空题

1. 磁盘内有一个被称为__________的区域，用来存储磁盘分区的相关数据，如每一个磁盘分区的__________、__________和__________等信息。

2. 磁盘按分区表的格式可以分为__________和__________两种。其中，MBR 磁盘支持的硬盘最大容量为__________ TB。

3. GPT 磁盘使用的是一种新的磁盘分区表格式，其磁盘分区表存储在__________内，它位于磁盘的前端，且有__________和__________，可提供容错功能。使用新式 UEFI BIOS 的计算机在启动时，BIOS 会先读取__________，并将控制权交给__________，再由此程序代码来继续后续的启动工作。

4. MBR 磁盘使用的是旧的传统磁盘分区表格式，其磁盘分区表存储在__________内。为了兼容起见，GPT 磁盘内提供了__________，使仅支持 MBR 的程序仍然可以正常运行。

5. 一个 MBR 磁盘内最多可建立_____个主磁盘分区，或最多_____个主磁盘分区加 1 个扩展磁盘分区。

6. Windows 操作系统的一个 GPT 磁盘内最多可以建立________个主磁盘分区，因此 GPT 磁盘不需要________分区。

7. Windows 操作系统将磁盘分区分为________与________两种。

8. 使用 UEFI BIOS 的计算机可以选择 UEFI 模式或________来启动 Windows Server 2019。若是 UEFI 模式，则启动磁盘需为________ 磁盘，且此磁盘最少需要 3 个 GPT 磁盘分区，即________、________和________。

9. UEFI 模式的系统虽然也可以使用 MBR 磁盘，但 MBR 磁盘只能够当作______磁盘，无法作为______磁盘。

10. 从 Windows 2000 操作系统开始，Windows 操作系统将磁盘分为________和________。

11. 一个基本磁盘最多可分为________个区，即________个主磁盘分区或________个主磁盘分区和 1 个扩展磁盘分区。

12. 动态卷类型包括________、________、________、________和________。

13. 要将 E 盘的文件系统转换为 NTFS，可以运行命令：____________________________。

14. 带区卷又称为________技术，RAID-1 又称为________卷，RAID-5 又称为________卷。

15. 镜像卷的磁盘空间利用率只有________，所以镜像卷的实现成本相对较高。与镜像卷相比，RAID-5 卷的磁盘空间有效利用率为________。

二、简答题

1. 简述基本磁盘与动态磁盘的区别。
2. 整理磁盘碎片的作用是什么？
3. Windows Server 2019 支持的动态卷类型有哪些？各有何特点？
4. 基本磁盘转换为动态磁盘应注意什么问题？如何转换？
5. 如何限制某个用户使用服务器上的磁盘空间？

5.6 项目实训 配置与管理基本磁盘和动态磁盘

一、实训目的

- 掌握磁盘阵列，以及 RAID-0、RAID-1、RAID-5 的知识。
- 掌握制作磁盘阵列的条件及方法。

二、项目环境

随着某公司的发展壮大，已有的工作组模式的网络已经不能满足该公司的业务需求。经过多方论证，确定了公司的服务器的拓扑结构，如图 5-10 所示。

三、项目要求

根据图 5-10 所示的公司磁盘管理网络拓扑结构，完成管理磁盘的实训。具体要求如下。

（1）公司的服务器 MS2 中新增了 2 块硬盘，请完成以下任务。

① 初始化磁盘。

② 在两个磁盘上新建分区，注意主磁盘分区和扩展磁盘分区的区别，以及在一个磁盘上能创建的主磁盘分区的数量等。

③ 格式化磁盘分区。

④ 标注磁盘分区为活动分区。

⑤ 使用Windows的磁盘管理工具为某个磁盘分区指定一个空文件夹作为装入点，如C:\data文件夹。

⑥ 对磁盘进行碎片整理。

（2）公司的服务器MS1中新增了5块硬盘，每块硬盘大小为4GB，请完成以下任务。

① 添加磁盘，初始化磁盘，并将磁盘转换成动态磁盘。

② 创建RAID-1的磁盘组，大小为1GB。

③ 创建RAID-5的磁盘组，大小为2GB。

④ 创建RAID-0的磁盘组，大小为800MB×5≈4GB。

⑤ 对D盘进行扩容。

⑥ 对RAID-5卷上的数据进行恢复实验。

四、做一做

独立完成项目实训，检查学习效果。

项目6 配置与管理DNS服务器

某高校组建了校园网，为了使校园网中的计算机简单快捷地访问本地网络及 Internet 中的资源，需要在校园网中架设 DNS 服务器，以提供将域名转换成 IP 地址的功能。

在完成该项目之前，首先应当确定网络中 DNS 服务器的部署环境，明确 DNS 服务器的各种角色及其作用。

学习要点

- 了解 DNS 服务器的作用及其在网络中的重要性。
- 理解 DNS 的域名空间结构及其工作过程。
- 理解并掌握主 DNS 服务器的部署方法。
- 理解并掌握 DNS 客户端的部署方法。
- 掌握 DNS 服务的测试及动态更新方法。

素质要点

- "仰之弥高，钻之弥坚"。为计算机事业做出过巨大贡献的王选院士，是时代楷模，是师生学习的榜样，也是学生前行的动力。
- "功崇惟志，业广惟勤。"理想指引人生方向，信念决定事业成败。

6.1 项目基础知识

在 TCP/IP 网络中，每个设备必须分配一个唯一的地址。计算机在网络中通信时只能识别诸如 202.97.135.160 之类的数字地址，而人们在使用网络资源的时候，为了便于记忆和理解，更倾向于使用有代表意义的名称，如域名 www.ryjiaoyu.com（人邮教育社区网站）。

6-1 微课 DNS 基础知识

DNS 服务器就承担了将域名转换成 IP 地址的功能。这就是在浏览器地址栏中输入并访问如 www.ryjiaoyu.com 的域名后，能看到相应的页面的原因。输入域名后，有一台称为 DNS 服务器的计算机自动把域名“翻译”成了相应的 IP 地址。

DNS 为客户机对域名（如 www.ryjiaoyu.com）的查询提供域名对应的 IP 地址，以便用户用易记的名称搜索和访问必须通过 IP 地址才能定位的本地网络或 Internet 中的资源。

DNS 服务使得网络服务的访问更加简单，对于一个网站的推广和发布起到了极其重要的作用。许多重要网络服务（如 E-mail 服务、Web 服务）的实现，也需要借助 DNS 服务。因此，DNS 服务可视为网络服务的基础。另外，在稍具规模的局域网中，DNS 服务也被大量采用，因为 DNS 服务不仅可以使网络服务的访问更加简单，还可以很好地实现网络服务与 Internet 的融合。

6.1.1 域名空间结构

DNS 的核心思想是分级。DNS 是一种分布式的、层次型的、客户机/服务器模式的数据库管理系统。它主要用于将主机名或电子邮件地址映射成 IP 地址。一般来说，每个组织都有自己的 DNS 服务器，以维护域名称映射数据库记录或资源记录。每个登记的域都将自己的数据库列表提供给整个网络复制。

目前负责管理全世界的 IP 地址的组织是国际互联网络信息中心（Internet's Network Information Center，InterNIC），在 InterNIC 之下的 DNS 结构分为若干个域（Domain）。图 6-1 所示的树状结构称为域名空间（Domain Name Space）结构。

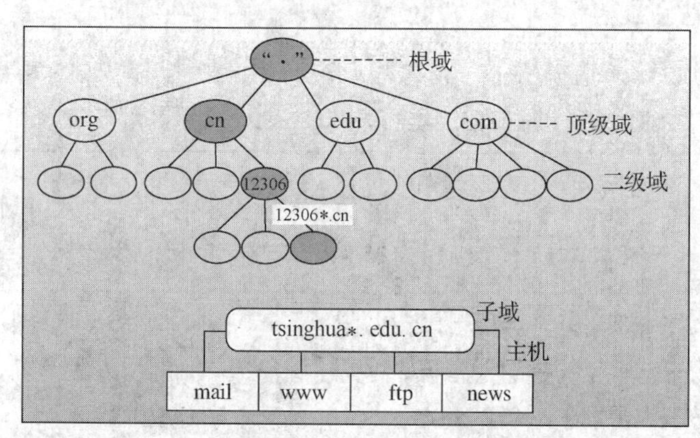

图 6-1 域名空间结构

注意 域名和主机名只能用字母 a～z（在 Windows 网络操作系统中字母大小写等效，而在 UNIX 网络操作系统中需要区分字母大小写）、数字 0～9 和“-”来表示。其他公共字符，如连接符“&”、斜杠“/”、句点“.”和下画线“_”都不能用于表示域名和主机名。

1. 根域

图 6-1 中，位于域名空间结构最顶端的是根域，提供根域名服务，用“.”表示。在 Internet 中，根域是默认的，一般不需要表示出来。全世界共有 13 台根域服务器，它们分布于世界各地，并由 InterNIC 管理。根域服务器中并没有保存任何网址，只具有初始指针，该指针指向第一层域，也就是顶级域，如 com、edu、net 等。

2. 顶级域

顶级域位于根域之下，数目有限，且不能轻易变动。顶级域也是由 InterNIC 统一管理的。在 Internet 中，顶级域大致分为两类：各种组织的顶级域（机构域）和各个国家或地区的顶级域（地理域）。顶级域包含的部分域名称及其说明如表 6-1 所示。

表 6-1 顶级域包含的部分域名称及其说明

域名称	说明
com	商业机构
edu	教育、学术研究单位
gov	官方政府单位
net	网络服务机构
org	财团法人等非营利机构
mil	军事部门
其他国家或地区代码	代表国家或地区的代码，如 cn 表示中国，jp 表示日本

3. 子域

在域名空间中，除了根域和顶级域之外，其他域都称为子域。子域是有上级域的域，一个域可以有许多个子域。子域是相对而言的，如在 www.tsinghua*.edu.cn 中，tsinghua*.edu 是 cn 的子域，tsinghua 是 edu.cn 的子域。表 6-2 列出了域名层次结构中的若干层。

表 6-2 域名层次结构中的若干层

域名	域名层次结构中的位置
.	根域是唯一没有名称的域
.cn	顶级域名称，中国子域
.edu.cn	二级域名称，中国的教育、学术研究单位
.tsinghua*.edu.cn	子域名称，教育、学术研究单位中的清华大学

和根域相比，顶级域实际上是处于第二层的域，但它们还是被称为顶级域。根域从技术的含义上讲是一个域，但常常不被当作一个域。根域只有很少几个根级成员，它们的存在只是为了支持域名树的存在。

第二层域（顶级域）属于单位团体、国家或地区，用域名的最后一部分（域后缀）来分类。例如，域名 edu.cn 代表中国的教育、学术研究单位。多数域后缀可以反映使用这个域名所代表的组织的性质，但并不总是很容易通过域后缀来确定其所代表的组织、单位的性质。

4. 主机

在域名层次结构中，主机可以存在于根以下的各层上。由于域名树是层次型的而不是平面型的，因此只要求主机名在每一个连续的域名空间中是唯一的，而在相同层中可以有相同的名称。例如，www.ryjiaoyu.com、www.tsinghua*.edu.cn 都是有效的主机名。也就是说，即使这些主机有相同的名称 www，但都可以被正确地解析到唯一的主机，即只要主机在不同的子域，就可以重名。

6.1.2 DNS 名称的解析方法

DNS 名称的解析方法主要有两种，一种是通过 hosts 文件进行解析，另一种是通过 DNS 服务器进行解析。

1. 通过 hosts 文件进行解析

通过 hosts 文件进行解析只是 Internet 中最初使用的一种查询方式。采用 hosts 文件进行解析时，必须由人工输入、删除、修改所有 DNS 名称与 IP 地址的对应数据，即把全世界所有的 DNS 名称写在一个文件中，并将该文件存储到解析服务器中。如果客户端需要解析名称，则需到解析服务器中查询 hosts 文件。全世界所有的解析服务器中的 hosts 文件都需保持一致。当网络规模较小时，通过 hosts 文件进行解析是可以采用的。然而，随着网络规模越来越大，为保持网络中所有服务器的 hosts 文件的一致性，就需要进行大量的管理和维护工作。在大型网络中，这将是一项沉重的负担，此种方法显然是不适用的。

在 Windows Server 2019 中，hosts 文件位于%Systemroot%\System32\drivers\etc 目录中，本例为 C:\Windows\System32\drivers\etc。该文件是一个纯文本文件，如图 6-2 所示。

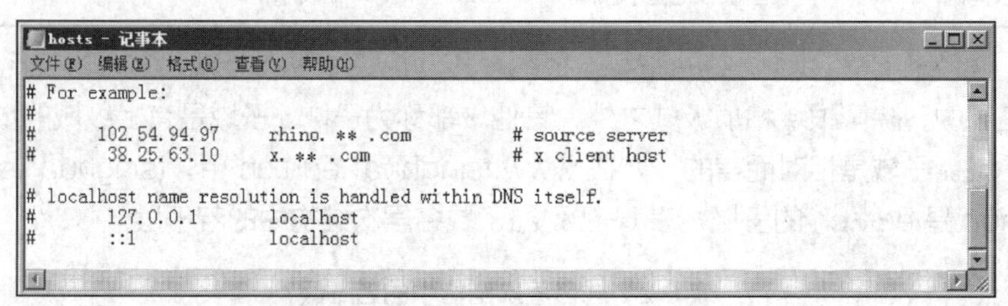

图 6-2 Windows Server 2019 中的 hosts 文件

2. 通过 DNS 服务器进行解析

通过 DNS 服务器进行解析是目前 Internet 中最常用也是最便捷的名称解析方法。全世界有众多 DNS 服务器各司其职，它们互相呼应，它们协同工作，构成了一个分布式的 DNS 名称解析网络。例如，163***.com 的 DNS 服务器只负责本域内数据的更新，而其他 DNS 服务器并不知道也无须知道 163***.com 域中有哪些主机，但它们知道 163***.com 的 DNS 服务器的位置；当需要解析 www.163***.com 时，它们就会向 163***.com 的 DNS 服务器求助。采用这种分布式解析结构时，一台 DNS 服务器出现问题并不会影响整个体系，而数据的更新操作也只在其中的一台或几台 DNS 服务器中进行，使整体的解析效率大大提高了。

6-2 拓展阅读 DNS 服务器的类型

6.1.3 DNS 名称解析的查询模式

当 DNS 客户端向 DNS 服务器发送解析请求或 DNS 服务器向其他 DNS 服务器转发解析请求时，均需要使用查询模式请求其所需的解析结果。目前，使用的查询模式主要有递归查询和转寄查询两种。

1. 递归查询

递归查询是最常见的查询方式，DNS 服务器将代替提出请求的客户端（下级 DNS 服务器）进行域名查询。若 DNS 服务器不能直接回答，它就会在域的各树的各分支的上下层上进行递归查询，最终将查询结果返回给客户端。在 DNS 服务器查询期间，客户机完全处于等待状态。

2. 转寄查询

当服务器收到 DNS 工作站的查询请求后，如果在 DNS 服务器中没有查到所需数据，则该 DNS 服务器便会告诉 DNS 工作站另外一台 DNS 服务器的 IP 地址，并由 DNS 工作站自行向此 DNS 服务器进行查询，以此类推，直到查到所需数据为止。如果到最后一台 DNS 服务器都没有查到所需数据，则通知 DNS 工作站查询失败。“转寄”的意思就是若在某地查不到，该地就会告诉用户其他地方的地址，让用户转到其他地方去查询。一般 DNS 服务器之间的查询属于转寄查询（DNS 服务器也可以充当 DNS 工作站的角色），DNS 客户端与本地 DNS 服务器之间的查询属于递归查询。

下面以查询 www.ryjiaoyu.com 为例介绍转寄查询的过程，如图 6-3 所示。

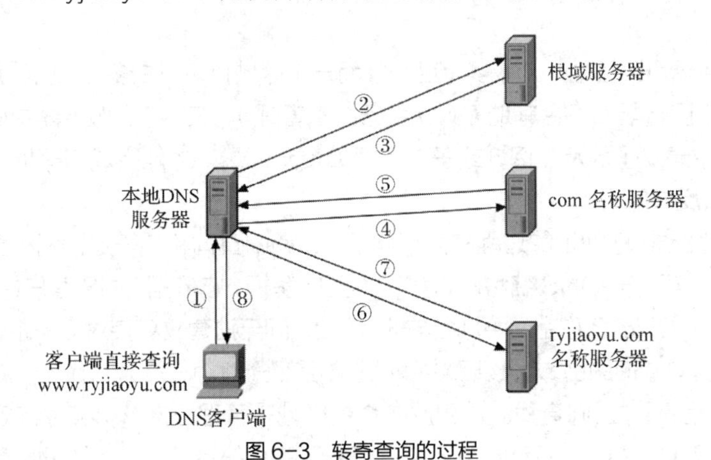

图 6-3 转寄查询的过程

① DNS 客户端向本地 DNS 服务器直接查询 www.ryjiaoyu.com 的域名。

② 本地 DNS 服务器无法解析此域名，先向根域服务器发出请求，查询.com 的 DNS 服务器的 IP 地址。

说明 ① 正确安装 DNS 服务器后，在 DNS 属性的“根目录提示”选项卡中，系统显示了包含在解析名称中为要使用和参考的服务器所建议的根服务器的根提示列表，默认共有 13 个。

② 目前全球共有 13 个根域服务器。1 个为主根服务器，放置在美国；其余 12 个均为辅助根服务器，其中美国有 9 个，欧洲有两个（放置在英国和瑞典），亚洲有 1 个（放置在日本）。所有的根服务器均由互联网名称与数字地址分配机构（Internet Corporation for Assigned Names and Numbers，ICANN）统一管理。

③ 根域服务器管理着.com、.net、.org 等顶级域名的地址解析。它收到请求后，把解析结果（管理.com 域的服务器地址）返回给本地 DNS 服务器。

④ 本地 DNS 服务器得到查询结果后，向管理.com 域的 DNS 服务器发出查询请求，要求得到 ryjiaoyu.com 的 DNS 服务器的 IP 地址。

⑤ .com 域把解析结果（管理 ryjiaoyu.com 域的服务器的 IP 地址）返回给本地 DNS 服务器。

⑥ 本地 DNS 服务器得到查询结果后，向管理 ryjiaoyu.com 域的 DNS 服务器发出查询具体的

主机 IP 地址的请求，要求得到满足要求的主机 IP 地址。

⑦ ryjiaoyu.com 把解析结果返回给本地 DNS 服务器。

⑧ 本地 DNS 服务器得到了最终的查询结果，并把这个结果返回给客户端，从而使客户端能够和远程主机通信。

6.1.4 DNS 区域

为了便于根据实际情况来分散 DNS 名称管理工作的负荷，将 DNS 名称空间划分为区域（Zone）来进行管理。区域是 DNS 服务器的管辖范围，是由 DNS 名称空间中的单个域或由具有上下隶属关系的紧密相邻的多个子域组成的一个管理单位。因此，DNS 服务器是通过区域来管理名称空间的，而并非以域为单位来管理名称空间，但区域的名称与其管理的 DNS 名称空间的域的名称是一一对应的。

一台 DNS 服务器可以管理一个或多个区域，而一个区域也可以由多台 DNS 服务器来管理（例如，由一台主 DNS 服务器和多台辅助 DNS 服务器来管理）。在 DNS 服务器中必须先建立区域，再根据需要在区域中建立子域及在区域或子域中添加资源记录，才能完成其解析工作。

1. 正向解析和反向解析

将 DNS 名称解析成 IP 地址的过程称为正向解析，递归查询和转寄查询两种查询模式都采用了正向解析。将 IP 地址解析成 DNS 名称的过程称为反向解析，它依据 DNS 客户端提供的 IP 地址来查询它的主机名。由于 DNS 名称空间中域名与 IP 地址之间无法建立直接对应关系，所以必须在 DNS 服务器中创建一个反向查询的区域，该区域名称的最后部分为 in-addr.arpa。

DNS 服务器分别通过正向查找区域和反向查找区域来管理正向解析和反向解析。在 Internet 中，正向解析的应用非常普遍。而反向解析会占用大量的系统资源，还会给网络带来风险，所以通常不提供反向解析。

2. 主要区域、辅助区域和存根区域

不论是正向解析还是反向解析，均可以针对一个区域建立 3 种类型的区域，即主要区域、辅助区域和存根区域。

（1）主要区域。一个区域的主要区域建立在该区域的主 DNS 服务器中。主要区域的数据库文件是可读可写的，所有针对该区域的添加、修改和删除等操作都必须在主要区域中进行。

（2）辅助区域。一个区域的辅助区域建立在该区域的辅助 DNS 服务器中。辅助区域的数据库文件是主要区域数据库文件的副本，需要定期地通过区域传输从主要区域中复制记录以获得更新。辅助区域的主要作用是均衡 DNS 解析的负载以提高解析效率，同时提供容错能力。必要时，可以将辅助区域转换为主要区域。辅助区域内的记录是只读的，不可以修改。例如，图 6-4 所示的 DNS 服务器 B 与 DNS 服务器 C 内都各有一个辅助区域，其中的记录是从 DNS 服务器 A 复制过来的。换句话说，DNS 服务器 A 是它们的主服务器。

（3）存根区域。一个区域的存根区域类似于辅助区域，也是主要区域的只读副本，但存根区域只从主要区域中复制 SOA 记录、NS 记录，以及粘连 A 记录（解析 NS 记录所需的 A 记录），而不是所有的区域数据库信息。存根区域所属的主要区域通常是一个受委派区域，如果该受委派区域部署了辅助 DNS 服务器，则通过存根区域可以让委派服务器获得该受委派区域的权威 DNS 服务器列表（包括主 DNS 服务器和所有辅助 DNS 服务器）。

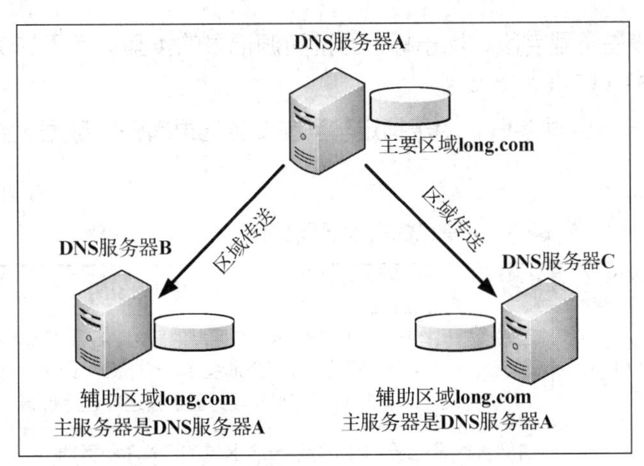

图 6-4　辅助区域

说明　在 Windows Server 2019 中，DNS 服务支持增量区域传输（Incremental Zone Transfer），也就是在更新区域中的记录时，DNS 服务器之间只传输发生改变的记录，因此提高了传输的效率。

在以下情况下可以启动增量区域传输：管理区域的辅助 DNS 服务器启动、区域的刷新时间间隔过期、主 DNS 服务器中的记录发生改变并设置了 DNS 通告列表。这里，DNS 通告是利用“推”的机制，当 DNS 服务器中的区域记录发生改变时，通知选定的 DNS 服务器进行更新，被通知的服务器启动区域复制操作。

3. 资源记录

DNS 数据库文件由区域文件、缓存文件和反向搜索文件等组成，其中区域文件是最主要的，它保存着 DNS 服务器所管辖区域的主机的域名记录。区域文件默认的文件名是“区域名.dns”，在 Windows Server 2019 中，其位于%Systemroot%\System32\dns 目录中。而缓存文件用于保存根域中的 DNS 服务器名称与 IP 地址的对应表，文件名为 Cache.dns。DNS 服务就是依赖于 DNS 数据库文件实现的。

每个区域文件都是由资源记录构成的。资源记录是 DNS 服务器提供名称解析的依据，当收到解析请求后，DNS 服务器会查找资源记录并予以响应。常见的资源记录主要包括 SOA 记录、NS 记录、A 记录、CNAME 记录、MX 记录及 PTR 记录等类型（详细说明参见表 6-3）。

标准的资源记录的基本格式如下。

```
[name]        [ttl]        IN        type        rdata
```

- name。此字段是名称字段名，是资源记录引用的域对象名，域对象可以是一台单独的主机，也可以是整个域。name 字段可以有以下 4 种取值：“.”表示根域；“@”表示默认域，即当前域；“标准域名”是以“.”结束的域名，或是一个相对域名；“空（空值）”适用于最后一个带有名称的域对象。
- ttl。此字段是生存时间字段，它以秒为单位定义该资源记录中的信息存放在 DNS 缓存中的时间长度。此字段值通常为空，表示采用 SOA 记录中的最小 ttl 值。
- IN。此字段用于将当前资源记录标识为一个 Internet 的 DNS 资源记录。

- type。此字段是类型字段，用于标识当前资源记录的类型。常见的资源记录类型及类型字段说明如表 6-3 所示。
- rdata。此字段是数据字段，用于指定与当前资源记录有关的数据。数据字段的内容取决于类型字段。

表 6-3　常见的资源记录类型及类型字段说明

资源记录类型	类型字段说明
SOA（Start Of Authority）	起始授权机构记录，用于表示一个区域的开始。SOA 记录后的所有信息均是用于控制这个区域的。每个区域文件都必须包含一个 SOA 记录，并且该记录必须是其中的第 1 个资源记录，用以标识 DNS 服务器所管理的起始位置
NS（Name Server）	名称服务器记录，用于标识一个区域的 DNS 服务器
A（Address）	主机记录，也称为 Host 记录，用于实现正向解析，建立 DNS 名称到 IP 地址的映射
CNAME（Canonical NAME）	规范名称记录，也称为别名（Alias）记录，定义 A 记录的别名，用于将 DNS 名称映射到另一个主要的或规范的名称，该名称可能为 Internet 中规范的名称，如 www
PTR（domain name PoinTeR）	指针记录，实现反向解析，建立 IP 地址到 DNS 名称的映射
MX（Mail eXchanger）	邮件交换器记录，用于指定交换或者转发邮件信息的服务器（该服务器知道如何将邮件传送到最终目的地）

6.2 项目设计与准备

1. 部署需求

在部署 DNS 服务器之前需做以下准备工作。

- 设置 DNS 服务器的 TCP/IP 属性，手动指定 IP 地址、子网掩码、默认网关和 DNS 服务器的地址等。
- 部署域环境，域名为 long60.cn。

2. 部署环境

任务 6-1、任务 6-2、任务 6-3 的所有实例部署在同一个网络环境下，DNS1、DNS2、DNS3、DNS4 是 4 台不同角色的 DNS 服务器（可将前面创建的 4 台域控制器使用快照功能恢复初始安装，再修改计算机名称），网络操作系统是 Windows Server 2019。Client1 是 DNS 客户端，安装 Windows Server 2019 或 Windows 10 操作系统。架设 DNS 服务器的网络拓扑结构如图 6-5 所示。

在项目实施过程中需要说明以下 3 点。

（1）这是全部 DNS 项目实施的拓扑结构，在单个任务中，如果有些计算机不需要使用，则可以将其挂起或关闭，以免影响响应效率，请读者灵活处理。

（2）唯缓存 DNS 服务器和辅助 DNS 服务器通常无法同时由一台计算机承担。本实例仅是为了提高操作效率，才做这样的安排。

（3）所有虚拟机的网络连接模式都设置为“仅主机模式”。

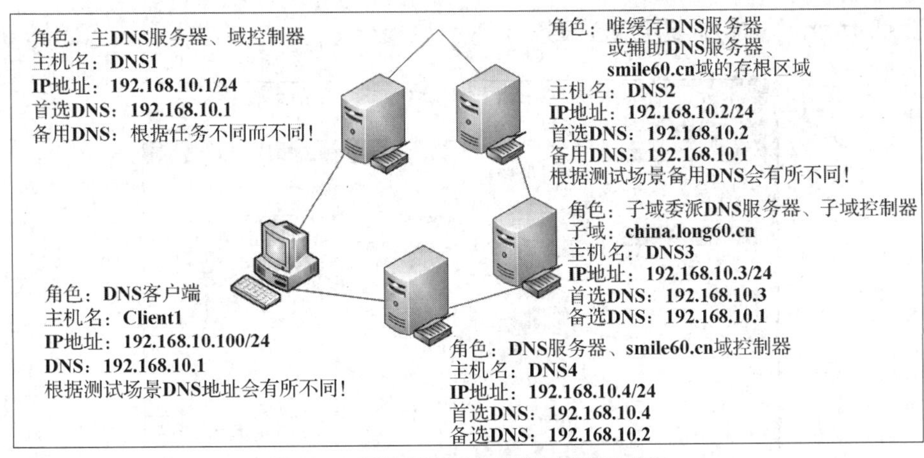

图 6-5　架设 DNS 服务器的网络拓扑结构

> **特别提示**　DNS1～DNS4 由 Server1～Server4 的初始安装快照恢复而来，但要记得修改计算机名、TCP/IP 参数。将 MS1 重命名为 Client1。

6.3 项目实施

任务 6-1　添加 DNS 服务器

设置 DNS 服务器的首要任务就是建立 DNS 区域和域的树状结构。DNS 服务器以区域为单位来管理服务。区域是一个数据库，用来链接 DNS 名称和相关数据，如 IP 地址和网络服务，在 Internet 环境中一般用二级域名来命名，如 long60.cn。而 DNS 区域分为两类：一类是正向搜索区域，即域名到 IP 地址的数据库，用于提供将域名转换为 IP 地址的服务；另一类是反向搜索区域，即 IP 地址到域名的数据库，用于提供将 IP 地址转换为域名的服务。

6-3 课堂慕课
配置与管理 DNS
服务器

1. 安装 DNS 服务器角色

在 DNS1 上通过“服务器管理器”窗口安装 DNS 服务器角色。具体步骤如下。

STEP 1 选择“服务器管理器”→“仪表板”→“添加角色和功能”选项，持续单击“下一步”按钮，直到进入图 6-6 所示的“选择服务器角色”界面，勾选“DNS 服务器”复选框，在弹出的“添加角色和功能向导”对话框中单击“添加功能”按钮。

STEP 2 持续单击“下一步”按钮，最后单击“安装”按钮，开始安装 DNS 服务器。安装完毕，单击“关闭”按钮，完成 DNS 服务器角色的安装。

2. DNS 服务的停止和启动

启动或停止 DNS 服务可使用 net 命令、“DNS 管理器”窗口或“服务”窗口。具体步骤如下。

（1）使用 net 命令

以域管理员账户登录 DNS1，在命令提示符窗口中执行“net stop dns”命令停止 DNS 服务，执行“net start dns”命令启动 DNS 服务。

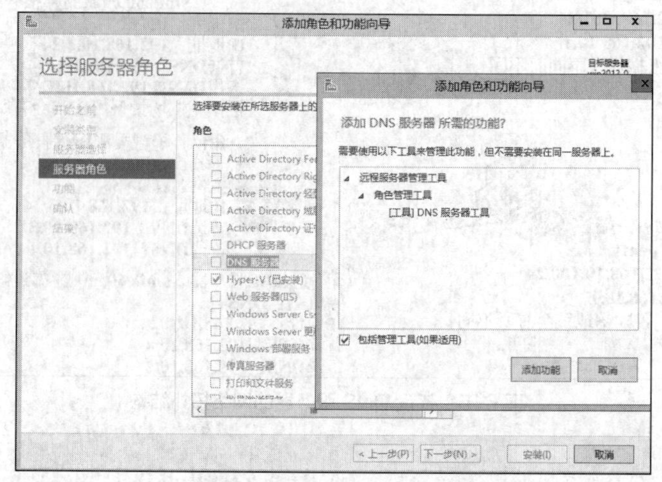

图 6-6 “选择服务器角色”界面

（2）使用“DNS 管理器”窗口

选择“服务器管理器”→“工具”→“DNS”选项，打开“DNS 管理器”窗口，在左侧树状列表中选中“DNS1”选项并单击鼠标右键，在弹出的快捷菜单中选择“所有任务”→“停止”“启动”或“重新启动”选项，即可停止或启动 DNS 服务，如图 6-7 所示。

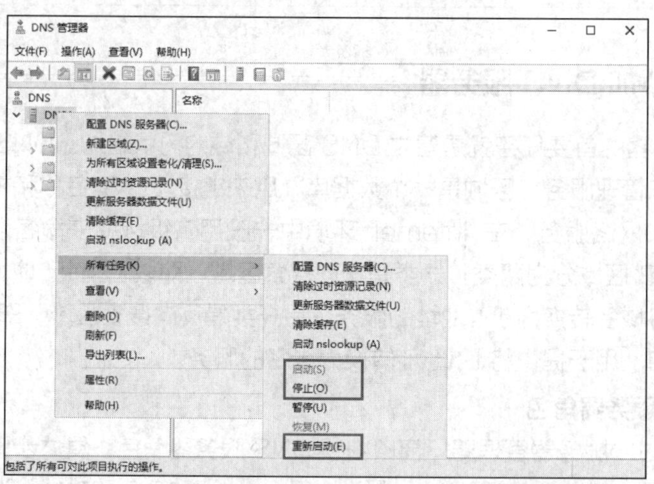

图 6-7 “DNS 管理器”窗口

（3）使用“服务”窗口

选择“服务器管理器”→“工具”→“服务”选项，打开“服务”窗口，找到“DNS Server”服务，选择“启动”或“停止”选项即可启动或停止 DNS 服务。

任务 6-2 部署主 DNS 服务器的 DNS 区域

在实际应用中，因为 DNS 服务器一般会与活动目录区域集成，所以在安装完 DNS 服务器，并新建区域后，可直接将该服务器提升为域控制器，并将新建区域更新为活动目录集成区域。

1. 创建正向查找区域

在 DNS 服务器上创建正向查找区域“long60.cn”，具体步骤如下。

STEP 1 在 DNS1 上选择“服务器管理器”→“工具”→“DNS”选项，打开“DNS 管理器”窗口，在左侧的树状列表中选中“正向查找区域”选项并单击鼠标右键，在弹出的快捷菜单中选择“新建区域”选项，如图 6-8 所示，弹出“新建区域向导”对话框。

STEP 2 单击“下一步”按钮，进入图 6-9 所示的“区域类型”界面，选择要创建的区域的类型。有“主要区域”“辅助区域”“存根区域”3 个选择，若要创建新的区域，则应当选中“主要区域”单选按钮。

> **注意** 如果当前 DNS 服务器上安装了 Active Directory 域服务，则将自动勾选“在 Active Directory 中存储区域”复选框。

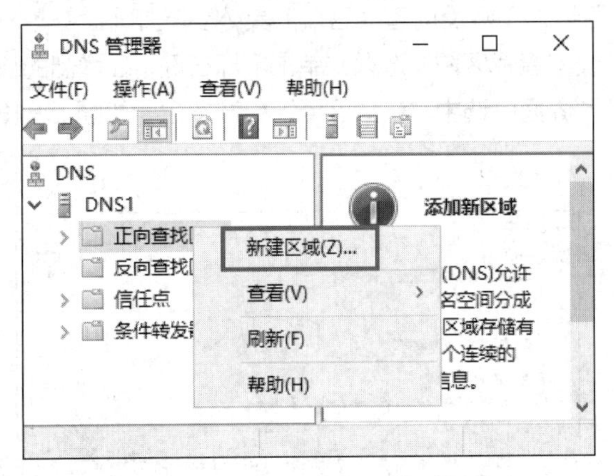

图 6-8 选择“新建区域”选项

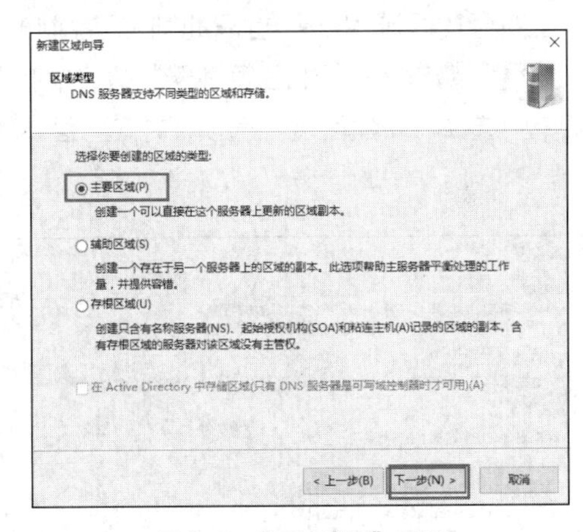

图 6-9 “区域类型”界面

STEP 3 单击“下一步”按钮，在“区域名称”文本框中输入要创建的区域名称，如 long60.cn，如图 6-10 所示。区域名称用于指定 DNS 名称空间的部分，由此实现 DNS 服务器管理。

STEP 4 单击“下一步”按钮，创建区域文件 long60.cn.dns，如图 6-11 所示。

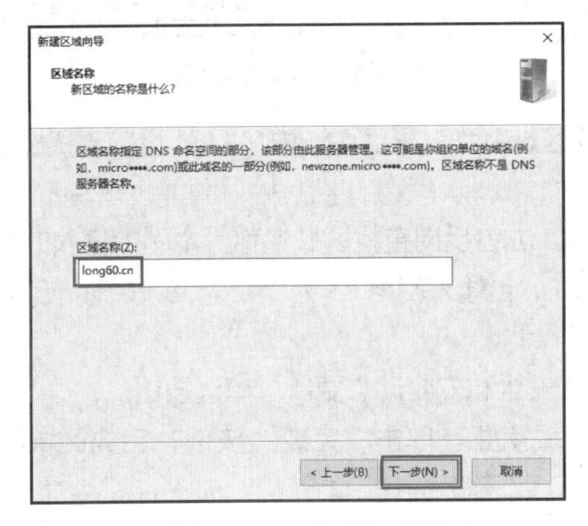

图 6-10 输入要创建的区域名称

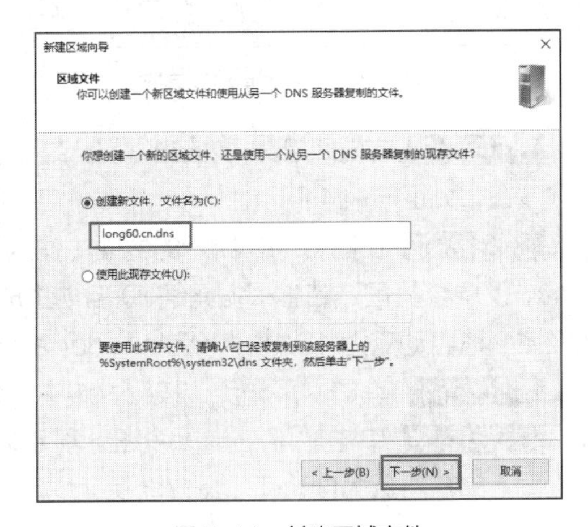

图 6-11 创建区域文件

STEP 5 单击“下一步”按钮，进入“动态更新”界面，选中“允许非安全和安全动态更新”单选按钮，如图 6-12 所示。

> **注意** 因为会将 long60.cn 区域更新为活动目录集成区域，所以这里一定不能选中“不允许动态更新”单选按钮，否则无法将 long60.cn 更新为活动目录集成区域。

STEP 6 单击“下一步”按钮，显示新建区域摘要。单击“完成”按钮，完成区域的创建。

> **注意** 如果是活动目录集成区域，则不指定区域文件，否则指定区域文件为 long60.cn.dns。

2. 创建反向查找区域

反向查找区域用于通过 IP 地址来查询 DNS 名称。创建反向查找区域的具体步骤如下。

STEP 1 在“DNS 管理器”窗口中选择“反向查找区域”选项并单击鼠标右键，在弹出的快捷菜单中选择“新建区域”选项，并在“区域类型”界面中选中“主要区域”单选按钮，如图 6-13 所示。

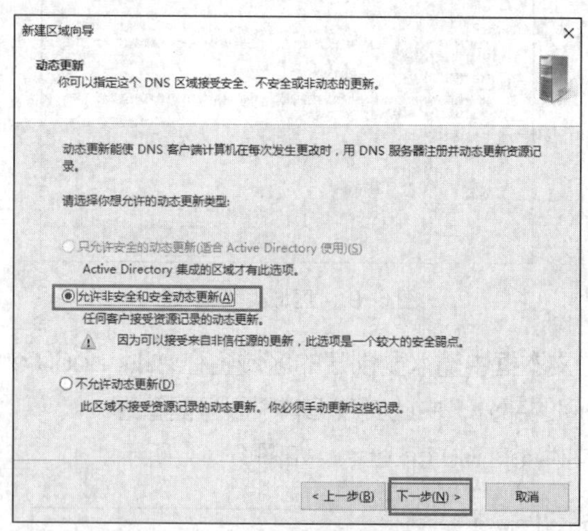

图 6-12 “动态更新”界面

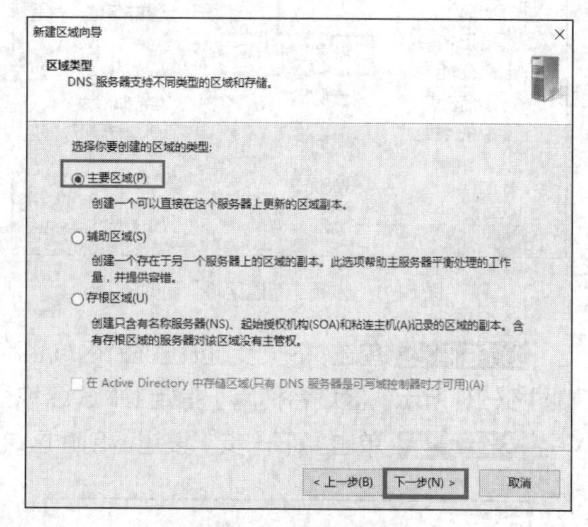

图 6-13 选择区域的类型

STEP 2 单击“下一步按钮”，在“反向查找区域名称”界面中选中“IPv4 反向查找区域”单选按钮，如图 6-14 所示。

STEP 3 在图 6-15 所示的界面中输入网络 ID 或者反向查找区域名称，本例中输入的是网络 ID，反向查找区域名称根据网络 ID 自动生成。例如，当输入网络 ID 为 192.168.10 时，反向查找区域名称自动变为 10.168.192.in-addr.arpa。

STEP 4 单击“下一步”按钮，选中“允许非安全和安全动态更新”单选按钮。

STEP 5 单击“下一步”按钮，显示新建区域摘要。单击“完成”按钮，完成区域的创建。图 6-16 所示为创建正、反向查找区域后的 DNS 管理器。

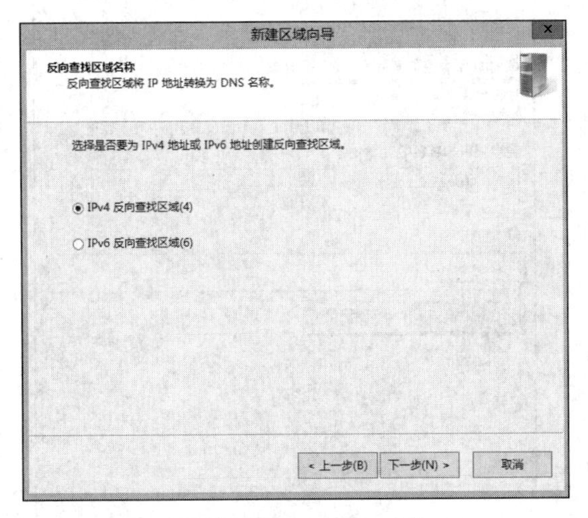

图 6-14 “反向查找区域名称”界面

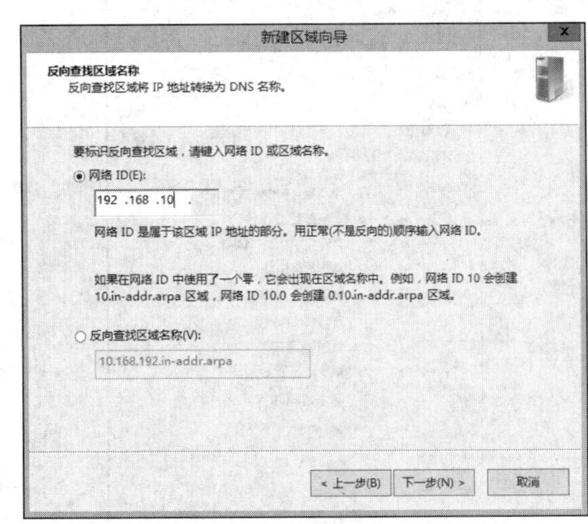

图 6-15 输入网络 ID

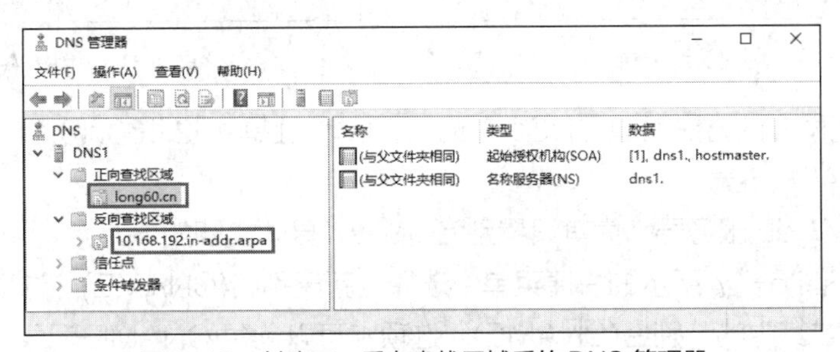

图 6-16 创建正、反向查找区域后的 DNS 管理器

3. 创建资源记录

DNS 服务器需要根据区域中的资源记录提供该区域的名称解析。因此，在区域创建完成之后，需要在区域中创建所需的资源记录。

（1）创建 A 记录

创建 DNS2 对应的 A 记录的具体步骤如下。

STEP 1 以域管理员账户登录 DNS1，打开“DNS 管理器”窗口，在左侧树状列表中选择要创建资源记录的正向查找区域 long60.cn，在右侧窗格空白处单击鼠标右键，或选中要创建资源记录的正向查找区域并单击鼠标右键，在弹出的快捷菜单中选择相应命令创建资源记录，如图 6-17 所示。

STEP 2 选择“新建主机(A 或 AAAA)”选项，弹出“新建主机”对话框，通过此对话框可以创建 A 记录，如图 6-18 所示。

- 在“名称(如果为空则使用其父域名称)”文本框中输入 A 记录的名称，该名称即主机名，本例为“DNS2”。
- 在“IP 地址”文本框中输入该主机的 IP 地址，本例为 192.168.10.2。
- 若勾选“创建相关的指针(PTR)记录”复选框，则在创建 A 记录的同时，可在已经存在的相对应的反向查找区域中创建 PTR 记录。若之前没有创建对应的反向查找区域，则无法成功创建 PTR 记录。本例不勾选此复选框，后面单独建立 PTR 记录。

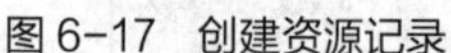

图 6-17　创建资源记录

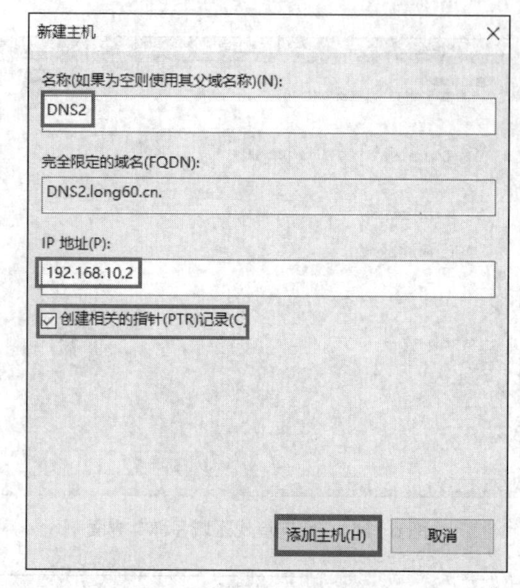

图 6-18　创建 A 记录

STEP 3 用同样的方法新建 DNS1 A 记录，IP 地址是 192.168.10.1。

（2）创建 CNAME 记录

DNS1 同时是 Web 服务器，为其设置别名 www。具体步骤如下。

STEP 1 在图 6-17 所示的快捷菜单中选择“新建别名(CNAME)”选项，弹出“新建资源记录”对话框，通过其中的“别名(CNAME)”选项卡可以创建 CNAME 记录，如图 6-19 所示。

STEP 2 在“别名(如果为空则使用父域)”文本框中输入一个规范的名称（本例为 www）。单击“浏览”按钮，选中需要定义别名的目的服务器的域名（本例为 DNS1.long60.cn），或者直接输入目的服务器的名称。在“目标主机的完全合格的域名(FQDN)”文本框中输入需要定义别名的完整 DNS 域名。

（3）创建 MX 记录

当将邮件发送到邮件服务器［简单邮件传送协议（Simple Mail Transfer Protocol，SMTP）服务器］后，此邮件服务器必须将邮件转发到目的地的邮件服务器，但是邮件服务器如何得知目的地的邮件服务器的 IP 地址呢?

答案是向 DNS 服务器查询 MX 资源记录，因为 MX 记录着负责某个域邮件接收的邮件服务器。

DNS2 同时是邮件服务器。在图 6-17 所示的快捷菜单中选择“新建邮件交换器(MX)”选项，弹出“新建资源记录”对话框，通过其中的“邮件交换器(MX)”选项卡可以创建 MX 记录，如图 6-20 所示。

STEP 1 在“主机或子域”文本框中输入 MX 记录的名称，该名称将与所在区域的名称一起构成邮件地址中“@”后面的后缀。例如，如果邮件地址为 yy@long60.cn，则应将 MX 记录的名称设置为空（使用其中所属域的名称 long60.cn）；如果邮件地址为 yy@mail.long60.cn，则应输入 mail 为 MX 记录的名称记录。本例输入“mail”。

STEP 2 在“邮件服务器的完全限定的域名(FQDN)”文本框中输入该邮件服务器的名称（此名称必须是已经创建的对应于邮件服务器的 A 记录）。本例为“DNS2.long60.cn”。

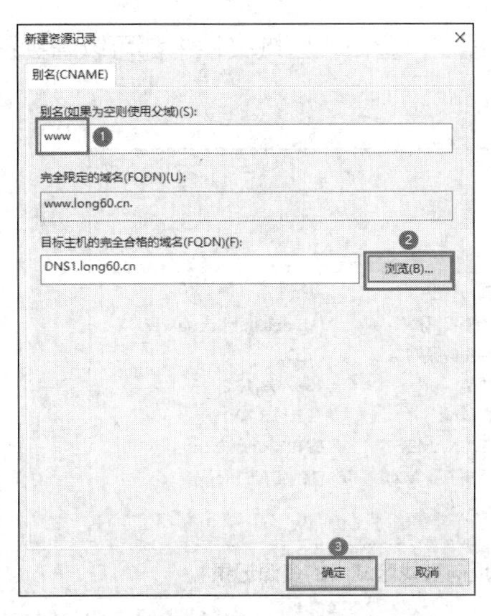

图 6-19　创建 CNAME 记录

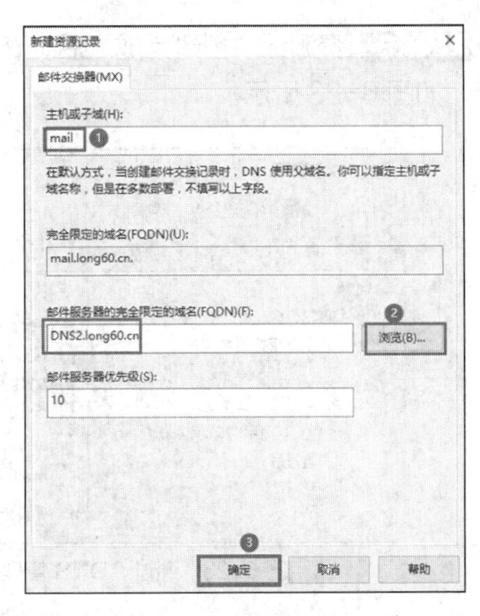

图 6-20　创建 MX 记录

STEP 3 在“邮件服务器优先级”文本框中设置当前 MX 记录的优先级；如果存在两个或更多的 MX 记录，则在解析时将首选优先级高的 MX 记录。

（4）创建 PTR 记录

STEP 1 以域管理员账户登录 DNS1，打开“DNS 管理器”窗口。

STEP 2 在左侧树状列表中选择要创建资源记录的反向查找区域 10.168.192.in-addr.arpa，在右侧窗格空白处单击鼠标右键，或选中要创建资源记录的反向查找区域并单击鼠标右键，在弹出的快捷菜单中选择“新建指针(PTR)”选项，如图 6-21 所示，在弹出的“新建资源记录”对话框的“指针(PTR)”选项卡中即可创建 PTR 记录，如图 6-22 所示。同理，创建 192.168.10.2 的 PTR 记录。

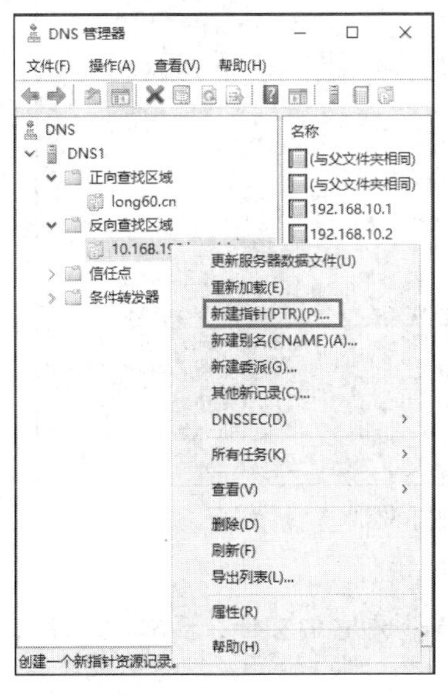

图 6-21　创建 PTR 记录 1

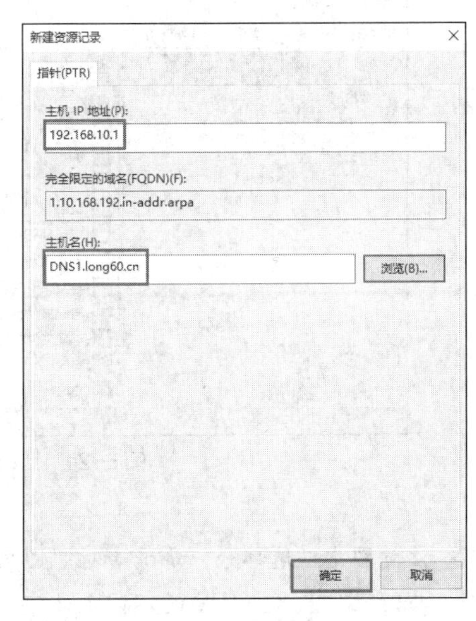

图 6-22　创建 PTR 记录 2

STEP 3 资源记录创建完成之后，在“DNS 管理器”窗口和区域文件中都可以看到这些资源记录，如图 6-23 所示。

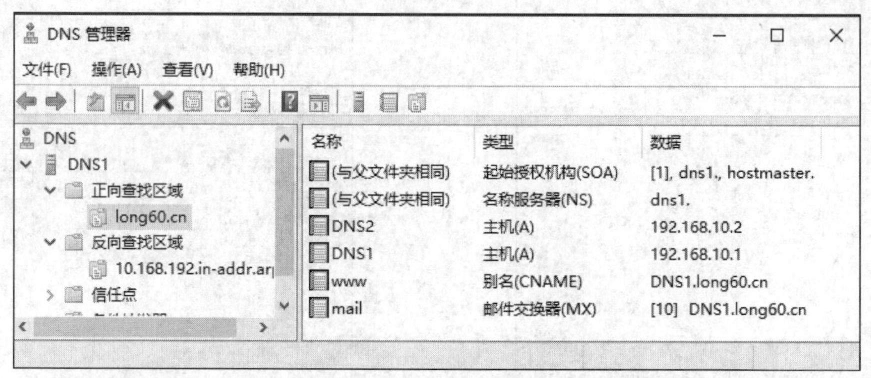

图 6-23 通过“DNS 管理器”窗口查看反向查找区域中的资源记录

注意 如果 DNS 区域是和 Active Directory 域服务集成的，那么资源记录将保存到活动目录中；如果资源记录不是和 Active Directory 域服务集成的，那么资源记录将保存到区域文件中。默认 DNS 服务器的区域文件存储在“C:\Windows\System32\dns”中。若不集成活动目录，则本例正向区域文件为 long60.cn.dns，反向区域文件为 10.168.192.in-addr.arpa.dns。这两个文件可以用记事本打开。

4. 将 long60.cn 区域更新为活动目录集成区域

将该服务器升级为域控制器，升级过程可参考项目 2 的相关内容。活动目录集成区域 long60.cn 如图 6-24 所示。

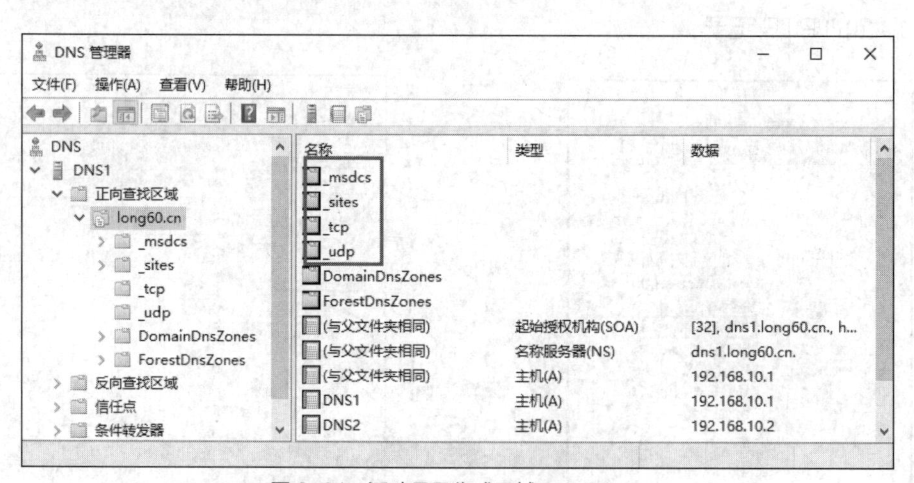

图 6-24 活动目录集成区域 long60.cn

注意 注意图中框选部分，请读者对照图 6-23 与图 6-24 查看它们有什么区别，总结独立区域与活动目录集成区域的不同之处。

任务 6-3　配置 DNS 客户端并测试主 DNS 服务器

可以通过手动方式配置 DNS 客户端，也可以通过 DHCP 自动配置 DNS 客户端（要求 DNS 客户端是 DHCP 客户端）。

1. 配置 DNS 客户端

STEP 1 以管理员账户登录 DNS 客户端 Client1，在"Internet 协议版本 4(TCP/IPv4)属性"对话框的"首选 DNS 服务器"文本框中设置所部署的主 DNS 服务器 DNS1 的 IP 地址为"192.168.10.1"，单击"确定"按钮。

STEP 2 通过 DHCP 自动配置 DNS 客户端，参考"项目 7 配置与管理 DHCP 服务器"。

2. 测试 DNS 服务器

部署完主 DNS 服务器并启动 DNS 服务后，应该对 DNS 服务器进行测试，常用的测试工具是 nslookup 和 ping 命令。

nslookup 命令是用来进行手动 DNS 查询的常用工具，可以判断 DNS 服务器是否正常工作。如果 DNS 服务器工作有故障，则使用该命令可以判断可能的故障原因。其一般语法格式如下。

```
nslookup [-option…] [host to find] [server]
```

这个工具可以用于两种模式：非交互模式和交互模式。

（1）非交互模式

非交互模式测试需要在命令提示符窗口中输入并执行完整的命令，如 nslookup　www.long60.cn，如图 6-25 所示。

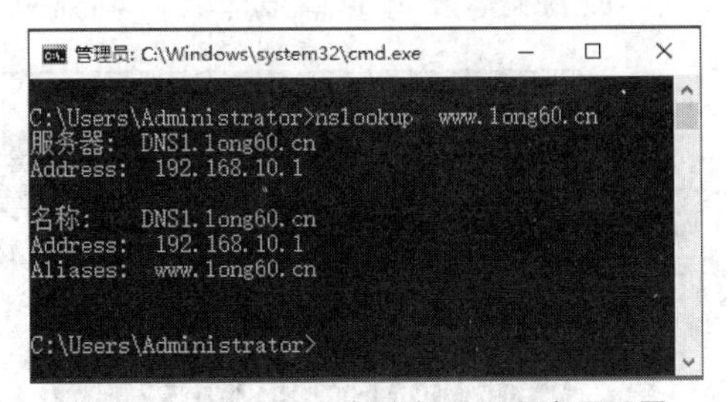

图 6-25　非交互模式测试 DNS 服务器配置

（2）交互模式

输入 nslookup 命令并按"Enter"键，不需要参数，即可进入交互模式。在交互模式下，直接使用 FQDN 即可进行查询。

任何一种模式都可以将参数传递给 nslookup，但在 DNS 服务器出现故障时更多使用交互模式。在交互模式下，可以在命令提示符">"后输入"help"或"?"，按"Enter"键来获得帮助信息。

下面在客户端 Client1 的交互模式下，测试前面部署的 DNS 服务器。

STEP 1 进入 PowerShell 或者在"运行"对话框中输入"CMD"，按"Enter"键，在命令提示符窗口中输入并执行"nslookup"，测试 DNS 服务器配置，如图 6-26 所示。

STEP 2 测试 A 记录，如图 6-27 所示。

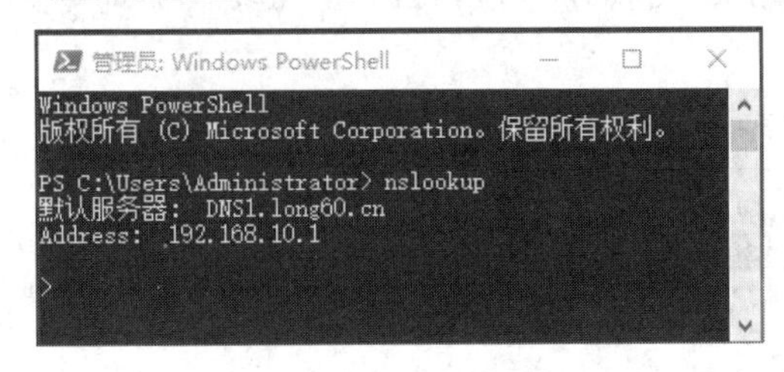

图 6-26　测试 DNS 服务器配置

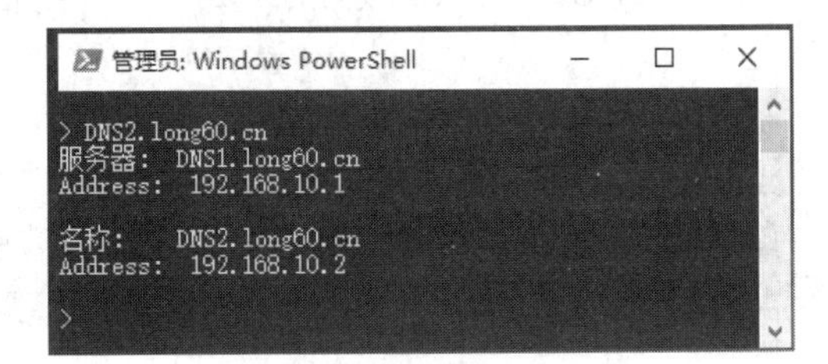

图 6-27　测试 A 记录

STEP 3 测试正向解析的邮件交换记录，如图 6-28 所示。

STEP 4 测试 MX 记录，如图 6-29 所示。

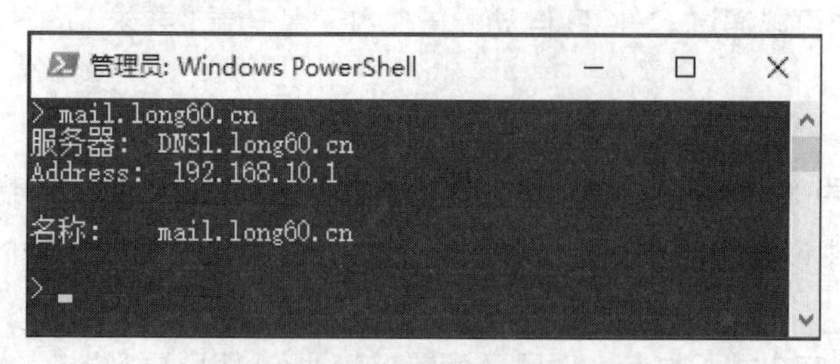

图 6-28 测试正向解析的邮件交换记录

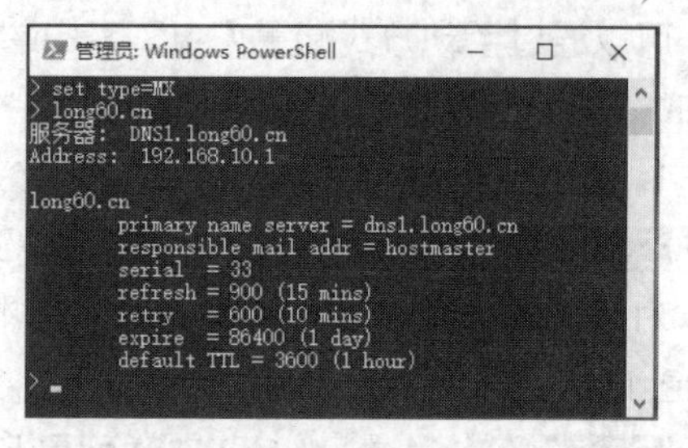

图 6-29 测试 MX 记录

说明 set type 表示设置查找的类型。set type=MX 表示查找邮件交换器记录；set type=CNAME 表示查找别名记录；set type=A 表示查找主机记录； set type=PTR 表示查找指针记录；set type=NS 表示查找区域信息。

STEP 5 测试 PTR 记录，如图 6-30 所示。

STEP 6 查找区域信息，如图 6-31 所示，结束后退出交互模式。

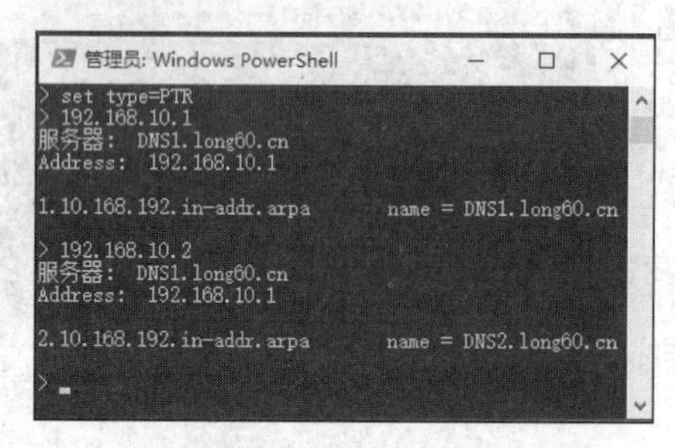

图 6-30 测试 PTR 记录

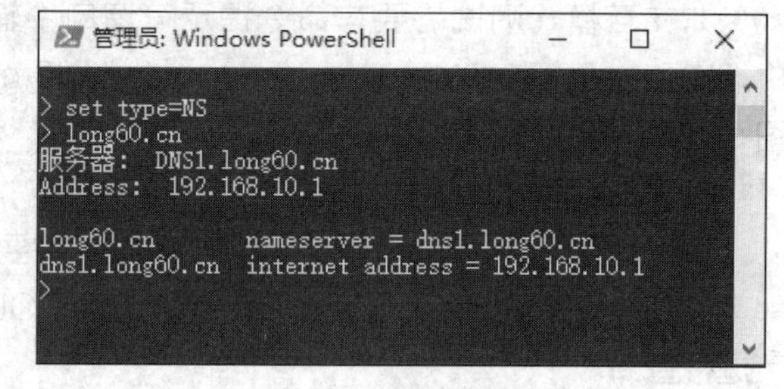

图 6-31 查找区域信息

试一试 可以利用“ping 域名或 IP 地址”简单测试 DNS 服务器与客户端的配置，读者不妨试一试。

3. 管理 DNS 客户端缓存

① 进入 PowerShell 或者在“运行”对话框中输入“CMD”，按“Enter”键，打开命令提示符窗口。

② 输入并执行以下命令，查看 DNS 客户端缓存。

```
C:\>ipconfig /displaydns
```

③ 输入并执行以下命令，清空 DNS 客户端缓存。

```
C:\>ipconfig /flushdns
```

6.4 拓展阅读　为计算机事业做出过巨大贡献的王选院士

王选院士曾经为我国的计算机事业做出过巨大贡献，并因此获得国家最高科学技术奖。你知道王选院士吗？

王选院士（1937—2006）是享誉国内外的著名科学家，汉字激光照排技术创始人，中国科学院院士、中国工程院院士、发展中国家科学院院士。北京大学王选计算机研究所主要创建者，历任副所长、所长，博士生导师。他曾任第十届全国政协副主席、九三学社中央委员会副主席、中国科学技术协会副主席。

王选院士发明的汉字激光照排系统两次获国家科技进步一等奖（1987 年、1995 年），两次被评为中国十大科技成就（1985 年、1995 年），并获国家重大技术装备成果奖特等奖。王选院士一生荣获了国家最高科学技术奖、联合国教科文组织科学奖、陈嘉庚科学奖、美洲中国工程师学会个人成就奖、何梁何利基金科学与技术进步奖等 20 多项重大成果和荣誉。

1975 年开始，以王选院士为首的科研团队决定跨越当时日本流行的光机式二代机和欧美流行的阴极射线管式三代机阶段，开创性地研制当时国外尚无商品的第四代激光照排系统。针对汉字印刷的特点和难点，他们发明了高分辨率字形的高倍率信息压缩技术和高速复原方法，率先设计出相应的专用芯片，在世界上首次使用控制信息（参数）描述笔划特性。第四代激光照排系统获 1 项欧洲专利和 8 项我国专利，并获第 14 届日内瓦国际发明展金奖、中国专利发明创造金奖，2007 年入选“首届全国杰出发明专利创新展”。

6.5 习题

一、填空题

1. ________是一个用于存储单个 DNS 域名的数据库，是域名空间树状结构的一部分，它将域名空间分区为较小的区段。

2. DNS 顶级域名中表示官方政府单位的是________。

3. ________表示邮件交换器记录。

4. 可以用来检测 DNS 资源是否创建正确的两个工具是________和________。

5. DNS 服务器的查询方式有________和________。

二、选择题

1. 某企业的网络工程师安装了一台基本的 DNS 服务器，用来提供域名解析服务。网络中的其他计算机都是这台 DNS 服务器的客户机。其在服务器中创建了一个标准主要区域，在一台客户机上使用 nslookup 命令查询某个主机名，DNS 服务器能够正确地将其 IP 地址解析出来。可是当使用 nslookup 命令查询相应 IP 地址时，DNS 服务器却无法将其主机名解析出来。要想解决这个问题，应该（　　）。

A. 在 DNS 服务器反向解析区域中为这条 A 记录创建相应的 PTR 记录

B. 在 DNS 服务器区域属性上设置允许动态更新

C. 在要查询的这台客户机上运行“ipconfig /registerdns”命令

D. 重新启动 DNS 服务器

2. 在 Windows Server 2019 的 DNS 服务器上不可以新建的区域类型有（　　）。

A. 转发区域　　B. 辅助区域

C. 存根区域　　D. 主要区域

3. DNS 提供了一个（　　）命名方案。

A. 分级　　B. 分层　　C. 多级　　D. 多层

4. DNS 顶级域名中表示商业机构的是（　　）。

A. com　　B. gov　　C. mil　　D. org

5.（　　）表示别名记录。

A. MX　　B. SOA　　C. CNAME　　D. PTR

三、简答题

1. DNS 的查询模式有哪几种?

2. DNS 的常见资源记录有哪些?

3. DNS 的配置与管理流程是什么?

4. DNS 服务器属性中的“转发器”的作用是什么?

5. 什么是 DNS 服务器的动态更新?

四、案例分析

某企业安装了自己的 DNS 服务器来为企业内部客户端计算机提供主机名解析服务。然而，企业内部的用户除了访问内部的网络资源，还想访问 Internet 资源。作为企业的网络管理员，应该怎样配置 DNS 服务器?

6.6 项目实训　配置与管理 DNS 服务器

一、实训目的

- 掌握 DNS 服务器的安装与配置方法。
- 掌握两个以上的 DNS 服务器的建立与管理方法。
- 掌握 DNS 正向查询和反向查询的功能及其配置方法。
- 掌握各种 DNS 服务器的配置方法。
- 掌握 DNS 资源记录的规划和创建方法。

二、项目环境

本项目实训所依据的网络拓扑结构如图 6-5 所示。

三、项目要求

依据图 6-5 完成任务：添加 DNS 服务器，部署主 DNS 服务器，配置 DNS 客户端并测试主 DNS 服务器的配置。

四、做一做

根据项目实训视频进行项目的实训，检查学习效果。

项目7
配置与管理DHCP服务器

某高校已经组建了校园网，然而，随着笔记本电脑的普及，教师移动办公及学生移动学习的现象越来越普遍。当计算机从一个网络移动到另一个网络时，需要重新获知新网络的 IP 地址、网关等信息，并对计算机进行设置。这样，客户端就需要知道整个网络的部署情况，知道自己处于哪个网段、哪些 IP 地址是空闲的，以及默认网关是多少等，这不仅让用户觉得烦琐，还为网络管理员规划网络、分配 IP 地址带来了困难。网络中的用户希望无论处于网络中的什么位置，都不用配置 IP 地址、默认网关等信息就能够上网。这就需要在网络中部署 DHCP 服务器。

在完成该项目之前，首先应当对整个网络进行规划，确定网段的划分及每个网段可能的主机数量等信息。

学习要点

- 了解 DHCP 服务器在网络中的作用。
- 理解 DHCP 的工作过程。
- 掌握 DHCP 服务器的基本配置方法。
- 掌握 DHCP 客户端的配置和测试方法。
- 掌握常用 DHCP 选项的配置方法。

素质要点

- “雪人计划”服务于国家的“信创产业”。通过了解“雪人计划”，激发学生的爱国情怀和求知求学的志向。
- “靡不有初，鲜克有终。”“莫等闲，白了少年头，空悲切。”学生做事要善始善终，不负韶华。

7.1 项目基础知识

手动设置每一台计算机的 IP 地址是管理员十分不愿意做的一件事，于是出现了自动配置 IP 地址的方法，这就是动态主机配置协议（Dynamic Host Configuration Protocol，DHCP）。DHCP

可以自动为局域网中的每一台计算机分配 IP 地址，并完成每台计算机的 TCP/IP 配置，包括 IP 地址、子网掩码、网关及 DNS 服务器的 IP 地址等。DHCP 服务器能够从预先设置的 IP 地址池中自动给主机分配 IP 地址，它不仅能够解决 IP 地址冲突的问题，还能及时回收 IP 地址，以提高 IP 地址的利用率。

7-1 微课　DHCP 基础知识

7.1.1　何时使用 DHCP 服务

网络中每一台主机的 IP 地址与相关配置可以采用以下两种方式获得：手动配置和自动获得（自动从 DHCP 服务器获取）。

在网络中主机较少的情况下，可以手动为网络中的主机分配静态的 IP 地址，但当网络中主机很多时，就需要使用动态 IP 地址方案。在该方案中，每台计算机并不设定固定的 IP 地址，而是在计算机开机时才被分配一个 IP 地址，这台计算机被称为 DHCP 客户端（DHCP Client）。在网络中提供 DHCP 服务的计算机称为 DHCP 服务器。DHCP 服务器利用 DHCP 为网络中的主机分配动态 IP 地址，并提供子网掩码、默认网关、路由器的 IP 地址及一个 DNS 服务器的 IP 地址等。

动态 IP 地址方案可以减少管理员的工作量。只要 DHCP 服务器正常工作，IP 地址就不会发生冲突。要大批量地更改计算机的所在子网或其他 IP 地址参数，管理员只要在 DHCP 服务器上进行操作即可，不必为每一台计算机设置 IP 地址等参数。

需要动态分配 IP 地址的情况包括以下 3 种。

- 网络的规模较大，网络中需要分配 IP 地址的主机很多。特别是要在网络中增加和删除主机或者要重新配置网络时，手动分配 IP 地址的工作量很大，且常常会因为用户不遵守规则而出现错误，如导致 IP 地址冲突等问题。
- 网络中的主机多，而 IP 地址不够用。例如，某个网络中有 200 台计算机，采用静态 IP 地址时，每台计算机都需要预留一个 IP 地址，即共需要 200 个 IP 地址。然而，这 200 台计算机并不同时开机，甚至可能只有 20 台计算机会同时开机，这样就浪费了 180 个 IP 地址。这种情况对因特网服务提供方（Internet Service Provider，ISP）来说是一个十分严重的问题。如果 ISP 有 100 000 个用户，是否需要 100 000 个 IP 地址？解决这个问题的方法就是使用 DHCP 服务。
- 计算机从一个网络移动到另一个网络。计算机的每次移动都需要改变 IP 地址，并且移动的计算机在每个网络中都需要占用一个 IP 地址。

利用拨号上网实际上就是从 ISP 那里动态获得一个公有的 IP 地址。

7.1.2　DHCP 地址分配方式

DHCP 允许 3 种方式的 IP 地址分配。

（1）自动分配方式。当 DHCP 客户端第一次成功地从 DHCP 服务器端租用到 IP 地址之后，就永远使用这个地址。

（2）动态分配方式。当 DHCP 客户端第一次成功地从 DHCP 服务器端租用到 IP 地址之后，并非永久地使用该地址，只要租约到期，客户端就要释放这个 IP 地址，以让给其他工作站使用。当然，客户端可以比其他主机更优先地更新租约，或是租用其他 IP 地址。

（3）手动分配方式。DHCP 客户端的 IP 地址是由网络管理员指定的，DHCP 服务器只是把指定的 IP 地址告诉客户端。

7.1.3 DHCP 服务的工作过程

1. DHCP 客户端第一次登录网络

当 DHCP 客户端第一次登录网络时，它通过以下步骤从 DHCP 服务器获得租约。

（1）DHCP 客户端在本地子网中发送 DHCP Discover 报文。此报文以广播的形式发送，因为客户端现在不知道 DHCP 服务器的 IP 地址。

（2）DHCP 服务器收到 DHCP 客户端广播的 DHCP Discover 报文后，它会向 DHCP 客户端发送 DHCP Offer 报文，其中包括一个可租用的 IP 地址。

如果没有 DHCP 服务器对客户端的请求做出反应，则可能发生以下两种情况。

- 如果用户使用的是 Windows 2000 及后续版本的 Windows 操作系统，且系统中的自动设置 IP 地址的功能处于激活状态，那么客户端将自动从 Microsoft 保留的 IP 地址段中选择一个自动专用 IP 地址（Automatic Private IP Addressing，APIPA）作为自己的 IP 地址。自动专用 IP 地址的范围是 169.254.0.1～169.254.255.254。使用自动专用 IP 地址可以确保在 DHCP 服务器不可用时，DHCP 客户端之间仍然可以利用自动专用 IP 地址进行通信。所以，即使网络中没有 DHCP 服务器，计算机之间仍能通过网上邻居功能发现彼此。
- 如果使用其他操作系统或自动设置 IP 地址的功能被禁止，则客户端无法获得 IP 地址，初始化失败。但客户端在后台会每隔 5 分钟发送 4 次 DHCP Discover 报文，直到它收到 DHCP Offer 报文。

（3）一旦客户端收到 DHCP Offer 报文，它就会发送 DHCP Request 报文到服务器，表示它将使用服务器所提供的 IP 地址。

（4）DHCP 服务器在收到 DHCP Request 报文后，立即发送 DHCP ACK（Acknowledgement，肯定应答）报文，以确定此租约成立，且此报文还包含其他 DHCP 选项信息。

客户端收到确认信息后，利用其中的信息配置其 TCP/IP 并加入网络。上述过程解析示意如图 7-1 所示。

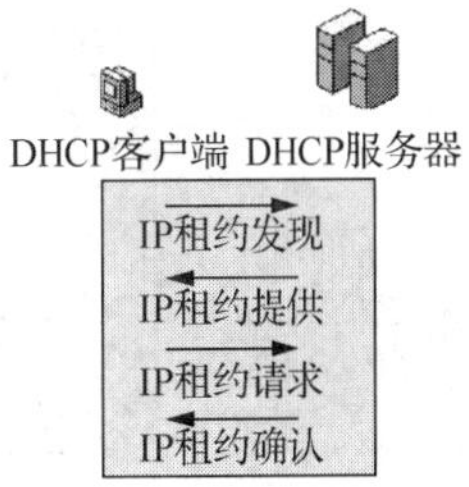

DHCP客户端 DHCP服务器
IP租约发现
IP租约提供
IP租约请求
IP租约确认

图 7-1　过程解析示意

2. DHCP 客户端第二次登录网络

DHCP 客户端获得 IP 地址后再次登录网络时，就不需要再发送 DHCP Discover 报文了，而是直接发送包含前一次所分配的 IP 地址的 DHCP Request 报文。DHCP 服务器收到 DHCP Request 报文后，会尝试让客户端继续使用原来的 IP 地址，并回答一个 DHCP ACK 报文。

如果 DHCP 服务器无法分配给客户端原来的 IP 地址，则回答一个 DHCP NACK（Negative Acknowledgement，否定应答）报文。当客户端接收到 DHCP NACK 报文后，就必须重新发送 DHCP Discover 报文来请求新的 IP 地址。

3. DHCP 租约的更新

IP 地址被分配给 DHCP 客户端后，有租用时间的限制，DHCP 客户端必须在该次租约过期前对它进行更新。客户端在 50%的租借时间过去以后，每隔一段时间就开始请求 DHCP 服务器更新当前租约。如果 DHCP 服务器应答，则租约延期。如果 DHCP 服务器始终没有应答，则在有效租借时间到达 87.5%时，客户端应该与其他任何一个 DHCP 服务器通信，并请求更新它的配置信息。如果客户机不能和其他 DHCP 服务器取得联系，则租借时间到后，它必须放弃当前的 IP 地址，并重新发送一个 DHCP Discover 报文开始 IP 地址的获得过程。

客户端可以主动向服务器发出 DHCP Release 报文，以将当前的 IP 地址释放。

7.2 项目设计与准备

部署 DHCP 之前应该先进行规划，明确哪些 IP 地址用于自动分配给客户端（作用域中应包含的 IP 地址），哪些 IP 地址用于手动指定给特定的服务器。例如，在本项目中，IP 地址 192.168.10.10/24～192.168.10.200/24 用于自动分配；将其中的 IP 地址 192.168.10.100/24～192.168.10.120/24、192.168.10.10/24、192.168.10.20/24 排除，预留给需要手动指定 TCP/IP 参数的服务器；将 192.168.10.200/24 用作保留地址等。

根据图 7-2 所示的网络拓扑结构来部署 DHCP 服务。虚拟机的网络连接模式全部采用“仅主机模式”。

注意 用于手动配置的 IP 地址一定是地址池之外的地址，或者虽然是地址池内但已经被排除的地址，否则会造成 IP 地址冲突。请读者思考原因。

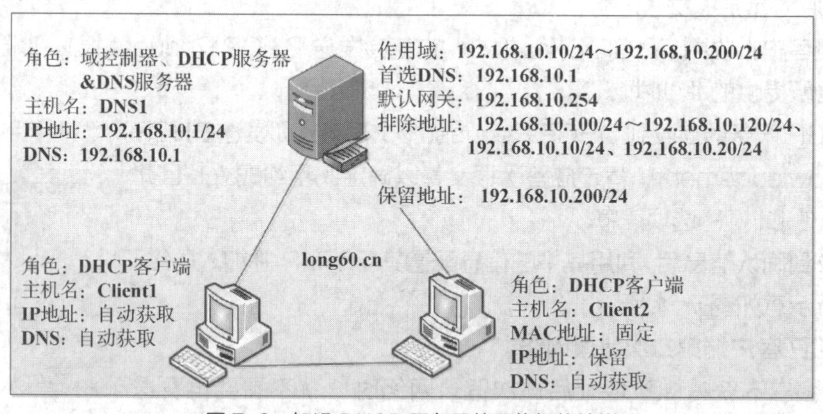

图 7-2 架设 DHCP 服务器的网络拓扑结构

7.3 项目实施

（1）若利用虚拟环境来练习，则请将这些计算机所连接的虚拟网络的 DHCP 服务器功能禁用；如果利用物理计算机进行练习，则请将网络中其他的 DHCP 服务器关闭或停用，如停用 IP 共享设备或宽带路由器内的 DHCP 服务器功能。这些 DHCP 服务器都会干扰实验。

（2）若 Client1、Client2 与 DNS1 的硬盘是从同一个虚拟硬盘复制来的，则需要执行 C:\Windows\System32\ Sysprep 内的程序 sysprep.exe，并勾选“通用”复选框。

任务 7-1　安装 DHCP 服务器角色

DNS1 已经安装了活动目录集成的 DNS 服务器。下面在其上安装 DHCP 服务器。

STEP 1 选择“开始”→“Windows 管理工具”→“服务器管理器”→“仪表板”→“添加角色和功能”选项，在弹出的对话框中持续单击“下一步”按钮，直到进入图 7-3 所示的“选择服务器角色”界面，勾选“DHCP 服务器”复选框，在弹出的“添加角色和功能向导”对话框中单击“添加功能”按钮。

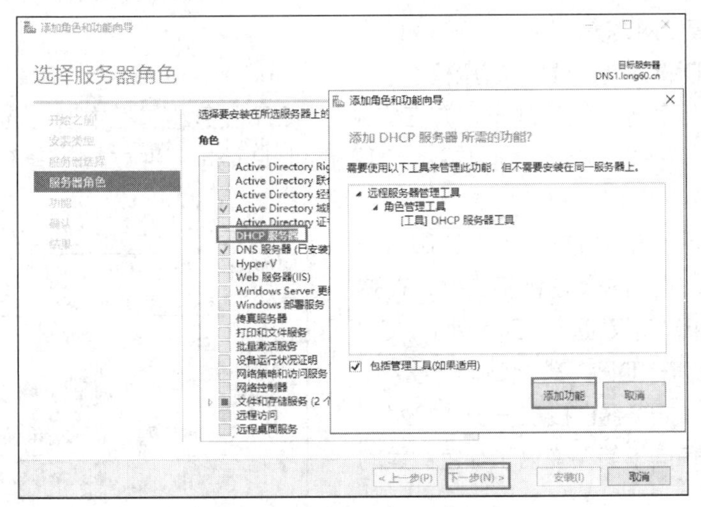

图 7-3 “选择服务器角色”界面

STEP 2 持续单击“下一步”按钮，最后单击“安装”按钮，开始安装 DHCP 服务器。安装完毕，单击“关闭”按钮，完成 DHCP 服务器角色的安装。

STEP 3 选择“开始”→“Windows 管理工具”→“DHCP”选项，打开“DHCP”窗口，如图 7-4 所示，可以在此配置和管理 DHCP。

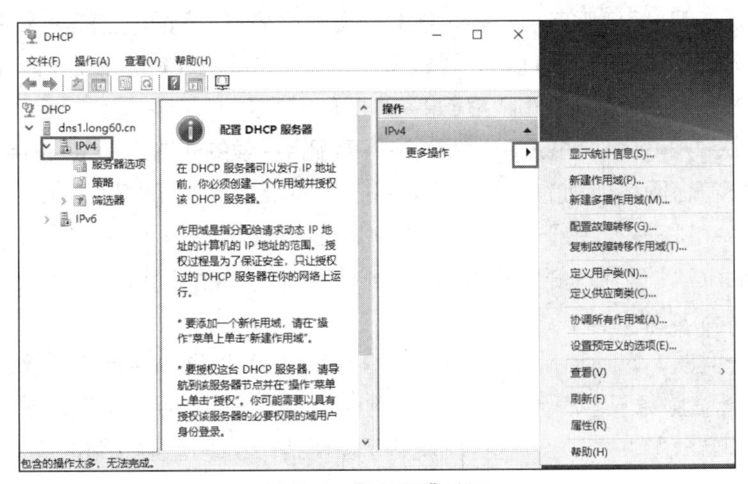

图 7-4 “DHCP”窗口

提示 因为DHCP是安装在域控制器上的，尚没有被“授权”，且IP作用域尚没有新建和“激活”，所以在“IPv4”选项图标处显示向下的红色箭头。

任务 7-2 授权 DHCP 服务器

Windows Server 2019为使用活动目录的网络提供了集成的安全性支持。针对DHCP服务器，它提供了授权的功能。使用这一功能可以对网络中配置正确的合法DHCP服务器进行授权，允许它们为客户端自动分配IP地址。同时，能够检测未授权的非法DHCP服务器，以及防止这些服务器在网络中启动或运行，从而提高了网络的安全性。

1. 对域中的DHCP服务器进行授权

如果DHCP服务器是域的成员，并在安装DHCP服务的过程中没有选择授权，那么在安装完成后必须先进行授权，才能为客户端计算机提供IP地址。独立服务器不需要授权。具体步骤如下。

在图7-4所示的窗口中选择DHCP服务器“dns1.long60.cn”选项并单击鼠标右键，在弹出的快捷菜单中选择“授权”选项，即可为DHCP服务器授权。重新打开“DHCP”窗口，如图7-5所示，显示DHCP服务器已授权——“IPv4”选项前的图标由红色向下箭头变为了绿色背景的白色对勾。

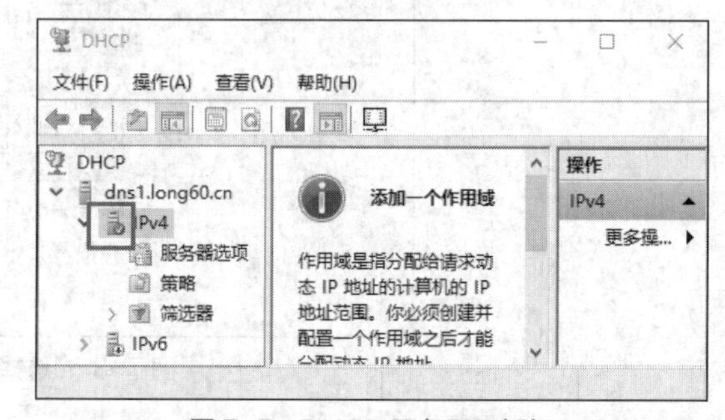

图7-5 DHCP服务器已授权

2. 为什么要授权DHCP服务器

DHCP服务器为客户端自动分配IP地址时均采用广播机制，且客户端在发送DHCP Request报文进行IP租用选择时，也只是简单地选择第一个收到的DHCP Offer报文，这意味着在整个IP地址租用过程中，网络中所有的DHCP服务器都是平等的。如果网络中的DHCP服务器都是正确配置的，则网络将能够正常运行。如果网络中出现了错误配置的DHCP服务器，则可能会引发网络故障。例如，错误配置的DHCP服务器可能会为客户端分配不正确的IP地址，导致客户端无法进行正常的网络通信。在图7-6所示的网络环境中，配置正确的合法DHCP服务器DHCP1可以为客户端提供符合网络规划的IP地址范围192.168.10.51/24～192.168.10.150/24，而配置错误的非法DHCP服务器bad_dhcp为客户端提供的是不符合网络规划的IP地址范围10.0.0.21/24～10.0.0.100/24。对于网络中的DHCP客户端Client1来说，由于在自动获取IP地址的过程中，两台DHCP服务器具有平等的被选择权，因此Client1将有50%的可能性获得一个由bad_dhcp提供的IP地址，这意味着网络出现故障的可能性将高达50%。

为了解决这一问题，Windows Server 2019引入了DHCP服务器的授权机制。通过授权机制，DHCP服务器在服务于客户端之前，需要验证是否已在活动目录中被授权。如果未经授权，则其将不能为客户端分配IP地址。这样就避免了由网络中出现错误配置的DHCP服务器而导致的大多数意外的网络故障。

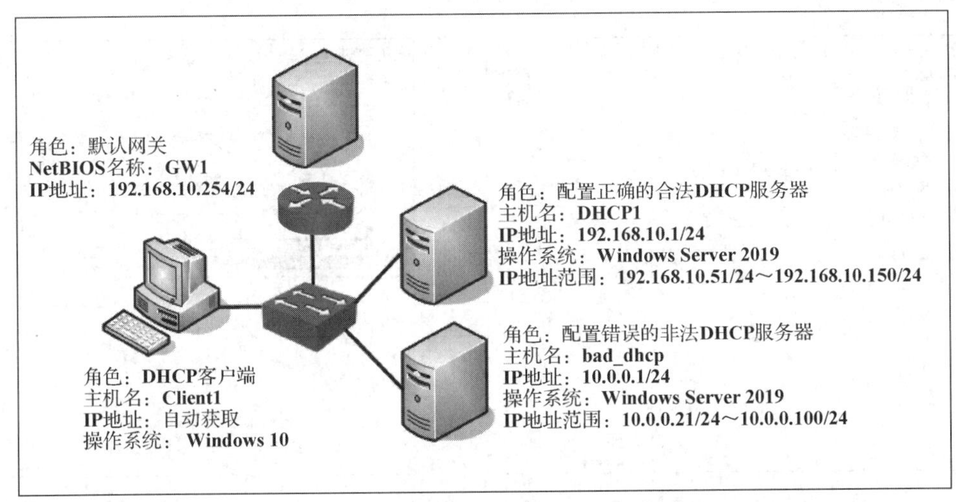

图 7-6　网络中出现非法的 DHCP 服务器

注意　① 在工作组环境中，DHCP 服务器肯定是独立的服务器，无须授权（也不能授权）也能向客户端提供 IP 地址。

② 在域环境中，域控制器或域成员身份的 DHCP 服务器能够被授权，为客户端提供 IP 地址。

③ 在域环境中，独立服务器身份的 DHCP 服务器不能被授权，若域中有被授权的 DHCP 服务器，则此服务器不能为客户端提供 IP 地址；若域中没有被授权的 DHCP 服务器，则此服务器可以为客户端提供 IP 地址。

任务 7-3　管理 DHCP 作用域

一台 DHCP 服务器可以创建多个不同的作用域。作用域可以在安装 DHCP 服务的过程中创建，也可以在 DHCP 服务安装完成后在“DHCP”窗口中创建。

1. 创建 DHCP 作用域

若在安装时没有创建作用域，则可以单独创建 DHCP 作用域。具体步骤如下。

STEP 1 在 DNS1 上打开“DHCP”窗口，展开服务器名，选中“IPv4”选项并单击鼠标右键，在弹出的快捷菜单中选择“新建作用域”选项。

STEP 2 单击“下一步”按钮，进入“作用域名”界面，在“名称”文本框中输入新作用域的名称，用来与其他作用域相区分。本例为“作用域 1”。

STEP 3 单击“下一步”按钮，进入图 7-7 所示的“IP 地址范围”界面。在“起始 IP 地址”和“结束 IP 地址”文本框中输入欲分配的 IP 地址范围。

STEP 4 单击“下一步”按钮，进入图 7-8 所示的“添加排除和延迟”界面，设置客户端要排除的 IP 地址。在“起始 IP 地址”和“结束 IP 地址”文本框中输入欲排除的 IP 地址或 IP 地址段，单击“添加”按钮，将其添加到“排除的地址范围”列表框中。

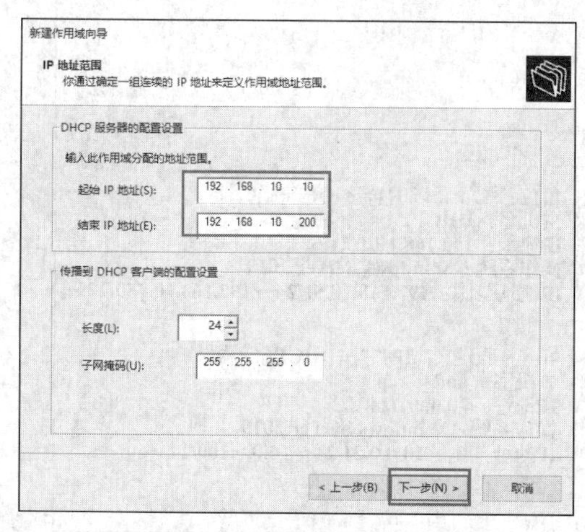

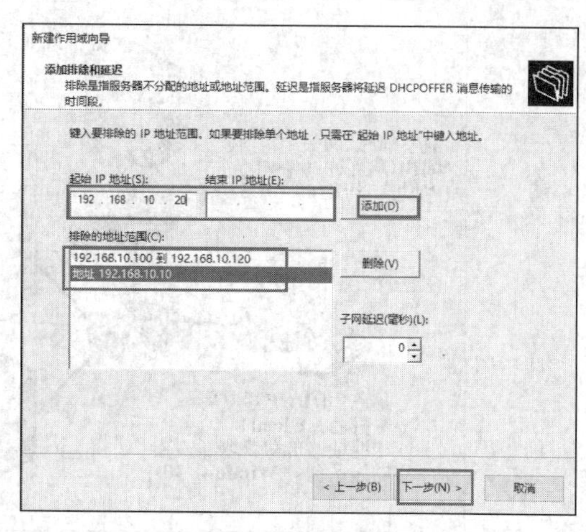

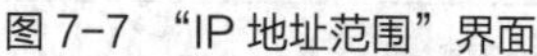
图 7-7 “IP 地址范围”界面

图 7-8 “添加排除和延迟”界面

STEP 5 单击“下一步”按钮，进入“租用期限”界面，在此设置客户端租用 IP 地址的时间。

STEP 6 单击“下一步”按钮，进入“配置 DHCP 选项”界面，提示是否配置 DHCP 选项，选中默认的“是，我想现在配置这些选项”单选按钮。

STEP 7 单击“下一步”按钮，进入图 7-9 所示的“路由器(默认网关)”界面，在“IP 地址”文本框中输入要分配的网关，单击“添加”按钮将其添加到列表框中。本例为 192.168.10.254。

STEP 8 单击“下一步”按钮，进入“域名称和 DNS 服务器”界面。在“父域”文本框中输入进行 DNS 解析时使用的父域，在“IP 地址”文本框中输入 DNS 服务器的 IP 地址，单击“添加”按钮将其添加到列表框中，如图 7-10 所示。本例为 192.168.10.1。

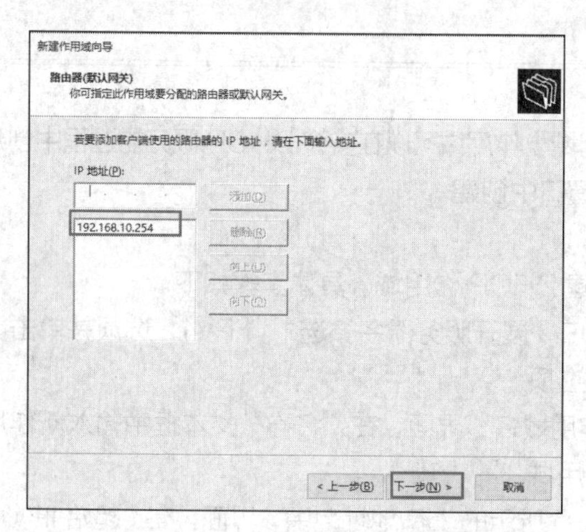

图 7-9 “路由器(默认网关)”界面

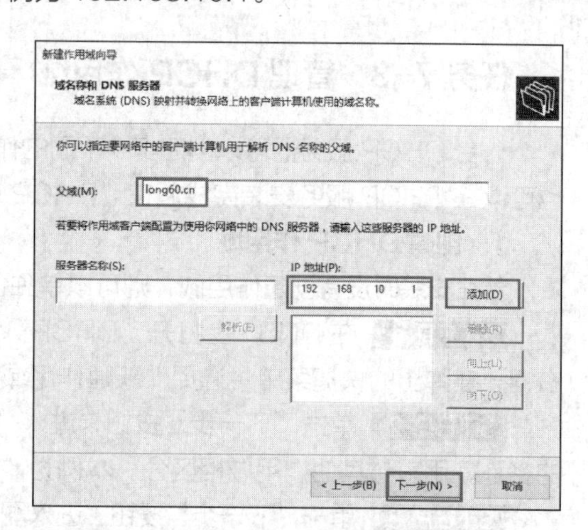

图 7-10 “域名称和 DNS 服务器”界面

STEP 9 单击“下一步”按钮，进入“WINS 服务器”界面，设置 WINS 服务器。如果网络中没有配置 WINS 服务器，则不必设置。

STEP 10 单击“下一步”按钮，进入“激活作用域”界面，询问是否要激活作用域。建议选中默认的“是，我想现在激活此作用域”单选按钮。

STEP 11 单击“下一步”按钮，进入“正在完成新建作用域向导”界面。

STEP 12 单击“完成”按钮，作用域创建完成并自动激活。

2. 创建多个 IP 作用域

可以在一台 DHCP 服务器中建立多个 IP 作用域，以便为多个子网内的 DHCP 客户端提供服务。图 7-11 所示的 DHCP 服务器内有两个 IP 作用域：一个用来提供 IP 地址给左侧网络内的客户端，此网络的网络标识符为 192.168.10.0；另一个用来提供 IP 地址给右侧网络内的客户端，此网络的网络标识符为 192.168.20.0。

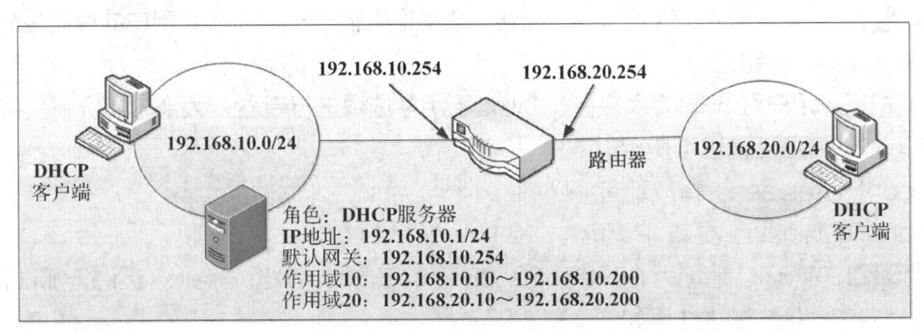

图 7-11　超级作用域应用实例

右侧网络的客户端在向 DHCP 服务器租用 IP 地址时，DHCP 服务器会选择发送 192.168.20.0 作用域的 IP 地址，而不是 192.168.10.0 作用域的 IP 地址：右侧客户端所发出的租用 IP 地址数据包是通过路由器转发的，路由器会在这个数据包内的网关 IP 地址（Gateway IP Address，GIADDR）字段中填入路由器的 IP 地址（192.168.20.254），因此 DHCP 服务器便可以通过此 IP 地址得知 DHCP 客户端位于 192.168.20.0 网段内，它就会选择 192.168.20.0 作用域的 IP 地址分发给客户端。

注意 除了 GIADDR 之外，有些网络环境中的路由器还需要使用 DHCP option 82 内的更多信息来判断应该租用什么 IP 地址给客户端。该实例很有意思，读者不妨亲自搭建测试一下。

左侧网络的客户端在向 DHCP 服务器租用 IP 地址时，DHCP 服务器会选择 192.168.10.0 作用域的 IP 地址，而不是 192.168.20.0 作用域的 IP 地址：左侧客户端所发出的租用 IP 地址数据包是直接由 DHCP 服务器来接收的，因此数据包内的 GIADDR 字段中的路由器 IP 地址为 0.0.0.0。当 DHCP 服务器发现此 IP 地址为 0.0.0.0 时，就知道是同一个网段（192.168.10.0）内的客户端要租用 IP 地址，因此它会选择 192.168.10.0 作用域的 IP 地址分发给客户端。

任务 7-4　保留特定的 IP 地址

如果用户想保留特定的 IP 地址给指定的客户端，以便 DHCP 客户端在每次启动时都获得相同的 IP 地址，则需要将该 IP 地址与客户端的 MAC 地址绑定。具体步骤如下。

STEP 1 打开“DHCP”窗口，在左侧窗格中选择作用域中的“保留”选项。

STEP 2 选择“操作”→“新建保留”选项，弹出“新建保留”对话框，如图 7-12 所示。

STEP 3 在“IP 地址”文本框中输入要保留的 IP 地址。本例为 192.168.10.200。

STEP 4 在“MAC 地址”文本框中输入保留 IP 地址对应的网卡。本例为“000C299E7CE5”，可以在目标客户机的命令提示符窗口中执行“ipconfig /all”命令查询 MAC（物理）地址。

STEP 5 在“保留名称”文本框中输入用户名称。注意，此名称只是一般的说明文字，并不是用户账户的名称，但此处不能为空白。

STEP 6 如果有需要，则可以在“描述”文本框中输入一些描述此用户的说明性文字。设置完成后单击“添加”按钮。

添加完成后，用户可选择作用域中的“地址租用”选项进行查看。大部分情况下，客户端使用的仍然是以前的 IP 地址。也可使用以下命令进行更新。

- ipconfig /release：释放现有 IP 地址。
- ipconfig /renew：更新 IP 地址。

STEP 7 在 MAC 地址为 00-0C-29-9E-7C-E5 的计算机 Client2 上进行测试，该计算机的 IP 地址为保留地址，测试结果如图 7-13 所示。

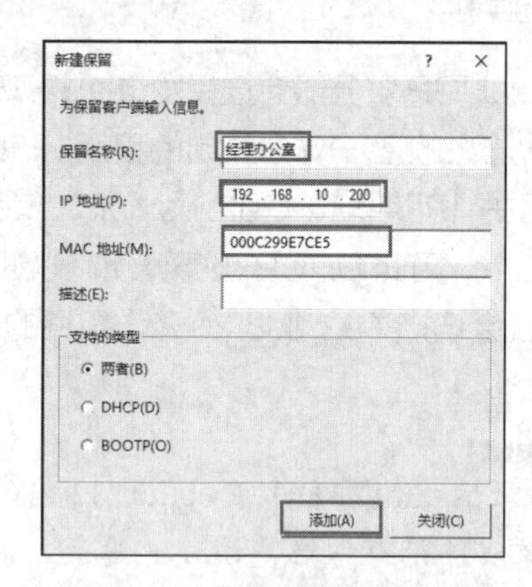

图 7-12 “新建保留”对话框

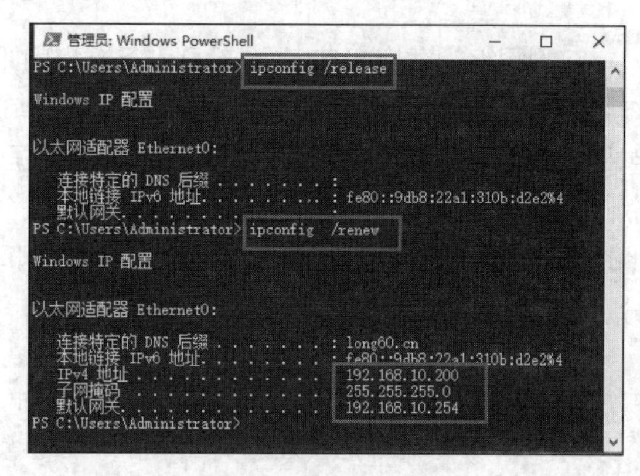

图 7-13 测试结果

注意 如果在设置保留地址时，网络中有多台 DHCP 服务器存在，则用户需要在其他服务器中将此保留地址排除，使客户端可以获得正确的保留地址。

任务 7-5 配置 DHCP 选项

DHCP 服务器除了可以为 DHCP 客户端提供 IP 地址外，还可以设置 DHCP 客户端启动时的工作环境，如客户端登录的 DNS 域名、DNS 服务器、WINS 服务器、路由器、默认网关等。

1. DHCP 选项

在客户端启动或更新租约时，DHCP 服务器可以自动设置客户端启动后的 TCP/IP 环境。由于目前大多数 DHCP 客户端不支持全部的 DHCP 选项，因此，在实际应用中，通常只需对一些常用的 DHCP 选项进行配置。常用的 DHCP 选项如表 7-1 所示。

表 7-1 常用的 DHCP 选项

选项代码	选项名称	说明
003	路由器	DHCP 客户端所在 IP 子网的默认网关的 IP 地址
006	DNS 服务器	DHCP 客户端解析 FQDN 时需要使用的首选和备用 DNS 服务器的 IP 地址
015	DNS 域名	DHCP 客户端在解析只包含主机但不包含域名的不完整 FQDN 时应使用的默认域名
044	WINS 服务器	DHCP 客户端解析 NetBIOS 名称时需要使用的首选和备用 WINS 服务器的 IP 地址
046	WINS/NBT 节点类型	DHCP 客户端使用的 NetBIOS 名称解析方法

DHCP 服务器提供了许多选项，如默认网关、域名、DNS、WINS、路由器等。这些选项包括以下 4 种类型。

- 默认服务器选项：这些选项的设置影响“DHCP”窗口中相应服务器的所有作用域中的客户和类选项。
- 作用域选项：这些选项的设置只影响相应作用域中的地址租约。
- 类选项：这些选项的设置只影响被指定使用相应 DHCP 类 ID 的客户端。
- 保留客户选项：这些选项的设置只影响指定的保留客户。

如果在默认服务器选项与作用域选项中设置了不同的选项，则作用域选项起作用，即在应用时，作用域选项将覆盖默认服务器选项。同理，类选项会覆盖作用域选项，保留客户选项会覆盖其他 3 个选项。不同类型选项的优先级表示如下。

保留客户选项 > 类选项 > 作用域选项 > 默认服务器选项

2. 配置 DHCP 默认服务器选项和作用域选项

为帮助读者进一步了解选项配置，以在作用域中添加 DNS 选项为例说明 DHCP 的选项配置。

STEP 1 打开“DHCP”窗口，在左侧窗格中展开服务器，选择“作用域选项”选项，选择“操作”→“配置选项”选项。

STEP 2 弹出“作用域选项”对话框，如图 7-14 所示。在“常规”选项卡的“可用选项”列表框中勾选“006 DNS 服务器”复选框，添加 IP 地址，单击“确定”按钮。

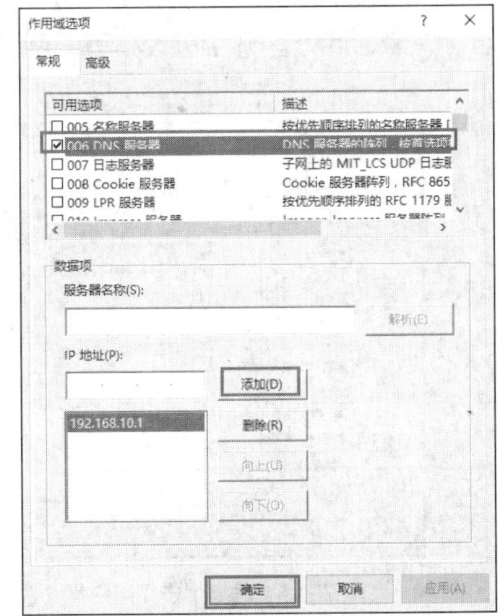

图 7-14 “作用域选项”对话框

3. 配置 DHCP 类选项

（1）类选项概述

通过策略为特定的客户端计算机分配不同的 IP 地址与选项时，可以通过 DHCP 客户端所发送的用户类、供应商类别来区分客户端计算机。

① 用户类。可以为某些 DHCP 客户端计算机设置用户类标识符。例如，用户类标识符为“IT”，当这些客户端向 DHCP 服务器租用 IP 地址时，会将这个用户类标识符一并发送给服务器，而服务器会依据此用户类标识符来为这些客户端分配专用的选项配置。

② 供应商类别。可以根据操作系统厂商提供的供应商类别标识符来配置选项。Windows Server 2019 网络操作系统的 DHCP 服务器已具备识别 Windows 客户端的能力，并通过以下 4 个内置的供应商类别选项来设置客户端的 DHCP 选项。

- DHCP Standard Options：适用于所有的客户端。
- Microsoft Windows 2000 选项：适用于 Windows 2000 操作系统（含）之后的客户端。
- Microsoft Windows 98 选项：适用于 Windows 98/ME 操作系统的客户端。
- Microsoft 选项：适用于其他的 Windows 操作系统客户端。

如果要支持其他操作系统的客户端，则应先查询其供应商类别标识符，再在 DHCP 服务器内新建此供应商类别标识符，并针对这些客户端来配置选项。Android 系统的供应商类别标识符的前 6 位为 dhcpcd，因此可以利用 dhcpcd*来代表所有的 Android 设备。

（2）用户类实例的问题需求

以下将通过用户类标识符来识别客户端计算机，且仍然采用图 7-2 所示的网络拓扑结构。假设客户端 Client1 的用户类标识符为“IT”。当 Client1 向 DHCP 服务器租用 IP 地址时，会将标识符“IT”传递给服务器，我们希望服务器根据此标识符来分配客户端的 IP 地址，IP 地址的范围为 192.168.10.150/24～ 192.168.10.180/24，并将客户端的 DNS 服务器的 IP 地址设置为 192.168.10.1。

（3）在 DHCP 服务器 DNS1 上新建用户类标识符

STEP 1 选择“IPv4”选项并单击鼠标右键，在弹出的快捷菜单中选择“定义用户类”选项，如图 7-15 所示。

STEP 2 在弹出的对话框中单击“添加”按钮，在“新建类”对话框的“显示名称”文本框中输入“技术部”，在“ASCII”处输入用户类标识符“IT”后，单击“确定”按钮，如图 7-16 所示。注意，此处区分字母大小写，例如，“IT”与“it”是不同的。

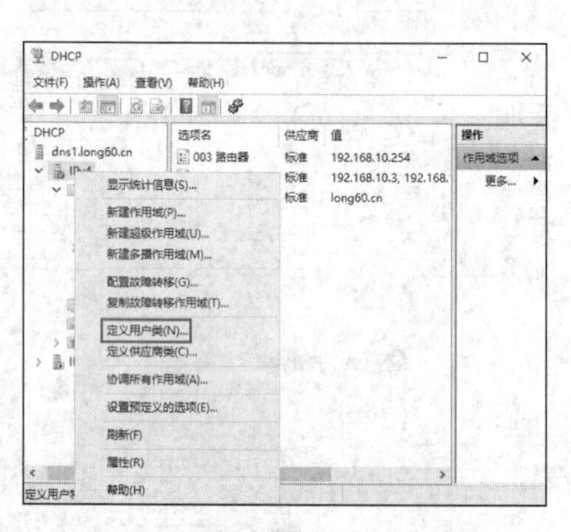

图 7-15　选择“定义用户类”选项

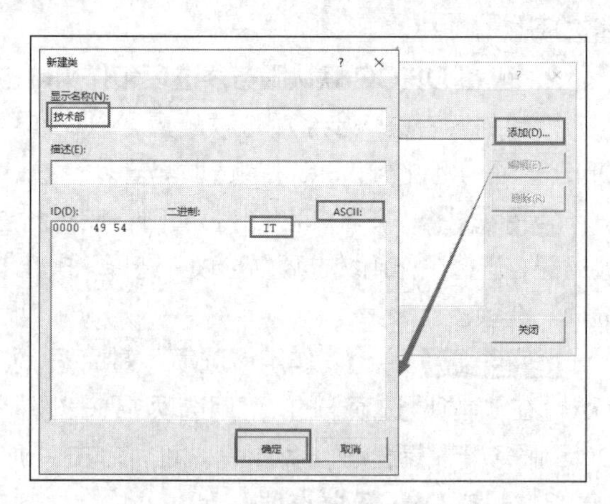

图 7-16　添加用户类标识符“IT”

提示 若要新建供应商类别标识符，则在选择“IPv4”选项并单击鼠标右键后，在弹出的快捷菜单中选择“定义供应商类”选项。

（4）在 DHCP 服务器中针对用户类标识符“IT”设置类选项

假设客户端计算机是通过前面所建立的作用域“作用域 1”来租用 IP 地址的，因此要通过此作用域的策略来将 DNS 服务器的 IP 地址 192.168.10.1 分配给用户类标识符为“IT”的客户端。

STEP 1 选择“作用域 1”→“策略”选项并单击鼠标右键，在弹出的快捷菜单中选择“新建策略”选项，如图 7-17 所示。

STEP 2 在弹出的“DHCP 策略配置向导”对话框中设置此策略的名称（假设是 TestIT）后单击“下一步”按钮。

STEP 3 单击“添加”按钮以设置筛选条件，在弹出的对话框中将“条件”下拉列表中的“用户类”设置为“技术部”（其标识符为“IT”），单击“确定”按钮，如图 7-18 所示。

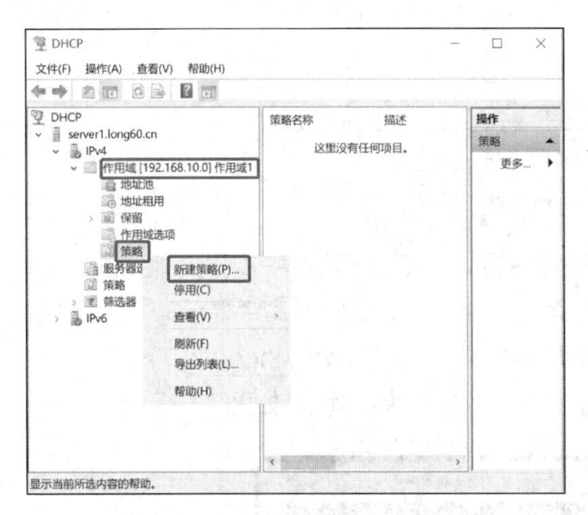

图 7-17 “新建策略”选项

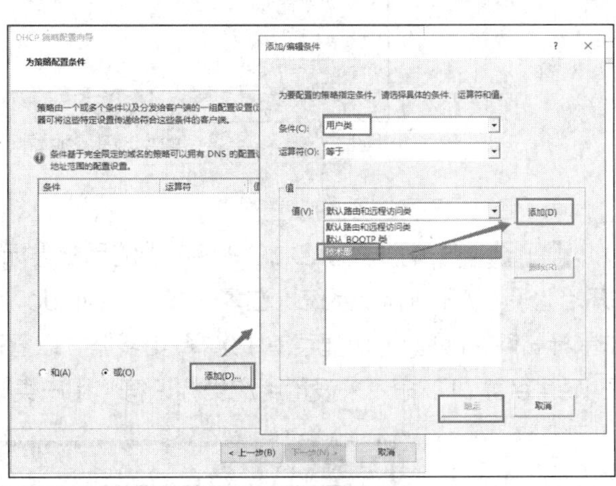

图 7-18 将“用户类”设置为“技术部”

STEP 4 返回“DHCP 策略配置向导”对话框，单击“下一步”按钮。

STEP 5 根据需求，要在此策略内分配 IP 地址，设置 IP 地址的范围为 192.168.10.150/24～192.168.10.180/24，单击“下一步”按钮，如图 7-19 所示。

STEP 6 将 DNS 服务器的 IP 地址设置为 192.168.10.1，单击“下一步”按钮，如图 7-20 所示。

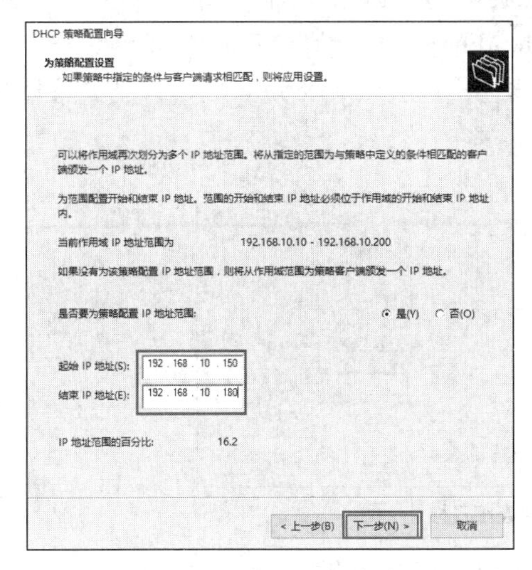

图 7-19 设置 IP 地址的范围

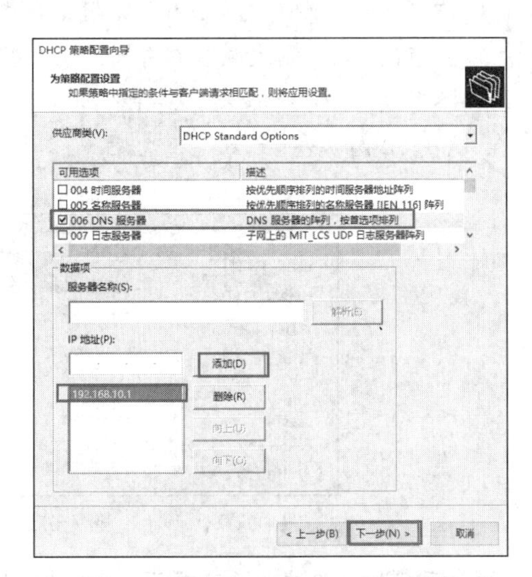

图 7-20 设置 DNS 服务器的 IP 地址

STEP 7 进入摘要界面时单击“完成”按钮。

STEP 8 图 7-21 所示的 TestIT 为刚才所创建的策略，DHCP 服务器会将这个策略中的设置分配给用户类标识符为“IT”的客户端计算机。

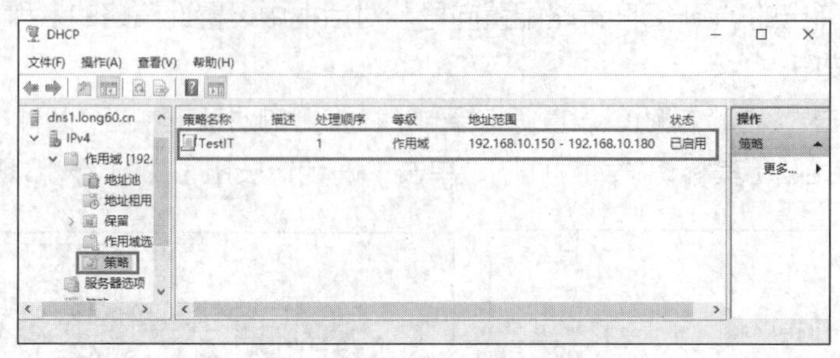

图 7-21　创建的 TestIT 策略

（5）DHCP 客户端的设置

STEP 1 需要先将 DHCP 客户端的用户类标识符设置为“IT”，假设客户端为 Client1，选择“开始”→“Windows 系统”选项，弹出“Windows 系统”对话框，选择“命令提示符”选项并单击鼠标右键，在弹出的快捷菜单中选择“更多”→“以管理员身份运行”选项，使用 ipconfig　/setclassid "Ethernet0"　IT　命令来设置用户类标识符（用户类标识符区分字母大小写），如图 7-22 所示。

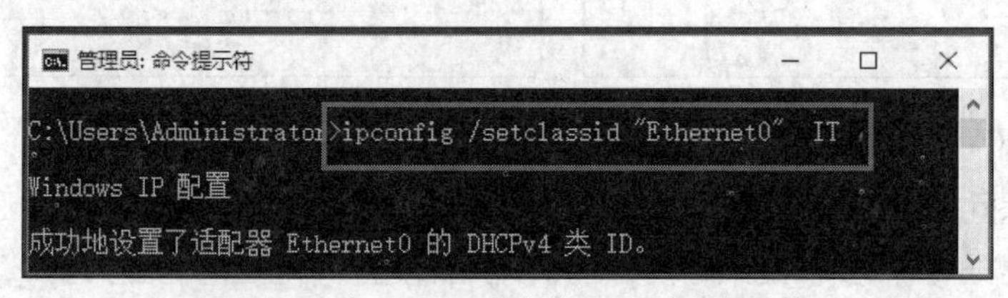

图 7-22　在 DHCP 客户端设置用户类标识符

> **提示**　图 7-22 中的“Ethernet0”是网络连接的名称，在 Windows 10 操作系统的客户端中可以选中“开始”菜单并单击鼠标右键，在弹出的快捷菜单中选择“运行”命令，在“运行”对话框的“打开”文本框中输入“control”后，按“Enter”键，选择“网络和 Internet”→“网络和共享中心”选项来查看网络连接名称，每一个网络连接都可以设置一个用户类标识符，如图 7-23 所示。

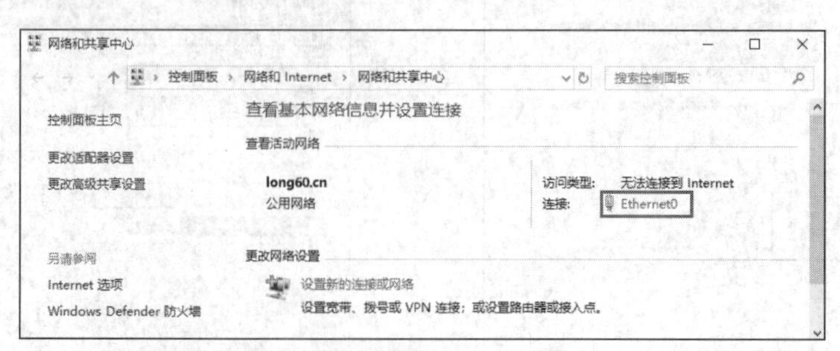

图 7-23　查看网络连接名称

STEP 2 客户端设置完成后，可以使用 ipconfig /all 命令来检查，如图 7-24 所示。

STEP 3 在用户类标识符为“IT”的客户端计算机上使用 ipconfig /renew 命令来向服务器租用 IP 地址或更新 IP 地址租约，此时其得到的 DNS 服务器的 IP 地址会是前面设置的 192.168.10.1，该 IP 地址也应处在所设的 IP 地址范围之内。读者在客户端计算机上使用图 7-25 所示的 ipconfig /all 命令来进行查看，可发现客户端测试成功。可在客户端计算机上使用 ipconfig /setclassid " Ethernet0 " 命令来删除用户类标识符。

图 7-24　客户端设置完成

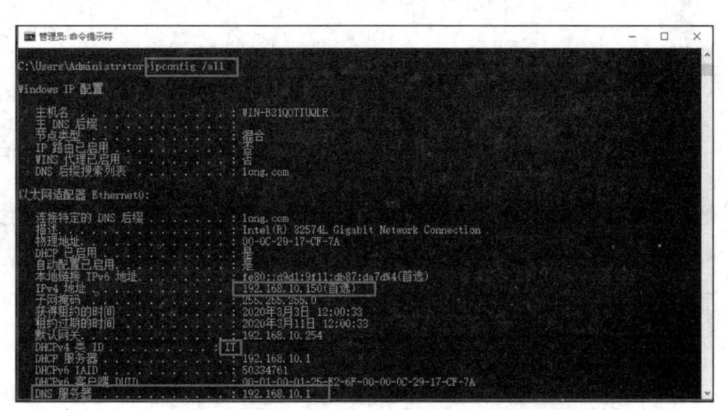

图 7-25　客户端测试成功

提示　任务 7-5 完成后，可以在 DNS1 上删除 DHCP 服务器的策略并重启计算机。在 Client1 上使用 ipconfig　/setclassid " Ethernet0 " 命令将 DHCP 客户端的用户类标识符设置为空。

任务 7-6　DHCP 中继代理

1. 跨网络 DHCP 服务器的使用

如果 DHCP 服务器与客户端分别位于不同的网络，由于 DHCP 消息以广播为主，而连接这两个网络的路由器不会将此广播消息转发到另外一个网络，因此限制了 DHCP 的有效使用范围。此时可采用以下方法来解决这个问题：在每一个网络内都安装一台 DHCP 服务器，它们各自对所属网络内的客户端提供服务。

（1）选用符合 RFC 1542 规范的路由器。符合 RFC 1542 规范的路由器可以将 DHCP 消息转发到不同的网络。图 7-26 所示为其左侧 DHCP 客户端 A 通过路由器转发 DHCP 消息的步骤，图中的数字表示其工作顺序。

- DHCP 客户端 A 利用广播消息（DHCP Discover）查找 DHCP 服务器。
- 路由器收到此广播消息后，将它转发到另一个网络。
- 另一个网络内的 DHCP 服务器收到此消息后，直接响应并发送一个消息（DHCP Offer）给路由器。
- 路由器将此消息（DHCP Offer）广播给 DHCP 客户端 A。

之后由客户端 A 发出的 DHCP Request 消息及由 DHCP 服务器发出的 DHCP ACK 消息也都是通过路由器来转发的。

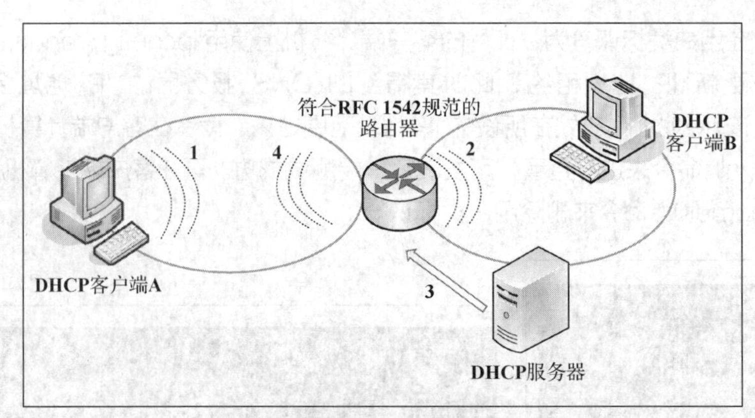

图 7-26　通过路由器转发 DHCP 消息

（2）如果路由器不符合 RFC 1542 规范，则可在没有 DHCP 服务器的网络内将一台 Windows 服务器设置为 DHCP 中继代理（DHCP Relay Agent），因为它具备将 DHCP 消息直接转发给 DHCP 服务器的功能。

下面说明图 7-27 上方的 DHCP 客户端 A 通过 DHCP 中继代理转发 DHCP 消息的步骤。

- DHCP 客户端 A 利用广播消息（DHCP Discover）查找 DHCP 服务器。
- DHCP 中继代理收到此广播消息后，通过路由器将其直接发送给另一个网络内的 DHCP 服务器。
- DHCP 服务器通过路由器直接响应并发送消息（DHCP Offer）给 DHCP 中继代理。
- DHCP 中继代理将此消息（DHCP Offer）广播给 DHCP 客户端 A。

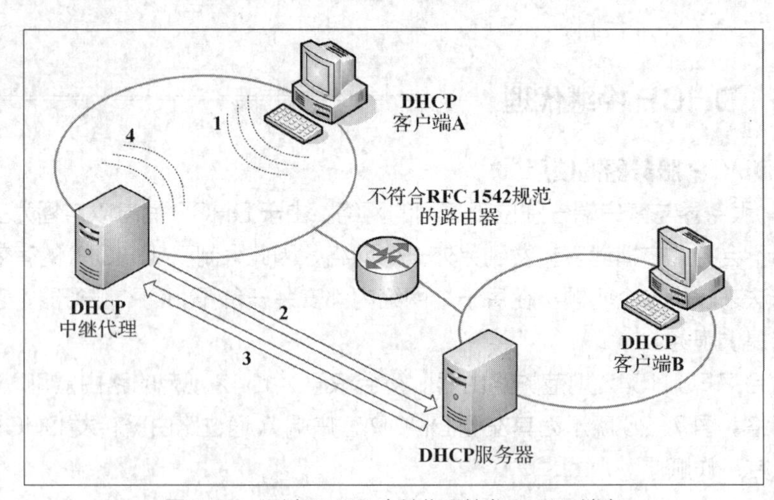

图 7-27　通过 DHCP 中继代理转发 DHCP 消息

之后由客户端 A 发出的 DHCP Request 消息及由服务器发出的 DHCP ACK 消息也都是通过 DHCP 中继代理来转发的。

2. 中继代理网络拓扑结构

这里以图 7-28 所示的网络拓扑结构为例来说明如何设置 DHCP 中继代理。当 DHCP 中继代理 GW1 收到 DHCP 客户端的 DHCP 消息时，会将其转发到“网络 B”的 DHCP 服务器中。

GW1 担任 DHCP 中继代理，同时代替路由器实现网络间的路由功能。DNS1、Client1 和 GW1 的网卡 1（对应的 IP 地址为 192.168.10.254/24）的虚拟机网络连接模式使用自定义网络的“VMnet1”，Client2 和 GW1 的网卡 2（对应的 IP 地址为 192.168.20.254/24）的虚拟机网络连接模式使用自定义网络的“VMnet2”。注意：自定义网络的子网可以通过选择 VMware 菜单栏中的“编辑”→“虚拟网络编辑器”选项进行添加。

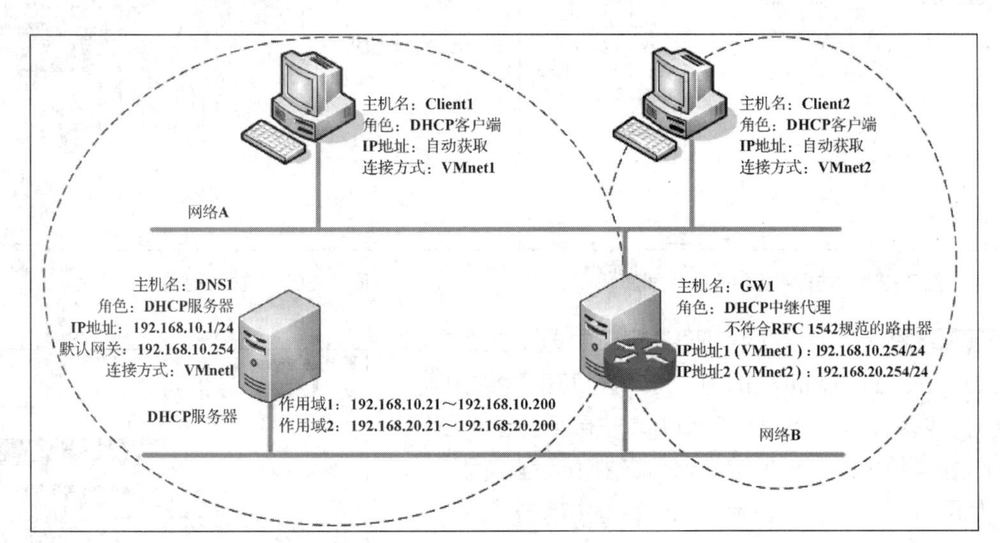

图 7-28　中继代理网络拓扑结构

提示　GW1 可由项目 7 的 DNS2 重命名、安装双网卡，以及修改 IP 地址等来实现。

3. 在 DNS1 上新建两个作用域

以管理员身份登录 DNS1，打开“DHCP”窗口，新建两个作用域“DHCP10”和“DHCP20”。DHCP10 作用域要求：IP 地址范围是 192.168.10.21～192.168.10.200，默认网关是 192.168.10.254。DHCP20 作用域要求：IP 地址范围是 192.168.20.21～192.168.20.200，默认网关是 192.168.20.254。设置完成后，可以自行测试（Client1 可以成功获取 IP 地址）。

4. 在 GW1 上安装远程访问角色

需要在 GW1 上安装远程访问角色，并通过其提供的路由和远程访问服务来设置 DHCP 中继代理。GW1 有双网卡。

STEP 1 打开“服务器管理器”窗口，单击“仪表板”处的“添加角色和功能”按钮，在弹出的对话框中持续单击“下一步”按钮，直到进入图 7-29 所示的“选择服务器角色”界面时，勾选“远程访问”复选框。

STEP 2 持续单击“下一步”按钮，直到进入图 7-30 所示的“选择角色服务”界面时，勾选“DirectAccess 和 VPN (RAS)”复选框，单击“下一步”按钮，在弹出的“添加角色和功能向导”对话框中单击“添加功能”→“确定”按钮。

STEP 3 持续单击“下一步”按钮，直到进入“确认安装所选内容”界面时，单击“安装”

按钮。完成安装后单击“关闭”按钮，重新启动计算机并登录。

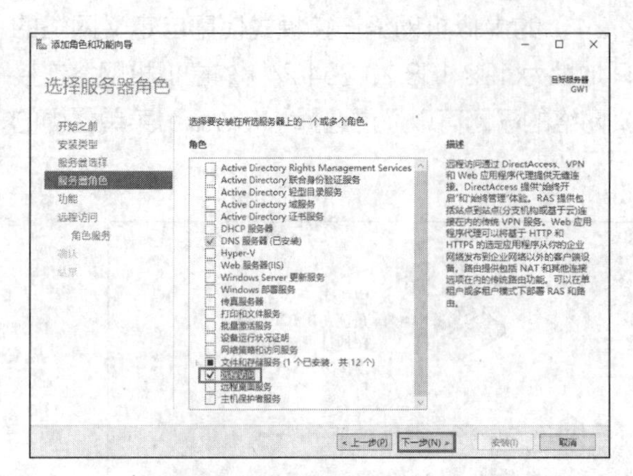

图 7-29 “选择服务器角色”界面

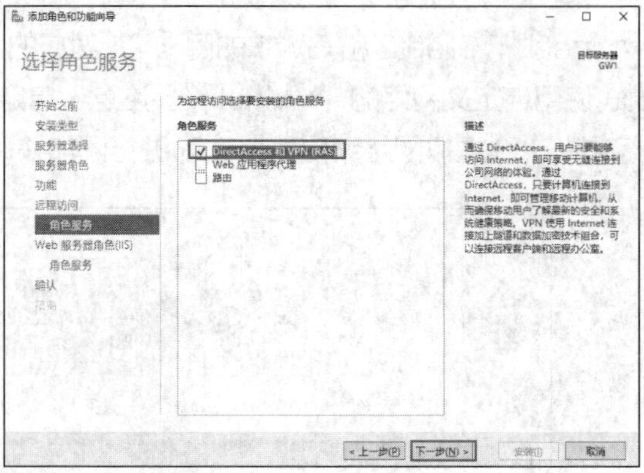

图 7-30 “选择角色服务”界面

STEP 4 在“服务器管理器”窗口中选择右上方的“工具”→“路由和远程访问”选项，打开“路由和远程访问”窗口，选中本地计算机并单击鼠标右键，在弹出的快捷菜单中选择“配置并启用路由和远程访问”选项，如图 7-31 所示。在弹出的对话框中单击“下一步”按钮。

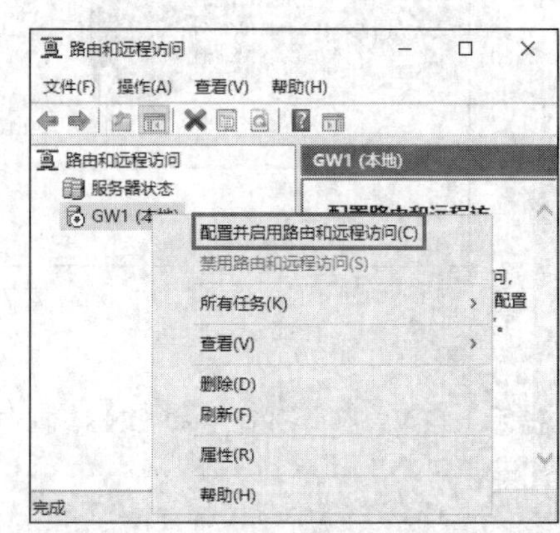

图 7-31 “配置并启用路由和远程访问”选项

STEP 5 在图 7-32 所示的界面中选中“自定义配置”单选按钮，单击“下一步”按钮。

STEP 6 在图 7-33 所示的界面中勾选“LAN 路由”复选框后单击“下一步”→“完成”按钮（此时若进入“无法启动路由和远程访问”警告界面，则不必理会，直接单击“确定”按钮即可）。

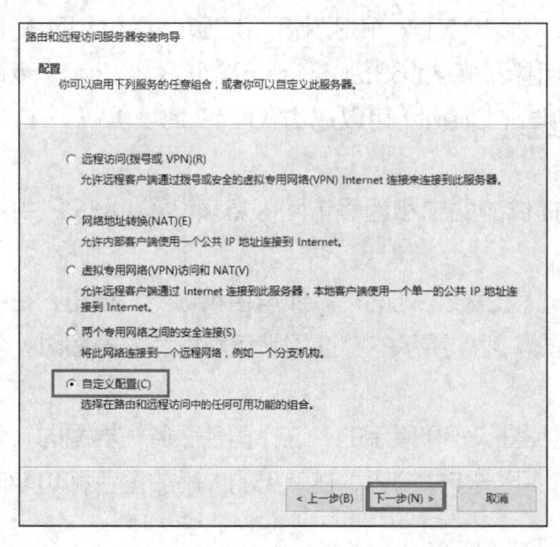

图 7-32 自定义配置

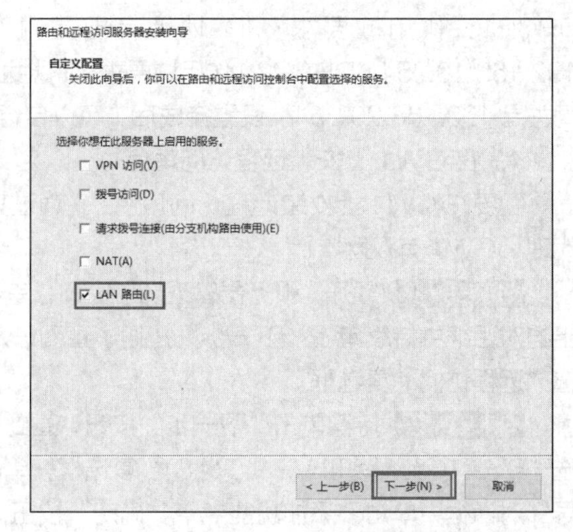

图 7-33 LAN 路由

STEP 7 单击“启动服务”按钮，如图 7-34 所示。

5. 在 GW1 上设置中继代理

STEP 1 选择“IPv4”→“常规”选项并单击鼠标右键，在弹出的快捷菜单中选择“新增路由协议”选项，在弹出的“新路由协议”对话框中选择“DHCP Relay Agent”选项，单击“确定”按钮，如图 7-35 所示。

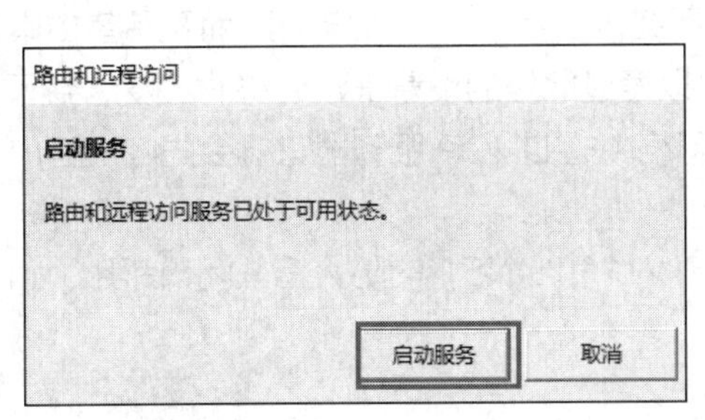

图 7-34　启动服务

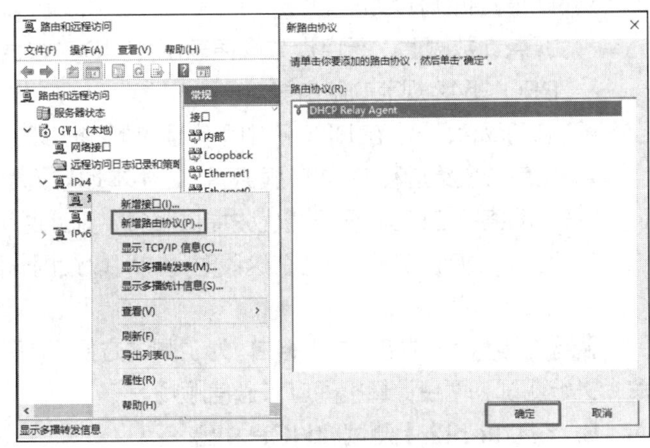

图 7-35　新增路由协议

STEP 2 选择“DHCP 中继代理”选项后，单击“属性”按钮，在弹出的“DHCP 中继代理 属性”对话框的“服务器地址”文本框中输入 DHCP 服务器的 IP 地址（192.168.10.1），单击“确定”按钮，如图 7-36 所示。

STEP 3 选中“DHCP 中继代理”选项并单击鼠标右键，在弹出的快捷菜单中选择“新增接口”选项，在弹出的对话框中选择“Ethernet1”选项，单击“确定”按钮，如图 7-37 所示。当 DHCP 中继代理收到通过“Ethernet1”传输的 DHCP 数据包时，会将它转发给 DHCP 服务器。这里选择的以太网接口就是图 7-28 中 IP 地址为 192.168.20.254 的网络接口（通过未被选择的网络接口传输的 DHCP 数据包不会被转发给 DHCP 服务器）。

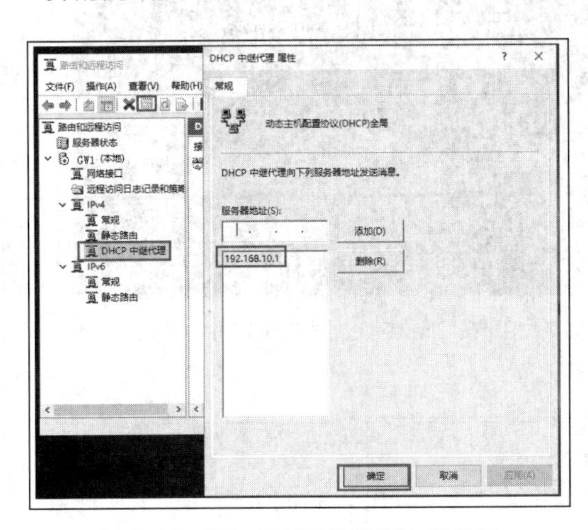

图 7-36　添加 DHCP 服务器的 IP 地址

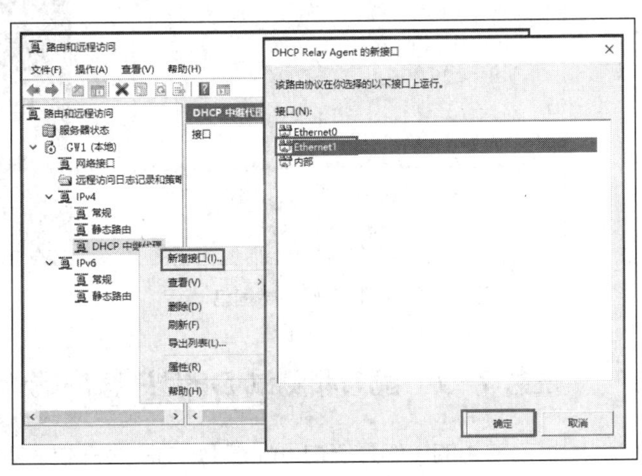

图 7-37　新增接口

注意 Ethernet0 连接在 VMnet1 上，其 IP 地址是 192.168.10.254；Ethernet1 连接在 VMnet2 上，其 IP 地址是 192.168.20.254。

STEP 4 在图 7-38 所示的对话框中直接单击“确定”按钮。

对两个阈值的解释如下。

- 跃点计数阈值。跃点计数阈值表示 DHCP 数据包在转发过程中最多能够经过多少个符合 RFC 1542 规范的路由器。
- 启动阈值(秒)。在 DHCP 中继代理收到 DHCP 数据包后，会等此处设置的时间过后再将数据包转发给远程 DHCP 服务器。如果本地与远程网络内都有 DHCP 服务器，而又希望由本地网络的 DHCP 服务器优先提供服务，则此时可以通过此处的设置来延迟将消息发送到远程 DHCP 服务器，因为在这段时间内可以让同一网络中的 DHCP 服务器有机会先响应客户端的请求。

STEP 5 测试能否成功路由。为了测试方便，请将 GW1 和 DNS1 的防火墙关闭。使用 ping 命令进行测试，两台计算机间应该通信顺畅。

6. 在 Client2 上测试 DHCP 中继

将客户端 Client2 的 IP 地址设置为自动获取，在其命令提示符窗口中测试 DHCP 中继，如图 7-39 所示。

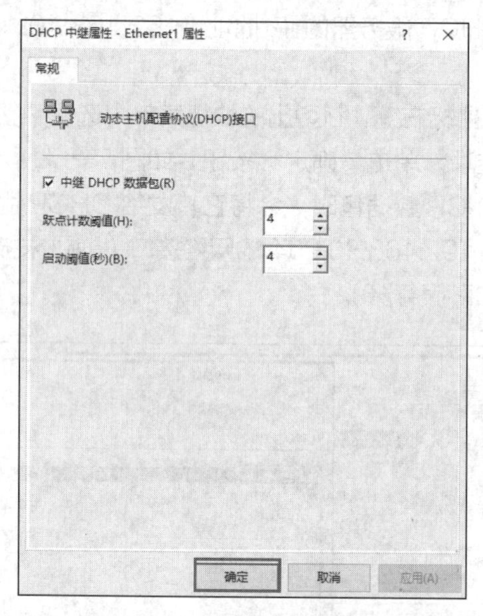

图 7-38 中继 DHCP 数据包

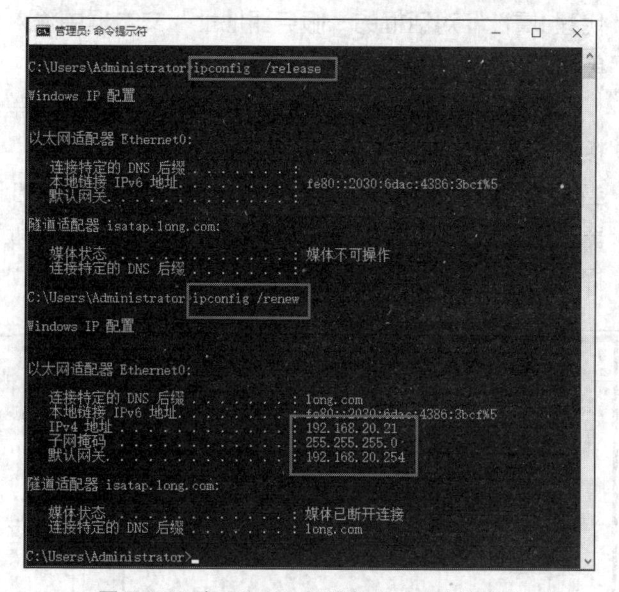

图 7-39 在 Client2 上测试 DHCP 中继成功

任务 7-7 配置和测试 DHCP 客户端

目前常用的操作系统均可配置 DHCP 客户端，本任务仅以在 Windows 平台上配置 DHCP 客户端进行介绍。

1. 配置 DHCP 客户端

在 Windows 平台上配置 DHCP 客户端非常简单。在客户端 Client1 的“Internet 协议版本 4(TCP/IPv4)属性”对话框中选中“自动获得 IP 地址”和“自动获得 DNS 服务器地址”两个单选按钮即可。

提示 由于 DHCP 客户端是在开机时自动获得 IP 地址的，因此并不能保证每次获得的 IP 地址是相同的。

2. 测试 DHCP 客户端

在 DHCP 客户端上打开命令提示符窗口，使用 ipconfig /all 和 ping 命令对 DHCP 客户端进行测试。

3. 手动释放 DHCP 客户端 IP 地址租约

在 DHCP 客户端上打开命令提示符窗口，使用 ipconfig /release 命令手动释放 DHCP 客户端 IP 地址租约。

4. 手动更新 DHCP 客户端 IP 地址租约

在 DHCP 客户端上打开命令提示符窗口，使用 ipconfig /renew 命令手动更新 DHCP 客户端 IP 地址租约。

5. 在 DHCP 服务器上验证租约

使用具有管理员权限的用户账户登录 DHCP 服务器，打开“DHCP”窗口。在左侧树状列表中双击 DHCP 服务器，在展开的树中双击作用域，选择“地址租用”选项，能够看到从当前 DHCP 服务器的当前作用域中租用 IP 地址的租约，如图 7-40 所示。

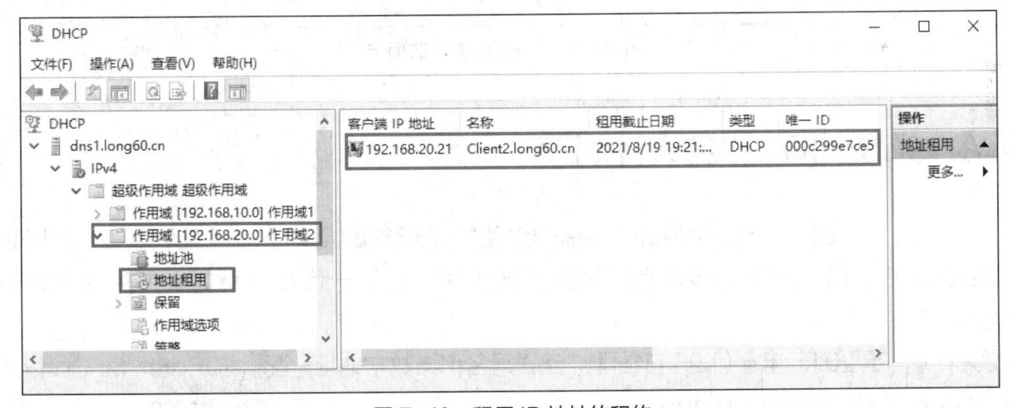

图 7-40　租用 IP 地址的租约

6. 客户端的备用设置

如果客户端因故无法从 DHCP 服务器租用到 IP 地址，则客户端会每隔 5 分钟自动向 DHCP 服务器请求租用 IP 地址，在未租用到 IP 地址之前，客户端可以暂时使用其他 IP 地址，此 IP 地址可以通过图 7-41 所示的“备用配置”选项卡进行设置。

- 自动专用 IP 地址。这是默认值，当客户端无法从 DHCP 服务器租用到 IP 地址时，它会使用 169.254.0.0/16 格式的自动专用 IP 地址。

- 用户配置。客户端会自动使用此处的 IP 地址与设置值。它特别适用于客户端计算机需要在不同网络中使用的场合。例如，客户端为笔记本电脑，在公司中使用时，它向 DHCP 服务器租用 IP 地址，但在家庭中使用时，如果家里没有 DHCP 服务器，它无法租用到 IP 地址，就自动使用此处设置的 IP 地址。

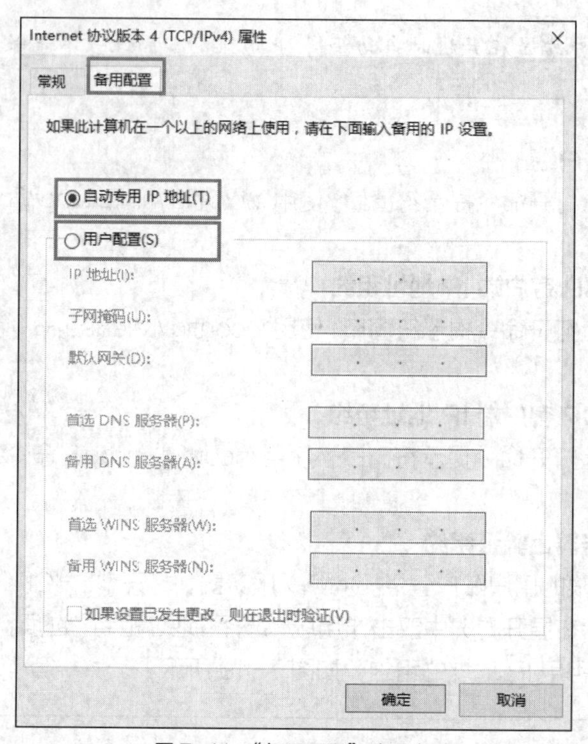

图 7-41 “备用配置”选项卡

7.4 拓展阅读 “雪人计划”

“雪人计划”（Yeti DNS Project）是基于全新技术架构的全球下一代互联网 IPv6 根服务器测试和运营实验项目，旨在打破现有的根服务器困局，为下一代互联网提供更多的根服务器解决方案。

“雪人计划”是 2015 年 6 月 23 日在国际互联网名称与数字地址分配机构（Internet Corporation for Assigned Names and Numbers，ICANN）第 53 届会议上正式对外发布的。

发起者包括我国“下一代互联网关键技术和评测北京市工程中心”、日本 WIDE 机构（M 根运营者）、国际互联网名人堂入选者保罗·维克西（Paul Vixie）博士等组织和个人。

2019 年 6 月 26 日，中华人民共和国工业和信息化部同意中国互联网络信息中心设立域名根服务器及域名根服务器运行机构。“雪人计划”于 2016 年在中国、美国、日本、印度、俄罗斯、德国、法国等全球 16 个国家完成 25 台 IPv6 根服务器架设，其中 1 台主根服务器和 3 台辅根服务器部署在中国，事实上形成了 13 台原有根服务器加 25 台 IPv6 根服务器的新格局，为建立多边、透明的国际互联网治理体系打下坚实基础。

7.5 习题

一、填空题

1. DHCP 在工作过程中会使用到________、________、________和________4 种报文。

2. 如果 Windows 操作系统的 DHCP 客户端无法获得 IP 地址，则它将自动从 Microsoft 保留地址段________中选择一个作为自己的地址。

3. 在 Windows Server 2019 的 DHCP 服务器中，根据不同的应用范围划分的不同级别的 DHCP 选项包括________、________、________和________。

4. 在 Windows Server 2019 环境中，查看 IP 地址配置应使用________命令，释放 IP 地址应使用________命令，续订 IP 地址应使用________命令。

5. 在域环境中，______________服务器能够被授权，______________服务器不能被授权。

6. 通过策略为特定的客户端计算机分配不同的 IP 地址与选项时，可以通过 DHCP 客户端所发送的__________和__________来区分客户端计算机。

7. 当 DHCP 服务器上有多个作用域时，可组成________，将它们作为单个实体来管理。

8. 为了平衡 DHCP 服务器的使用，较好的方法是使用________规则划分两个 DHCP 服务器之间的作用域地址。

9. DHCP 服务器系统默认将数据库文件存储在___________文件夹内，其中最主要的是数据库文件__________。

10. DHCP 服务默认每隔_______分钟自动将数据库文件备份到_____________文件夹内。

二、选择题

1. 在一个局域网中利用 DHCP 服务器为网络中的所有主机提供动态 IP 地址分配，DHCP 服务器的 IP 地址为 192.168.2.1/24，在服务器上创建一个作用域 192.168.2.11/24～192.168.2.200/24 并激活。在 DHCP 服务器选项中设置 003 为 192.168.2.254，在作用域选项中设置 003 为 192.168.2.253，则网络中租用到 IP 地址 192.168.2.20 的 DHCP 客户端所获得的默认网关地址应为（　　）。

A. 192.168.2.1　　B. 192.168.2.254
C. 192.168.2.253　　D. 192.168.2.20

2. 在 DHCP 选项的设置中，不可以设置的是（　　）。

A. DNS 服务器　　B. DNS 域名
C. WINS 服务器　　D. 计算机名

3. 使用 Windows Server 2019 的 DHCP 服务器时，当客户机有效租借时间超过租约所设置时间的 50%时，客户机会向服务器发送（　　）数据包，以更新现有的地址租约。

A. DHCP Discover　　B. DHCP Offer
C. DHCP Request　　D. DHCP Ack

4. 用来显示网络适配器的 DHCP 类别信息的命令是（　　）。

A. ipconfig /all　　B. ipconfig /release
C. ipconfig /renew　　D. ipconfig /showclassid

三、简答题

1. 动态 IP 地址方案有什么优点和缺点？简述 DHCP 服务器的工作过程。

2. 如何配置 DHCP 作用域选项？如何备份与还原 DHCP 数据库？

四、案例分析

1. 某企业用户反映，其计算机从人事部搬到财务部后就不能连接到互联网了。这是什么原因造成的？应该怎么处理？

2. 某学校因为计算机数量的增加，需要在 DHCP 服务器上添加一个新的作用域，但用户反映客户端计算机并不能从服务器获得新的作用域中的 IP 地址。出现这个问题的原因可能是什么？如何处理？

7.6 项目实训　配置与管理 DHCP 服务器

一、实训目的

- 掌握 DHCP 服务器的配置方法。
- 掌握 DHCP 用户类的配置方法。
- 掌握测试 DHCP 服务器的方法。

二、项目环境

本项目实训根据图 7-2 所示的网络拓扑结构来部署 DHCP 服务。

三、项目要求

① 将 DHCP 服务器的 IP 地址池设为 192.168.20.10/24～192.168.20.200/24。

② 将 IP 地址 192.168.20.104/24 预留给需要手动指定 TCP/IP 参数的服务器。

③ 将 IP 地址 192.168.20.100 用作保留地址。

④ 增加一台客户端 Client2，同时，设置 Client1 客户端与 Client2 客户端自动获取的默认网关和 DNS 服务器地址不同。

⑤ 完成图 7-11 所示的超级作用域应用实例。注意，GW1 和 DNS1 可以用一台 Windows Server 2019 计算机来代替。

四、做一做

独立完成项目实训，检查学习效果。

项目8
配置与管理Web服务器

目前，很多公司都有自己的网站，这些网站用来实现信息发布、资料查询、数据处理、网络办公、远程教育和视频点播等功能，还可以用来实现电子邮件服务。搭建网站要靠 Web 服务来实现，而在中小型网络中使用最多的网络操作系统是 Windows Server，因此微软公司的 IIS 提供的 Web 服务和 FTP 服务也成为使用非常广泛的服务。

学习要点

- 学会安装与配置 IIS。
- 学会配置与管理 Web 站点。
- 学会创建 Web 站点。
- 学会管理 Web 站点的目录。

素质要点

- 在全球浮点运算性能最强的 500 台超级计算机中，我国部署的超级计算机数量多年领先。这是我国的骄傲，也是我国崛起的重要见证。
- “三更灯火五更鸡，正是男儿读书时。黑发不知勤学早，白首方悔读书迟。”祖国的发展日新月异，我们拿什么报效祖国？唯有勤奋学习，惜时如金，才无愧盛世年华。

8.1 项目基础知识

互联网信息服务（Internet Information Server，IIS）提供许多基本服务，包括发布信息、传输文件、支持用户通信和更新这些服务所依赖的数据存储。

8-1 微课
互联网信息服务

1. 万维网发布服务

通过将客户端 HTTP 请求连接到在 IIS 中运行的网站上，万维网（World Wide Web，WWW）发布服务向 IIS 最终用户提供 Web 发布。WWW 发布服务管理着 IIS 的核心组件，这些组件处理 HTTP 请求并配置和管理 Web 应用程序。

2. 文件传送协议服务

通过 FTP（File Transfer Protocol，文件传送协议）服务，IIS 提供对管理和处理文件的完全支持。该服务使用传输控制协议（Transmission Control Protocol，TCP），以确保文件传输的完成和数据传输的准确性。该版本的 FTP 支持在站点级别上隔离用户，以帮助管理员保护其互联网站点的安全并使之商业化。

3. 简单邮件传送协议服务

通过 SMTP 服务，IIS 能够发送和接收电子邮件。例如，为确认用户提交表格成功，可以对服务器编程以自动发送邮件来响应事件，也可以使用 SMTP 服务接收来自网站用户的反馈消息。SMTP 不支持完整的电子邮件服务，要提供完整的电子邮件服务，可使用 Microsoft Exchange Server。

4. 网络新闻传送协议服务

可以使用网络新闻传送协议（Network News Transfer Protocol，NNTP）服务主控单个计算机中的 NNTP 本地讨论组。因为该功能完全符合 NNTP，所以用户可以使用任何新闻阅读客户端程序加入新闻组进行讨论。

5. 管理服务

管理服务管理着 IIS 配置数据库，并为 WWW 发布服务、FTP 服务、SMTP 服务和 NNTP 服务更新 Microsoft Windows 操作系统注册表。配置数据库用来保存 IIS 的各种配置参数。IIS 管理服务对其他应用程序公开配置数据库，这些应用程序包括 IIS 核心组件、在 IIS 上建立的应用程序，以及独立于 IIS 的第三方应用程序（如管理或监视工具）。

8.2 项目设计与准备

在架设 Web 服务器之前，读者需要了解本项目实例部署的需求和环境。

1. 部署需求

在部署 Web 服务前需做以下准备工作。

- 设置 Web 服务器的 TCP/IP 属性，手动指定 IP 地址、子网掩码、默认网关和 DNS 服务器的 IP 地址等。
- 部署域环境，域名为 long60.cn。

2. 部署环境

本项目的所有实例都部署在一个域环境下，域名为 long60.cn。其中，Web 服务器主机名为 DNS1，其本身也是域控制器和 DNS 服务器，IP 地址为 192.168.10.1；Web 客户端主机两台，分别命名为 WIN10-1 和 WIN10-2，客户端主机安装 Windows 10 操作系统，IP 地址分别为 192.168.10.210 和 192.168.10.220。架设 Web 服务器的网络拓扑结构如图 8-1 所示。

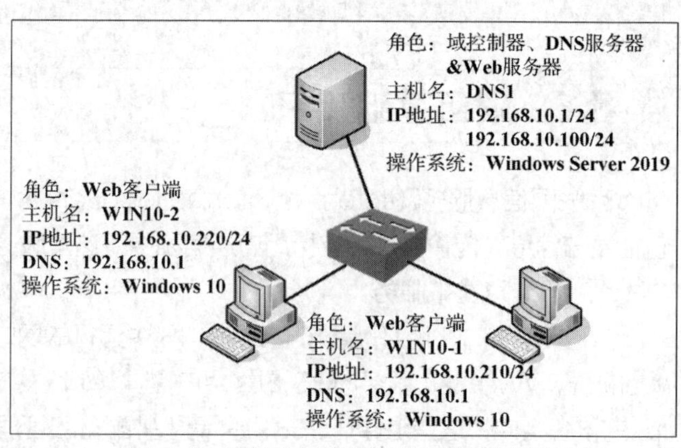

图 8-1 架设 Web 服务器的网络拓扑结构

8.3 项目实施

任务 8-1 安装 Web 服务器（IIS）角色

8-2 课堂慕课
配置与管理
Web 服务器

在计算机 DNS1 上的“服务器管理器”窗口中安装 Web 服务器（IIS）角色，具体步骤如下。

STEP 1 选择“开始”→“服务器管理器”→“仪表板”→“添加角色和功能”选项，在弹出的对话框中持续单击“下一步”按钮，直到进入图 8-2 所示的“选择服务器角色”界面，勾选“Web 服务器(IIS)”复选框。

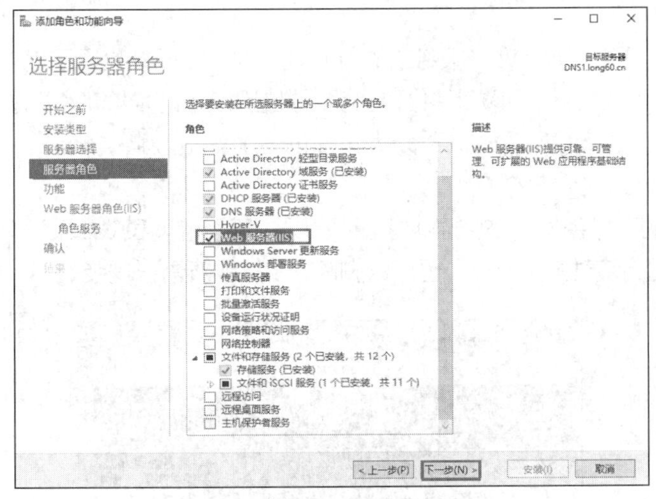

图 8-2 “选择服务器角色”界面

STEP 2 单击“下一步”按钮，在“选择角色服务”界面中勾选“安全性”和“常见 HTTP 功能”复选框，取消勾选“HTTP 重定向”和“WebDAV 发布”复选框，同时勾选“FTP 服务器”复选框，如图 8-3 所示。

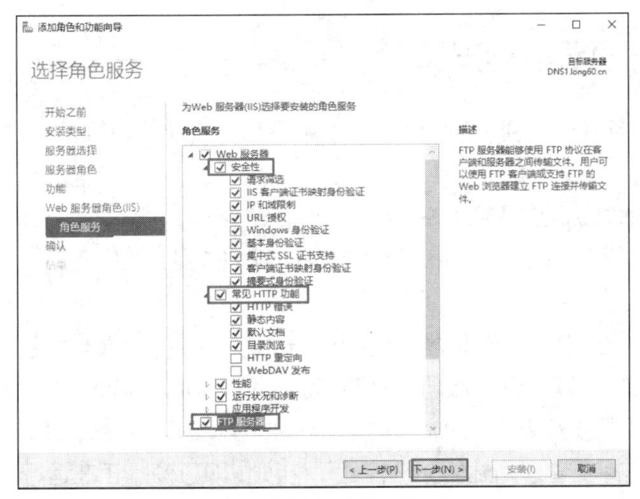

图 8-3 “选择角色服务”界面

提示 如果在前面安装某些角色时安装了某些功能和部分 Web 角色，则界面将稍有不同，此时请注意勾选“FTP 服务器”“安全性”“常见 HTTP 功能”复选框。

STEP 3 持续单击“下一步”按钮，直到显示“安装”按钮，单击“安装”按钮，开始安装 Web 服务器。安装完成后，进入“安装结果”界面，单击“关闭”按钮完成安装。

提示 在此勾选了“FTP 服务器”复选框，在安装 Web 服务器的同时安装了 FTP 服务器。建议将“角色服务”的全部选项对应的服务都安装上，特别是身份验证方式。如果“角色服务”安装不完全，则后面做有关“网站安全”的实训时会有部分功能无法使用。

安装完 IIS 以后，还应对该 Web 服务器进行测试，以检测网站是否正确安装并运行。在局域网中的一台计算机（本例为 WIN9-1）上打开浏览器并使用以下两种地址格式进行测试。

- DNS 域名地址（延续前面的 DNS 设置）：http://DNS1.long60.cn/。
- IP 地址：http://192.168.10.1/。

如果 IIS 安装成功，则会在 IE 浏览器中显示图 8-4 所示的网页。如果没有显示该网页，则检查 IIS 是否出现问题或重新启动 IIS 服务，也可以删除 IIS 并重新进行安装。

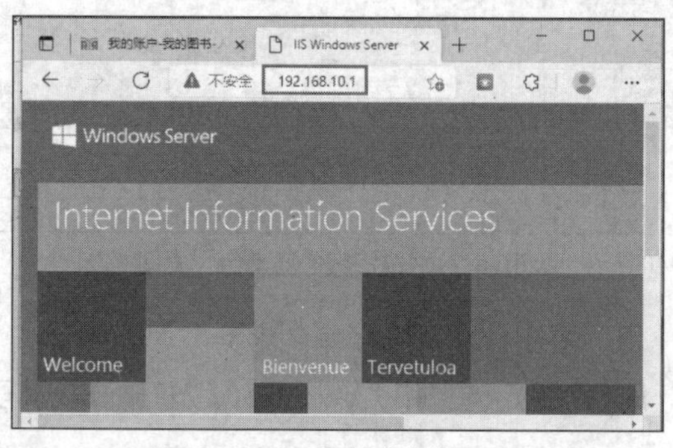

图 8-4 IIS 安装成功的网页

任务 8-2 创建 Web 站点

在 Web 服务器上创建一个新 Web 站点，使用户在客户端计算机上能通过 IP 地址和域名进行访问。

1. 创建使用 IP 地址访问的 Web 站点

创建使用 IP 地址访问的 Web 站点的具体步骤如下。

（1）停止默认网站（Default Web Site）

以域管理员账户登录 Web 服务器，选择“开始”→“Windows 管理工具”→“Internet Information Services(IIS)管理器”选项，打开“Internet Information Services(IIS)管理器”。在左侧树状列表中依次展开服务器和“网站”选项，选中“Default Web Site”选项并单击鼠标右键，在弹出的快捷菜单中选择“管理网站”→“停止”选项，即可停止正在运行的默认网站，如图 8-5 所示。设置完成后，默认网站的状态显示为“已停止”。

（2）准备 Web 站点内容

在 C 盘中创建文件夹“C:\Web”作为网站的主目录，并在该文件夹中存放网页 index.htm 作为网站的首页，网站首页可以用记事本或 Dreamweaver 软件编写。

（3）创建 Web 站点

STEP 1 在“Internet Information Services(IIS)管理器”窗口中展开服务器选项，选中“网站”选项并单击鼠标右键，在弹出的快捷菜单中选择“添加网站”选项，弹出“添加网站”对话框。在该对话框中可以指定网站名称、应用程序池、网站内容目录、传递身份验证、网站类型、IP 地址、端口号、主机名以及是否启动网站。在此设置网站名称为“Test Web”，物理路径为“C:\Web”，类型为“http”，IP 地址为“192.168.10.1”，端口号为“80”，如图 8-6 所示，单击“确定”按钮，完成 Web 站点的创建。

STEP 2 返回“Internet Information Services(IIS)管理器”窗口，可以看到刚才创建的网站已经启动，如图 8-7 所示。

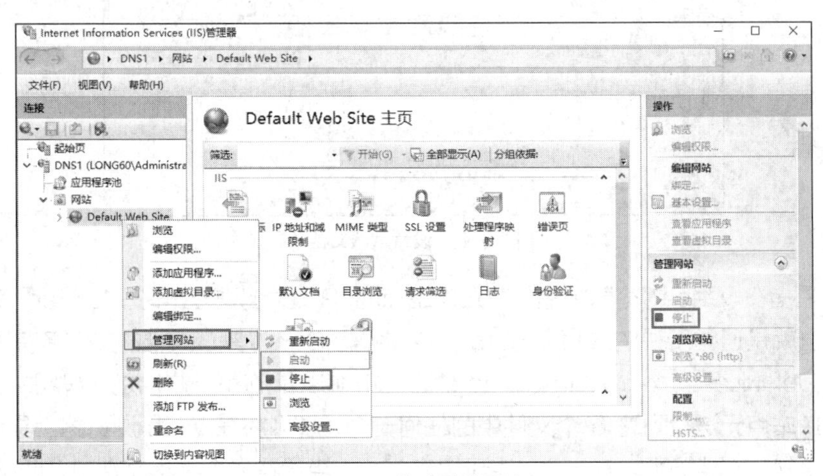

图 8-5 停止默认网站

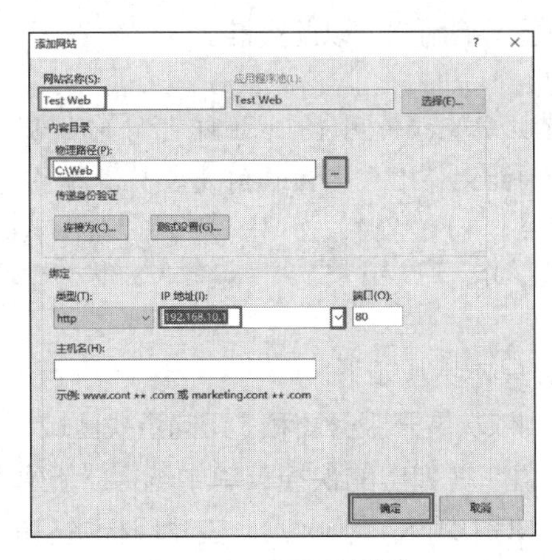

图 8-6 设置网站信息

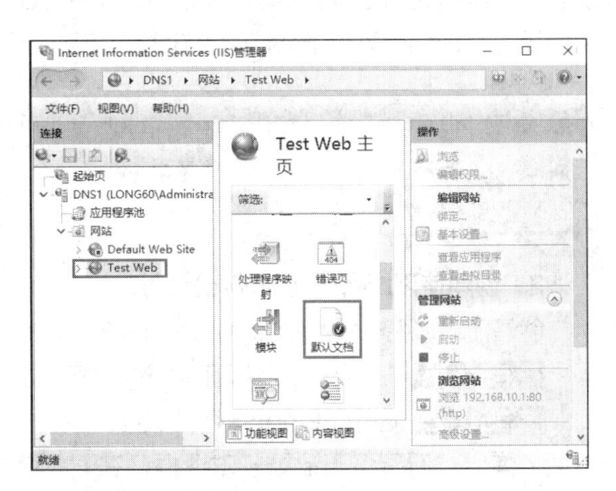

图 8-7 “Internet Information Services(IIS)管理器”窗口

STEP 3 在客户端计算机 WIN9-1 上打开浏览器，在其地址栏中输入“http://192.

168.10.1”，按“Enter”键，就可以访问刚才创建的网站了。

特别注意 在图 8-7 所示的窗口中双击中间窗格中的“默认文档”选项，打开“默认文档”窗格，可以对默认文档进行添加、删除及更改顺序等操作，如图 8-8 所示。

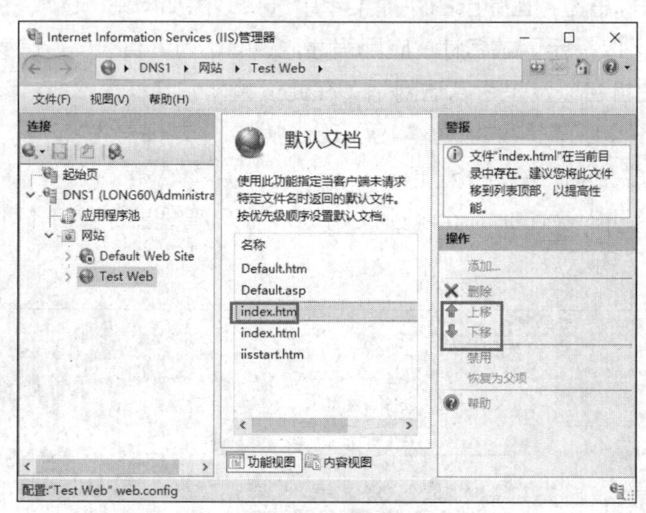

图 8-8　设置默认文档

默认文档是指在 Web 浏览器中输入 Web 站点的 IP 地址或域名再按“Enter”键即可进入的 Web 页面，也就是通常所说的主页（Home Page）。IIS 8.0 默认文档的文件名有 5 种，分别为 Default.htm、Default.asp、index.htm、index.html 和 iisstar.htm。这也是一般网站中常用的主页名。如果 Web 站点无法找到这 5 个文件中的任何一个，那么将在 Web 浏览器上显示“该页无法显示”的提示。默认文档既可以有一个，也可以有多个。当设置多个默认文档时，IIS 将按照排列的前后顺序依次调用这些文档。当第一个文档存在时，将直接把它显示在用户的浏览器上，而不再调用后面的文档；当第一个文档不存在时，将第二个文档显示给用户，以此类推。

思考与实践 由于本例首页文件名为 index.htm，所以在客户端直接使用 IP 地址即可浏览网站。如果网站首页的文件名不在列出的 5 个默认文档的文件名中，该如何处理？请读者试着做一下。

2. 创建使用域名访问的 Web 站点

创建使用域名 www.long60.cn 访问的 Web 站点，具体步骤如下。

STEP 1 在 DNS1 上打开“DNS 管理器”窗口，依次展开服务器和“正向查找区域”选项。

STEP 2 选中“long60.cn”选项并单击鼠标右键，在弹出的快捷菜单中选择“新建别名”选项，弹出“新建资源记录”对话框。在“别名”文本框中输入“www”，在“目标主机的完全合格的域名(FQDN)”文本框中输入“DNS1.long60.cn”，或者单击“浏览”按钮，查找 DNS1 的 FQDN 并将其选中。

STEP 3 单击“确定”按钮，别名创建完成。

STEP 4 在客户端计算机 WIN9-1 上打开浏览器，在其地址栏中输入“http://www.long60.cn”，按“Enter”键，就可以访问刚才创建的网站了。

> **注意** 保证客户端计算机 WIN9-1 的 DNS 服务器的 IP 地址是 192.168.10.1。

任务 8-3 管理 Web 站点的目录

在 Web 站点中，Web 内容文件都会保存在一个或多个目录树下，包括 HTML 内容文件、Web 应用程序和数据库等，甚至有的会保存在多个计算机上的多个目录中。因此，为了使其他目录中的内容和信息也能够通过 Web 站点发布，可以使用创建虚拟目录的方法。当然，也可以在物理目录下直接创建目录来管理内容。

1. 虚拟目录与物理目录

在 Internet 上浏览网页时，经常会看到一个网站下有许多子目录，这就是虚拟目录。虚拟目录只是一个文件夹，并不一定位于主目录中，但在浏览 Web 站点的用户看来其就像位于主目录中一样。

对于任何一个网站，都需要使用目录来保存文件，即将所有的网页及相关文件都存放到网站的主目录之下，也就是在主目录之下建立文件夹，并将文件放到这些文件夹中，这些文件夹也称物理目录。也可以将文件保存到其他物理文件夹中，如本地计算机或其他计算机中，并通过虚拟目录映射到这个文件夹，每个虚拟目录都有一个别名。虚拟目录的好处是在不需要改变别名的情况下，可以随时改变其对应的文件夹。

在 Web 站点中默认发布主目录中的内容。但如果要发布其他物理目录中的内容，就需要创建虚拟目录。虚拟目录也就是网站的子目录，每个网站都可能会有多个子目录，不同的子目录的内容也不同，在磁盘中会用不同的文件夹来存放不同的文件。例如，使用 BBS 文件夹存放论坛程序，使用 image 文件夹存放网站图片等。

2. 创建虚拟目录

在 www.long60.cn 对应的网站上创建一个名为 BBS 的虚拟目录，其路径为本地磁盘中的“C:\MY_BBS”文件夹，该文件夹下有一个文档 index.htm。具体创建过程如下。

STEP 1 以域管理员账户登录 DNS1。在 IIS 管理器中展开左侧的“网站”选项，选中要创建虚拟目录的网站“Test Web”并单击鼠标右键，在弹出的快捷菜单中选择“添加虚拟目录”选项，弹出“添加虚拟目录”对话框。利用该对话框便可为该虚拟网站创建不同的虚拟目录。

STEP 2 在“别名”文本框中设置该虚拟目录的别名，本例为“BBS”，用户用该别名来连接虚拟目录。该别名必须是唯一的，不能与其他网站或虚拟目录重名。在“物理路径”文本框中输入该虚拟目录的文件夹路径，或单击“...”按钮选择路径，本例为“C:\MY_BBS”。这里既可以使用本地计算机上的路径，也可以使用网络中的文件夹路径。设置完成后的界面如图 8-9 所示，单击“确定”按钮。

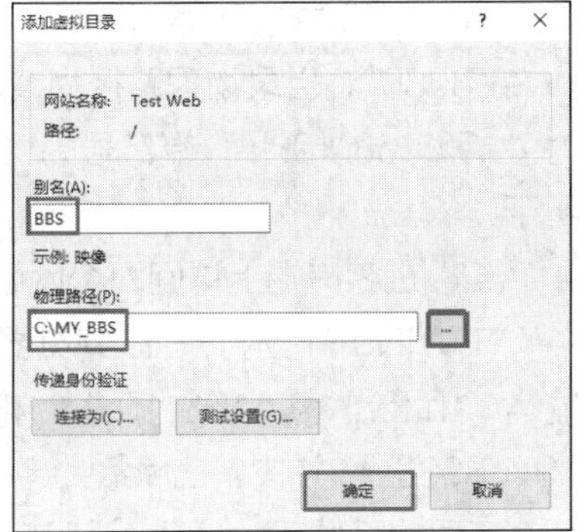

图 8-9 设置完成后的界面

STEP 3 在客户端计算机 WIN9-1 上打开浏览器，在其地址栏中输入“http://www.long60.cn/BBS”，按“Enter”键，就可以访问 C:\MY_BBS 中的默认网站了。

任务 8-4 架设多个 Web 站点

使用 IIS 8.0 的虚拟主机技术，通过分配 TCP 端口、IP 地址和主机头名，可以在一台服务器上建立多个虚拟 Web 站点。每个网站都有唯一的，由端口号、IP 地址和主机头名 3 部分组成的网站标识，用来接收来自客户端的请求。不同的 Web 站点可以提供不同的 Web 服务，且每一个虚拟主机和一台独立的主机完全一样。这种方式适用于企业或组织需要创建多个网站的情况，可以节省成本。

架设多个 Web 站点可以使用以下 3 种方式。

（1）使用不同端口号架设多个 Web 站点。

（2）使用不同主机头名架设多个 Web 站点。

（3）使用不同 IP 地址架设多个 Web 站点。

在创建一个 Web 站点时，要根据企业本身现有的条件，如投资的数量、IP 地址的数量、网站性能的要求等，选择不同的架设技术。

1. 使用不同端口号架设多个 Web 站点

利用一个 IP 地址，使用不同的端口号也可以达到架设多个网站的目的。

其实，用户访问所有的网站都需要使用相应的 TCP 端口。但 Web 服务器默认的 TCP 端口号为 80，在用户访问时不需要输入；但如果网站的 TCP 端口号不为 80，则在输入网址时必须添加端口号。利用 Web 服务的这个特点，可以架设多个网站，每个网站均使用不同的端口号。使用这种方式创建的网站，其域名或 IP 地址部分完全相同，仅端口号不同。用户在使用网址访问网站时，必须添加相应的端口号。

在同一台 Web 服务器上使用同一个 IP 地址、两个不同的端口号（80、8080）创建两个网站，具体步骤如下。

（1）新建第 2 个 Web 站点

STEP 1 以域管理员账户登录到 Web 服务器 DNS1 上。

STEP 2 在“Internet Information Services(IIS)管理器”窗口中创建第 2 个 Web 站点，名称为“Web8080”，目录物理路径为“C:\Web2”，IP 地址为“192.168.10.1”，端口号为“8080”，如图 8-10 所示。

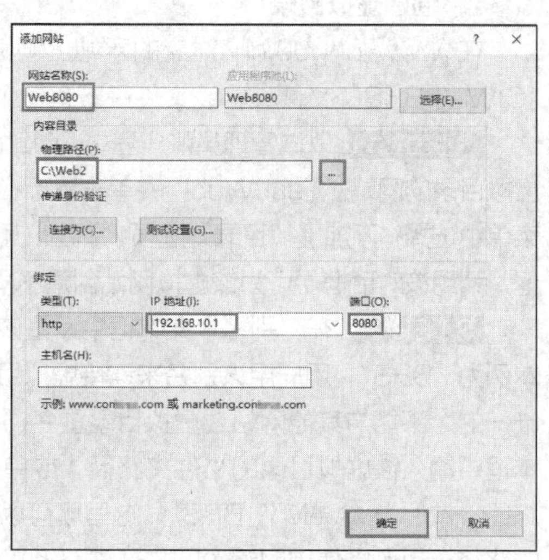

图 8-10 新建网站

（2）在客户端上访问两个网站

在 WIN9-1 上打开 IE 浏览器，分别在其地址栏中输入“http://192.168.10.1”和“http://192.168.10.1:8080”，并按“Enter”键，这时会发现打开了两个不同的网站 Test Web 和 Web8080。

提示 如果在访问第 2 个 Web 站点时出现不能访问的情况，则请检查防火墙，最好将全部防火墙（包括域的防火墙）关闭！后面类似问题不再说明。在本例中也可以使用防火墙设置中的高级设置定义入站规则为允许 8080 端口通过。

2. 使用不同主机头名架设多个 Web 站点

使用 www.long60.cn 访问第 1 个 Web 站点 Test Web，使用 www1.long60.cn 访问第 2 个 Web 站点 Web8080，具体步骤如下。

（1）在区域 long60.cn 上创建 CNAME 记录

STEP 1 以域管理员账户登录到 Web 服务器 DNS1 上。

STEP 2 打开“DNS 管理器”窗口，依次展开“DNS 1”和“正向查找区域”选项。

STEP 3 创建 CNAME 记录。选中“long60.cn”区域并单击鼠标右键，在弹出的快捷菜单中选择“新建别名”选项，弹出“新建资源记录”对话框。在“别名”文本框中输入“www1”，在“目标主机的完全合格的域名(FQDN)”文本框中输入“DNS1.long60.cn”。

STEP 4 单击“确定”按钮，别名创建完成，DNS 配置结果如图 8-11 所示。

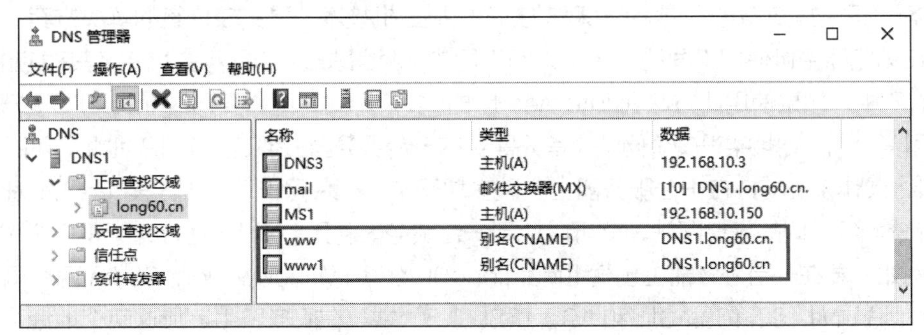

图 8-11　DNS 配置结果

（2）设置 Web 站点的主机名

STEP 1 以域管理员账户登录 Web 服务器，选中第 1 个 Web 站点“Test Web”并单击鼠标右键，在弹出的快捷菜单中选择“编辑绑定”选项，在弹出的对话框中选中“192.168.10.1”地址行，单击“编辑”按钮，弹出“编辑网站绑定”对话框，在“主机名”文本框中输入“www.long60.cn”，将端口号设为 80，IP 地址设为 192.168.10.1，如图 8-12 所示，单击“确定”按钮即可。

STEP 2 选中第 2 个 Web 站点“Web8080”并单击鼠标右键，在弹出的快捷菜单中选择“编辑绑定”选项，在弹出的对话框中选中“192.168.10.1”地址行，单击“编辑”按钮，弹出“编辑网站绑定”对话框，在“主机名”文本框中输入“www1.long60.cn”，将端口号设为 80，IP 地址设为 192.168.10.1，如图 8-13 所示，单击“确定”按钮即可。

（3）在客户端上访问两个网站

在 WIN9-1 上保证 DNS 首选地址是 192.168.10.1。打开 IE 浏览器，分别在其地址栏中输入“http://www.long60.cn”和“http://www1.long60.cn”，并按“Enter”键，此时会发现打开了两个不同的网站——Test Web 和 Web8080。

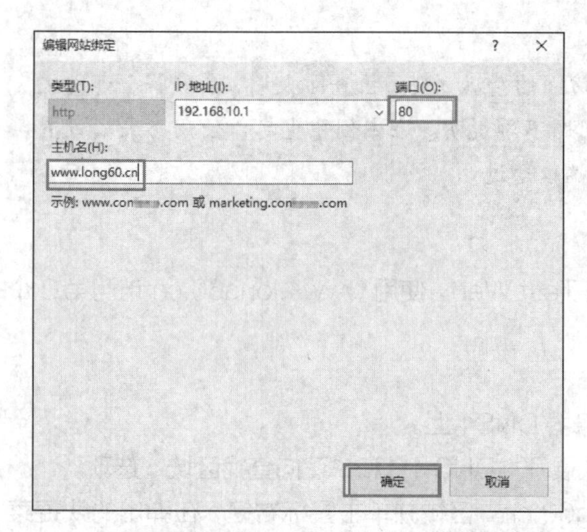

图 8-12　设置第 1 个 Web 站点的主机名

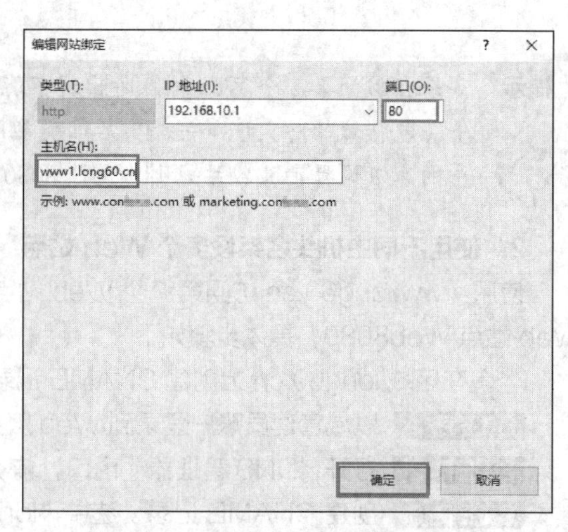

图 8-13　设置第 2 个 Web 站点的主机名

3. 使用不同 IP 地址架设多个 Web 站点

如果要在一台 Web 服务器上创建多个网站，则为了使每个网站域名都能对应于独立的 IP 地址，一般使用多个 IP 地址来实现。这种方案称为 IP 虚拟主机技术，是比较传统的解决方案。当然，为了使用户在浏览器中可使用不同的域名来访问不同的 Web 站点，必须将主机名及其对应的 IP 地址添加到 DNS 中。如果使用此方法在 Internet 上维护多个网站，则需要通过 InterNIC 注册域名。

要使用多个 IP 地址架设多个网站，首先需要在一台服务器上绑定多个 IP 地址。而 Windows Server 网络操作系统支持在一台服务器上安装多块网卡，一块网卡可以绑定多个 IP 地址，再将这些 IP 地址分配给不同的虚拟网站，就可以达到一台服务器利用多个 IP 地址来架设多个 Web 站点的目的。例如，要在一台服务器上创建 Linux.long60.cn 和 Windows.long60.cn 两个网站，其对应的 IP 地址分别为 192.168.10.1 和 192.168.10.5，需要在服务器中添加这两个地址，具体步骤如下。

（1）在 DNS1 上添加第 2 个 IP 地址

STEP 1 以域管理员账户登录 Web 服务器，选中桌面右下角的网络连接图标并单击鼠标右键，在弹出的快捷菜单中选择“打开网络和共享中心”选项，打开“网络和共享中心”窗口。

STEP 2 单击“本地连接”按钮，弹出“本地连接状态”对话框。

STEP 3 单击“属性”按钮，弹出“本地连接属性”对话框。Windows Server 2019 中包含 IPv6 和 IPv4 两个版本的 Internet 协议，且默认都已启用。

STEP 4 在“此连接使用下列项目”列表框中选择“Internet 协议版本 4(TCP/IPv4)”选项，单击“属性”按钮，弹出“Internet 协议版本 4(TCP/IPv4)属性”对话框。单击“高级”按钮，弹出“高级 TCP/IP 设置”对话框。

STEP 5 单击“添加”按钮，输入 IP 地址 192.168.10.5、子网掩码 255.255.255.0，单击“确定”按钮，完成设置，如图 8-14 所示。

（2）更改第 2 个网站的 IP 地址和端口号

以域管理员账户登录 Web 服务器。选中第 2 个 Web 站点“Web8080”并单击鼠标右键，在弹出的快捷菜单中选择“编辑绑定”选项，在弹出的对话框中选中“192.168.10.1”地址行，单击

“编辑”按钮，弹出“编辑网站绑定”对话框，清空“主机名”文本框中原有的内容，将端口号设为80，IP 地址设为 192.168.10.5，如图 8-15 所示，单击“确定”按钮即可。

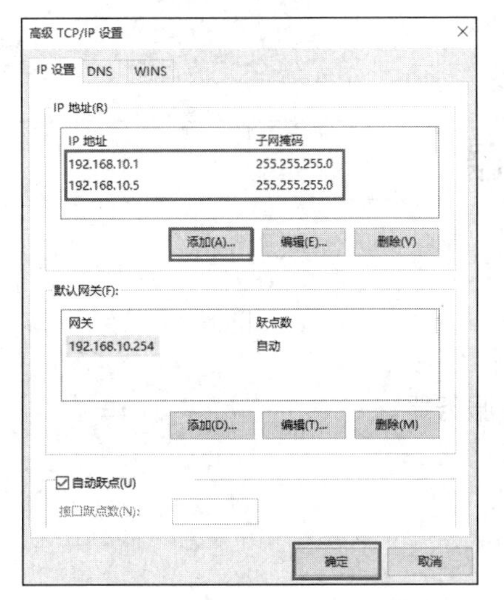

图 8-14 “高级 TCP/IP 设置”对话框

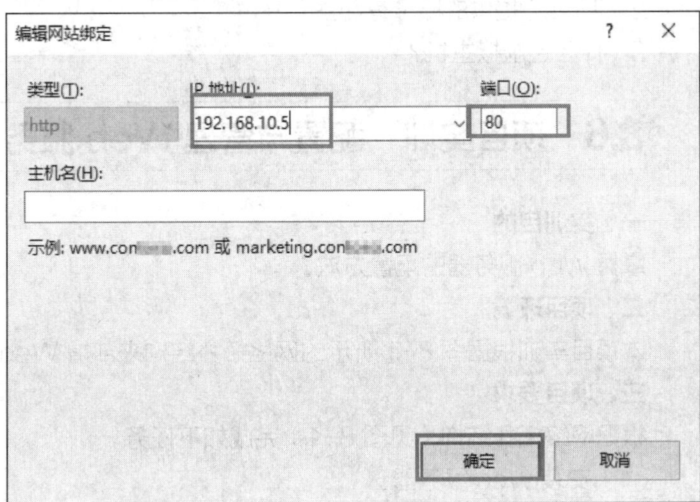

图 8-15 “编辑网站绑定”对话框

（3）在客户端上进行测试

在 WIN9-1 上打开 IE 浏览器，分别在其地址栏中输入“http://192.168.10.1”和“http://192.168.10.5”，并按“Enter”键，此时会发现打开了两个不同的网站 Test Web 和 Web8080。

8.4 拓展阅读　中国的超级计算机

你知道全球超级计算机 500 强榜单吗？你知道中国目前的水平吗？

全球超级计算机 500 强榜单始于 1993 年，每半年发布一次，是给全球已安装的超级计算机排名的知名榜单。

由“TOP 500”编制的新一期全球超级计算机 500 强榜单于 2020 年 6 月 23 日揭晓。榜单显示，在全球浮点运算性能最强的 500 台超级计算机中，中国部署的超级计算机数量继续位列全球第一，达到 226 台，占总体份额超过 45%；“神威太湖之光”和“天河二号”分列榜单第四、第五位。中国厂商联想、曙光、浪潮是全球前三名的“超算”供应商，总交付数量达到 312 台，所占份额超过 62%。

8.5 习题

一、填空题

1. 微软 Windows Server 2019 家族的 IIS 在________、________或________上提供了集成、可靠、可伸缩、安全和可管理的 Web 服务器功能，是为动态网络应用程序创建强大的通信平台的工具。

2. Web 中的目录分为两种类型：________和________。

二、简答题

1. 简述架设多个 Web 站点的方法。
2. IIS 8.0 提供的服务有哪些？
3. 什么是虚拟主机？

8.6 项目实训 配置与管理 Web 服务器

一、实训目的

掌握 Web 服务器的配置方法。

二、项目环境

本项目实训根据图 8-1 所示的网络拓扑结构来部署 Web 服务器。

三、项目要求

根据网络拓扑结构（见图 8-1）完成如下任务。

（1）安装 Web 服务器。
（2）创建 Web 站点。
（3）管理 Web 站点的目录。
（4）架设多个 Web 站点。

四、做一做

根据项目实训视频进行项目的实训，检查学习效果。

项目9 配置与管理FTP服务器

FTP 是用来在两台计算机之间传输文件的通信协议，其中一台计算机是 FTP 服务器，另一台计算机是 FTP 客户端。FTP 客户端可以从 FTP 服务器上下载文件，也可以将文件上传到 FTP 服务器中。配置管理 FTP 服务器是网络技术人员必须具备的专业技能。

学习要点

- FTP 概述。
- 安全设置 FTP 服务器。
- 创建虚拟目录。
- 创建虚拟主机。
- 配置与使用客户端。
- 在活动目录环境下隔离 FTP 用户。

素质要点

- “龙芯”是中国人的骄傲。大学生应为“龙芯”“863”“973”“核高基”等国家重大项目自豪。
- “人无刚骨，安身不牢。”骨气是人的脊梁，是人前行的支柱。新时代的大学生要有“富贵不能淫，贫贱不能移，威武不能屈”的气节，要有“自信人生二百年，会当水击三千里”的勇气，还要有“我将无我，不负人民”的担当。

9.1 项目基础知识

以 HTTP 为基础的 WWW 服务功能虽然强大，但对文件传输来说略显不足。一种专门用于文件传输的服务——FTP 服务应运而生。

FTP 服务就是文件传输服务，它具备更强的文件传输可靠性和更高的效率。

9.1.1 FTP 工作原理

9-1 微课 FTP 基础知识

FTP 大大简化了文件传输的复杂性，它能够使文件通过网络从一台计算机传送到另一台计算机中却不受计算机和操作系统类型的限制。无论是个人计算机、服务器、大型机，还是 iOS、Linux、Windows 等操作系统，只要传输双方都支持 FTP，就可以方便、可靠地传输文件。

FTP 服务的具体工作过程如图 9-1 所示。

（1）客户端向服务器发出连接请求，同时客户端系统动态地打开一个端口号大于 1024 的端口（如 1031 端口）等候服务器连接。

（2）若 FTP 服务器在端口 21 监听到该请求，则会在客户端的 1031 端口和服务器的 21 端口之间建立一个 FTP 会话连接。

（3）当需要传输数据时，FTP 客户端再动态地打开一个端口号大于 1024 的端口（如 1032 端口）连接到服务器的 20 端口，并在这两个端口之间传输数据。数据传输完毕，这两个端口（1032 和 20 端口）会自动关闭。

（4）客户端的 1031 端口和服务器的 21 端口之间的会话连接继续保持，等待接收其他客户端进程发起的请求。

（5）当 FTP 客户端断开与 FTP 服务器的连接时，客户端上动态分配的端口将自动释放。

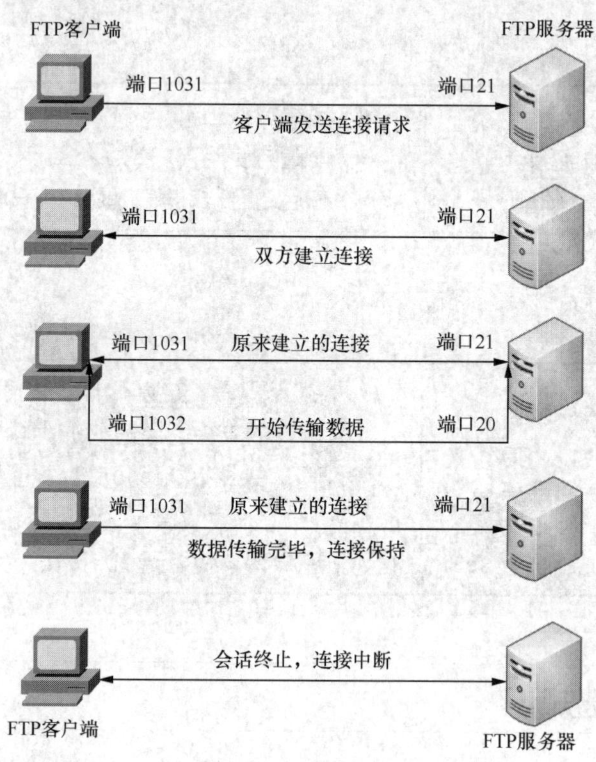

图 9-1 FTP 服务的具体工作过程

9.1.2 匿名用户

FTP 服务不同于 WWW 服务，它要求先登录服务器，再传输文件，这对很多公开提供软件下载的服务器来说十分不便，于是匿名用户访问就诞生了。通过使用一个共同的用户名 anonymous、密码不限的管理策略（一般使用用户的邮箱作为密码即可），任何用户都可以很方便地从这些服务器上下载软件。

9.2 项目设计与准备

在架设 FTP 服务器之前，需要了解本项目实例的部署需求和实验环境。

1. 部署需求

在部署 FTP 服务前需做以下准备工作。

- 设置 FTP 服务器的 TCP/IP 属性，手动指定 IP 地址、子网掩码、默认网关和 DNS 服务器的 IP 地址等。
- 部署域环境，域名为 long60.cn。

2. 部署环境

本项目所有实例都部署在一个域环境下，域名为 long60.cn。其中，FTP 服务器主机名为 DNS1，其本身也是域控制器和 DNS 服务器，IP 地址为 192.168.10.1 和 192.168.10.5；FTP 客户端主机两台，分别命名为 WIN10-1 和 WIN10-2，客户端主机安装 Windows 10 操作系统，IP 地址分别为 192.168.10.30 和 192.168.10.40。架设 FTP 服务器的网络拓扑结构如图 9-2 所示。

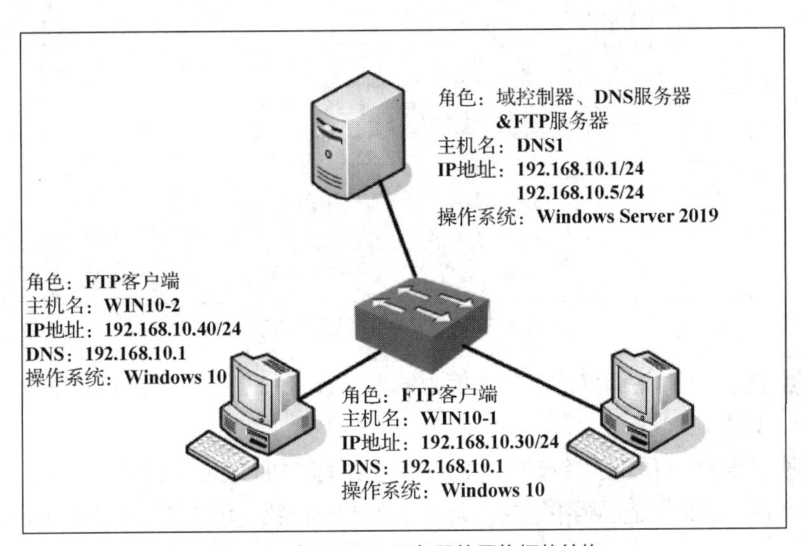

图 9-2　架设 FTP 服务器的网络拓扑结构

9.3 项目实施

任务 9-1　创建 FTP 站点

在 DNS1 的“服务器管理器”窗口中安装 Web 服务器（IIS）角色，同时安装 FTP 服务器。

在 FTP 服务器中创建一个新网站 Test FTP，使用户在客户端计算机上能通过 IP 地址和域名进行访问。

1. 创建使用 IP 地址访问的 FTP 站点

创建使用 IP 地址访问的 FTP 站点的具体步骤如下。

（1）准备 FTP 主目录

在 C 盘中创建文件夹 C:\ftp 作为 FTP 主目录，并在该文件夹中存放一个文件 test.txt，供用户在客户端计算机上下载和上传测试。

（2）创建 FTP 站点

STEP 1 在“Internet Information Services(IIS)管理器”窗口中选中服务器 DNS1 并单击鼠标右键，在弹出的快捷菜单中选择“添加 FTP 站点”选项，如图 9-3 所示，弹出“添加 FTP 站点”对话框。

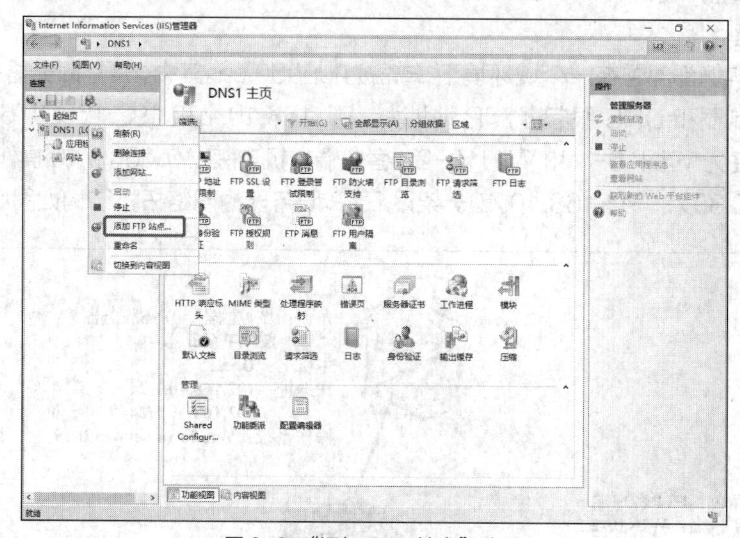

图 9-3 “添加 FTP 站点”选项

STEP 2 在“FTP 站点名称”文本框中输入“Test FTP”，物理路径设为“C:\ftp”，单击“下一步”按钮，如图 9-4 所示。

STEP 3 在图 9-5 所示的“绑定和 SSL 设置”界面的“IP 地址”文本框中输入“192.168.10.1”，端口号设为 21，在“SSL”选项组中选中“无 SSL”单选按钮，单击“下一步”按钮。

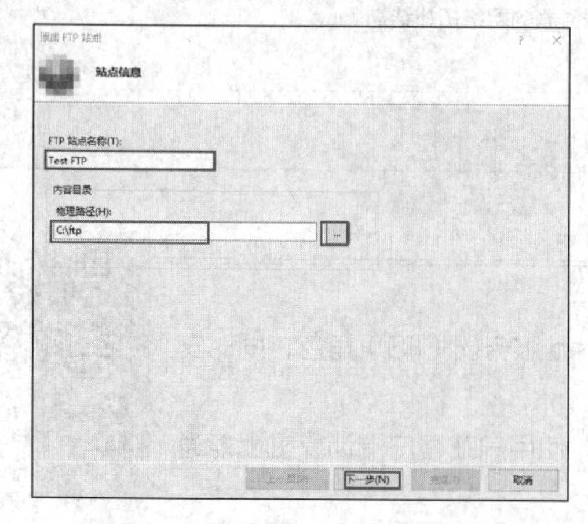

图 9-4 “添加 FTP 站点”对话框

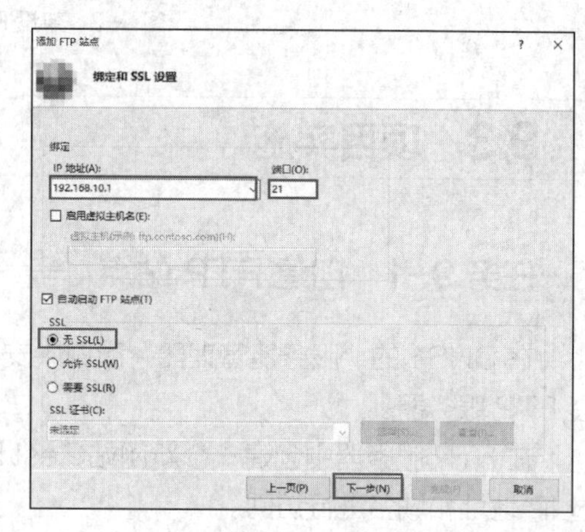

图 9-5 “绑定和 SSL 设置”界面

STEP 4 在图 9-6 所示的“身份验证和授权信息”界面中进行相应设置。本例允许匿名访问，也允许特定用户访问。单击“完成”按钮，重新启动 FTP 服务器（注意，必须重新启动 FTP 服务器）。

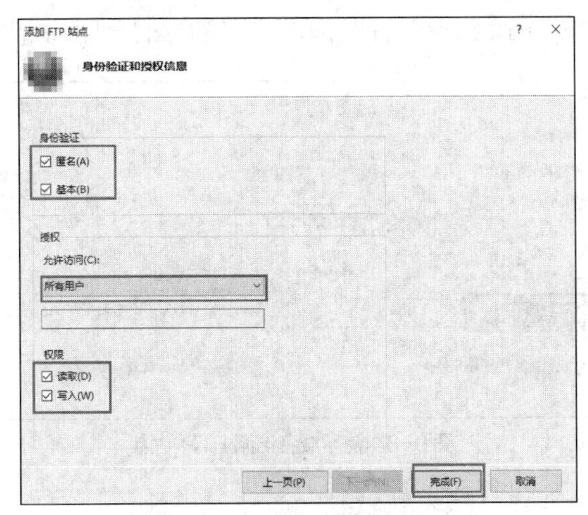

图 9-6 “身份验证和授权信息”界面

注意 ① 访问 FTP 服务器主目录的最终权限由此处的权限与用户对 FTP 主目录的 NTFS 权限共同作用，哪一个严格就采用哪一个。

② 安装完 FTP 服务器并重启后，防火墙会默认自动开启 FTP 服务。也可以暂时关闭防火墙，或者新建开放 21 端口的入站规则。

（3）测试 FTP 站点

在 WIN9-1 上选择“开始”→“Windows 系统”→“文件资源管理器”选项，在地址栏输入“ftp://192.168.10.1”并按“Enter”键访问刚才的 Test FTP 网站。在浏览器地址栏中输入“ftp://192.168.10.1”并按“Enter”键，也可以访问 Test FTP 网站。

2. 创建使用域名访问的 FTP 站点

创建使用域名访问的 FTP 站点的具体步骤如下。

（1）在 DNS 区域中创建别名

STEP 1 以管理员账户登录到 DNS 服务器 DNS1 上，打开“DNS 管理器”窗口，在左侧的树状列表中依次展开服务器和“正向查找区域”选项，选中 long60.cn 区域并单击鼠标右键，在弹出的快捷菜单中选择“新建别名”选项，弹出“新建资源记录”对话框。

STEP 2 在“别名”文本框中输入别名“ftp”，在“目标主机的完全合格的域名(FQDN)”文本框中输入 FTP 服务器的完全合格的域名，在此输入“DNS1.long60.cn”，如图 9-7 所示。

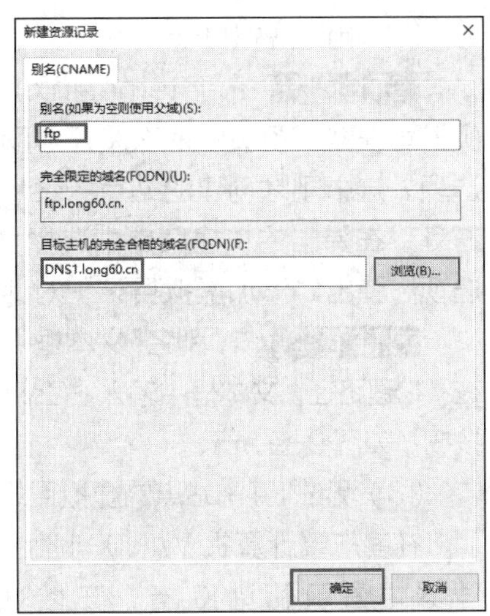

图 9-7 新建别名记录

STEP 3 单击“确定”按钮，完成别名记录的创建。

（2）测试 FTP 站点

在客户端计算机 WIN9-1 上打开“文件资源管理器”窗口或浏览器，在地址栏中输入“ftp://ftp.long60.cn”并按“Enter”键，即可访问刚才建立的 FTP 站点，如图 9-8 所示。

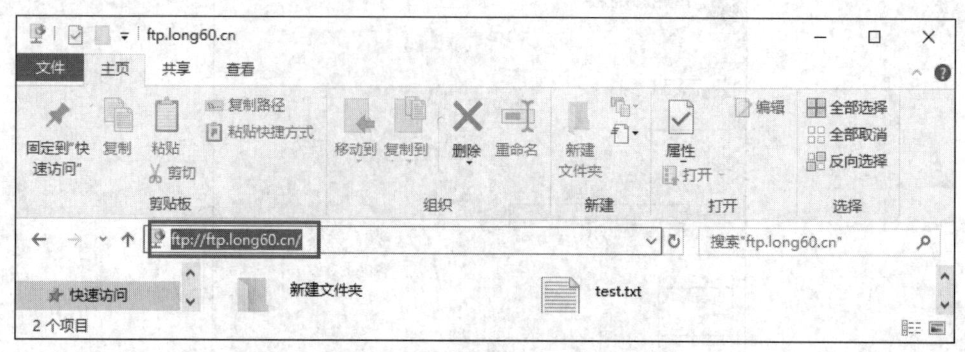

图 9-8　使用域名访问 FTP 站点

任务 9-2　创建虚拟目录

使用虚拟目录可以在服务器硬盘中创建多个物理目录，或者引用其他计算机中的主目录，从而为不同上传或下载服务的用户提供不同的目录，并为不同的目录分别设置不同的权限，如读取、写入等。使用 FTP 虚拟目录时，由于用户不知道文件的具体存储位置，所以文件存储更加安全。

在 FTP 站点上创建虚拟目录 xunimulu 的具体步骤如下。

（1）准备虚拟目录内容

以管理员账户登录到 DNS 服务器 DNS1 上，创建文件夹 C:\xuni，作为 FTP 虚拟目录的主目录，在该文件夹中存入一个文件 test1.txt 供用户在客户端计算机上下载。

（2）创建虚拟目录

STEP 1 在“Internet Information Services (IIS)管理器”窗口中依次展开“DNS1”和“网站”选项，选中刚才创建的站点 Test FTP 并单击鼠标右键，在弹出的快捷菜单中选择“添加虚拟目录”选项，弹出“添加虚拟目录”对话框。

STEP 2 在“别名”文本框中输入“xunimulu”，在“物理路径”文本框中输入“C:\xuni”，单击“确定”按钮，如图 9-9 所示。

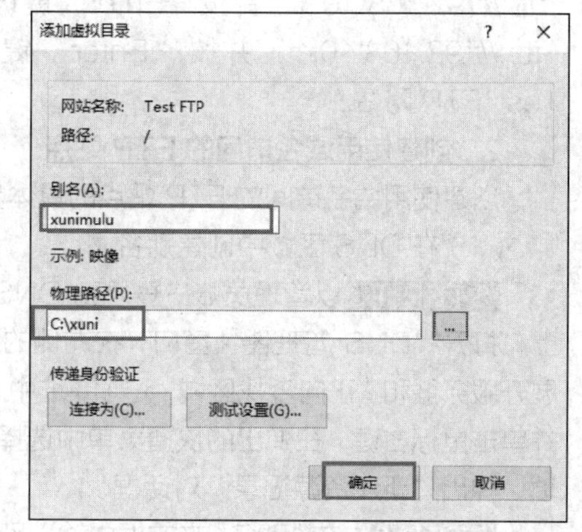

图 9-9　“添加虚拟目录”对话框

（3）测试 FTP 站点的虚拟目录

在客户端计算机 WIN9-1 上打开“文件资源管理器”窗口和浏览器，在地址栏中输入“ftp://ftp.long60.cn/xunimulu”或“ftp://192.168.10.1/xunimulu”并按“Enter”键，即可访问刚才建立的 FTP 站点的虚拟目录。

特别提示 在各种服务器的配置中，要时刻注意账户的 NTFS 权限，避免由于 NTFS 权限设置不当而无法完成相关配置，同时注意防火墙的影响。

任务 9-3 安全设置 FTP 服务器

FTP 服务的配置主要是站点的安全性设置，包括指定不同的授权用户，如允许不同权限的用户访问，允许来自不同 IP 地址的用户访问，或限制不同 IP 地址的不同用户的访问等。FTP 服务器也要设置 FTP 站点的主目录和性能等。

1. 设置 IP 地址和端口

STEP 1 在“Internet Information Services（IIS）管理器”窗口中依次展开“DNS1”和“网站”选项，选中 FTP 站点 Test FTP，单击“操作”窗格中的“绑定”按钮，弹出“添加网站绑定”对话框；选择“ftp”条目后，单击“编辑”按钮，在“编辑网站绑定”对话框中完成 IP 地址和端口号的更改，如将端口号改为 2121，如图 9-10 所示。

STEP 2 测试 FTP 站点。在客户端计算机 WIN9-1 上打开浏览器或“文件资源管理器”窗口，在地址栏中输入“ftp://192.168.10.1:2121”并按“Enter”键，即可访问刚才建立的 FTP 站点。

STEP 3 为了继续完成后面的实训，测试完毕，请将端口号改为默认的 21。

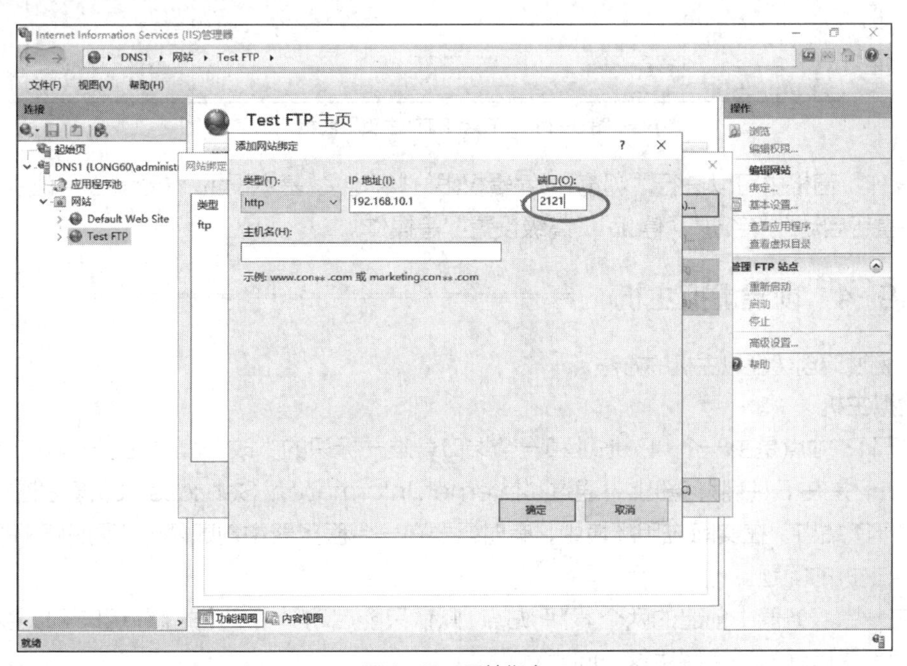

图 9-10 网站绑定

提示 如果访问不成功，则一定是防火墙的原因。请参照任务 1-4 设置防火墙的方法，建立基于端口的入站规则，允许 TCP 端口 2121 通过防火墙。当然，也可以关闭 DNS1 的防火墙。

2. 其他配置

在“Internet Information Services(IIS)管理器”窗口中展开 FTP 服务器选项，选择 FTP 站点 Test FTP。在“Test FTP 主页”窗格中，可以分别进行“FTP IP 地址和域限制”“FTP SSL 设置”“FTP 当前会话”“FTP 防火墙支持”“FTP 目录浏览”“FTP 请求筛选”“FTP 日志”“FTP 身份验证”“FTP 授权规则”“FTP 消息”“FTP 用户隔离”等内容的设置或浏览，如图 9-11 所示。

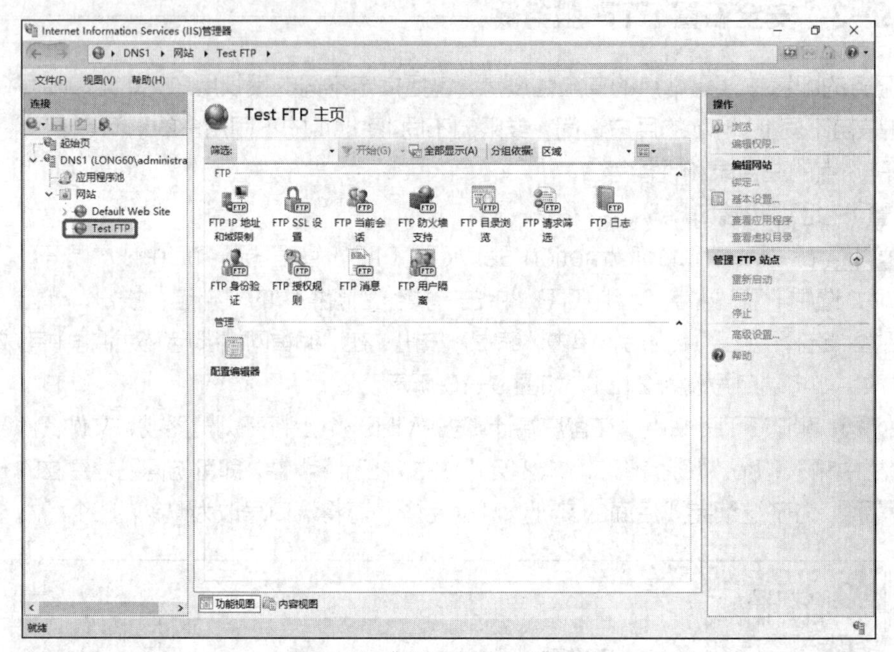

图 9-11 “Test FTP 主页”窗格

在“操作”窗格中可以进行“浏览”“编辑权限”“绑定”“基本设置”“查看应用程序”“查看虚拟目录”“重新启动”“启动”“停止”“高级设置”等操作。

任务 9-4 创建虚拟主机

下面举例说明创建虚拟主机的方法。

1. 虚拟主机

一个 FTP 站点是由一个 IP 地址和一个端口号唯一标识的，改变其中任意一项均标识不同的 FTP 站点。但是在 FTP 服务器上，通过“Internet Information Services(IIS)管理器”窗口只能创建一个 FTP 站点。在实际应用环境中，有时需要在一台服务器中创建两个不同的 FTP 站点，这就涉及虚拟主机的问题。

对于在一台服务器中创建的两个 FTP 站点，默认只能启动其中一个站点，用户可以通过更改 IP 地址或端口号这两种方法来解决这个问题。

可以使用多个 IP 地址和多个端口来创建多个 FTP 站点。尽管使用多个 IP 地址来创建多个站点是常见并且推荐的操作，但在默认情况下，使用 FTP 时，客户端会调用端口 21，这样情况会变得非常复杂。因此，如果要使用多个端口来创建多个 FTP 站点，就需要将新端口号通知用户，以便其 FTP 客户端能够找到并连接到该端口。

2. 使用相同 IP 地址、不同端口号创建两个 FTP 站点

在同一台服务器中使用相同的 IP 地址、不同的端口号（21、2121）创建两个 FTP 站点，具体步骤如下。

STEP 1 以域管理员账户登录 FTP 服务器 DNS1，创建 C:\ftp2 文件夹作为第 2 个 FTP 站点的主目录，并在该文件夹中存放一些文件。

STEP 2 创建第 2 个 FTP 站点，站点的创建可参见“任务 9-1 创建 FTP 站点”的相关内容，只是端口号要设为 2121。

STEP 3 测试 FTP 站点。在客户端计算机 WIN9-1 上打开“文件资源管理器”窗口或浏览器，在地址栏中输入“ftp://192.168.10.1:2121”并按“Enter”键，即可访问刚才建立的第 2 个 FTP 站点。

3. 使用两个不同的 IP 地址创建两个 FTP 站点

在同一台服务器中使用相同的端口号、不同的 IP 地址（192.168.10.1、192.168.10.5）创建两个 FTP 站点，具体步骤如下。

（1）设置 FTP 服务器网卡的两个 IP 地址

前面已在 DNS1 上设置了两个 IP 地址，即 192.168.10.1、192.168.10.5，此处不赘述。

（2）更改第 2 个 FTP 站点的 IP 地址和端口号

STEP 1 在“Internet Information Services(IIS)管理器”窗口中展开 FTP 服务器选项，选择 FTP 站点“FTP2”。单击“操作”窗格中的“绑定”按钮，弹出“编辑网站绑定”对话框。

STEP 2 选择“ftp”类型后，将 IP 地址改为 192.168.10.5，端口号改为 21，如图 9-12 所示，单击“确定”按钮完成更改。

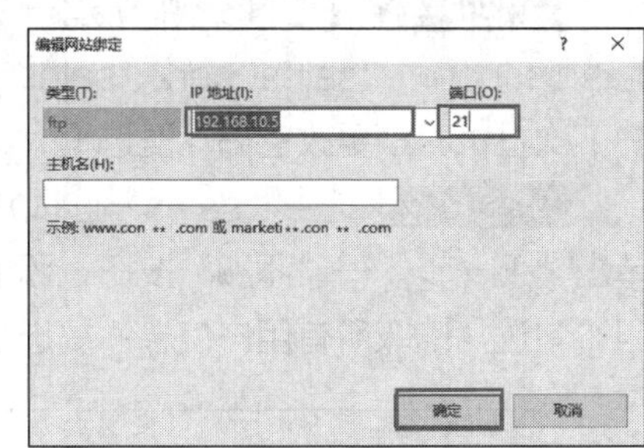

图 9-12 “编辑网站绑定”对话框

STEP 3 选择“开始”→“Windows 系统”→“控制面板”→“系统和安全”→“Windows Defender 防火墙”→“启用或关闭 Windows Defender 防火墙”选项，关闭所有防火墙。

> **试一试** 选择“开始”→“Windows 系统”→“控制面板”→“系统和安全”→“Windows Defender 防火墙”→“高级设置”选项，新建基于端口的“入站规则”，允许 TCP 2121 端口通过防火墙。

（3）测试 FTP 的第 2 个站点

在 WIN9-1 上打开浏览器，在其地址栏中输入“ftp://192.168.10.5”并按“Enter”键访问刚才建立的第 2 个 FTP 站点。

> **试一试** 请读者参照任务 8-4 中的“2. 使用不同主机头名架设多个 Web 站点”的相关内容，自行完成“使用不同主机头名架设多个 FTP 站点”的实训。

任务 9-5 实现活动目录环境下多用户隔离 FTP

FTP 用户隔离为 Internet 服务提供商(ISP) 和应用服务提供商提供了解决方案，使他们可以为客户提供上载文件和 Web 内容的个人 FTP 目录。FTP 用户隔离通过将用户限制在自己的目录中，来防止用户查看或覆盖其他用户的 Web 内容。因为顶层目录就是 FTP 服务的根目录，所以用户无法浏览目录树的上一层。在特定的站点内，用户能创建、修改和删除文件和文件夹。

1．任务需求

某公司已经搭建好域环境，其业务组因业务需求，需要在服务器中存储相关业务数据，但是业务组希望各用户目录相互隔离（仅允许访问自己的目录而不允许访问他人的目录），每一个业务员允许使用的 FTP 空间大小为 100MB，该公司决定通过活动目录中的 FTP 隔离来实现此应用。

建立基于域的隔离用户 FTP 站点并使用磁盘配额技术可以实现本任务。在实现本任务前，请将前面所做的 FTP 站点删除或停止，以免影响本实训。

2．创建业务部组织单位及用户

域用户登录到 FTP 站点时，FTP 站点需要从 Active Directory 域服务数据库中读取登录用户的 msIIS-FTPRoot 与 msIIS-FTPDir 属性，以便得知其主目录的位置。但 FTP 站点需要提供有效的用户账户和密码，才可以读取这两个属性。这里将建立一个域用户账户 sales_master，使此账户有权限读取登录用户的这两个属性，并设置让 FTP 站点通过此账户来读取登录用户的这两个属性。

STEP 1 在 DNS1 中新建一个名为 sales 的组织单位，在 sales 中新建用户，用户名分别为 salesuser1、salesuser2、sales_master，用户密码为 P@ssw0rd，建立账户时取消勾选“用户下次登录时须更改密码”复选框，同时勾选“用户不能更改密码”复选框。

STEP 2 选中“sales”选项并单击鼠标右键，在弹出的快捷菜单中选择“委派控制”选项，单击“下一步”→“添加”按钮，添加 sales_master 用户，如图 9-13 所示，单击“下一步”按钮，勾选“读取所有用户信息”复选框，如图 9-14 所示。

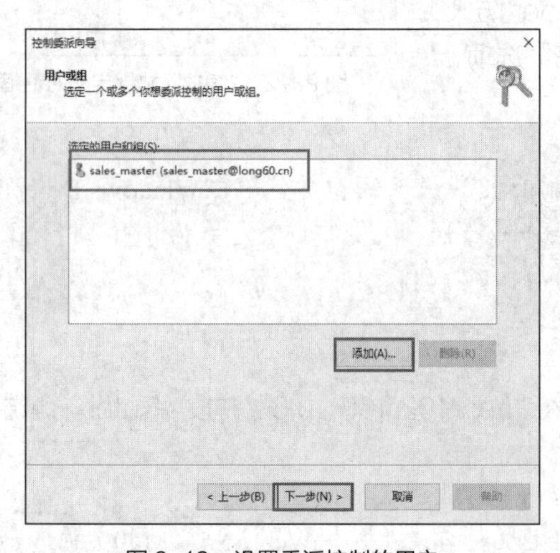

图 9-13　设置委派控制的用户

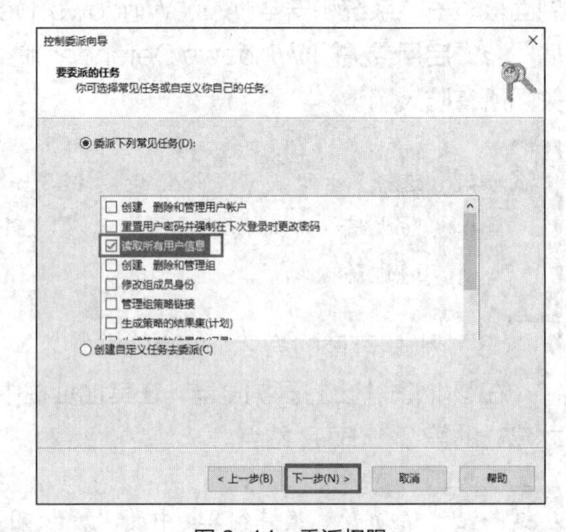

图 9-14　委派权限

STEP 3 单击“下一步”→“完成”按钮。这样就委派了 sales_master 用户对“sales”组织单位有读取所有用户信息的权限（sales_master 为 FTP 的服务账号）。

3. FTP 服务器配置

STEP 1 仍使用 long60\administrator 登录 FTP 服务器 DNS1（该服务器集域控制器、DNS 服务器和 FTP 服务器于一身，在真实环境中可能需要设置单独的 FTP 服务器）。FTP 服务器角色和功能已经添加。

STEP 2 在 C 盘（或其他任意盘）中建立主目录 FTP_sales，在 FTP_sales 中分别建立与用户名对应的文件夹 salesuser1、salesuser2，如图 9-15 所示。为了测试方便，请事先在这两个文件夹中新建一些文件或文件夹。

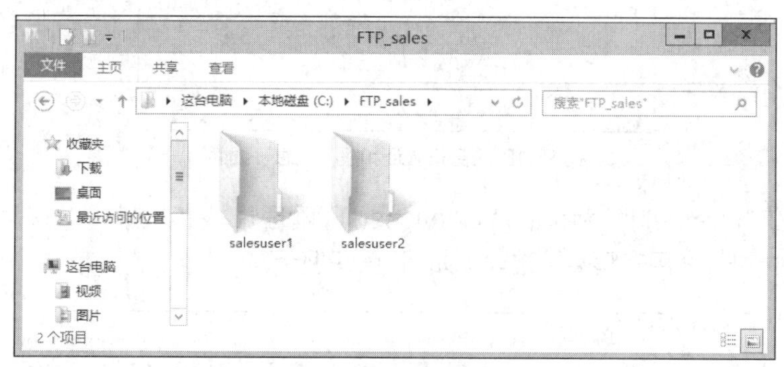

图 9-15　新建文件夹

STEP 3 选择“服务器管理器”→“工具”→“Internet Information Services(IIS)管理器”选项，在弹出的对话框中选中“网站”选项并单击鼠标右键，在弹出的快捷菜单中选择“添加 FTP 站点”选项，在弹出的“添加 FTP 站点”对话框中设置 FTP 站点名称并选择其物理路径，如图 9-16 所示。

STEP 4 在“绑定和 SSL 设置”界面中选择绑定的“IP 地址”，在“SSL”选项组中选中“无 SSL”单选按钮，如图 9-17 所示。

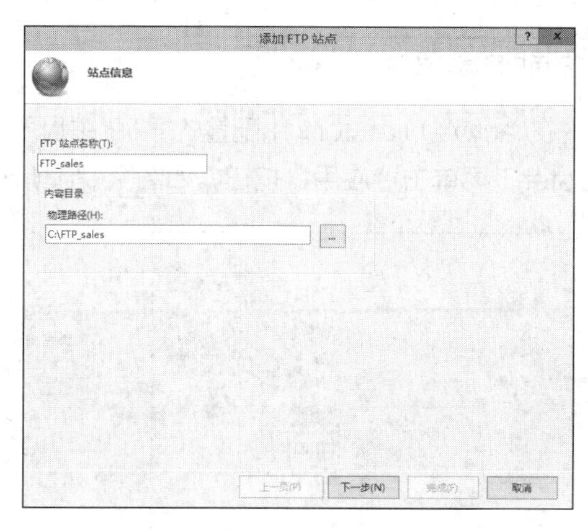

图 9-16　“添加 FTP 站点”对话框

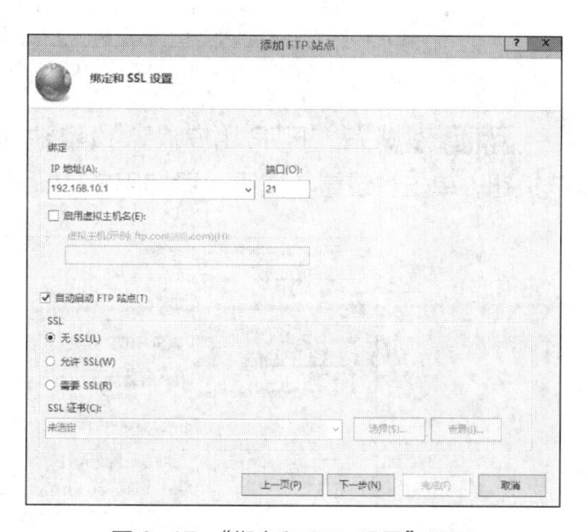

图 9-17　“绑定和 SSL 设置”界面

STEP 5 在“身份验证和授权信息”界面的“身份验证”选项组中勾选“基本”复选框，在“允许访问”下拉列表中选择“所有用户”选项，勾选“权限”选项组中的“读取”和“写入”复选框，单击“完成”按钮，如图 9-18 所示。

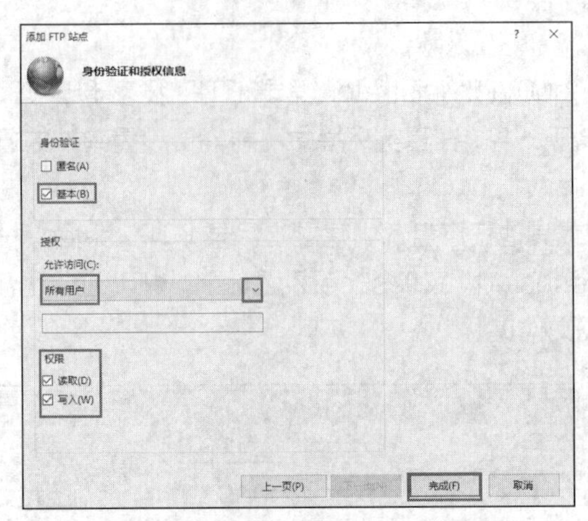

图 9-18 “身份验证和授权信息”界面

STEP 6 在“Internet Information Services(IIS)管理器”窗口的 FTP_sales 的“FTP Test 主页”窗格中选中“FTP 用户隔离”选项，如图 9-19 所示。

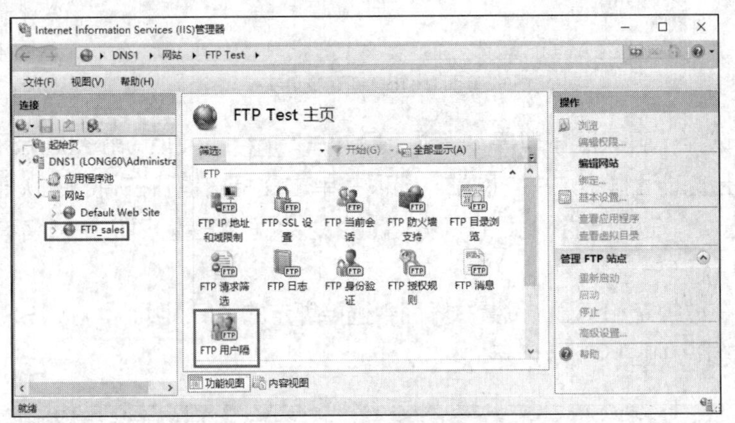

图 9-19 选择“FTP 用户隔离”选项

STEP 7 在“FTP 用户隔离”窗格中选中“在 Active Directory 中配置的 FTP 主目录”单选按钮，单击“设置”按钮，添加用户 sales_master，再单击“应用”按钮，如图 9-20 所示。

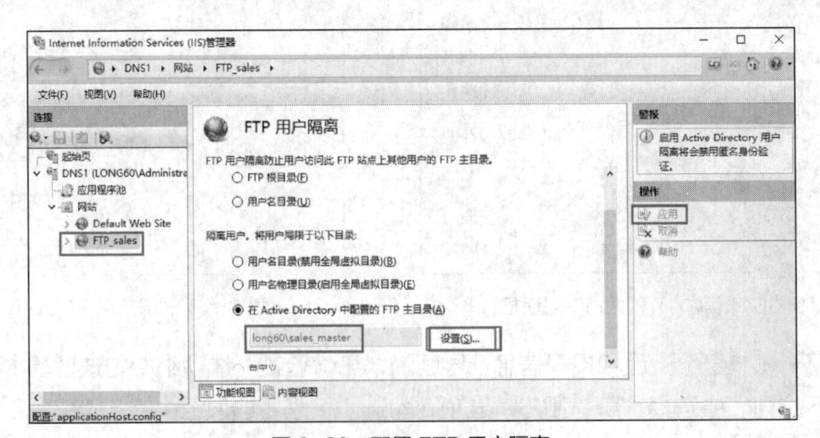

图 9-20 配置 FTP 用户隔离

STEP 8 在 DNS1 上选择“服务器管理器”→“工具”→“ADSI 编辑器”→“操作”→“连接到”选项，在弹出的“连接设置”对话框中单击“确定”按钮，如图 9-21 所示。

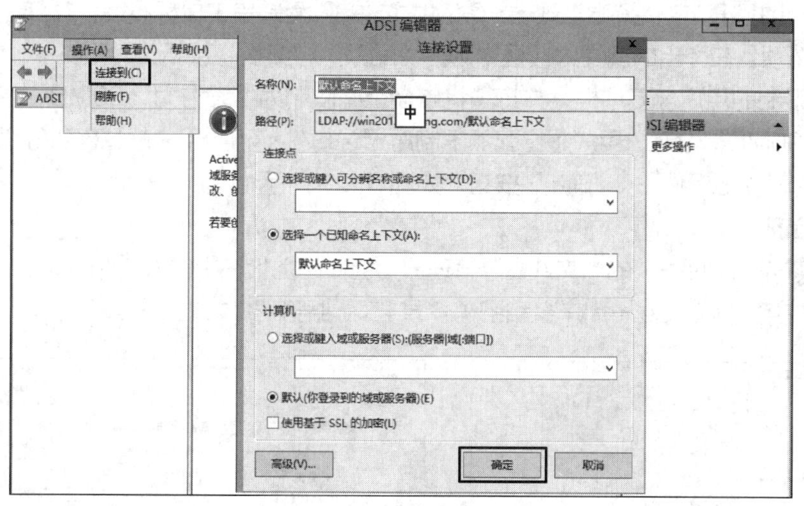

图 9-21 “连接设置”对话框

STEP 9 在左侧树状列表中选中 sales 组织单位中的 salesuser1 用户并单击鼠标右键，在弹出的快捷菜单中选择“属性”选项，在弹出的属性对话框中找到 msIIS-FTPDir 选项，该选项用于设置用户对应的目录，将其设为 salesuser1；再找到 msIIS-FTPRoot 选项，该选项用于设置用户对应的路径，将其设为 C:\FTP_sales，如图 9-22 所示。

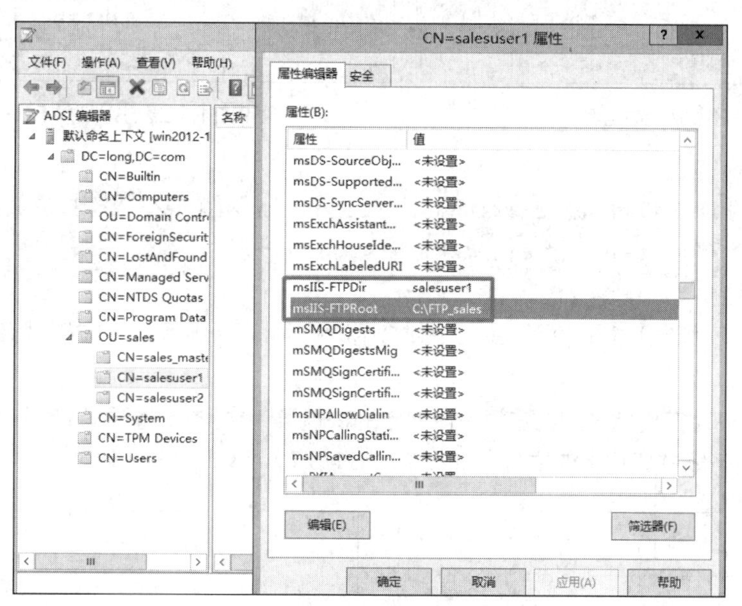

图 9-22 修改隔离用户属性

注意 msIIS-FTPRoot 对应于用户的 FTP 根目录，msIIS-FTPDir 对应于用户的 FTP 主目录，用户的 FTP 主目录必须是 FTP 根目录的子目录。

STEP 10 使用同样的方式配置 salesuser2 用户。

4. 配置磁盘配额

在 DNS1 上打开“文件资源管理器”窗口，选中 C 盘并单击鼠标右键，在弹出的快捷菜单中选择“属性”选项，在弹出的属性对话框中选择“配额”，勾选“启用配额管理”和“拒绝将磁盘空间给超过配额限制的用户”复选框，并将“将磁盘空间限制为”设置为 100MB，将“将警告等级设为”设置为 90MB，勾选“用户超出配额限制时记录事件”和“用户超过警告等级时记录事件”复选框，依次单击“应用”→“确定”按钮，如图 9-23 所示。

5. 测试验证

STEP 1 在 WIN9-1 的“文件资源管理器”窗口的地址栏中输入“ftp://192.168.10.1”，按“Enter”键，使用 salesuser1 用户名和密码登录 FTP 服务器，如图 9-24 所示。

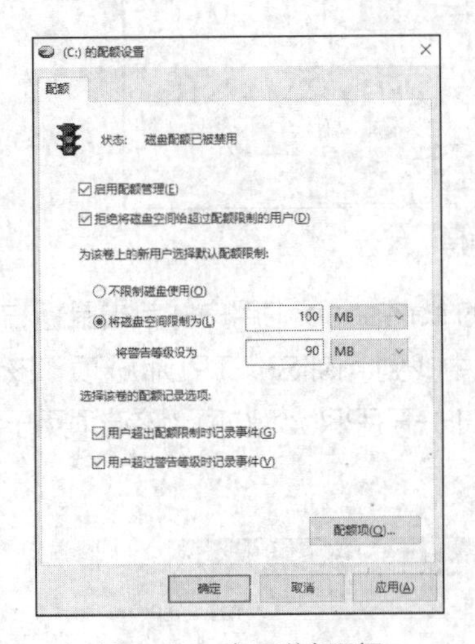

图 9-23　启用磁盘配额

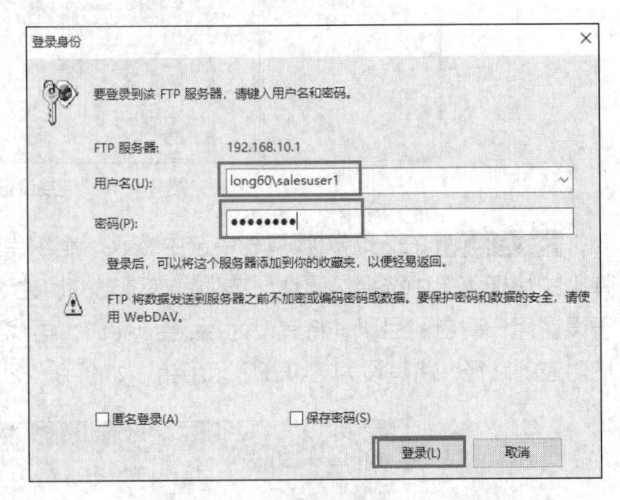

图 9-24　在客户端登录 FTP 服务器

注意　必须使用 long60\salesuser1 或 salesuser1@long60.cn 及其密码登录 FTP 服务器。为了不受防火墙的影响，建议暂时关闭所有的防火墙。

STEP 2 在 WIN9-1 上使用 salesuser1 用户访问 FTP 服务器，并成功上传文件，如图 9-25 所示。

STEP 3 在空白处单击鼠标右键，在弹出的快捷菜单中选择“登录”选项，使用 salesuser2 用户访问 FTP 服务器并成功上传文件，如图 9-26 所示。

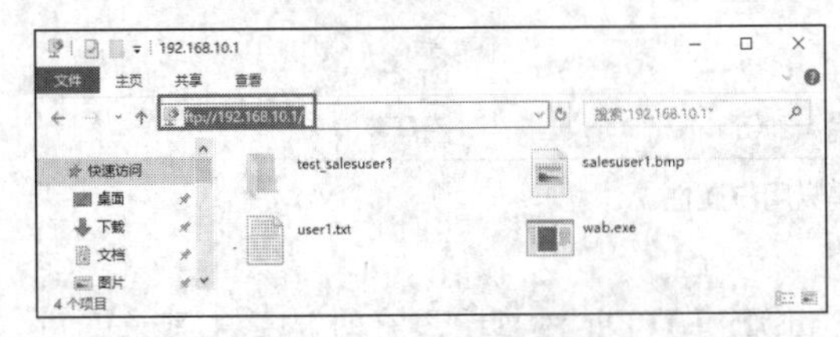

图 9-25　使用 salesuser1 用户访问 FTP 服务器并成功上传文件

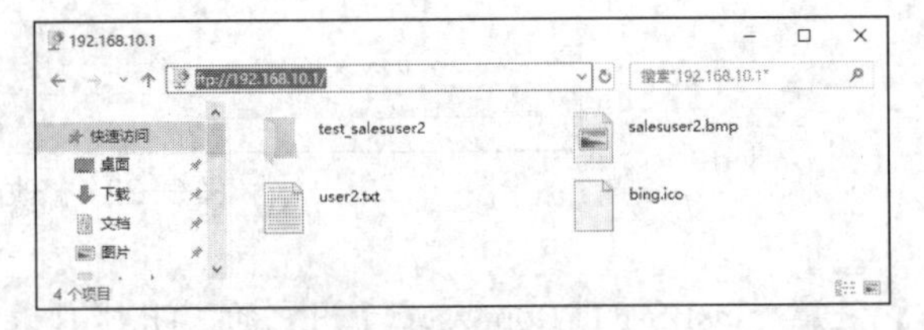

图 9-26　使用 salesuser2 用户访问 FTP 服务器并成功上传文件

STEP 4 当 salesuser1 用户上传的文件大小超过 100MB 时，系统会提示发生错误。例如，将大于 100MB 的 Administrator 文件夹上传到 FTP 服务器时会发生错误，如图 9-27 所示。

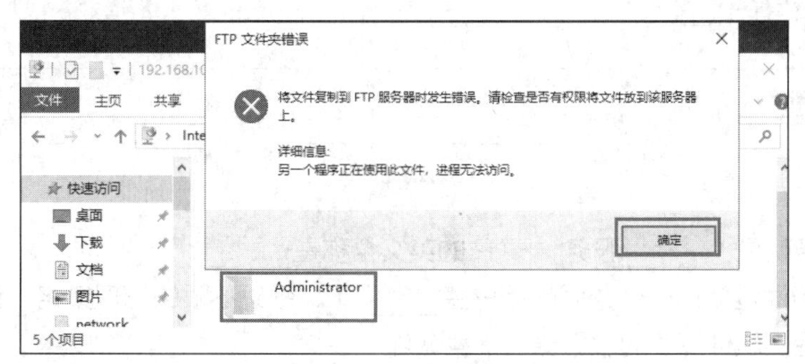

图 9-27　提示发生错误

STEP 5 在 DNS1 上打开“文件资源管理器”窗口，选中 C 盘并单击鼠标右键，在弹出的快捷菜单中选择“属性”选项，在弹出的“属性”对话框中选择“配额”，单击“配额项”按钮可以查看用户使用的空间，如图 9-28 所示。

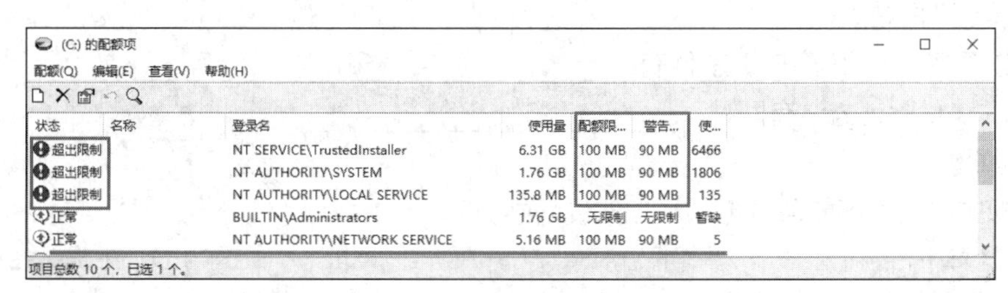

图 9-28　查看用户使用的空间

9.4 拓展阅读　中国的“龙芯”

你知道“龙芯”吗？你知道“龙芯”的应用水平吗？

通用处理器是信息产业的基础部件，是电子设备的核心器件。通用处理器是关系到国家命运的战略产业之一，其发展直接关系到国家技术创新能力和国家安全，是国家的核心利益所在。

“龙芯”是我国最早研制的高性能通用处理器系列，于 2001 年在中国科学院计算技术研究所开始研发，得到了“863”“973”“核高基”等项目的大力支持，完成了 10 年的核心技术积累。2010 年，中国科学院和北京市政府共同牵头出资，龙芯中科技术有限公司（简称龙芯中科）正式成立，开始市场化运作，旨在将龙芯处理器的研发成果产业化。

龙芯中科技术有限公司研制的处理器产品包括龙芯 1 号、龙芯 2 号、龙芯 3 号三大系列。为了将国家重大创新成果产业化，龙芯中科技术有限公司努力探索，在国防、教育、工业、物联网等领域取得了重大市场突破，龙芯产品取得了良好的应用效果。

目前龙芯处理器产品在各领域取得了广泛应用。在安全领域，龙芯处理器已经通过了严格的可靠性实验，作为核心元器件应用在几十种型号和系统中，2015 年，龙芯处理器成功应用于北斗二代导航卫星。在通用领域，龙芯处理器已经应用在个人计算机、服务器及高性能计算机、行业计算机终端，以及云计算终端等方面。在嵌入式领域，基于龙芯 CPU 的防火墙等网安系列产品已达到规模销售；应用于国产高端数控机床等系列工控产品，显著提升了我国工控领域的自主化程度和产业化水平；龙芯提供了 IP 设计服务，在国产数字电视领域也与国内多家知名厂家展开合作，其 IP 地址授权量已达百万片以上。

9.5 习题

一、填空题

1．FTP 服务就是________服务，FTP 的英文全称是________。

2．FTP 服务通过使用一个共同的用户名________、密码不限的管理策略，让任何用户都可以很方便地从公共提供软件下载的服务器上下载软件。

3．FTP 服务有两种工作模式：________和________。

4．FTP 命令的格式为________。

5．打开 FTP 服务器的命令是________，浏览其下目录列表的命令是________。如果匿名登录，则在用户名(ftp.long60.cn:(none))处输入匿名账户________，在密码处输入________或直接按“Enter”键，即可登录 FTP 站点。

6．比较著名的 FTP 客户端软件有________、________和________等。

7．FTP 身份验证方法有两种：________和________。

二、选择题

1．虚拟主机技术不能通过（　　）架设网站。

A．计算机名　　B．TCP 端口　　C．IP 地址　　D．主机头名

2．虚拟目录不具备的特点是（　　）。

A．便于扩展　　B．增删灵活

C．易于配置　　D．动态分配空间

3．FTP 服务使用的端口的端口号是（　　）。

A．21　　B．23　　C．25　　D．53

4．从 Internet 上获得软件通常采用（　　）。

A．WWW　　B．Telnet　　C．FTP　　D．DNS

三、判断题

1．若 Web 站点中的信息非常敏感，则为防止其中途被人截获，可采用 SSL 加密方式。（　　）

2．IIS 提供的基本服务包括发布信息、传输文件、支持用户通信和更新这些服务所依赖的数据存储。（　　）

3．虚拟目录是一个文件夹，它一定位于主目录内。（　　）

4．FTP 的全称是 File Transfer Protocol（文件传送协议），是用于传输文件的协议。（　　）

5．当使用“用户隔离”模式时，所有用户的主目录都在单一 FTP 主目录下，每个用户均被限制在自己的主目录中，且用户名必须与相应的主目录匹配，不允许用户浏览除自己主目录之外的其他内容。（　　）

四、简答题

1. 非域用户的隔离和域用户隔离的主要区别是什么？
2. 能否使用不存在的域用户进行多用户配置？
3. 磁盘配额的作用是什么？

9.6 项目实训　配置与管理 FTP 服务器

一、实训目的

- 掌握 FTP 服务器的安装方法。
- 掌握 FTP 服务器的配置方法。
- 掌握活动目录隔离用户 FTP 服务器的配置方法。

二、项目环境

本项目实训根据图 9-2 所示的环境来部署 FTP 服务器。

三、项目要求

根据网络拓扑结构（见图 9-2）完成如下任务。

（1）安装 FTP 服务器。

（2）创建和访问 FTP 站点。

（3）创建虚拟目录。

（4）安全设置 FTP 服务器。

（5）创建虚拟主机。

（6）配置与使用客户端。

（7）设置活动目录隔离用户 FTP 服务器，测试用户为 Jane 和 Mike。参考任务 9-5。

四、做一做

根据项目实训视频进行项目的实训，检查学习效果。

项目10
配置与管理VPN服务器

作为网络管理员，必须熟悉网络安全保护的各种策略环节及可以采取的安全措施，这样才能合理地进行安全管理，使得网络和计算机处于安全状态。

虚拟专用网络可以让远程用户通过 Internet 来安全地访问公司内部网络的资源。

学习要点

- 理解 VPN 的基本概念和基本原理。
- 理解 VPN 的构成和连接过程。
- 掌握配置并测试远程访问 VPN 的方法。
- 掌握 VPN 服务器的网络策略的配置方法。

素质要点

- 国产操作系统的前途光明！只有瞄准核心科技埋头攻关，助力我国软件产业从价值链的低端向高端迈进，才能为高质量发展和国家信息产业安全插上腾飞的“翅膀”。
- 广大青年一定要勇于创新创造。正所谓“苟日新，日日新，又日新”。生活总是将更多机遇留给善于和勇于创新的人们。青年是社会上最富有活力、最具创造性的群体，理应走在创新创造前列。

10.1 项目基础知识

远程访问（Remote Access）也称为远程接入，通过这种技术，可以将远程或移动用户连接到组织内部网络中，使远程用户可以像其计算机物理地连接到内部网络中一样工作。实现远程访问常用的连接方式就是利用虚拟专用网络（Virtual Private Network，VPN）技术。目前，Internet 中的多个企业网络常常选择 VPN 技术（通过加密技术、验证技术、数据确认技术的共同应用）连接起来，这样就可以轻易地在 Internet 上建立一个专用网络，使远程用户通过 Internet 来安全地访问企业内部的网络资源。

10-1 微课 VPN 基础知识

VPN 是指在公共网络（通常为 Internet）中建立一个虚拟的、专用的网络，是 Internet 与 Intranet 之间的专用通道，能为企业提供一个高安全性、高性能、简便易用的环境。当远程的 VPN 客户端通过 Internet 连接到 VPN 服务器时，它们之间所传输的信息会被加密，所以即使信息在 Internet 传送的过程中被拦截，也会因为信息已被加密而无法识别，因此可以确保信息传输的安全性。

10.1.1 VPN 的构成

（1）远程访问 VPN 服务器。远程访问 VPN 服务器用于接收并响应 VPN 客户端的连接请求，并建立 VPN 连接。它可以是专用的 VPN 服务器设备，也可以是运行 VPN 服务的主机。

（2）VPN 客户端。VPN 客户端用于发起连接 VPN 的请求，通常为 VPN 连接组件的主机。

（3）隧道协议。VPN 的实现依赖于隧道协议，通过隧道协议，它可以将一种协议用另一种协议或相同协议封装，同时可以提供加密、认证等安全服务。VPN 服务器和客户端必须支持相同的隧道协议，以便建立 VPN 连接。目前常用的隧道协议有 PPTP 和 L2TP。

- 点对点隧道协议（Point-to-Point Tunneling Protocol，PPTP）是点对点协议（Point-to-Point Protocol，PPP）的扩展，并协调使用 PPP 的身份验证、压缩和加密机制。PPTP 的客户端支持内置于 Windows XP 操作系统的远程访问客户端中。只有 IP 网络（如 Internet）才可以建立 PPTP 的 VPN。若两个局域网之间通过 PPTP 连接，则两端直接连接到 Internet 的 VPN 服务器必须支持 TCP/IP，但网络内的其他计算机不一定需要支持 TCP/IP，它们可执行 TCP/IP、IPX 或 NetBEUI 通信协议，因为当它们通过 VPN 服务器与远程计算机通信时，这些不同通信协议的数据包会被封装到 PPP 的数据包中，并经过 Internet 传送，信息到达目的地后，再由远程的 VPN 服务器将其还原为 TCP/IP、IPX 或 NetBEUI 的数据包。PPTP 是利用微软点对点加密（Microsoft Point-to-Point Encryption，MPPE）技术来将信息加密的。PPTP 的 VPN 服务器支持内置于 Windows Server 2003 家族的成员中。PPTP 与 TCP/IP 一同安装，根据运行“路由和远程访问服务器安装向导”时所做的选择，PPTP 可以配置为 5 个或 128 个 PPTP 端口。
- 第二层隧道协议（Layer 2 Tunneling Protocol，L2TP）是基于征求意见稿（Request for Comments，RFC）的隧道协议，它是一种业内标准。L2TP 同时具有身份验证、加密与数据压缩的功能。L2TP 的验证与加密方法都采用互联网络层安全协议（Internet Protocol Security，IPsec）。与 PPTP 类似，L2TP 也可以将 IP、IPX 或 NetBEUI 的数据包封装到 PPP 的数据包中。与 PPTP 不同的是，运行在 Windows Server 2019 服务器上的L2TP不利用MPPE来加密PPP数据包。L2TP依赖于加密服务的IPsec。L2TP 和 IPsec 的组合被称为 L2TP/IPsec。L2TP/IPsec 提供专用数据的封装和加密的主要 VPN 服务。VPN 客户端和 VPN 服务器必须支持 L2TP 和 IPsec。在 VPN 客户端方面，L2TP 支持 Windows 8/10 操作系统的远程访问客户端。在 VPN 服务器方面，L2TP 支持 Windows Server 家族的成员。L2TP 与 TCP/IP 一同安装，根据运行“路由和远程访问服务器安装向导”时所做的选择，L2TP 可以配置为 5 个或 128 个 L2TP 端口。

（4）Internet 连接。VPN 服务器和客户端必须都接入 Internet，并且能够通过 Internet 进行正常的通信。

10.1.2 VPN 应用场合

VPN 的实现可以分为软件和硬件两种方式。Windows 服务器版的操作系统以完全基于软件的方式实现了 VPN，成本低廉。无论身处何地，只要能连接到 Internet，就可以与企业网在 Internet 上的 VPN 相关联，登录到内部网络中并浏览或交换信息。VPN 常用在以下两种场合中。

（1）远程客户端通过 VPN 连接到局域网

总公司（局域网）的网络已经连接到 Internet，而用户通过远程拨号连接 ISP 接入 Internet 后，就可以通过 Internet 来与总公司（局域网）的 VPN 服务器建立 PPTP 或 L2TP 的 VPN，并通过 VPN 来安全地传送信息。

（2）两个局域网通过 VPN 互连

两个局域网的 VPN 服务器都连接到 Internet，并通过 Internet 建立 PPTP 或 L2TP 的 VPN，它可以让两个网络之间安全地传送信息，不用担心信息在 Internet 上传输时泄密。

除了使用软件方式实现外，VPN 的实现需要建立在交换机、路由器等硬件设备的基础上。目前，在 VPN 技术和产品方面，较具有代表性的当数华为和锐捷。

10.1.3 VPN 的连接过程

VPN 的连接过程如下。

（1）客户端向服务器连接 Internet 的接口发送建立 VPN 连接的请求。

（2）服务器接收到客户端建立连接的请求之后，将对客户端的身份进行验证。

（3）如果身份验证未通过，则拒绝客户端的连接请求。

（4）如果身份验证通过，则允许客户端建立 VPN 连接，并为客户端分配一个内部网络的 IP 地址。

（5）客户端将获得的 IP 地址与 VPN 连接组件绑定，并使用该地址与内部网络进行通信。

10.1.4 认识网络策略

下面了解网络策略的相关知识。

1. 什么是网络策略

部署网络访问保护（Network Access Protection，NAP）时，将向网络策略配置中添加健康策略，以便在授权的过程中使用网络策略服务器（Network Policy Server，NPS）执行客户端健康检查。

当处理作为 RADIUS 服务器的连接请求时，NPS 对此连接请求既执行身份验证，又执行授权。在身份验证过程中，NPS 验证连接到网络的用户或计算机的身份。在授权过程中，NPS 决定是否允许用户或计算机访问网络。若允许，则 NPS 使用在 NPS 微软管理控制台（Microsoft Management Console，MMC）管理单元中配置的网络策略。NPS 还会检查 Active Directory 域服务中账户的拨入属性以执行授权。

可以将网络策略视为规则。每个规则都具有一组条件和设置。NPS 将规则的条件与连接请求的属性进行对比。如果规则和连接请求之间能够匹配，则规则中定义的设置会应用于连接。

当在 NPS 中配置了多个网络策略时，它们构成一组有序的规则。NPS 根据列表中的第一个规则检查每个连接请求，并根据第二个规则进行检查，以此类推，直到找到匹配项为止。

每个网络策略都有“策略状态”设置，使用该设置可以启用或禁用策略。如果禁用网络策略，则授权连接请求时，NPS 不评估策略。

2. 网络策略属性

每个网络策略中都有以下 4 种类别的属性。

（1）概述

使用概述属性可以指定是否启用策略、是允许还是拒绝访问策略，以及连接请求是需要特定网络连接方法还是需要网络访问服务器类型。使用概述属性还可以指定是否忽略 Active Directory 域服务中的用户账户的拨入属性，如果选择忽略，则 NPS 只使用网络策略中的设置来确定是否授权连接。

（2）条件

使用条件属性可以指定为了匹配网络策略，连接请求必须具有的条件；如果策略中配置的条件与连接请求匹配，则 NPS 将把网络策略中指定的设置应用于连接。例如，如果将网络访问服务器 IPv4 地址（NAS IPv4 地址）指定为网络策略的条件，并且 NPS 从具有指定 IP 地址的 NAS 接收连接请求，则策略中的条件与连接请求相匹配。

（3）约束

约束是匹配连接请求所需的网络策略的附加参数。如果连接请求与约束不匹配，则 NPS 自动拒绝该请求。与 NPS 对网络策略中不匹配条件的响应不同，如果约束不匹配，则 NPS 不评估附加网络策略，只拒绝连接请求。

（4）设置

使用设置属性可以指定在策略的所有网络策略条件都匹配时，NPS 应用于连接请求的设置。

10.2 项目设计与准备

1. 项目设计

所有任务将根据图 10-1 所示的环境部署远程访问 VPN 服务器。

DNS1、DNS2、WIN9-1 可以是 VMware 的虚拟机。内部网络的连接方式是 VMnet1，外部网络的连接方式是 VMnet2。在 VPN 客户端与内部网络间的实际应用中应该有路由通道，图 10-1 所示仅是实训时所用的网络拓扑结构，请读者注意。

2. 项目准备

在部署远程访问 VPN 服务器之前，应做如下准备。

（1）使用提供远程访问 VPN 服务的 Windows Server 2019 网络操作系统。

（2）VPN 服务器 DNS1 至少要有两个网络连接，其 IP 地址如图 10-1 所示。

（3）VPN 服务器 DNS1 必须与内部网络相连，因此需要配置与内部网络连接所需要的 TCP/IP 参数（私有 IP 地址），该参数可以手动指定，也可以通过内部网络中的 DHCP 服务器自动分配。本例的 DNS1 的 IP 地址为 192.168.10.1/24。

（4）内部网络中的 DNS2 的 IP 地址为 192.168.10.2/24，默认网关为 192.168.10.1（必须这样设置！）。

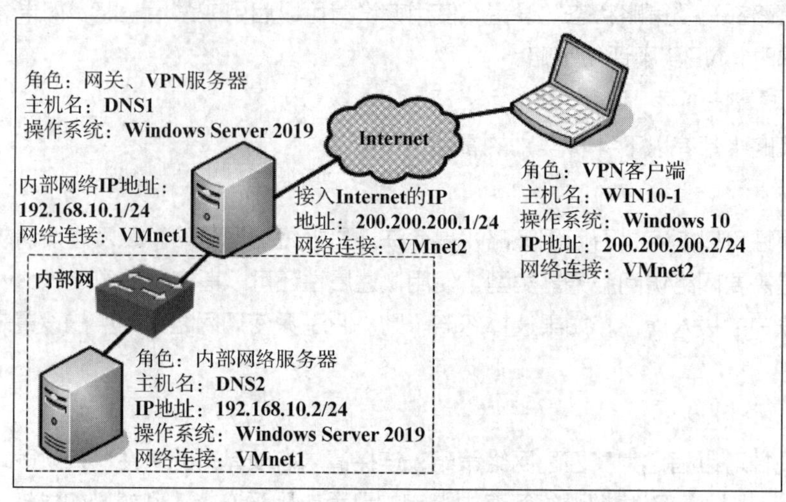

图 10-1　架设 VPN 服务器的网络拓扑结构

（5）VPN 服务器必须同时与 Internet 相连，因此需要建立和配置与 Internet 的连接。VPN 服务器与 Internet 的连接通常采用较快的连接方式，如专线连接。本例 IP 地址为 200.200.200.1/24。

（6）合理规划分配给 VPN 客户端的 IP 地址。VPN 客户端在请求建立 VPN 连接时，VPN 服务器需要为其分配内部网络的 IP 地址。配置的 IP 地址也必须是内部网络中未使用的 IP 地址，地址的数量根据同时建立 VPN 连接的客户端数量来确定。在本项目中部署远程访问 VPN 服务器时，使用静态 IP 地址池为远程访问客户端分配 IP 地址，IP 地址范围为 192.168.100.100/24～192.168.100.200/24。

（7）VPN 客户端在请求建立 VPN 连接时，服务器要对其进行身份验证，因此应合理规划需要建立 VPN 连接的用户账户。VPN 客户端的 IP 地址为 200.200.200.2/24。

10.3 项目实施

任务 10-1　架设 VPN 服务器

在架设 VPN 服务器之前，读者需要了解本任务实例部署的需求和实验环境。本任务使用 VMware Workstation 或 Hyper-V 服务器构建虚拟环境。

10-2 课堂慕课
配置与管理 VPN 服务器

1. 为 VPN 服务器 DNS1 添加第二块网卡

选中 DNS1，选择 VMware 菜单栏中的“虚拟机”→“设置”选项，在弹出的对话框中单击“添加”按钮，进入“硬件类型”界面，选择“网络适配器”选项，如图 10-2 所示，单击“完成”按钮。将网卡的网络连接模式修改为自定义中的“VMnet2（仅主机模式）”，如图 10-3 所示。

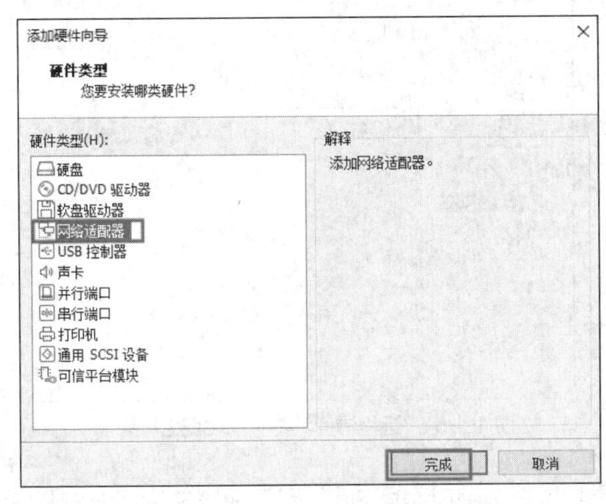

图 10-2 选择硬件类型

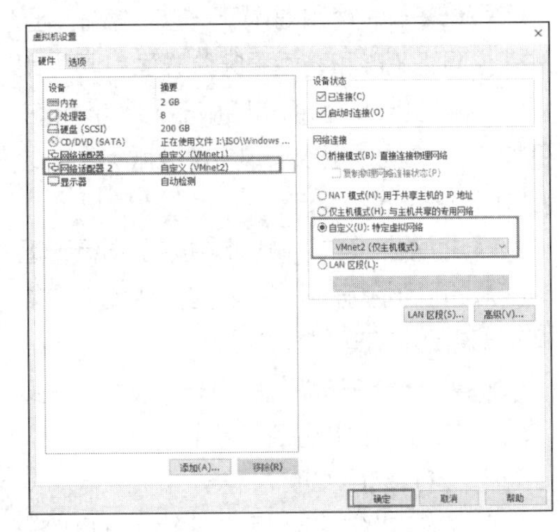

图 10-3 修改网络连接模式

2. 未连接到 VPN 服务器时的测试（WIN9-1）

STEP 1 以管理员身份登录 WIN9-1，打开 Windows PowerShell 或者在“运行”对话框中输入“cmd”并按“Enter”键。

STEP 2 在 WIN9-1 上使用 ping 命令测试其与 DNS1 和 DNS2 的连通性，其测试结果如图 10-4 所示。

3. 安装路由和远程访问角色

要配置 VPN 服务器，必须安装路由和远程访问角色。Windows Server 2019 中的路由和远程访问角色是包括在网络策略和访问服务角色中的，并且默认没有安装。用户可以根据自己的需要选择同时安装网络策略和访问服务角色中的所有服务组件或者只安装路由和远程访问角色。

路由和远程访问角色的安装步骤如下。

STEP 1 以管理员身份登录服务器 DNS1，打开“服务器管理器”窗口，单击“仪表板”处的“添加角色和功能”按钮，进入图 10-5 所示的“选择服务器角色”界面，勾选“网络策略和访问服务”和“远程访问”复选框。

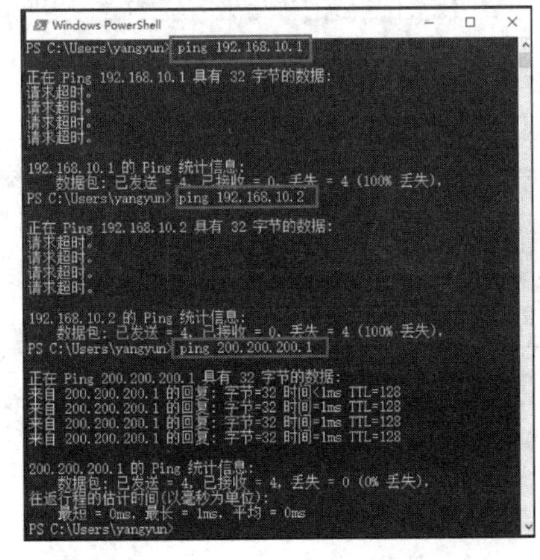

图 10-4 未连接 VPN 服务器时的测试结果

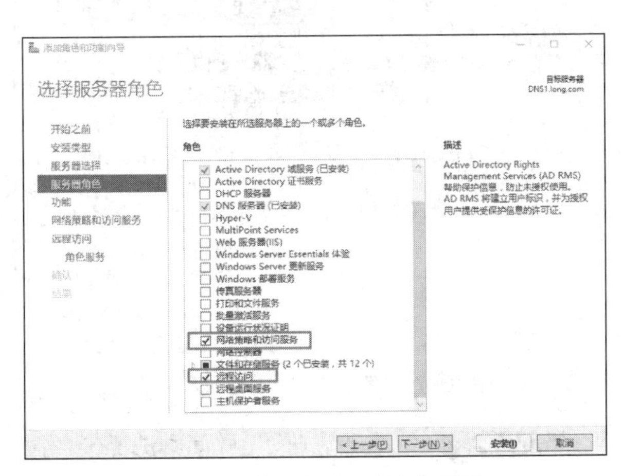

图 10-5 “选择服务器角色”界面

STEP 2 持续单击“下一步”按钮，直至进入“网络策略和访问服务”界面，网络策略和访问服务包括“网络策略服务器”“健康注册机构”“主机凭据授权协议”角色服务，勾选“网络策略服务器”复选框。

STEP 3 单击“下一步”按钮，显示“远程访问”的“角色服务”列表框，将其中的复选框全部勾选，如图 10-6 所示。

STEP 4 单击“安装”按钮即可开始安装，安装完成后务必重启计算机。

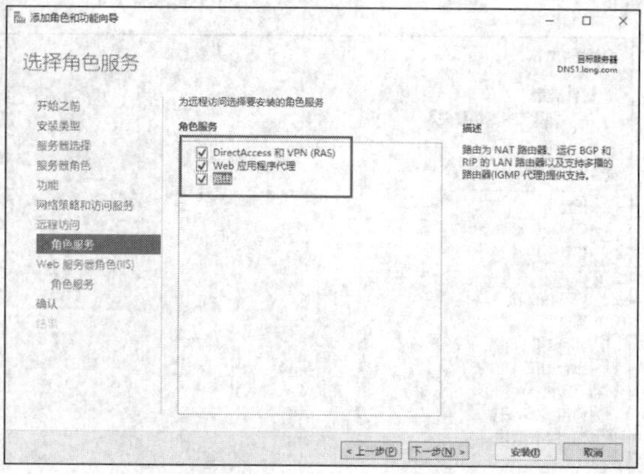

图 10-6 “远程访问”的“角色服务”列表框

4. 配置并启用 VPN 服务

在已经安装路由和远程访问角色的 DNS1 上通过“路由和远程访问”窗口配置并启用路由和远程访问，具体步骤如下。

（1）弹出“路由和远程访问服务器安装向导”对话框

STEP 1 以域管理员账户登录到需要配置 VPN 服务的 DNS1 上，选择“开始”→“Windows 管理工具”→“路由和远程访问”选项，打开图 10-7 所示的“路由和远程访问”窗口。

STEP 2 在左侧树状列表中选中“DNS1（本地）”选项并单击鼠标右键，在弹出的快捷菜单中选择“配置并启用路由和远程访问”选项，弹出“路由和远程访问服务器安装向导”对话框。

（2）选择 VPN 连接

STEP 1 单击“下一步”按钮，进入“配置”界面，在该界面中配置 NAT、VPN 及路由服务，在此选中“远程访问(拨号或 VPN)”单选按钮，单击“下一步”按钮，如图 10-8 所示。

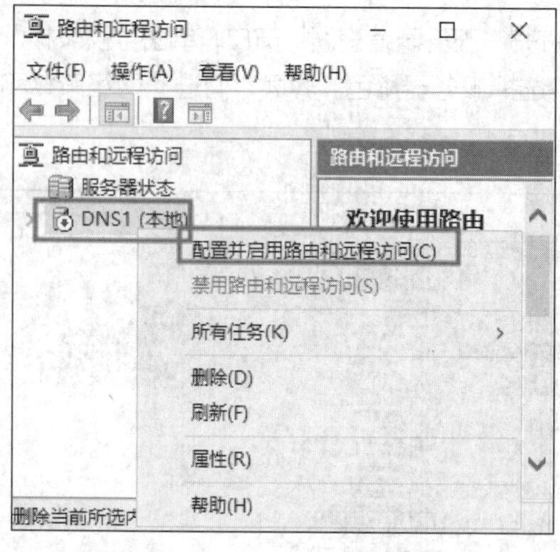

图 10-7 “路由和远程访问”窗口

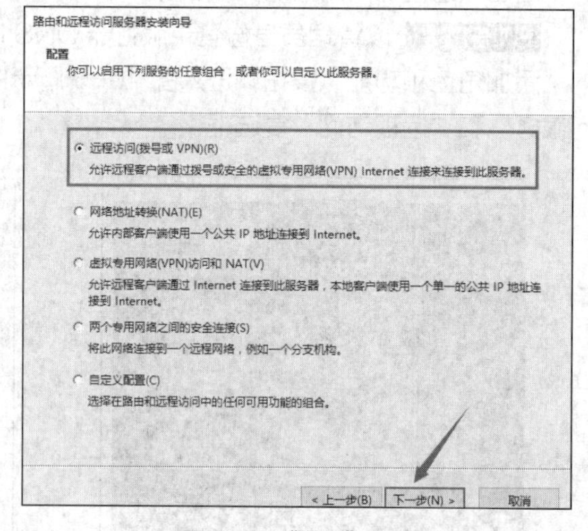

图 10-8 “配置”界面

STEP 2 在“远程访问”界面中选择创建拨号或 VPN 远程访问连接，在此勾选“VPN”复选框，单击“下一步”按钮，如图 10-9 所示。

（3）选择连接到 Internet 的网络接口

在“VPN 连接”界面中选择连接到 Internet 的网络接口，在此选择“Ethernet1”选项，单击“下一步”按钮，如图 10-10 所示。

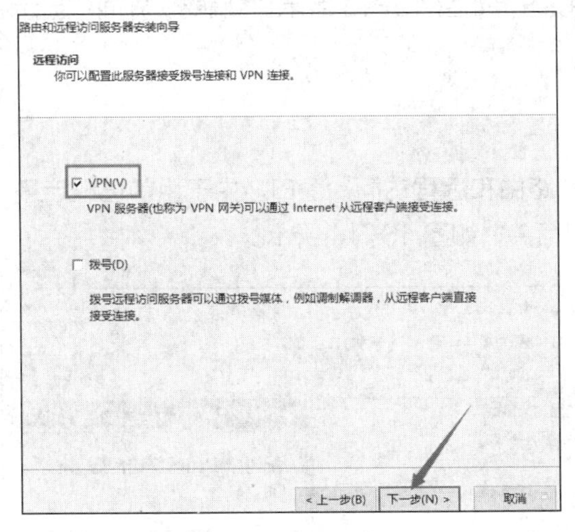

图 10-9 “远程访问”界面

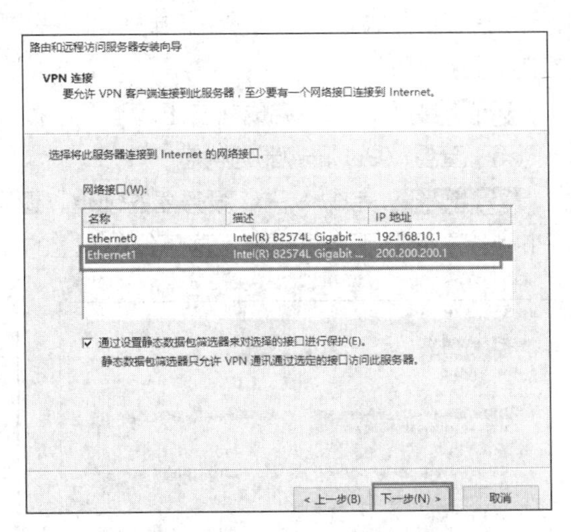

图 10-10 “VPN 连接”界面

（4）设置 IP 地址分配方式

STEP 1 在“IP 地址分配”界面中设置分配给 VPN 客户端计算机的 IP 地址是从 DHCP 服务器获取还是来自一个指定范围，在此选中“来自一个指定的地址范围”单选按钮，单击“下一步”按钮，如图 10-11 所示。

STEP 2 在“地址范围分配”界面中指定 VPN 客户端计算机的 IP 地址范围。单击“新建”按钮，弹出“新建 IPv4 地址范围”对话框，在“起始 IP 地址”文本框中输入“192.168.100.100”，在“结束 IP 地址”文本框中输入“192.168.100.200”，如图 10-12 所示，单击“确定”按钮。

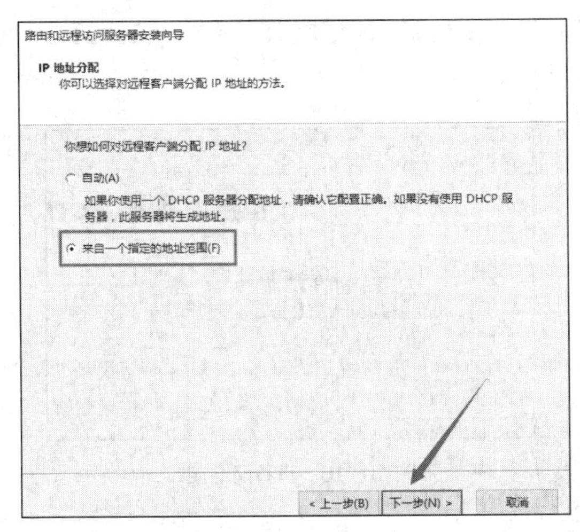

图 10-11 “IP 地址分配”界面

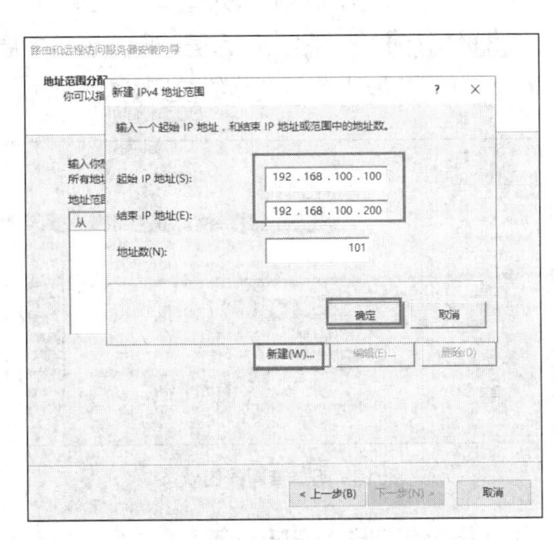

图 10-12 输入 VPN 客户端 IP 地址范围

STEP 3 返回到“地址范围分配”界面，可以看到已经指定了一段 IP 地址范围。

（5）结束 VPN 配置

STEP 1 单击“下一步”按钮，进入“管理多个远程访问服务器”界面。在该界面中指定身份验证的方法是路由和远程访问还是 RADIUS 服务器。在此选中“否，使用路由和远程访问来对连接请求进行身份验证”单选按钮，单击“下一步”按钮，如图 10-13 所示。“摘要”界面中显示了之前步骤所设置的信息。

STEP 2 单击“完成”按钮。

（6）查看 VPN 服务器的状态

STEP 1 完成 VPN 服务器的创建，返回“路由和远程访问”窗口。由于目前已经启用了 VPN 服务，所以服务器图标上显示绿色向上的标识箭头，如图 10-14 所示。

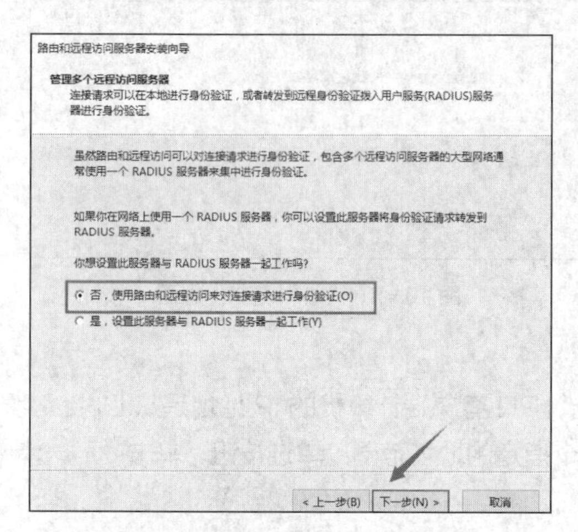

图 10-13 “管理多个远程访问服务器”界面

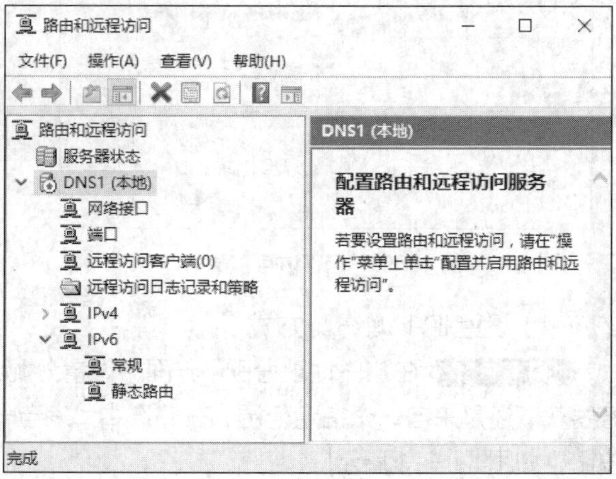

图 10-14 VPN 配置完成后的效果

STEP 2 在“路由和远程访问”窗口中展开服务器，选择“端口”选项，右侧窗格中显示所有端口的状态为“不活动”，如图 10-15 所示。

STEP 3 在“路由和远程访问”窗口中展开服务器，选择“网络接口”选项，右侧窗格中显示了 VPN 服务器中的所有网络接口，如图 10-16 所示。

图 10-15 查看端口状态

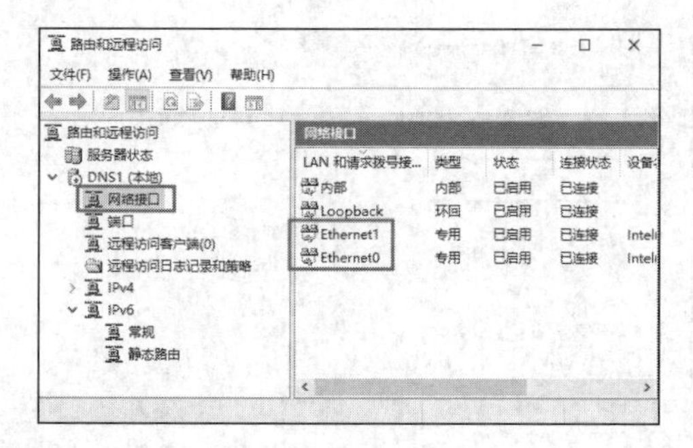

图 10-16 查看网络接口

5. 停止和启动 VPN 服务

要启动或停止 VPN 服务，可以使用 net 命令、“路由和远程访问”窗口或“服务”窗口，具体步骤如下。

（1）使用 net 命令

以域管理员账户登录到 VPN 服务器 DNS1，在命令提示符窗口中输入并执行“net stop remoteaccess”命令停止 VPN 服务，输入并执行“net start remoteaccess”命令启动 VPN 服务。

（2）使用“路由和远程访问”窗口

在“路由和远程访问”窗口中选中服务器 DNS1 并单击鼠标右键，在弹出的快捷菜单中选择“所有任务”→“停止”或“启动”选项，即可停止或启动 VPN 服务。

VPN 服务停止以后，“路由和远程访问”窗口如图 10-7 所示，服务器图标上显示红色向下的标识箭头。

（3）使用“服务”窗口

选择“服务器管理器”→“工具”→“服务”选项，打开“服务”窗口，选中“Routing and Remote Access”选项，单击“停止此服务”或“重启动此服务”超链接即可停止或启动 VPN 服务，如图 10-17 所示。

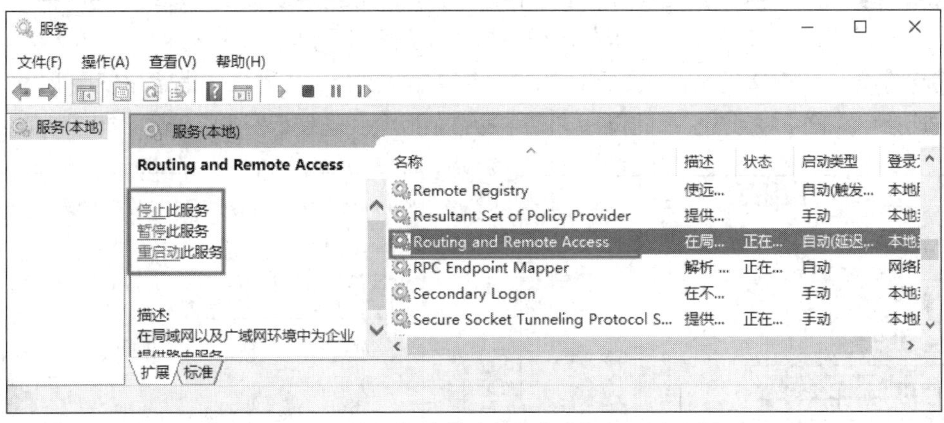

图 10-17　使用“服务”窗口停止或启动 VPN 服务

6. 配置域用户账户允许 VPN 连接

在域控制器 DNS1 上设置允许用户“Administrator@long60.cn”使用 VPN 连接到 VPN 服务器，具体步骤如下。

STEP 1 以域管理员账户登录到域控制器 DNS1，打开“Active Directory 用户和计算机”窗口。依次展开“long60.cn”和“Users”选项，选中“Administrator”选项并单击鼠标右键，在弹出的快捷菜单中选择“属性”选项，弹出“Administrator 属性”对话框。

STEP 2 在“Administrator 属性”对话框中选择“拨入”，在“网络访问权限”选项组中选中“允许访问”单选按钮，如图 10-18 所示，单击“确定”按钮。

7. 在 VPN 端建立并测试 VPN 连接

在 VPN 端计算机 WIN9-1 上建立 VPN 连接并连接到 VPN 服务器，具体步骤如下。

（1）在客户端计算机上新建 VPN 连接

STEP 1 以本地管理员账户登录到 VPN 客户端计算机 WIN9-1，选择“开始”→“Windows 系统”→“控制面板”→“网络和 Internet”→“网络和共享中心”选项，打开图 10-19 所示的“网络和共享中心”窗口，单击“设置新的连接或网络”按钮。

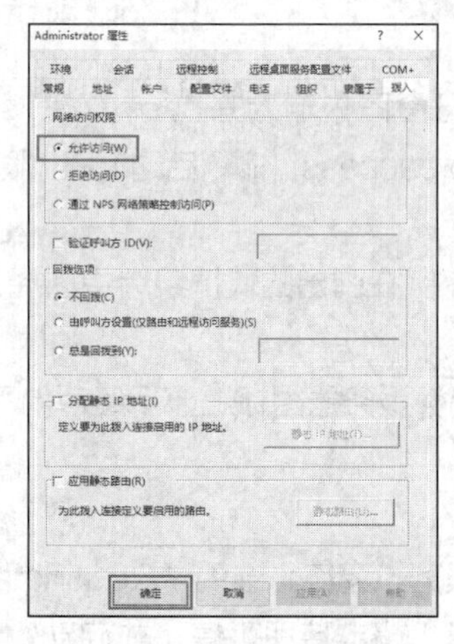
图 10-18 “Administrator 属性”对话框

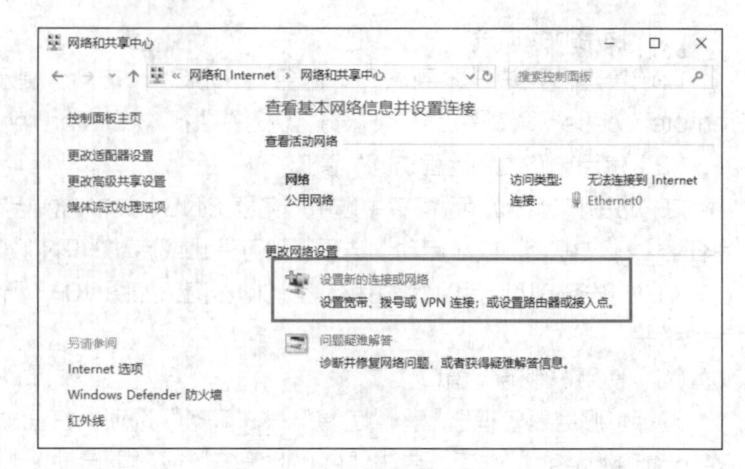
图 10-19 “网络和共享中心”窗口

STEP 2 在“设置连接或网络”窗口中建立连接，以连接到 Internet 或专用网络。在此选择“连接到工作区”选项，单击“下一步”按钮，如图 10-20 所示。

STEP 3 在“连接到工作区”窗口的“你希望如何连接？”界面中指定是使用 Internet 还是拨号方式连接到 VPN 服务器。在此选择“使用我的 Internet 连接(VPN)”选项，如图 10-21 所示。

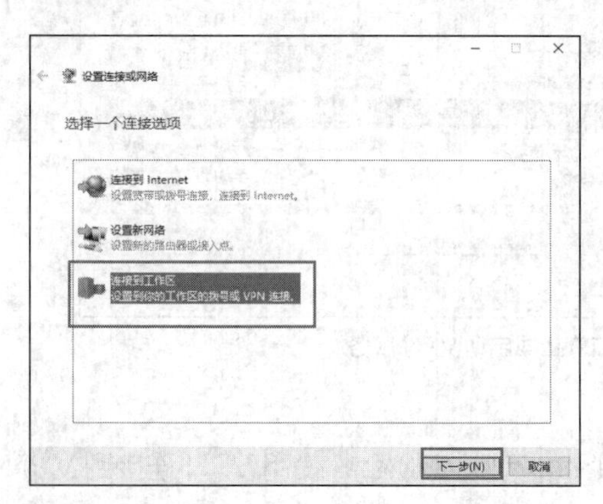
图 10-20 建立连接

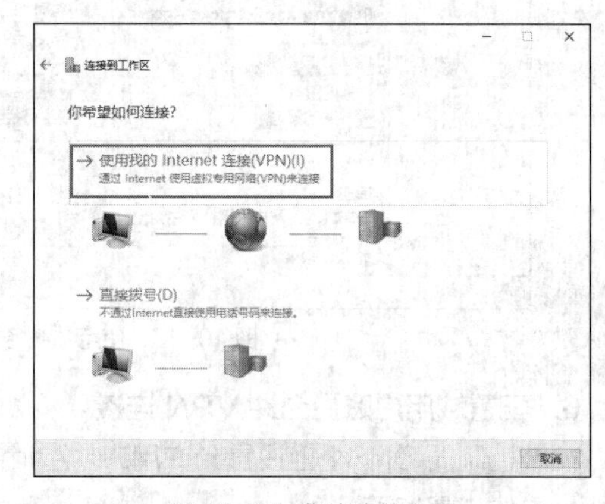
图 10-21 指定连接方式

STEP 4 在“你想在继续之前设置 Internet 连接吗？”界面中设置 Internet 连接。由于本例的 VPN 服务器和 VPN 客户端是直接通过物理方式连接在一起的，所以选择“我将稍后设置 Internet 连接”选项，如图 10-22 所示。

STEP 5 在“键入要连接的 Internet 地址”界面的“Internet 地址”文本框中输入 VPN 服务器的外部网卡 IP 地址“200.200.200.1”，并设置目标名称为“VPN 连接”，单击“创建”按钮，如图 10-23 所示，创建 VPN 连接。

（2）连接到 VPN 服务器

STEP 1 选中“开始”菜单并单击鼠标右键，在弹出的快捷菜单中选择“网络连接”选项，打开“设置”窗口，选择“VPN”选项，单击“VPN 连接”→“连接”按钮，如图 10-24 所示，弹出图 10-25 所示的“Windows 安全中心”对话框。在该对话框中输入允许 VPN 连接的账户和密码，单击“确定”按钮，在此使用账户 long60\administrator 建立连接。

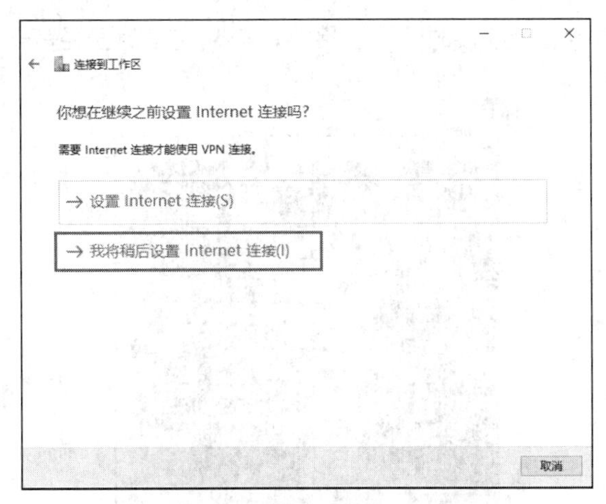

图 10-22 设置 Internet 连接

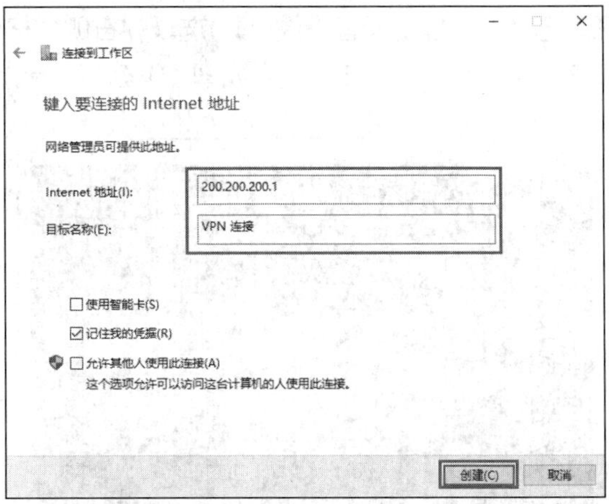

图 10-23 输入要连接的 Internet 地址

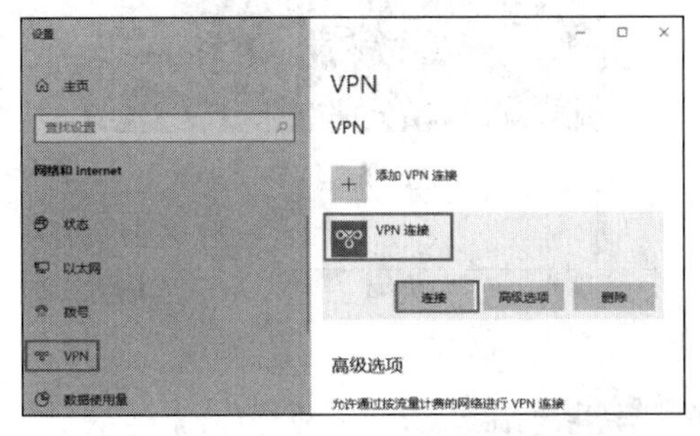

图 10-24 设置 VPN 连接

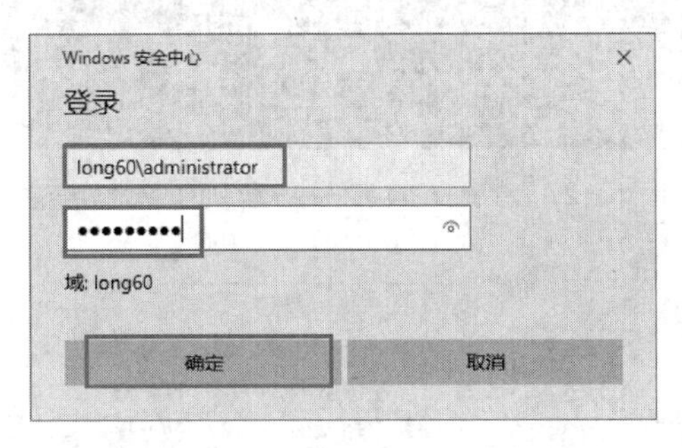

图 10-25 “Windows 安全中心”对话框

STEP 2 经过身份验证后即可连接到 VPN 服务器，此时在“设置”窗口中可以看到“VPN 连接”的状态是“已连接”，其效果如图 10-26 所示。

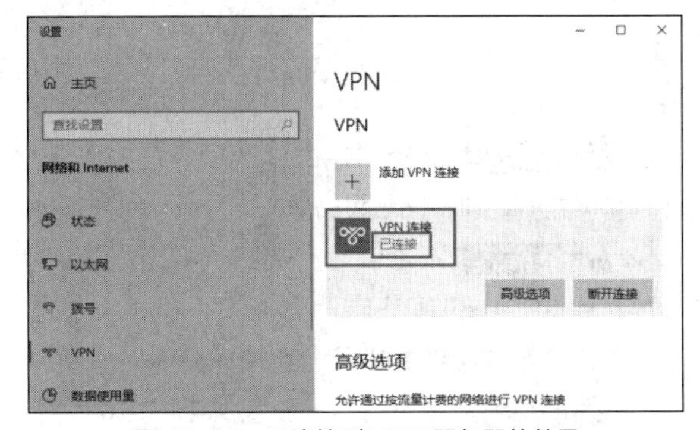

图 10-26 已连接到 VPN 服务器的效果

8. 验证 VPN 连接

当 VPN 客户端计算机 WIN9-1 连接到 VPN 服务器 DNS1 之后，即可访问公司内部局域网络中的共享资源，具体步骤如下。

（1）查看 VPN 客户端获取到的 IP 地址

STEP 1 在 VPN 客户端计算机 WIN9-1 上打开 Windows PowerShell 或者命令提示符窗口，使用“ipconfig /all”命令查看 IP 地址信息，如图 10-27 所示，可以看到 VPN 连接获得的 IP 地址为“192.168.100.101。

STEP 2 先后输入并执行“ping 192.168.10.1”和“ping 192.168.10.2”命令测试 VPN 客户端计算机和 VPN 服务器，以及内网计算机的连通性，但此时使用“ping 200.200.200.1”命令是不成功的，如图 10-28 所示。

（2）在 VPN 服务器上进行验证

STEP 1 以域管理员账户登录到 VPN 服务器，在“路由和远程访问”窗口中展开服务器选项，选择“远程访问客户端(1)”选项，右侧窗格中将显示连接时间及连接的账户，这表明已经有一个客户端建立了 VPN 连接，如图 10-29 所示。

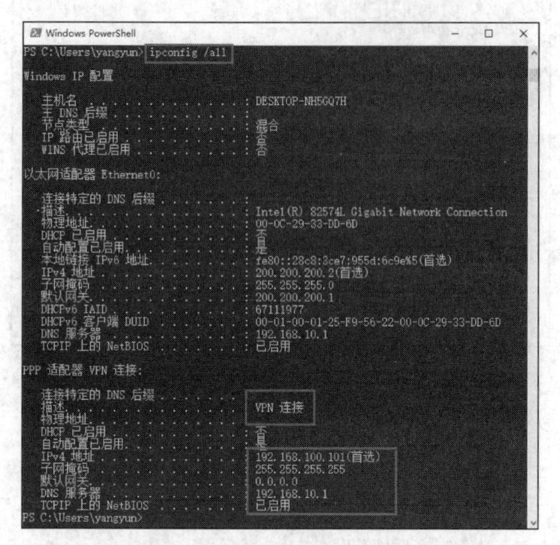

图 10-27　查看 VPN 客户端获取到的 IP 地址信息

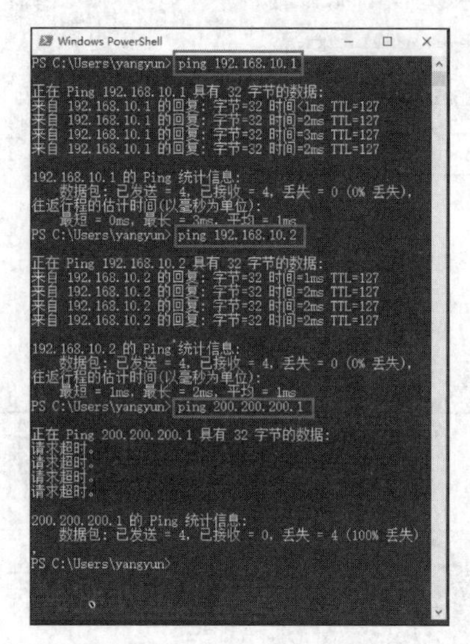

图 10-28　测试 VPN 连接

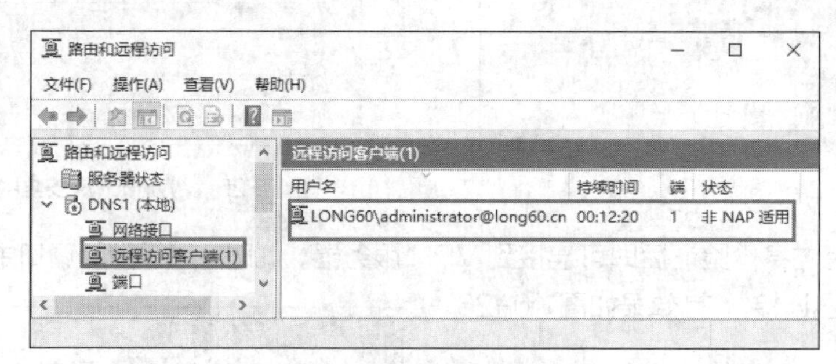

图 10-29　查看远程访问客户端

STEP 2 选择“端口”选项，在右侧窗格中可以看到其中一个端口的状态是“活动”，表明有客户端连接到 VPN 服务器。

STEP 3 双击该活动端口，弹出“端口状态”对话框。该对话框中显示了连接时间、用户，以及分配给 VPN 客户端计算机的 IP 地址，如图 10-30 所示。

（3）访问内部局域网络的共享文件

STEP 1 以管理员账户登录到内部网络服务器 DNS2 上，在“文件资源管理器”窗口中创建文件夹“C:\share”作为测试目录，向该文件夹存入一些文件，并将该文件夹共享给“特定用户”，如 administrator。

STEP 2 以本地管理员账户登录到 VPN 客户端计算机 WIN9-1，选择“开始”→“运行”命令，输入内部网服务器 DNS2 上共享文件夹的 UNC 路径“\\192.168.10.2”，单击“确定”按钮。

STEP 3 因为已经连接到 VPN 服务器上，所以可以访问内部局域网络中的共享资源，但需要输入网络凭据。在“输入网络凭据”界面中单击“使用其他帐户”按钮，并输入 DNS2 的管理员用户名和密码，不要输入错误，本例用户名应为“DNS2\administrator”，如图 10-31 所示。单击“确定”按钮后即可访问 DNS2 中的共享资源。

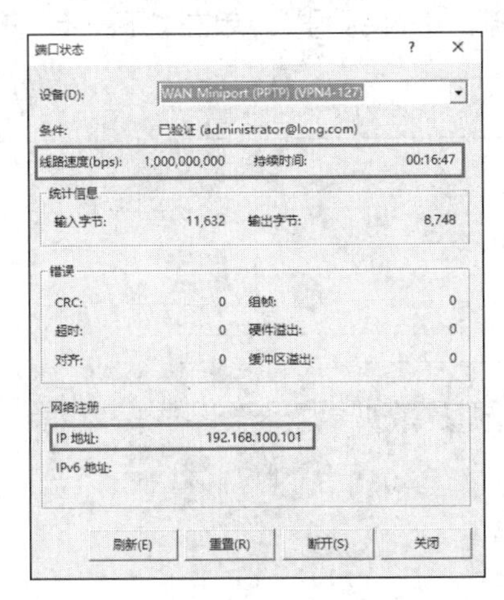

图 10-30　VPN 活动端口状态

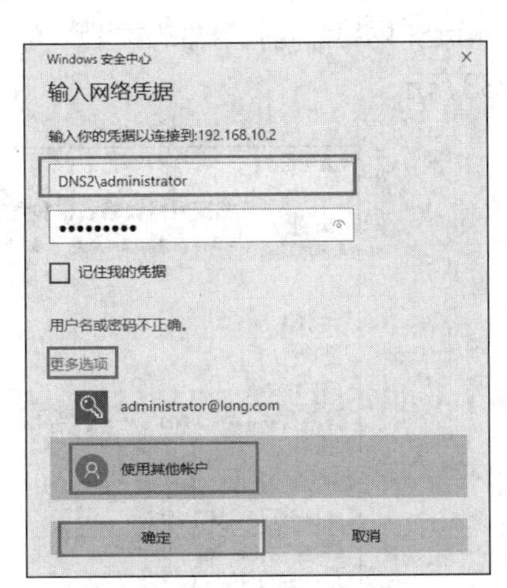

图 10-31　输入网络凭据

（4）断开 VPN 连接

STEP 1 在客户端计算机 WIN9-1 上单击“断开”按钮，断开客户端计算机的 VPN 连接。

STEP 2 以域管理员账户登录到 VPN 服务器 DNS1，在“路由和远程访问”窗口中依次展开服务器和“远程访问客户端(1)”选项，在右侧窗格中选中连接的远程客户端并单击鼠标右键，在弹出的快捷菜单中选择“断开”选项，即可断开客户端计算机的 VPN 连接。

任务 10-2　配置 VPN 服务器的网络策略

任务要求：在 VPN 服务器 DNS1 上创建网络策略“VPN 网络策略”，使用户在进行 VPN 连接时使用该网络策略。具体步骤如下。

1. 新建网络策略

STEP 1 以域管理员账户登录到 VPN 服务器 DNS1 上，选择“开始”→“Windows 管理工具”→“网络策略服务器”选项，打开图 10-32 所示的“网络策略服务器”窗口。

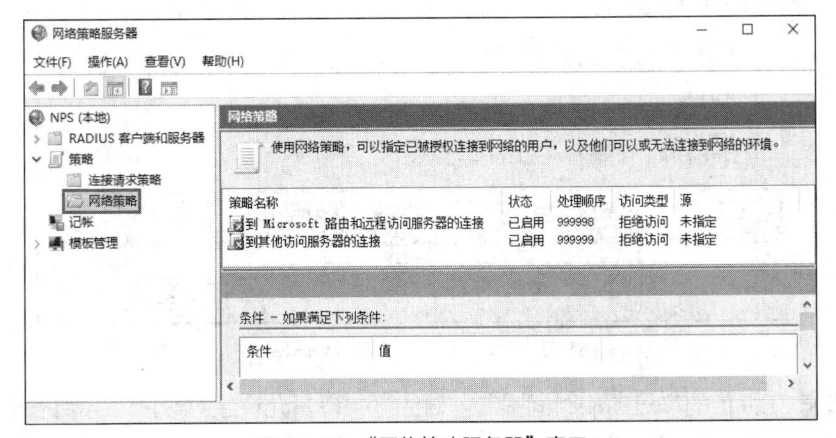

图 10-32　“网络策略服务器”窗口

STEP 2 选中“网络策略”选项并单击鼠标右键，在弹出的快捷菜单中选择“新建”选项，弹出“新建网络策略”对话框，在“指定网络策略名称和连接类型”界面中指定“策略名称”为“VPN策略”，指定“网络访问服务器的类型”为“远程访问服务器(VPN 拨号)”，单击“下一步”按钮，如图 10-33 所示。

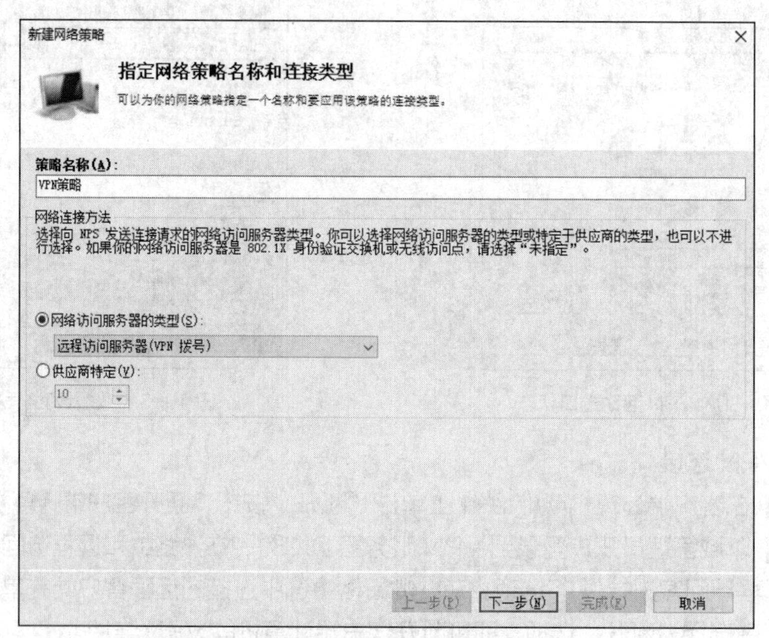

图 10-33 “指定网络策略名称和连接类型”界面

2. 指定网络策略条件——日期和时间限制

STEP 1 在“指定条件”界面中设置网络策略的条件，如日期和时间、用户组等。

STEP 2 单击“添加”按钮，弹出“选择条件”对话框。在该对话框中选择要配置的条件属性，选择“日期和时间限制”选项，单击“添加”按钮，如图 10-34 所示。该选项表示每周允许和不允许用户连接的时间及日期。

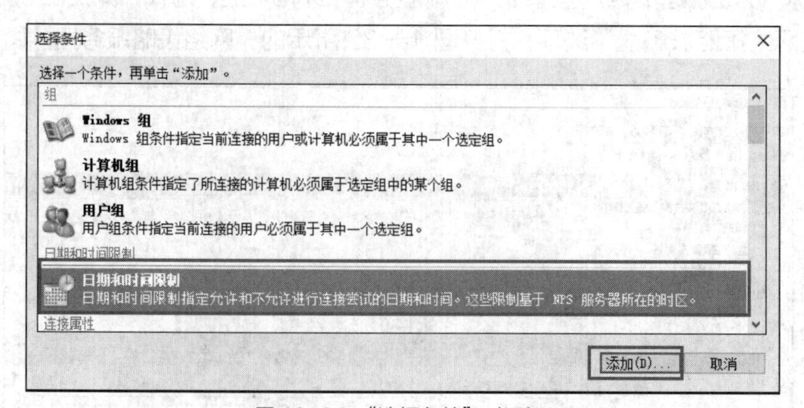

图 10-34 “选择条件”对话框

STEP 3 在弹出的“日期和时间限制”对话框中设置允许建立 VPN 连接的时间和日期，单击“确定”按钮，如图 10-35 所示。

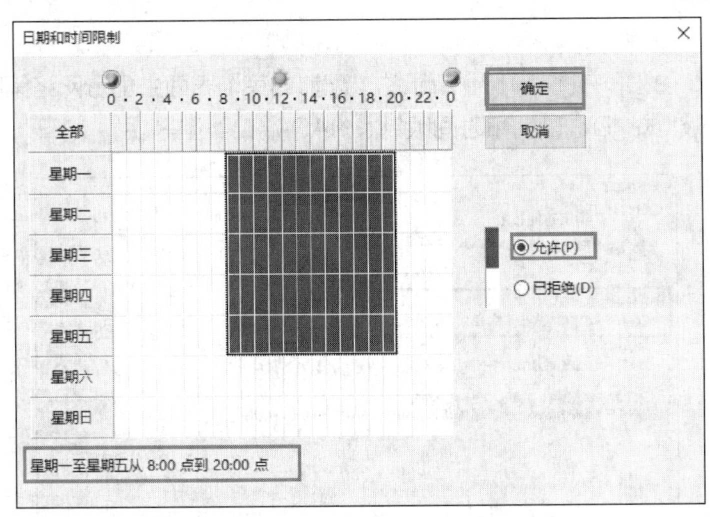

图 10-35 “日期和时间限制”对话框

STEP 4 返回“指定条件”界面，从中可以看到已经添加了一个网络条件，单击“下一步”按钮，如图 10-36 所示。

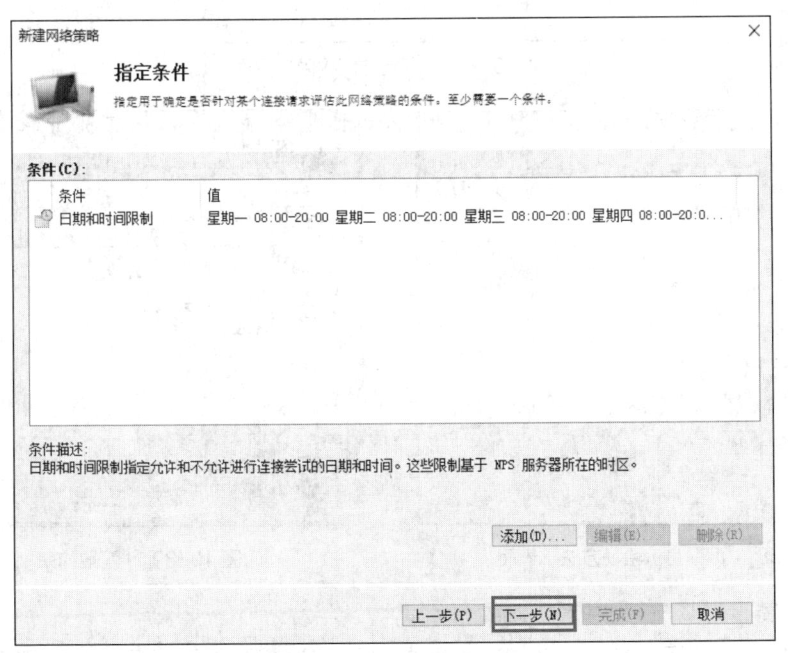

图 10-36 “指定条件”界面

3. 授予访问权限

在“指定访问权限”界面中指定是要授予网络访问权限还是要拒绝网络访问，在此选中“已授予访问权限”单选按钮，如图 10-37 所示，单击“下一步”按钮。

4. 配置身份验证方法

在图 10-38 所示的“配置身份验证方法”界面中指定身份验证的方法和 EAP（Extensible Authentication Protocol，可扩展认证协议）类型。

5. 配置约束

单击“下一步”按钮，在图 10-39 所示的“配置约束”界面中配置网络策略的约束，如空闲超时、会话超时、被叫站 ID、日期和时间限制、NAS 端口类型等。

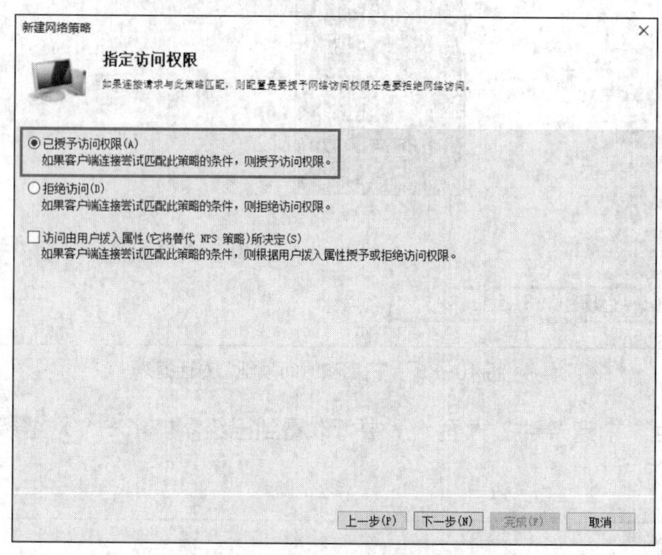

图 10-37 “指定访问权限”界面

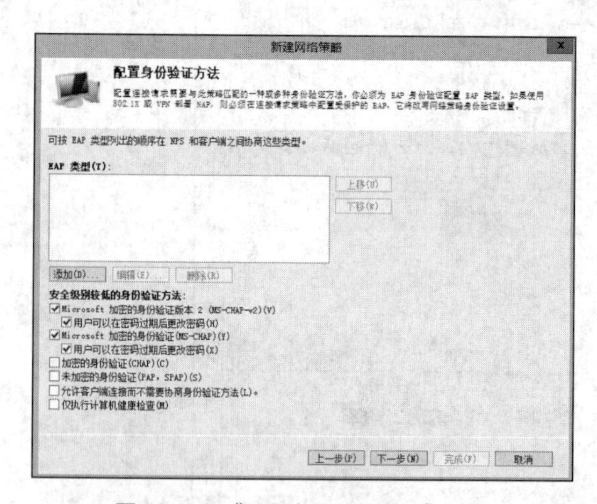

图 10-38 “配置身份验证方法”界面

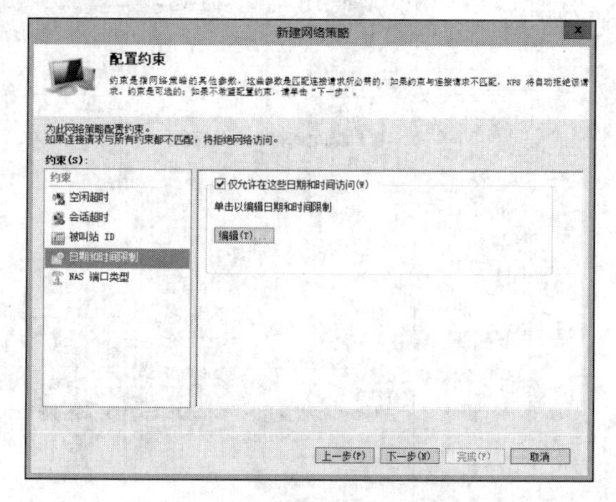

图 10-39 “配置约束”界面

6. 配置设置

单击“下一步”按钮，在图 10-40 所示的“配置设置”界面中配置此网络策略的设置，如 RADIUS 属性、多链路和带宽分配协议（BAP）、IP 筛选器、加密、IP 设置等。

7. 正在完成新建网络策略

单击“下一步”按钮，进入“正在完成新建网络策略”界面，单击“完成”按钮即可完成网络策略的创建。

8. 设置用户访问

以域管理员账户登录到域控制器 DNS1，打开“Active Directory 用户和计算机”窗口，依次展开“long60.cn”和“Users”选项，选中“Administrator”选项并单击鼠标右键，在弹出的快捷菜单中选择“属性”选项，弹出“Administrator 属性”对话框。选择“拨入”选项卡，在“网络访问权限”选项组中选中“通过 NPS 网络策略控制访问”单选按钮，如图 10-41 所示，设置完毕单击“确定”按钮。

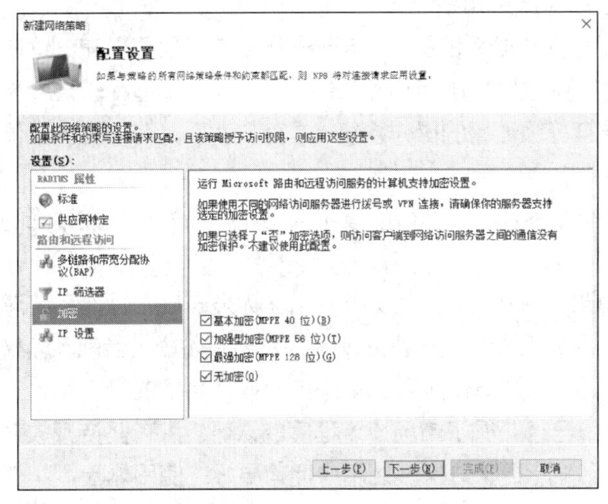

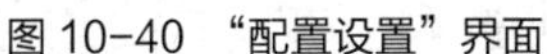
图 10-40 “配置设置”界面

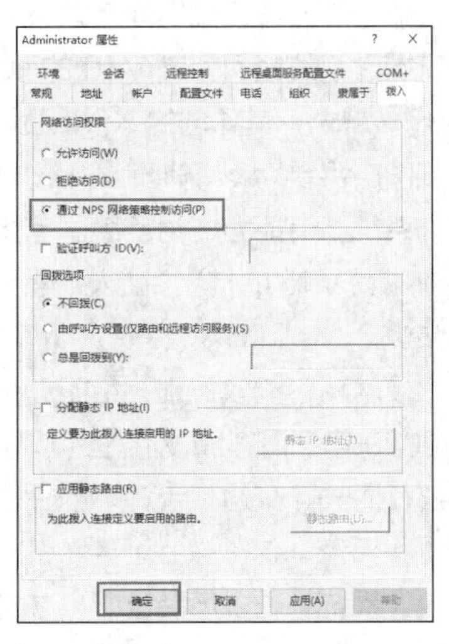

图 10-41 设置通过 NPS 网络策略控制访问

9. 测试客户端能否连接到 VPN 服务器

以本地管理员账户登录到 VPN 客户端计算机 WIN9-1，打开 VPN 连接，以“administrator@long60.cn”账户连接到 VPN 服务器。此时是按网络策略进行身份验证的，如果验证成功，则连接到 VPN 服务器。如果验证不成功，而是弹出了图 10-42 所示的错误连接提示，则单击“更改适配器选项”超链接，在弹出的对话框中选择“VPN 连接”→“属性”→“安全”，弹出“VPN 连接属性”对话框，选中“允许使用这些协议”单选按钮，勾选“Microsoft CHAP Version 2(MS-CHAP v2)”复选框，单击“确定”按钮，如图 10-43 所示。完成后，重新启动计算机即可。

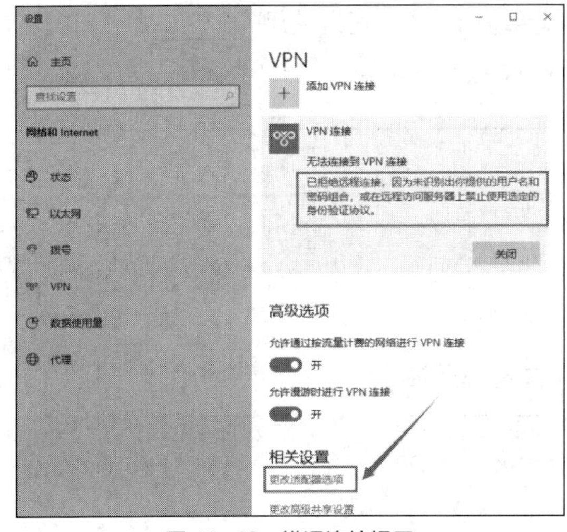

图 10-42 错误连接提示

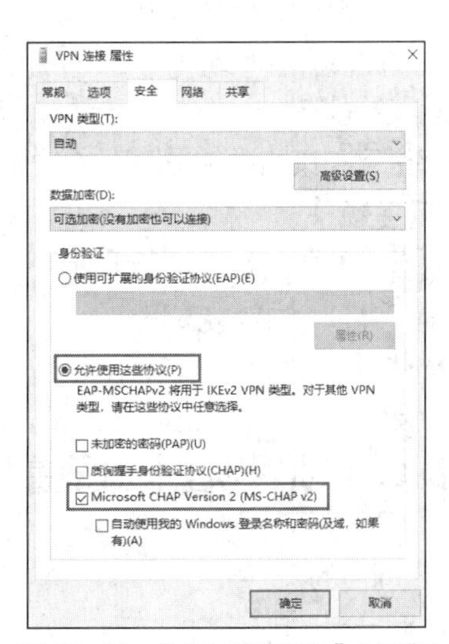

图 10-43 “VPN 连接属性”对话框

10.4 拓展阅读 国产操作系统“银河麒麟”

你了解国产操作系统银河麒麟 V10 吗？它的深远影响是什么？

国产操作系统银河麒麟 V10 的面世受到了业界和公众的关注。这一操作系统不仅可以充分适应“5G 时代”需求，其独创的 Kydroid 技术还支持海量安卓应用，将 300 余万款安卓适配软硬件无缝迁移到国产平台。银河麒麟 V10 作为国内安全等级最高的操作系统，是首款实现具有内生安全体系的操作系统，有能力成为承载国家基础软件的安全基石。

银河麒麟 V10 的推出，让人们看到了国产操作系统与日俱增的技术实力和不断攀登科技高峰的坚实脚步。

核心技术从不能依靠别人给予，必须依靠自主创新。从 2019 年 8 月华为发布自主操作系统鸿蒙，到 2020 年银河麒麟 V10 面世，我国操作系统正加速走向独立创新的发展新阶段。当前，麒麟操作系统在海关、交通、统计、农业等很多部门得到规模化应用，采用这一操作系统的机构和企业已经超过 1 万家。这一数字证明，麒麟操作系统已经获得了市场一定程度的认可。只有坚持开放兼容，让操作系统与更多产品适配，才能推动产品性能更新迭代，让用户拥有更好的使用体验。

操作系统的自主发展是一项重大而紧迫的课题。要实现核心技术的突破，需要多方齐心合力、协同攻关，为创新创造营造更好的发展环境。只有瞄准核心科技埋头攻关、不断释放政策“红利”，助力我国软件产业从价值链的低端向高端迈进，才能为高质量发展和国家信息产业安全插上腾飞的“翅膀”。

10.5 习题

一、填空题

1. VPN 是________的简称，其中文名称是__________。
2. 一般来说，VPN 适用于以下两种场合：________和________。
3. VPN 使用的两种隧道协议是_______和_______。
4. 在 Windows Server 网络操作系统的命令提示符窗口中，可以使用_______命令查看本机的路由表信息。
5. 每个网络策略中都有以下 4 种类别的属性：________、________、______和______。

二、简答题

1. 什么是专用地址和公用地址？
2. 简述 VPN 的连接过程。
3. 简述 VPN 的构成及应用场合。

10.6 项目实训 配置与管理 VPN 服务器

一、实训目的

- 掌握远程访问服务的实现方法。
- 掌握 VPN 的实现方法。

二、项目环境

本项目实训根据图 10-1 所示的网络拓扑结构来部署 VPN 服务器。

三、项目要求

根据网络拓扑结构（见图 10-1）完成如下任务。

（1）部署架设 VPN 服务器的环境。

（2）为 VPN 服务器添加第二块网卡。

（3）安装路由和远程访问角色。

（4）配置并启用 VPN 服务。

（5）停止和启动 VPN 服务。

（6）配置域用户账户允许 VPN 连接。

（7）在 VPN 端建立并测试 VPN 连接。

（8）验证 VPN 连接。

（9）通过网络策略控制访问 VPN。

四、做一做

根据项目实训视频进行项目的实训，检查学习效果。

项目11 配置与管理NAT服务器

11

网络地址转换不仅能解决 IP 地址不足的问题，还能够有效避免来自网络外部的攻击，隐藏并保护网络内部的计算机。Windows Server 2019 的网络地址转换让内部网络的多台计算机只需要共享一个公用 IP 地址，就可以同时连接 Internet、浏览网页与收发电子邮件。

学习要点

- NAT 的基本概念和基本原理。
- NAT 的工作过程。
- 配置并测试 NAT 服务器的方法。
- 外部网络主机访问内部 Web 服务器的实现方法。

素质要点

- 国产数据库系统的前途光明。工业互联网、车联网、物联网等大规模产业和企业互联网都为数据库创新提供了前所未有的机遇。
- 青年正处于学习的黄金时期，应该把学习作为首要任务，并将其作为一种责任、一种精神追求、一种生活方式，树立梦想从学习开始，事业靠本领成就的观念，让勤奋学习成为青春远航的动力，让增长本领成为青春搏击的能量。

11.1 项目基础知识

下面先介绍配置 NAT 服务器的相关知识。

11.1.1 NAT 概述

11-1 微课 NAT 服务器

网络地址转换（Network Address Translation，NAT）位于使用专用地址的 Intranet 和使用公用地址的 Internet 之间。从 Intranet 传出的数据包由 NAT 将它们的专用地址转换为公用地址，从 Internet 传入的数据包由 NAT 将它们的公用地址转换为专用地址。这样在内部网络中计算机使用未注册的专用 IP 地址，而在与外部网络通信时使用注册的公用 IP 地址，大大降低了连接成本。同时，NAT 起到了将内部网络隐藏起来，保护内部网络的作用，因为对于外部用户来说，只有使用公用 IP 地址的 NAT 才是可见的。

11.1.2 认识 NAT 的工作过程

（1）NAT 的工作过程

NAT 的工作过程主要有以下 4 个步骤。

① 客户端将数据包发送给运行 NAT 的计算机。

② NAT 将数据包中的端口号和专用 IP 地址换成它自己的端口号和公用 IP 地址，并将数据包发送给外部网络的目的主机，同时在映像表中记录一个跟踪信息，以便向客户端发送回答信息。

③ 外部网络发送回答信息给 NAT。

④ NAT 将收到的数据包的端口号和公用 IP 地址转换为客户端的端口号和内部网络使用的专用 IP 地址并转发给客户端。

以上步骤对于网络内部的主机和网络外部的主机都是透明的，对于它们来讲就如同直接通信一样，工作过程如图 11-1 所示。担当 NAT 的计算机有两块网卡、两个 IP 地址。其中，IP 地址 1 为 192.168.0.1，IP 地址 2 为 202.162.4.1。

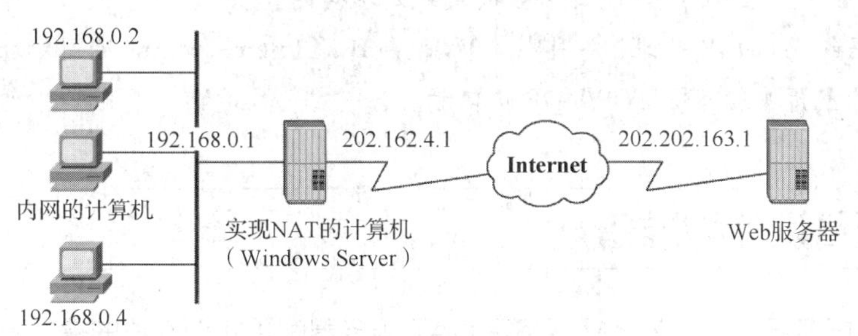

图 11-1 NAT 的工作过程

（2）举例说明

① 192.168.0.2 用户使用 Web 浏览器连接到 IP 地址为 202.202.163.1 的 Web 服务器，用户计算机将创建带有以下信息的 IP 数据包。

- 目的 IP 地址：202.202.163.1。
- 源 IP 地址：192.168.0.2。
- 目的端口：TCP 端口 80。
- 源端口：TCP 端口 1350。

② IP 数据包被转发到运行 NAT 的计算机上，该计算机将传出的数据包地址转换成以下形式，用自己的 IP 地址重新打包后转发。

- 目的 IP 地址：202.202.163.1。
- 源 IP 地址：202.162.4.1。
- 目的端口：TCP 端口 80。
- 源端口：TCP 端口 2500。

③ NAT 协议在表中保留了{192.168.0.2,TCP 1350}到{202.162.4.1,TCP 2500}的映射，以便数据回传。

④ 转发的 IP 数据包是通过 Internet 发送的。Web 服务器响应通过 NAT 协议发送和接收。在接收时，数据包包含以下信息。

- 目的 IP 地址：202.162.4.1。
- 源 IP 地址：202.202.163.1。
- 目的端口：TCP 端口 2500。
- 源端口：TCP 端口 80。

⑤ NAT 协议检查转换表，将公用地址映射到专用地址，并将数据包转发给 IP 地址为 192.168.0.2 的计算机。转发的数据包包含以下信息。

- 目的 IP 地址：192.168.0.2。
- 源 IP 地址：202.202.163.1。
- 目的端口：TCP 端口 1350。
- 源端口：TCP 端口 80。

说明 对于来自 NAT 协议的传出数据包，源 IP 地址（专用地址）被映射到 ISP 分配的地址（公用地址），且 TCP/IP 端口号会被映射到不同的 TCP/IP 端口号。对于到 NAT 协议的传入数据包，目的 IP 地址（公用地址）被映射到源 Internet 地址（专用地址），且 TCP/UDP 端口号被重新映射回源 TCP/UDP 端口号。

11.2 项目设计与准备

在架设 NAT 服务器之前，读者需要了解 NAT 服务器配置实例部署的需求和环境。

1. 部署需求

在部署 NAT 服务前需做以下准备工作。

- 设置 NAT 服务器的 TCP/IP 属性，手动指定 IP 地址、子网掩码、默认网关和 DNS 服务器的 IP 地址等。
- 部署域环境，域名为 long60.cn。

2. 部署环境

所有实例都被部署在图 11-2 所示的网络环境下。DNS1、DNS 2、DNS 3、WIN9-1 是 VMware 的虚拟机。架设 NAT 服务器的网络拓扑结构如图 11-2 所示。

NAT 服务器主机名为 DNS1，该服务器连接内部局域网络网卡的 IP 地址为 192.168.10.1/24，连接外部网络网卡（WAN）的 IP 地址为 200.200.200.1/24；NAT 客户端主机名为 DNS2，它同时是内部 Web 服务器，其 IP 地址为 192.168.10.2/24，默认网关的 IP 地址为 192.168.10.1；Internet 中的 Web 服务器主机名为 DNS3，IP 地址为 200.200.200.2/24；NAT 客户端 2 即计算机 WIN9-1，本次实训可以不进行配置。

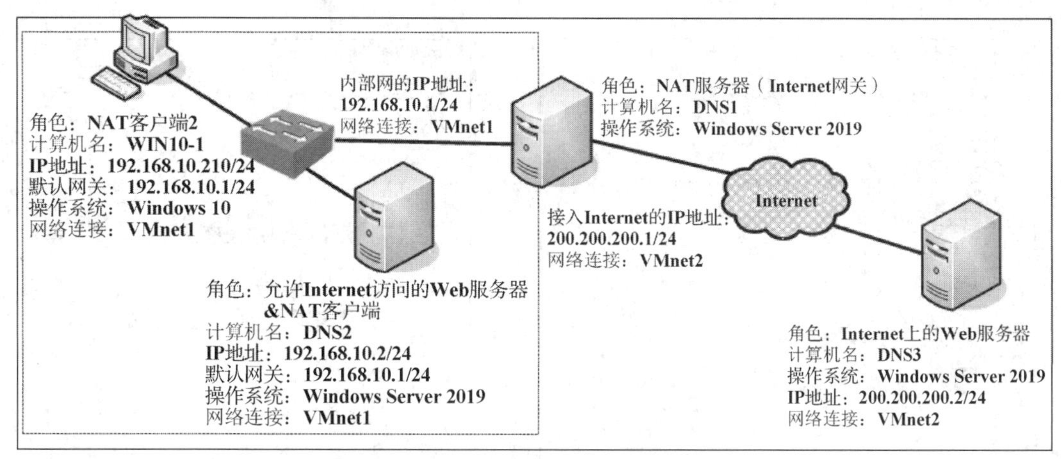

图 11-2　架设 NAT 服务器的网络拓扑结构

11.3 项目实施

任务 11-1　安装路由和远程访问服务器

1. 安装路由和远程访问角色

安装路由和远程访问角色的具体步骤如下。

STEP 1 按照图 11-2 所示的网络拓扑结构配置各计算机的 IP 地址等参数。

STEP 2 在 DNS1 上通过“服务器管理器”窗口安装路由和远程访问角色，具体步骤参见任务 10-1。注意，安装的角色名称是“远程访问”。

2. 配置并启用 NAT 服务

在 DNS1 上通过“路由和远程访问”窗口配置并启用 NAT 服务，具体步骤如下。

（1）禁用路由和远程访问

以管理员账户登录到需要添加 NAT 服务的 DNS1，打开“服务器管理器”窗口，选择“工具”→“路由和远程访问”选项，打开“路由和远程访问”窗口。选中服务器 DNS1 并单击鼠标右键，在弹出的快捷菜单中选择“禁用路由和远程访问”选项（清除 VPN 实验的影响）。

（2）选择网络地址转换

选中服务器 DNS1 并单击鼠标右键，在弹出的快捷菜单中选择“配置并启用路由和远程访问”选项，弹出“路由和远程访问服务器安装向导”对话框，单击“下一步”按钮，进入“配置”界面，在该界面中配置 NAT、VPN 及路由服务。在此选中“网络地址转换(NAT)”单选按钮，如图 11-3 所示。

（3）选择连接到 Internet 的网络接口

单击“下一步”按钮，进入“NAT Internet 连接”界面，在该界面中指定连接到 Internet 的网络接口，即 NAT 服务器连接到外部网络的网卡，选中“使用此公共接口连接到 Internet”单选按钮，并选择接口为“Ethernet1”，如图 11-4 所示。

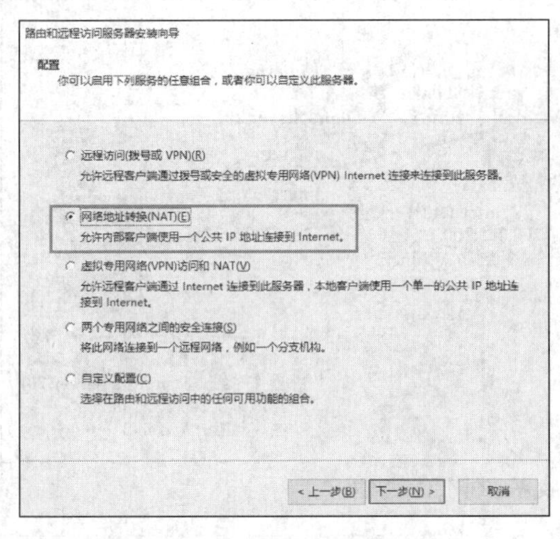

图 11-3　选择网络地址转换

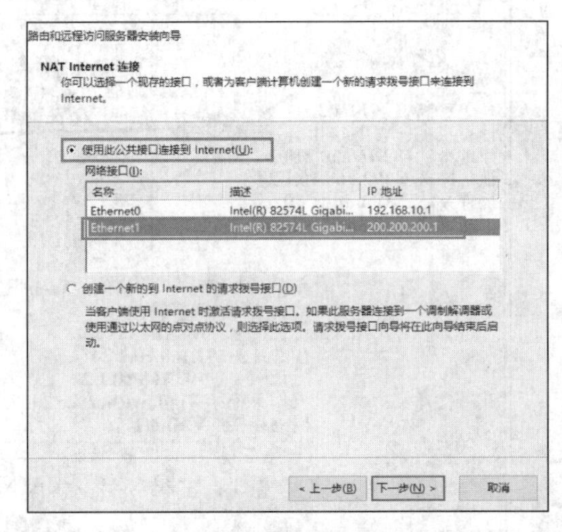

图 11-4　选择连接到 Internet 的网络接口

（4）结束 NAT 配置

单击“下一步”按钮，进入“正在完成路由和远程访问服务器安装向导”界面，单击“完成”按钮，即可完成 NAT 服务的配置和启用。

3. 停止 NAT 服务

可以使用“路由和远程访问”窗口停止 NAT 服务，具体步骤如下。

STEP 1 以管理员账户登录到 NAT 服务器，打开“路由和远程访问”窗口，NAT 服务启用后，其图标将显示绿色向上的标识箭头。

STEP 2 选中 NAT 服务器并单击鼠标右键，在弹出的快捷菜单中选择“所有任务”→“停止”选项，停止 NAT 服务。

STEP 3 NAT 服务停止以后，其图标将显示红色向下的标识箭头。

4. 禁用 NAT 服务

要禁用 NAT 服务，可以使用“路由和远程访问”窗口，具体步骤如下。

STEP 1 以管理员账户登录到 NAT 服务器，打开“路由和远程访问”窗口，选中服务器并单击鼠标右键，在弹出的快捷菜单中选择“禁用路由和远程访问”选项。

STEP 2 弹出“禁用 NAT 服务警告信息”界面，提示禁用路由和远程访问服务后，如要重新启用路由器，则需要重新配置。

STEP 3 禁用路由和远程访问服务后，其图标将显示红色向下的标识箭头。

任务 11-2　NAT 客户端计算机配置和测试

配置 NAT 客户端，并测试内部网络和外部网络计算机之间的连通性，具体步骤如下。

1. 设置 NAT 客户端的网关地址

以管理员账户登录 NAT 客户端 DNS2，在“Internet 协议版本 4（TCP/IPv4）属性”对话框中，设置“默认网关”的 IP 地址为 NAT 服务器的局域网网卡的 IP 地址，在此输入“192.168.10.1”，如图 11-5 所示，单击“确定”按钮。

2. 测试内部网络 NAT 客户端与外部网络计算机的连通性

在 NAT 客户端 DNS2 上打开命令提示符窗口，测试其与 Internet 上的 Web 服务器（DNS3）的连通性。分别使用“ping 200.200.200.1”“ping 200.200.200.2”命令，如图 11-6 所示，结果显示能连通。

3. 测试外部网络计算机与 NAT 服务器、内部网络 NAT 客户端的连通性

以本地管理员账户登录到外部网络的 DNS3，打开命令提示符窗口，依次使用“ping 200.200.200.1”“ping 192.168.10.1”“ping 192.168.10.2”命令测试外部 DNS3 与 NAT 服务器外部网卡和内部网卡，以及内部网络计算机的连通性，如图 11-7 所示，除 NAT 服务器外部网卡外，均不能连通。

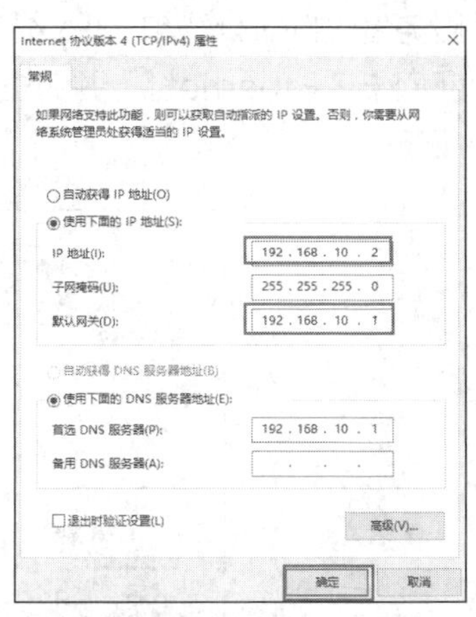

图 11-5　设置 NAT 客户端的网关地址

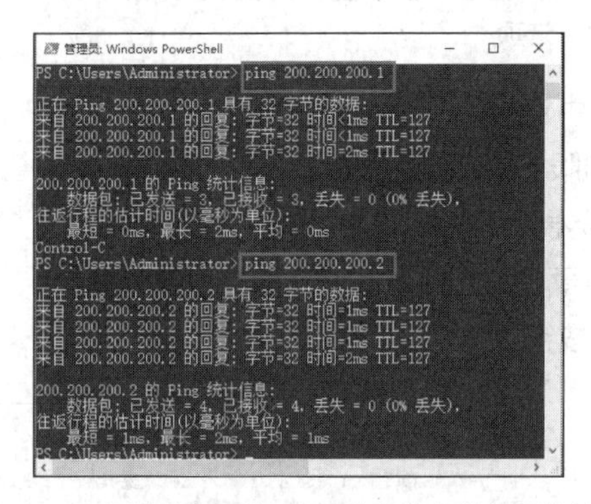

图 11-6　测试内部网络 NAT 客户端与外部网络计算机的连通性

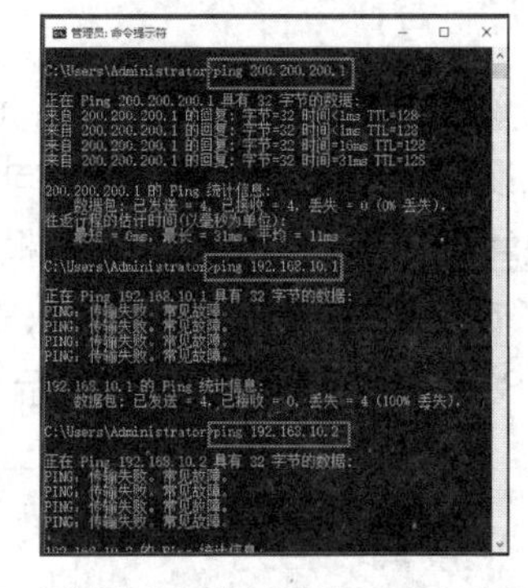

图 11-7　测试外部网络计算机与 NAT 服务器、内部网络 NAT 客户端的连通性

任务 11-3　设置外部网络主机访问内部 Web 服务器

让外部网络的 DNS3 访问内部 Web 服务器 DNS2 的具体步骤如下。

1. 在内部网络 DNS2 上安装 Web 服务器

在 DNS2 上安装 Web 服务器，请参考“项目 8 配置与管理 Web 服务器”。

2. 将内部网络 DNS2 配置为 NAT 客户端

以管理员账户登录 NAT 客户端 DNS2，在“Internet 协议版本 4（TCP/IPv4）属性”对话框中设置“默认网关”的 IP 地址为 NAT 服务器的内部网卡的 IP 地址，在此输入“192.168.10.1”，单击“确定”按钮即可。

特别注意　使用端口映射等功能时，内部网络计算机一定要配置为 NAT 客户端。

3. 设置端口地址转换

STEP 1 以管理员账户登录到 NAT 服务器，打开“路由和远程访问”窗口，依次展开服务器“DNS1”和“IPv4”选项，选择“NAT”选项，在右侧窗格中选中 NAT 服务器的外部网卡“Ethernet1”并单击鼠标右键，在弹出的快捷菜单中选择“属性”选项，如图 11-8 所示。

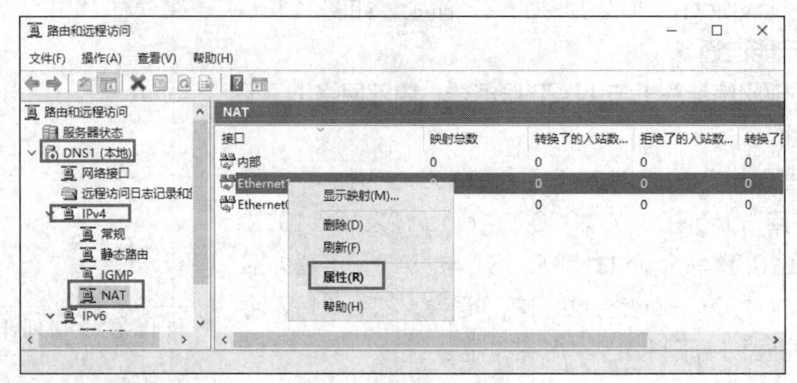

图 11-8 “属性”选项

STEP 2 在弹出的“Ethernet1 属性”对话框中选择图 11-9 所示的“服务和端口”选项卡，在此可以设置将 Internet 用户重定向到内部网络中的服务。

STEP 3 勾选“服务”列表框中的“Web 服务器(HTTP)”复选框，弹出“编辑服务”对话框，在“专用地址”文本框中输入安装 Web 服务器的内部网络计算机的 IP 地址，在此输入“192.168.10.2”，如图 11-10 所示，单击“确定”按钮。

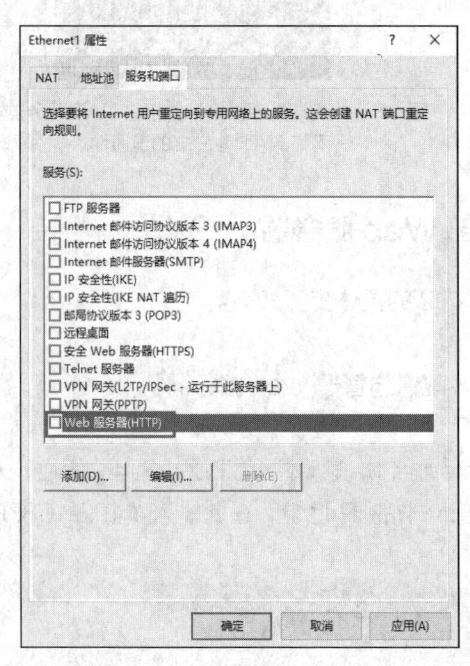

图 11-9 “服务和端口”选项卡

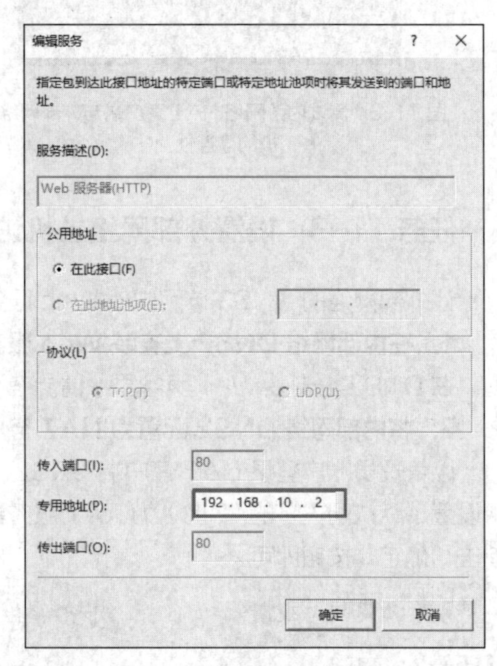

图 11-10 “编辑服务”对话框

STEP 4 返回“服务和端口”选项卡，可以看到“Web 服务器（HTTP）”复选框已被勾选，单击“应用”→“确定”按钮即可完成端口地址转换的设置。

4. 从外部网络访问内部网络 Web 服务器

STEP 1 以管理员账户登录到外部网络的 DNS3。

STEP 2 打开 IE 浏览器，在其地址栏中输入“http://200.200.200.1”并按“Enter”键，会打开内部网络 DNS2 上的 Web 站点。请读者试一试。

注意 “200.200.200.1”是 NAT 服务器外部网卡的 IP 地址。

5. 在 NAT 服务器上查看地址转换信息

STEP 1 以管理员账户登录到 NAT 服务器 DNS1，打开“路由和远程访问”窗口，依次展开服务器“DNS1”和“IPv4”选项，选择“NAT”选项，在右侧窗格中显示 NAT 服务器正在使用的连接内部网络的网络接口。

STEP 2 选中“Ethernet1”选项并单击鼠标右键，在弹出的快捷菜单中选择“显示映射”选项，弹出图 11-11 所示的“DNS1-网络地址转换会话映射表格”对话框。该信息表示 IP 地址为 200.200.200.2 的外部网络计算机访问到 IP 地址为 192.168.10.2 的内部网络计算机的 Web 服务，NAT 服务器将 NAT 服务器外部网卡的 IP 地址“200.200.200.1”转换成内部网络计算机的 IP 地址“192.168.10.2”。

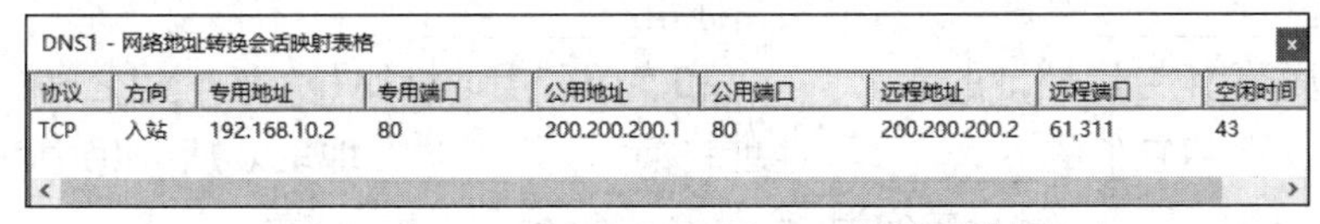
DNS1 - 网络地址转换会话映射表格

协议	方向	专用地址	专用端口	公用地址	公用端口	远程地址	远程端口	空闲时间
TCP	入站	192.168.10.2	80	200.200.200.1	80	200.200.200.2	61,311	43

图 11-11 “DNS 1-网络地址转换会话映射表格”对话框

任务 11-4 设置 NAT 客户端

前面已经实践过设置 NAT 客户端了，在这里进行汇总。局域网 NAT 客户端只要修改 TCP/IP 的设置即可。可以选择以下两种设置方式。

1. 自动获得 TCP/IP

此时客户端会自动向 NAT 服务器或 DHCP 服务器请求获取 IP 地址、默认网关、DNS 服务器的 IP 地址等参数。

2. 手动设置 TCP/IP

手动设置 IP 地址时要求客户端的 IP 地址必须与 NAT 局域网接口的 IP 地址在相同的网段内，也就是网络 ID 必须相同；默认网关必须设置为 NAT 局域网接口的 IP 地址，本例中为 192.168.10.1；首选 DNS 服务器的 IP 地址可以设置为 NAT 局域网接口的 IP 地址，或任何一台合法的 DNS 服务器的 IP 地址。

完成后，客户端的用户如果上网、收发电子邮件、连接 FTP 服务器等，NAT 就会自动通过以太网上的点对点协议（Point-to-Point Protocol Over Ethernet，PPPoE）请求拨号来连接 Internet。

11.4 拓展阅读　华为——高斯数据库

目前国产最强的三大数据库分别是华为、阿里、中兴旗下的产品。正是由于华为、阿里、中兴这些国产科技公司的不断研发、不断进步，才让越来越多的本土企业开始能够用上我们自己的数据库，从而进一步保障我国在信息数据上的安全。

华为目前最新研发出来的数据库产品叫作高斯数据库（Gauss DB），根据相关的统计数据显示，目前华为高斯数据库的总出货量已经突破了 3 万套，在所有国产数据库产品中其应用总数量位居首位。

华为从 2007 年就开始研发华为高斯数据库，经过 13 年的不断发展和完善，GaussDB 100、GaussDB 200、GaussDB 300 三代数据库产品迭代后，如今华为高斯数据库已经正式得到了招商银行、工商银行的要求验证，同时更是达到了国内三大运营商的使用标准，为我们老百姓的市场通信通话提供了安全保障。

11.5 习题

一、填空题

1. NAT 是__________的简称，其中文名称是__________。

2. NAT 位于使用专用地址的__________和使用公用地址的__________之间。从 Intranet 传出的数据包由 NAT 将它们的__________地址转换为__________地址。从 Internet 传入的数据包由 NAT 将它们的__________地址转换为__________地址。

3. NAT 起到了将__________网络隐藏起来，保护__________网络的作用，因为对于外部用户来说，只有使用__________地址的 NAT 才是可见的。

4. NAT 使位于内部网络的多台计算机只需要共享一个__________地址，就可以同时连接 Internet、浏览网页与收发电子邮件。

二、简答题

1. NAT 的功能是什么?

2. 简述网络地址转换的原理，即 NAT 的工作过程。

3. 下列不同技术有何异同?（可参考课程网站的补充资料。）

① NAT 与路由；②NAT 与代理服务器；③NAT 与 Internet 共享。

11.6 项目实训　配置与管理 NAT 服务器

一、实训目的

- 掌握使局域网内部的计算机连接到 Internet 的方法。
- 掌握使用 NAT 实现网络互连的方法。
- 掌握远程访问服务的实现方法。

二、项目环境

本项目实训根据图 11-2 所示的网络拓扑结构来部署 NAT 服务器。

三、项目要求

根据网络拓扑结构（见图 11-2）完成如下任务。

（1）部署架设 NAT 服务器的环境。

（2）安装路由和远程访问角色。

（3）配置并启用 NAT 服务。

（4）停止 NAT 服务。

（5）禁用 NAT 服务。

（6）配置并测试 NAT 客户端计算机。

（7）使用外部网络计算机访问内部 Web 服务器。

（8）配置筛选器。

（9）设置 NAT 客户端。

（10）配置 DHCP 分配器与 DNS 中继代理。

四、做一做

根据项目实训视频进行项目的实训，检查学习效果。

项目12 配置与管理证书服务器

12

对于大型的计算机网络，数据的安全和管理的自动化历来都是人们追求的目标。特别是随着 Internet 的迅猛发展，在 Internet 上处理事务、交流信息和交易等活动越来越频繁，越来越多的重要数据要在网络中传输，网络安全问题也越来越受到重视。尤其是在电子商务活动中，必须保证交易双方能够互相确认身份，安全地传输敏感信息，同时要防止敏感信息被人截获、篡改，或者假冒身份进行交易等。因此，如何保证重要数据不受到恶意的损坏，成为网络管理最关键的问题之一。而部署 PKI，利用 PKI 提供的密钥体系来实现数字证书签发、身份认证、数据加密和数字签名等功能，可以确保电子邮件、电子商务交易、文件传送等各类数据传输的安全性。

学习要点

- PKI 概述。
- 配置与管理证书。
- SSL 网站证书实例。

素质要点

- 大学生要树立正确的世界观、人生观、价值观。
- “博学之，审问之，慎思之，明辨之，笃行之。”学生要讲究学习方法，珍惜现在的时光，做到不负韶华。

12.1 项目基础知识

在配置和管理证书服务器前，首先要了解公钥基础设施（Public Key Infrastructure，PKI）和认证机构（Certification Authority，CA）的相关知识。

12.1.1 PKI 概述

用户通过网络将数据发送给接收者时，可以利用 PKI 提供的以下 3 种功能来确保数据传输的安全性。

- 将传输的数据加密（Encryption）。
- 接收者计算机会验证收到的数据是否是由发件人本人发送来的，即认证（Authentication）。
- 接收者计算机会确认数据的完整性（Integrity），也就是检查数据在传输过程中是否被篡改。

PKI 根据公钥密码（Public Key Cryptography）来提供上述功能，而用户需要拥有以下的一组密钥来支持这些功能。

- 公钥：用户的公钥（Public Key）可以公开给其他用户。
- 私钥：用户的私钥（Private Key）是用户私有的，且存储在用户的计算机中，只有用户自己能够访问。

用户需要通过向证书 CA 申请证书（Certificate）的方法来拥有与使用这一组密钥。

1. 公钥加密

数据被加密后，必须经过解密才能读取其内容。PKI 使用公钥加密机制来对数据进行加密与解密。发件人利用收件人的公钥将数据加密，而收件人利用自己的私钥将数据解密。例如，图 12-1 所示为用户 Bob 发送一封经过加密的电子邮件给用户 Alice 的流程。

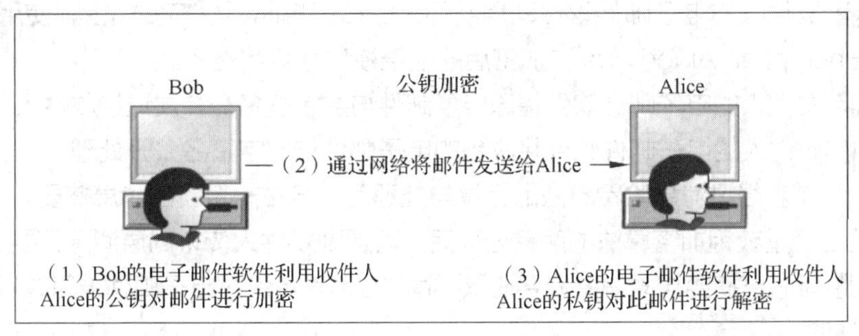

图 12-1　用户 Bob 发送一封经过加密的电子邮件给用户 Alice 的流程

在图 12-1 中，Bob 必须先取得 Alice 的公钥，才可以利用此密钥来将电子邮件加密，而因为 Alice 的私钥只存储在她的计算机中，故只有她的计算机可以将此邮件解密，也只有她可以正常读取此邮件。其他用户即使拦截这封邮件，也无法读取邮件的内容，因为他们没有 Alice 的私钥，无法对邮件进行解密。

> **注意**　公钥加密体系使用公钥来加密，使用私钥来解密，此方法又称为非对称式（Asymmetric）加密。另一种加密方法是单密钥加密（Secret Key Encryption），又称为对称式（Symmetric）加密，其加密、解密都使用同一个密钥。

2. 公钥验证

发件人可以利用公钥验证（Public Key Authentication）来对待发送的数据进行“数字签名”（Digital Signature），而收件人计算机在收到数据后，便能够通过此数字签名来验证数据是否确实是由发件人本人发出的，同时会检查数据在传输的过程中是否被篡改。

发件人是利用自己的私钥对数据进行签名的，而收件人计算机会利用发件人的公钥来验证此数据。例如，图 12-2 所示为用户 Bob 发送一封经过数字签名的电子邮件给用户 Alice 的流程。

由于图 12-2 中的邮件经过 Bob 的私钥签名，而公钥与私钥是成对的，因此收件人 Alice 必须先取得发件人 Bob 的公钥，才可以利用此密钥来验证这封邮件是否是由 Bob 本人发送过来的，并检查这封邮件是否被篡改过。

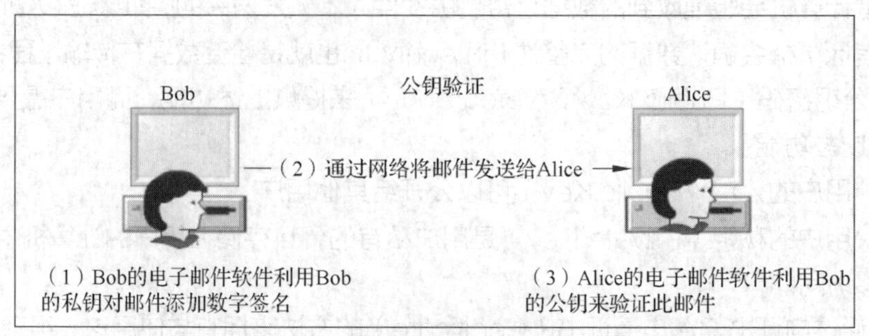

图 12-2 用户 Bob 发送一封经过数字签名的电子邮件给用户 Alice 的流程

数字签名是如何产生的，又是如何用来验证用户身份的呢？具体流程如下。

STEP 1 发件人的电子邮件经过消息哈希算法（Message Hash Algorithm）的运算与处理后，产生一个消息摘要（Message Digest），即一个数字指纹（Digital Fingerprint）。

STEP 2 发件人的电子邮件软件利用发件人的私钥将此消息摘要加密，使用公钥加密算法（Public Key Encryption Algorithm），加密后的结果被称为数字签名。

STEP 3 发件人的电子邮件软件将原电子邮件与数字签名一并发送给收件人。

STEP 4 收件人的电子邮件软件将收到的电子邮件与数字签名分开处理。

- 电子邮件重新经过消息哈希算法的运算与处理后，产生一个新的消息摘要。
- 数字签名经过公钥加密算法的解密处理后，可得到发件人传来的原消息摘要。

STEP 5 新消息摘要与原消息摘要应该相同，否则表示这封电子邮件被篡改过或是他人冒用发件人身份发送的。

3. 网站安全连接

安全套接字层（Secure Socket Layer，SSL）是一个以 PKI 为基础的安全性通信协议，若要让网站拥有 SSL 安全连接功能，则需要为网站向 CA 申请 SSL 证书（Web 服务器证书），证书内包含公钥、证书有效期限、发放此证书的 CA、CA 的数字签名等数据。

12-1 微课 SSL 网站安全连接

网站拥有 SSL 证书之后，浏览器与网站之间就可以通过 SSL 安全连接来通信了，也就是将统一资源定位符（Uniform Resource Locator，URL）中的 http 改为 https。例如，若网站为 www.long60.cn，则浏览器是利用 https://www.long60.cn 来连接网站的。

以图 12-3 为例来说明浏览器与网站之间如何建立 SSL 安全连接。建立 SSL 安全连接时，会建立一个双方都同意的会话密钥（Session Key），并利用此密钥来将双方所传送的数据加密、解密并确认数据是否被篡改。

STEP 1 客户端浏览器利用 https://www.long60.cn 来连接网站时，客户端会先发出 Client Hello 信息给 Web 服务器。

STEP 2 Web 服务器会响应 Server Hello 信息给客户端，此信息内包含网站的证书信息（内含公钥）。

STEP 3 客户端浏览器与网站双方开始协商 SSL 连接的安全等级。例如，选择 40 或 128 位加密密钥。密钥位数越多，越难破解，数据越安全，但网站性能也越差。

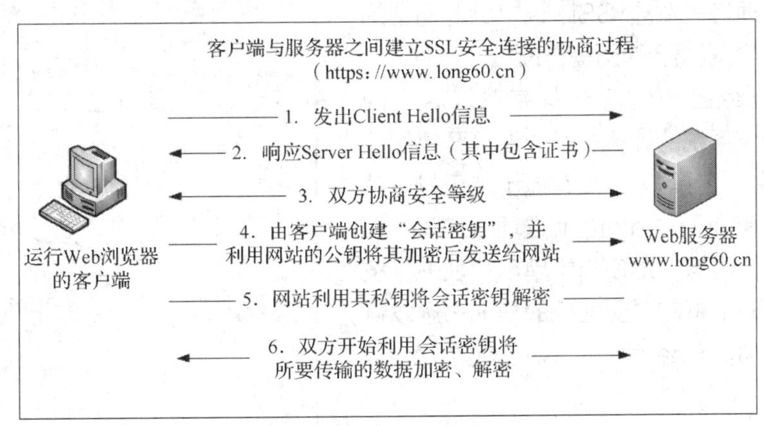

图 12-3 浏览器与网站之间建立 SSL 安全连接

STEP 4 客户端浏览器根据双方同意的安全等级来创建“会话密钥”，利用网站的公钥将会话密钥加密，并将加密过后的会话密钥发送给网站。

STEP 5 网站利用它自己的私钥将会话密钥解密。

STEP 6 客户端浏览器与网站双方利用会话密钥对所要传送的所有数据进行加密与解密。

12.1.2 CA 概述与根 CA 的安装

无论是电子邮件保护还是 SSL 网站安全连接，都需要申请证书才可以使用公钥与私钥来执行数据加密与身份验证的操作。证书就好像机动车驾驶证一样，必须是拥有机动车驾驶证（证书）的人才能开车（使用密钥），而负责发放证书的机构被称为 CA。

用户或网站的公钥与私钥是如何产生的呢？在申请证书时，需要输入姓名、地址与电子邮箱等数据，这些数据会被发送到一个称为加密服务提供者（Cryptographic Service Provider，CSP）的程序，此程序已经被安装在申请者的计算机中或此计算机可以访问的设备中。

CSP 会自动创建一对密钥：一个公钥与一个私钥。CSP 会将私钥存储到申请者计算机的注册表（Registry）中，并将证书申请数据与公钥一并发送给 CA。CA 检查这些数据无误后，会利用自己的私钥对要发放的证书进行签名，并发放此证书。申请者收到证书后，将证书安装到其计算机中。

证书内包含证书的颁发对象（用户或计算机）、证书有效期限、颁发此证书的 CA 与其数字签名（类似于机动车驾驶证上盖的章），以及申请者的姓名、地址、电子邮箱、公钥等数据。

> **注意** 若用户计算机安装有读卡设备，则可以利用智能卡来登录，但需要通过类似的程序来申请证书，CSP 会将私钥存储到智能卡中。

1. CA 的信任

在 PKI 架构下，当用户利用某 CA 发放的证书来发送一封经过签名的电子邮件时，收件人的计算机应该信任（Trust）由此 CA 发放的证书，否则收件人的计算机会将此电子邮件视为有问题的邮件。

同样，客户端利用浏览器连接 SSL 网站时，客户端计算机也必须信任发放 SSL 证书给此网站的 CA，否则客户端浏览器会弹出警告信息。

系统默认已经自动信任一些商业 CA，而 Windows 10 操作系统的计算机可通过打开桌面版 IE 浏览器，选择“工具”（若没有显示“工具”菜单，则按“Alt”键）→“Internet 选项”选项，在弹出的对话框的“内容”选项卡中单击“证书”按钮，在“证书”对话框的“受信任的根证书颁发机构”选项卡中查看其已经信任的 CA，如图 12-4 所示。

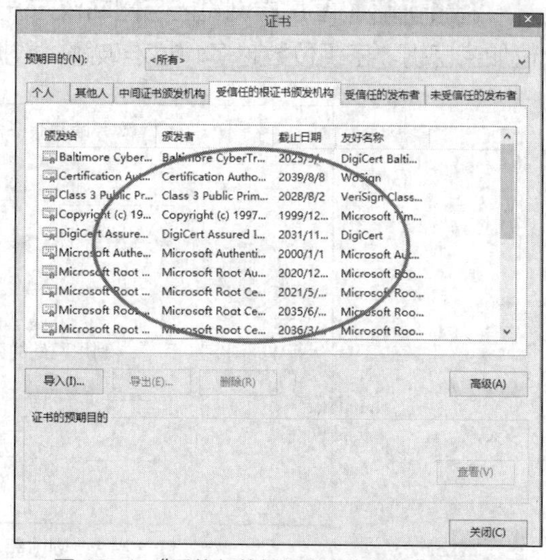

图 12-4 “受信任的根证书颁发机构”选项卡

用户可以向上述商业 CA（如 VeriSign）申请证书，但若某公司只是希望在各分公司、事业合作伙伴、供货商与客户之间安全地通过 Internet 传送数据，则不需要向上述商业 CA 申请证书，因为可以利用 Windows Server 2019 的 Active Directory 证书服务（Active Directory Certificate Services，AD CS）来自行配置 CA，利用此 CA 将证书发放给员工、客户与供货商等，并使其计算机信任此 CA。

2. AD CS 的 CA 种类

若使用 Windows Server 2019 的 AD CS 来提供 CA 服务，则可以选择将此 CA 设置为以下角色之一。

- 企业根 CA（Enterprise Root CA）。它需要使用 Active Directory 域，可以将企业根 CA 安装到域控制器或成员服务器中。它发放证书的对象仅限于域用户，当域用户申请证书时，企业根 CA 会从 Active Directory 域中得知该用户的账户信息并据此决定该用户是否有权限申请所需证书。企业根 CA 主要用于发放证书给从属 CA，虽然企业根 CA 还可以发放保护电子邮件安全、网站 SSL 安全连接等证书，但发放这些证书的工作最好交给从属 CA 来负责。
- 企业从属 CA（Enterprise Subordinate CA）。企业从属 CA 也需要使用 Active Directory 域，企业从属 CA 适合用来发放保护电子邮件安全、网站 SSL 安全连接等证书。企业从属 CA 必须从其父 CA（如企业根 CA）中取得证书之后，才能正常工作。企业从属 CA 也可以发放证书给下一层的从属 CA。
- 独立根 CA（Standalone Root CA）。独立根 CA 类似于企业根 CA，但它不需要 Active Directory 域，扮演独立根 CA 角色的计算机可以是独立服务器、成员服务器或域控制器。无论是否为域用户，都可以向独立根 CA 申请证书。
- 独立从属 CA（Standalone Subordinate CA）。独立从属 CA 类似于企业从属 CA，但它不需要使用 Active Directory 域，扮演独立从属 CA 角色的计算机可以是独立服务器、成员服务器或域控制器。无论是否为域用户，都可以向独立从属 CA 申请证书。

12.2 项目设计与准备

1. 项目设计

实现网站的 SSL 连接访问的网络拓扑结构如图 12-5 所示。

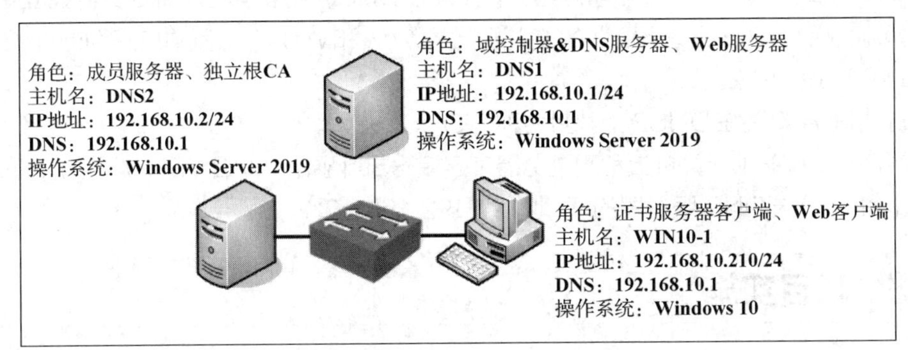

图 12-5 实现网站的 SSL 连接访问的拓扑结构

在部署 CA 服务前需满足以下要求。

- DNS1：域控制器、DNS 服务器、Web 服务器，也可以部署企业 CA，IP 地址为 192.168.10.1/24，首选 DNS 服务器的 IP 地址为 192.168.10.1。
- DNS2：成员服务器（也可以是独立服务器），部署独立根 CA，IP 地址为 192.168.10.2/24，首选 DNS 服务器的 IP 地址为 192.168.10.1。
- WIN9-1：客户端（使用 Windows 10 操作系统），IP 地址为 192.168.10.210/24，首选 DNS 服务器的 IP 地址为 192.168.10.1，信任独立根 CA。

DNS1、DNS2、WIN9-1 可以是 VMware 的虚拟机，网络连接模式皆为“VMnet1”。

2. 项目准备

只有为网站申请了 SSL 证书，网站才会具备 SSL 安全连接的能力。若网站要向 Internet 用户提供服务，则需向商业 CA（如 VeriSign）申请证书；若网站只是向内部员工、企业合作伙伴提供服务，则可自行利用 AD CS 来配置 CA，并向此 CA 申请证书。下面利用 AD CS 来配置 CA，并通过以下步骤演示 SSL 网站的配置过程。

① 在 DNS2 上安装独立根 CA：DNS1-CA。可以在 DNS1 上安装企业 CA：long-DNS1-CA。

② 在 Web 客户端计算机上创建证书申请文件。

③ 利用浏览器将证书申请文件发送给 CA，并下载证书文件。

- 企业 CA：由于企业 CA 会自动发放证书，因此在将证书申请文件发送给 CA 后，就可以直接下载证书文件。
- 独立根 CA：由于独立根 CA 默认并不会自动发放证书，因此必须等 CA 管理员手动发放证书后，再利用浏览器来连接 CA 并下载证书文件。

④ 将 SSL 证书安装到 IIS 计算机中，并将其绑定（Binding）到网站，该网站便拥有 SSL 安全连接的能力。

⑤ 测试客户端浏览器与网站之间 SSL 的安全连接功能是否正常。

参照图 12-5 来练习实现网站的 SSL 安全连接。

- 要启用 SSL 的网站为 DNS1 的 Web Test Site，其网址为 www.long60.cn，请先在此计算机上安装好 IIS 角色（提前做好）。
- DNS1 同时扮演 DNS 服务器角色，请安装好 DNS 服务器角色，并在其内建立正向查找区域 long60.cn。在该区域下建立 CNAME 记录 www 和 www1，分别对应 IP 地址 192.168.10.1 和 192.168.10.2。
- 独立根 CA 安装在 DNS2 上，其名称为 DNS1-CA。
- 需要在 WIN9-1 计算机上利用浏览器来连接 SSL 网站。CA2（DNS2）与 WIN9-1 计算机需指定首选 DNS 服务器的 IP 地址为 192.168.10.1。

12.3 项目实施

任务 12-1 安装证书服务并架设独立根 CA

12-2 课堂慕课
配置与管理证书服务器

在 DNS2 上安装证书服务并架设独立根 CA。

1. 安装证书服务

STEP 1 利用 Administrators 组成员的身份登录 DNS2，安装 CA2（若要安装企业根 CA，则可利用域 Enterprise Admins 组成员的身份登录 DNS1，安装 CA）。

STEP 2 打开“服务器管理器”窗口，单击“仪表板”处的“添加角色和功能”按钮，持续单击“下一步”按钮，直到进入图 12-6 所示的“选择服务器角色”界面，勾选“Active Directory 证书服务”复选框，单击“下一步”按钮，在弹出的对话框中单击“添加功能”按钮（如果没有安装 Web 服务器，则可在此一并安装）。

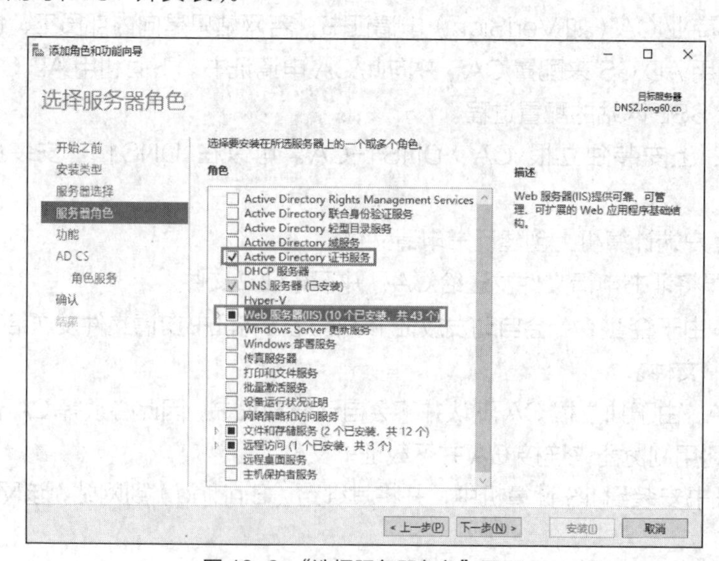

图 12-6 “选择服务器角色”界面

STEP 3 持续单击“下一步”按钮，直到进入图 12-7 所示的“选择角色服务”界面，勾选“证书颁发机构”和“证书颁发机构 Web 注册”复选框，单击“安装”按钮，顺便安装 IIS 网站，以便让用户可以利用浏览器来申请证书。

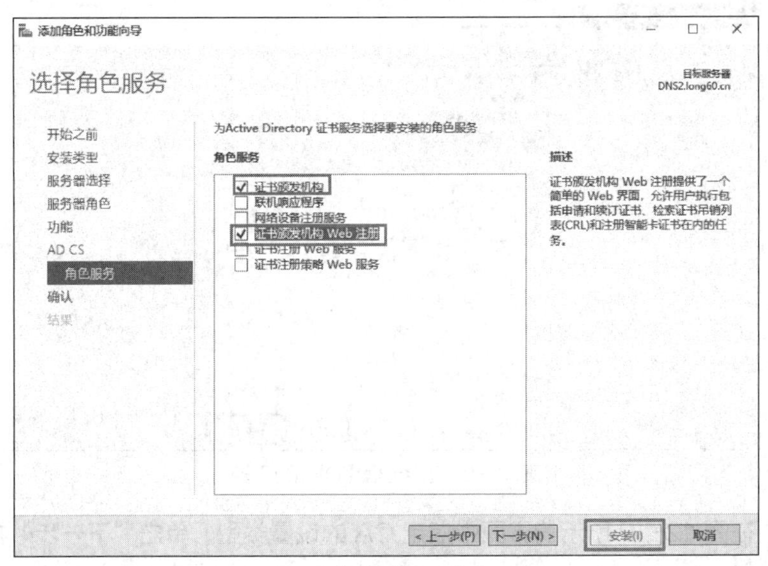

图 12-7 “选择角色服务”界面

STEP 4 持续单击“下一步”按钮，直到进入确认安装所选内容界面，单击“安装”按钮。

STEP 5 单击“关闭”按钮，重新启动计算机。

2. 架设独立根 CA

STEP 1 单击“配置目标服务器上的 Active Directory 证书服务”超链接，如图 12-8 所示。

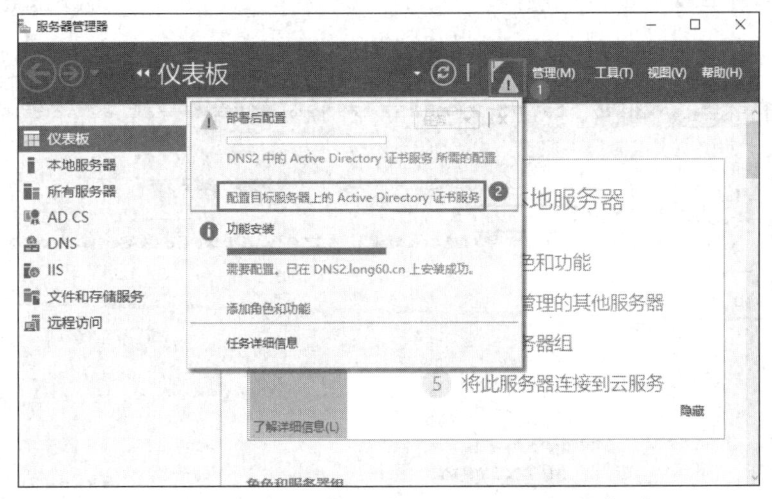

图 12-8 配置目标服务器上的 Active Directory 证书服务

STEP 2 在打开的“AD CS 配置”窗口中单击“下一步”按钮，开始配置 AD CS。

STEP 3 勾选“证书颁发机构”和“证书颁发机构 Web 注册”复选框，如图 12-9 所示，单击“下一步”按钮。

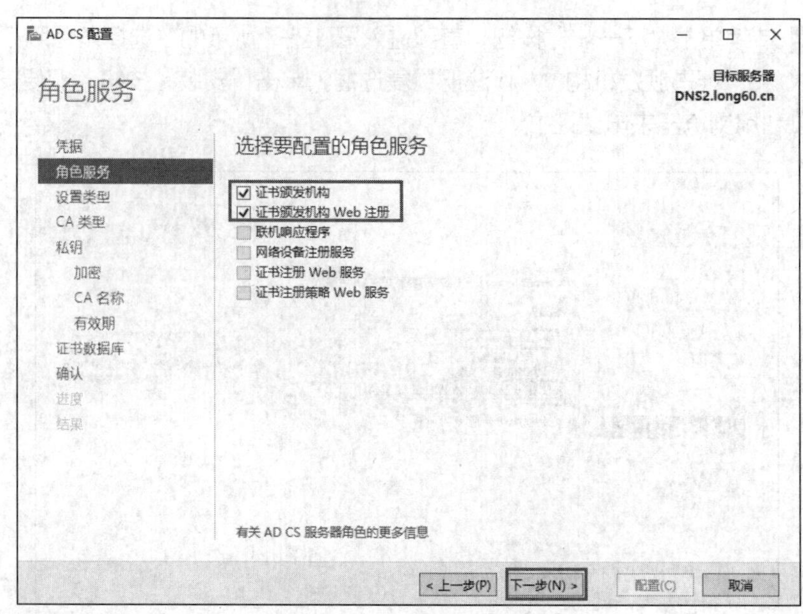

图 12-9　选择要配置的角色服务

STEP 4 在图 12-10 所示的界面中指定 CA 的设置类型，单击“下一步”按钮。

> **注意** 若此计算机是独立服务器或用户不是利用域 Enterprise Admins 组的成员身份登录的，则无法选择企业 CA。

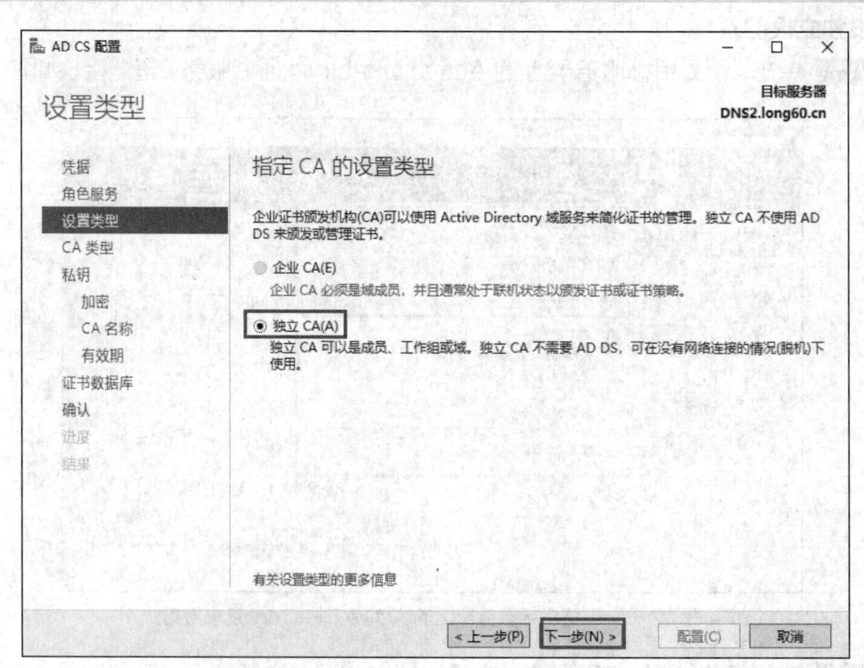

图 12-10　指定 CA 的设置类型

STEP 5 在图 12-11 所示的界面中选中“根 CA”单选按钮，单击“下一步”按钮。

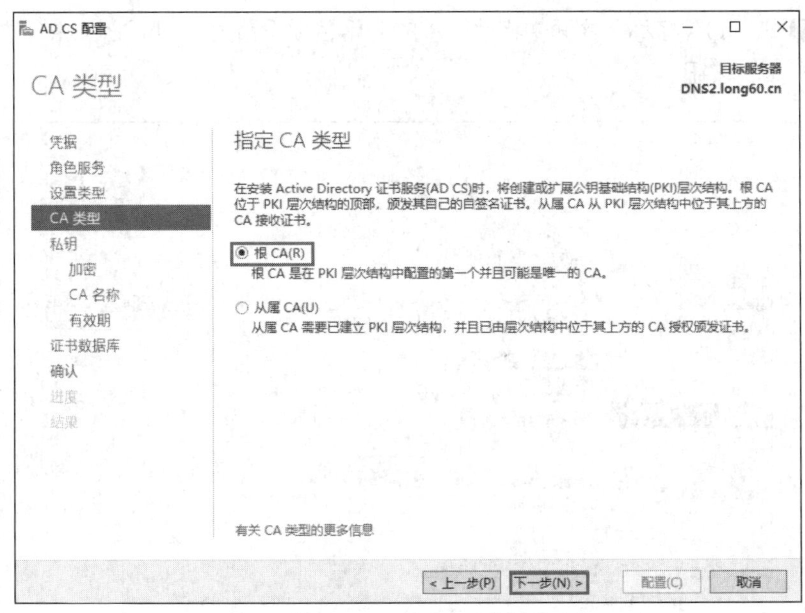

图 12-11　指定 CA 类型

STEP 6 在图 12-12 所示的界面中指定私钥类型，这里选中“创建新的私钥”单选按钮，单击“下一步”按钮。此为 CA 的私钥，CA 必须在拥有私钥后，才可以给客户端发放证书。

> **注意**　若是重新安装 CA（之前已经在这台计算机上安装过），则可以选择使用前一次安装时创建的私钥。

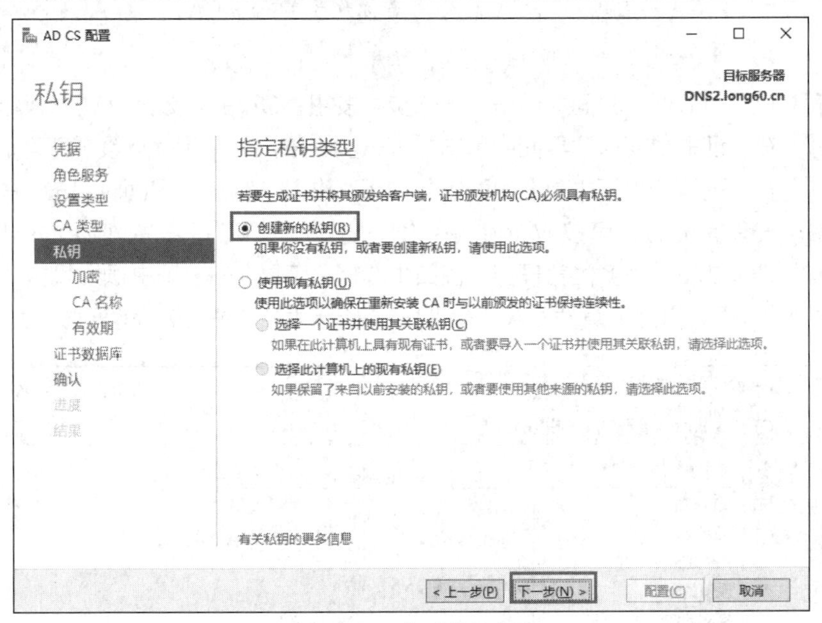

图 12-12　指定私钥类型

STEP 7 在“加密”界面中直接单击“下一步”按钮，采用默认的创建私钥的方法。

STEP 8 在“CA 名称”界面中将此 CA 的公用名称设置为“DNS2-CA”，如图 12-13 所示，单击“下一步”按钮。

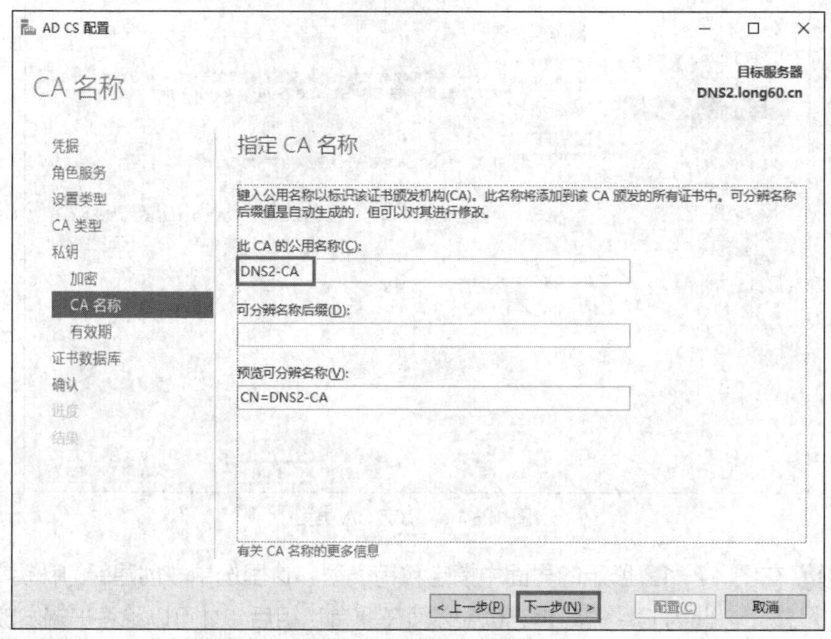

图 12-13　指定 CA 名称

> **特别说明**　因为 DNS2 是 long60.cn 的成员服务器，所以默认的 CA 的公用名称为 long- DNS2-CA，为区别于企业 CA，在此将此 CA 的公用名称改为 DNS2-CA。

STEP 9 在“有效期”界面中单击“下一步”按钮，CA 的有效期默认为 5 年。

STEP 10 在“证书数据库”界面中单击“下一步”按钮，采用默认设置即可。

STEP 11 在“确认”界面中单击“配置”按钮，进入“结果”界面时单击“关闭”按钮。

STEP 12 安装完成后，可按 Windows 键，选择“开始”→“Windows 管理工具”→“证书颁发机构”选项或在“服务器管理器”窗口中选择“工具”→“证书颁发机构”选项，进入证书颁发机构的管理界面，以此来管理 CA。图 12-14 所示为独立根 CA 的管理界面。

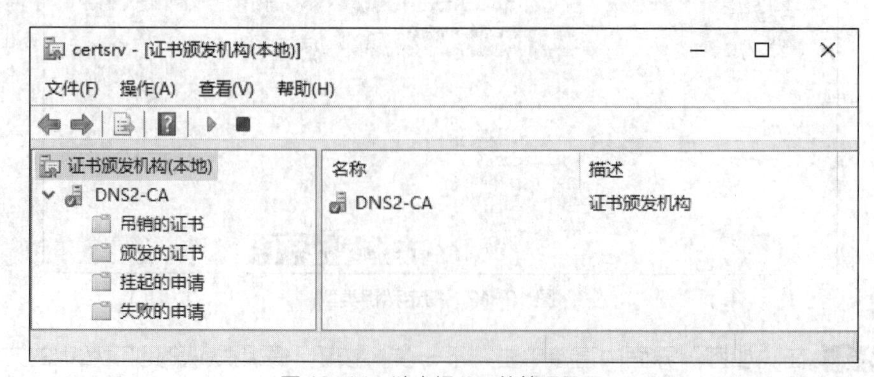

图 12-14　独立根 CA 的管理界面

若该独立根 CA 是企业 CA,则它是根据证书模板(见图 12-15)来发放证书的。例如,图 12-15 中右方的用户模板中同时提供了可以用来加密文件的证书、保护电子邮件安全的证书与验证客户端身份的证书（读者可以在 DNS1 上安装企业 CA：long-DNS1-CA）。

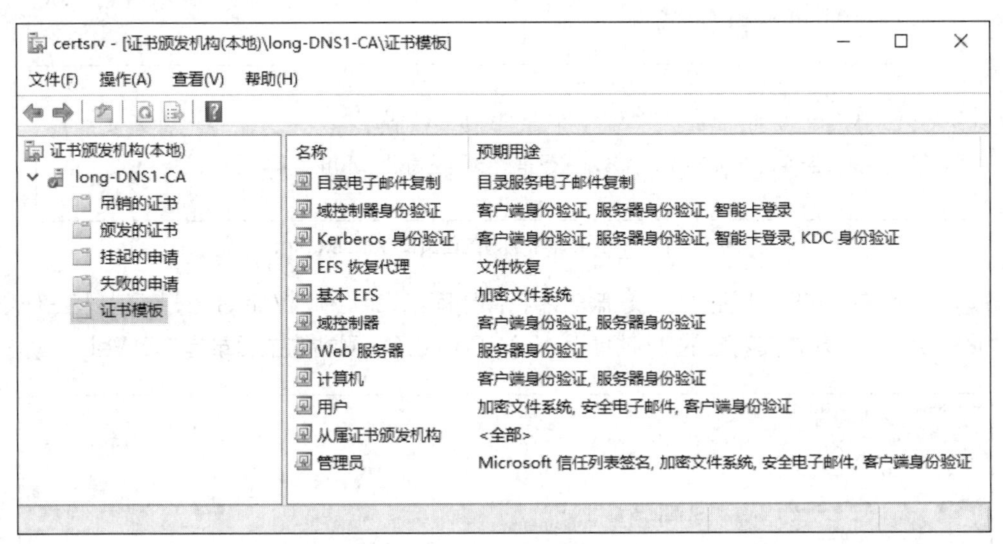

图 12-15 企业 CA 的证书模板

任务 12-2 DNS 与测试网站准备

将网站建立在 DNS1 上的具体步骤如下。

STEP 1 在 DNS1 上配置 DNS，新建 CNAME 记录。DNS1（IP 地址为 192.168.10.1）为 www.long60.cn，DNS2（IP 地址为 192.168.10.2）为 www2.long60.cn，如图 12-16 所示。

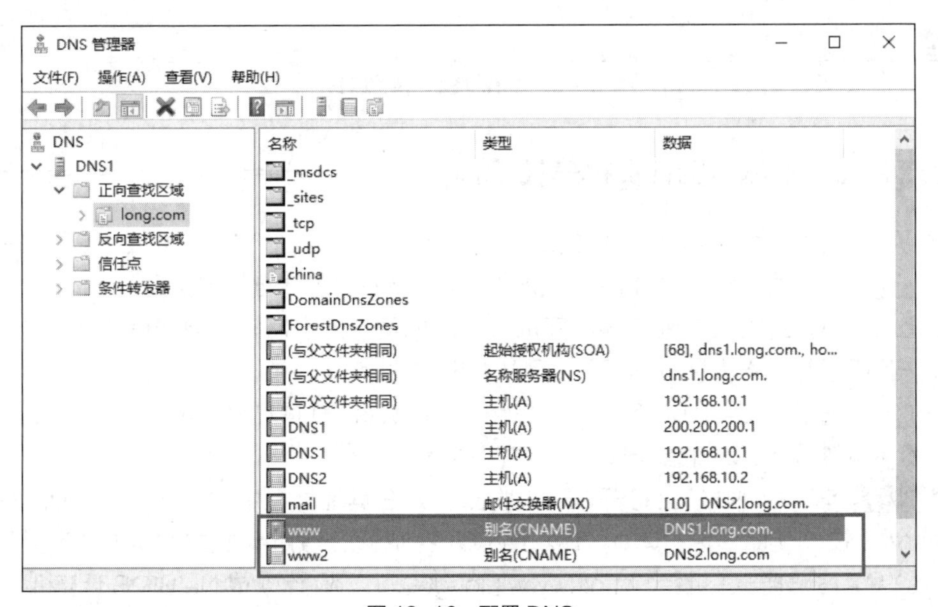

图 12-16 配置 DNS

STEP 2 为了测试 SSL 网站是否正常，在网站主目录（假设是 C:\Web）下利用记事本创建文件名为 index.htm 的首页文件，如图 12-17 所示。建议先在“文件资源管理器”窗口中选择“查看”，勾选“扩展名”复选框，这样在建立文件时才不容易弄错扩展名，同时在图 12-17 中才能看到文件 index.htm 的扩展名为.htm。

图 12-17　在主目录下创建的首页文件 index.htm

STEP 3 在 DNS1 上配置 Web 服务器，停用网站 Default Web Site，新建“SSL 测试网站”，如图 12-18 所示。其对应的 IP 地址为 192.168.10.1，网站的主目录是 C:\Web。

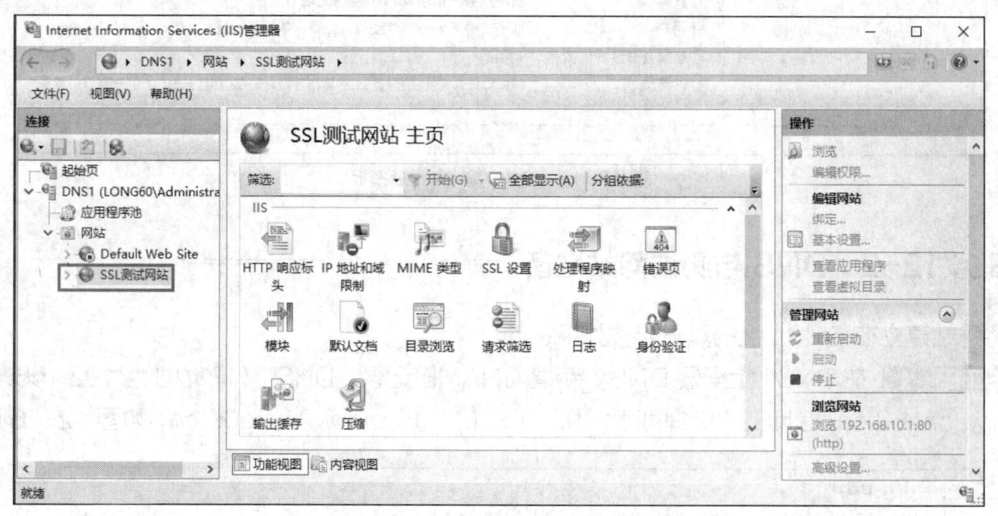

图 12-18　新建“SSL 测试网站”

任务 12-3　让浏览器计算机信任 CA

网站 Web（DNS1）与运行浏览器的计算机 WIN9-1 都应该信任发放 SSL 证书的 CA（DNS2），否则浏览器在利用“https”（SSL）连接网站时会弹出警告信息。

若是企业 CA，且网站与浏览器计算机都是域成员，则它们都会自动信任此企业 CA。然而，图 12-5 所示的 CA 为独立根 CA，且 WIN9-1 没有加入域，故需要在这台计算机上手动执行信任 CA 的操作。让图 12-5 所示的采用 Windows 10 操作系统的计算机 WIN9-1 信任图 12-5 所示的独立根 CA 的步骤如下。

STEP 1 在 WIN9-1 上打开 IE 浏览器，并在其地址栏中输入 URL“http://192.168.10.2/certsrv”，按“Enter”键。其中，192.168.10.2 为图 12-5 所示独立根 CA 的 IP 地址，此处也可改为 CA 的 DNS 服务器主机名（http://www1.long60.cn/certsrv）或 NetBIOS 计算机名称。

STEP 2 在图 12-19 所示的窗口中单击“下载 CA 证书、证书链或 CRL”超链接。

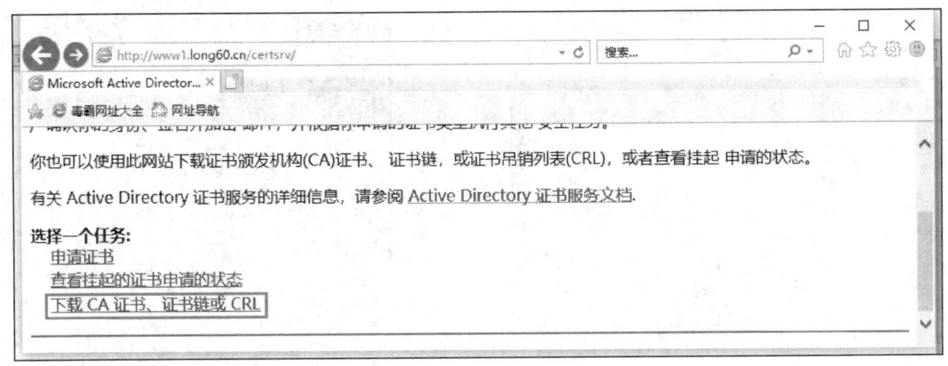

图 12-19 下载 CA 证书

注意 若客户端为 Windows Server 2019 计算机，则应先将其 IE 增强的安全配置关闭，否则系统会阻挡其连接 CA 网站。具体操作如下：打开“服务器管理器”窗口，选择“本地服务器”选项，单击“IE 增强的安全配置”右侧的“启用”超链接，在弹出的对话框中选中“管理员”选项组中的“关闭”单选按钮，如图 12-20 所示。

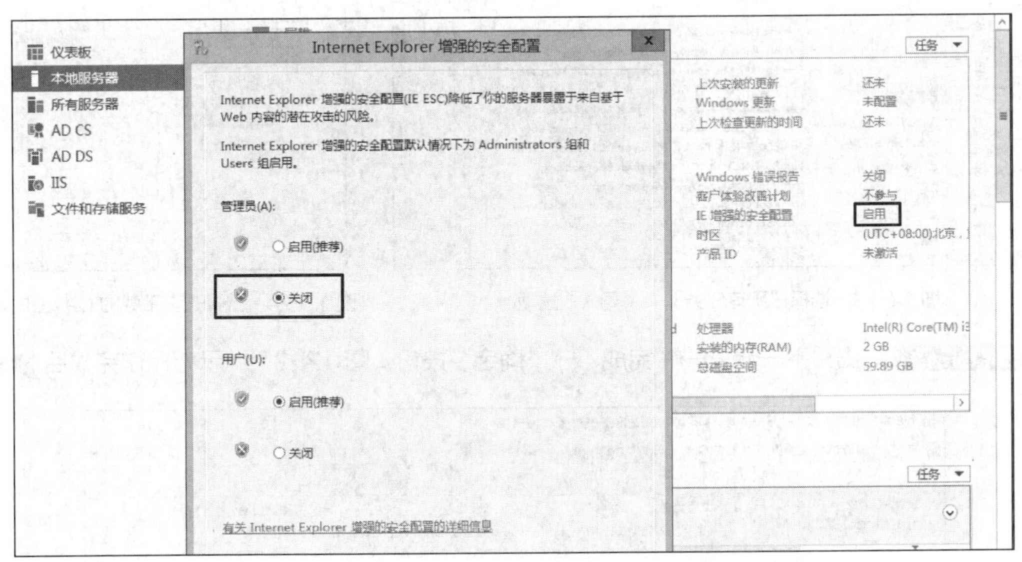

图 12-20 关闭 IE 增强的安全配置功能

STEP 3 在图 12-21 所示的窗口中单击“下载 CA 证书链”超链接，在弹出的对话框中单击“保存”按钮右侧的下拉按钮，选择“另存为”选项，将证书下载并保存到本地 C:\cert 文件夹中。其默认的文件名为 certnew.p7b。

STEP 4 选中“开始”菜单并单击鼠标右键，在弹出的快捷菜单中选择“运行”选项，在弹出的“运行”对话框中输入“mmc”，单击“确定”按钮。选择“文件”→“添加/删除管理单元”选项，从可用的管理单元列表框中选择“证书”选项，单击“添加”按钮，在弹出的图 12-22 所示的“证书管理单元”对话框中选中“计算机账户”单选按钮，单击“下一步”→“完成”→“确定”按钮。

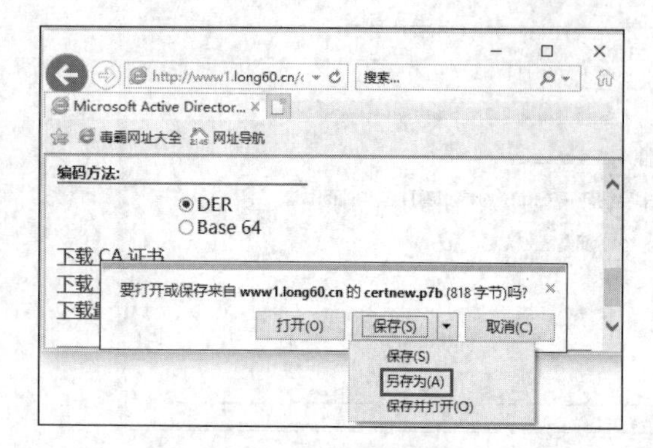

图 12-21　下载并保存证书

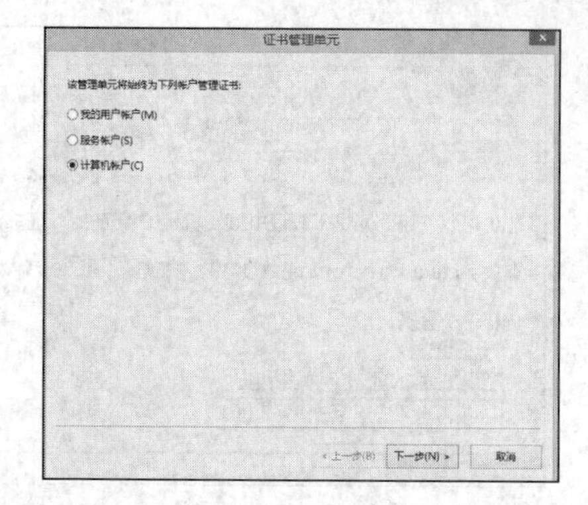

图 12-22　“证书管理单元”对话框

STEP 5 展开“受信任的根证书颁发机构”选项，选择“证书”选项并单击鼠标右键，在弹出的快捷菜单中选择“所有任务”→“导入”选项，如图 12-23 所示。

STEP 6 在图 12-24 所示的界面中选择之前下载的 CA 证书文件，单击“下一步”按钮。

图 12-23　选择“所有任务”→“导入”选项

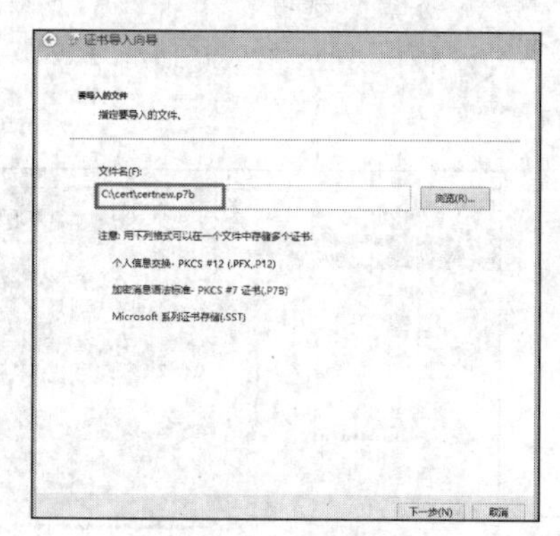

图 12-24　选择之前下载的 CA 证书文件

STEP 7 单击“下一步”→“完成”→“确定”按钮。图 12-25 所示为操作完成后的界面。

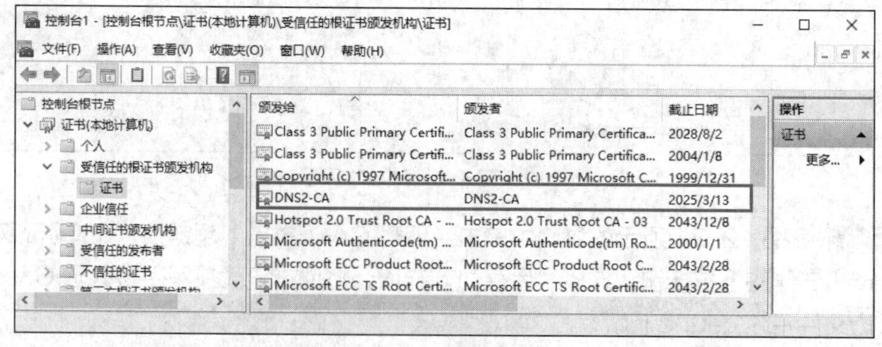

图 12-25　操作完成后的界面

任务 12-4　在 Web 服务器上配置证书服务

在扮演网站 www.long60.cn 角色的 Web 服务器 DNS1 上执行以下操作。

1. 在网站上创建证书申请文件

STEP 1 选择“开始”→“Windows 管理工具”→“Internet Information Services(IIS)管理器”选项，打开“Internet Information Services(IIS)管理器”窗口。

STEP 2 选择“DNS1(LONG60\Administrator)”选项，双击“服务器证书”按钮，单击“创建证书申请”超链接，如图 12-26 所示。

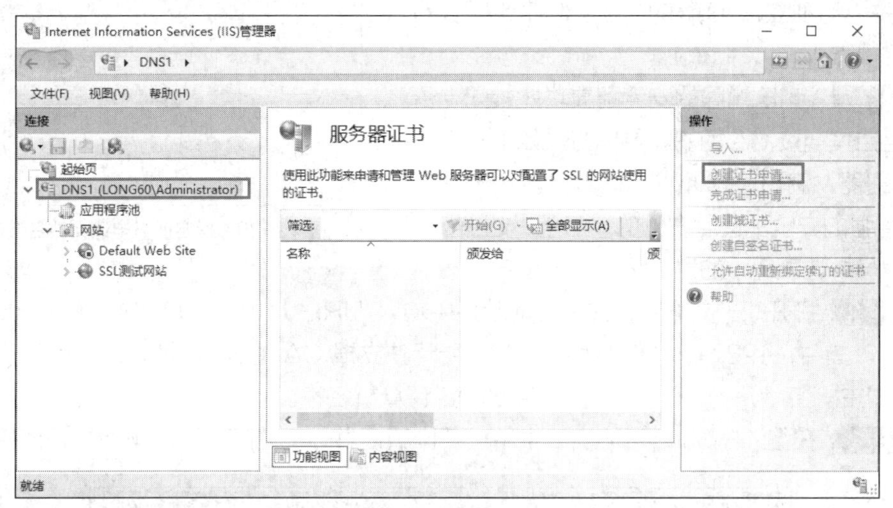

图 12-26　创建证书申请

STEP 3 在图 12-27 所示的“可分辨名称属性”界面中输入网站的相关数据，单击“下一步”按钮。

> **特别注意**　因为在“通用名称”文本框中输入的网址被定义为 www.long60.cn，故客户端需使用此网址来连接 SSL 网站。

STEP 4 在图 12-28 所示的“加密服务提供程序属性”界面中直接单击“下一步”按钮。图 12-28 中的“位长”是用来定义网站公钥的位长的，位长值越大，安全性越高，但效率也越低。

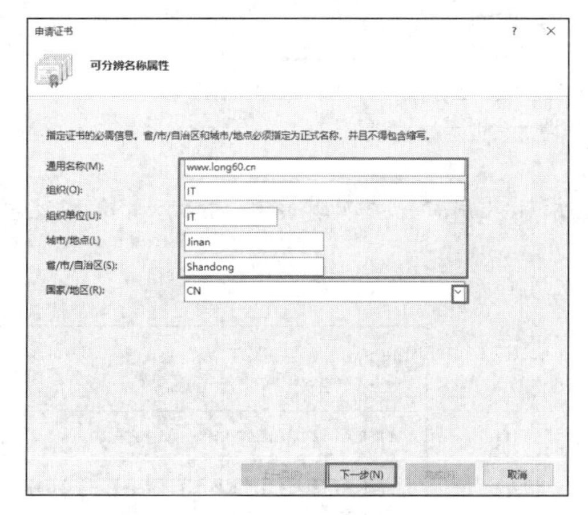

图 12-27　“可分辨名称属性”界面

图 12-28　“加密服务提供程序属性”界面

STEP 5 在图 12-29 所示的界面中指定证书申请文件名与存储位置（本例为 c:\WebCert.txt），单击“完成”按钮。

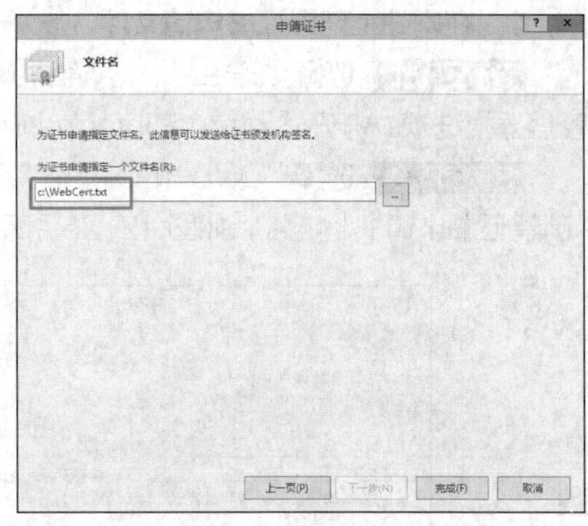

图 12-29　指定证书申请文件名与存储位置

2. 申请证书与下载证书

继续在扮演网站角色的 DNS1 上执行以下操作（以下操作是针对独立根 CA 的，但会附带说明针对企业 CA 的操作）。

STEP 1 将 IE 增强的安全配置功能关闭，否则系统会阻挡其连接 CA 网站，具体方法如下：打开“服务器管理器”窗口，选择“本地服务器”选项，单击“IE 增强的安全配置”右侧的“启用”超链接，选中“管理员”选项组中的“关闭”单选按钮。

STEP 2 打开 IE 浏览器，并在其地址栏中输入 URL“http://192.168.10.2/certsrv”，按“Enter”键。其中，192.168.10.2 为图 12-5 所示独立根 CA 的 IP 地址，此处也可改为 CA 的 DNS 服务器主机名 www.long60.cn 或 NetBIOS 计算机名称。

STEP 3 在图 12-30 所示的窗口中单击“申请证书”→“高级证书申请”超链接。

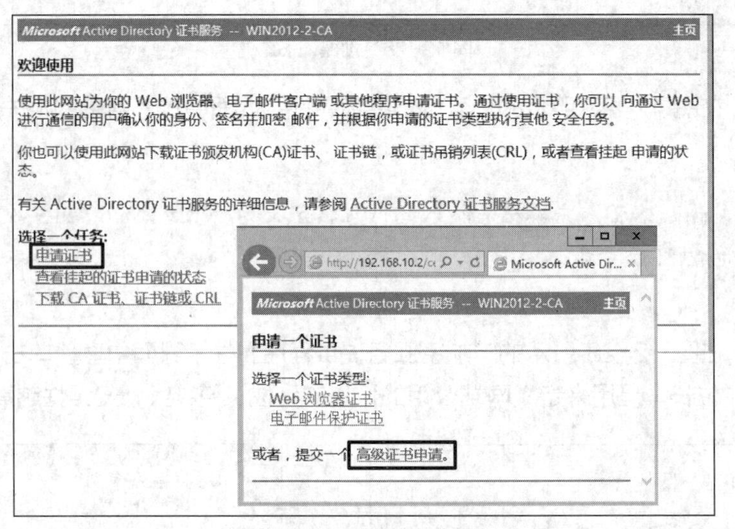

图 12-30　申请一个证书

> **注意**　若是向企业 CA 申请证书，则系统会先要求输入用户账户及其密码，此时请输入域管理员账户（如 long\administrator）及其密码。

STEP 4 单击图 12-31 中框选的选项，续订证书申请。

STEP 5 在开始下一个步骤之前，请先利用记事本打开前面的证书申请文件 c:\WebCert.txt，并复制整个证书申请文件，如图 12-32 所示。

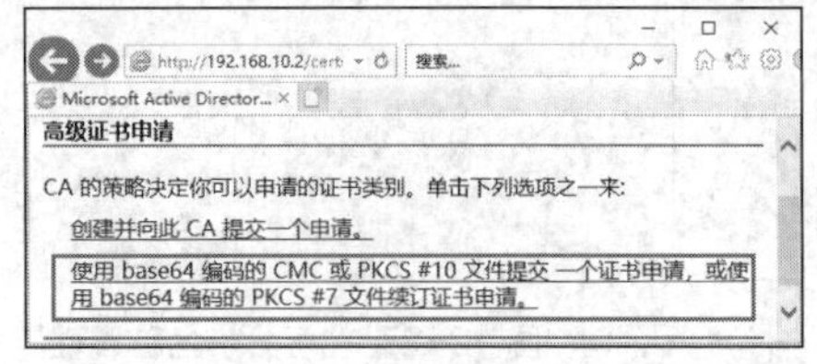

图 12-31　续订证书申请

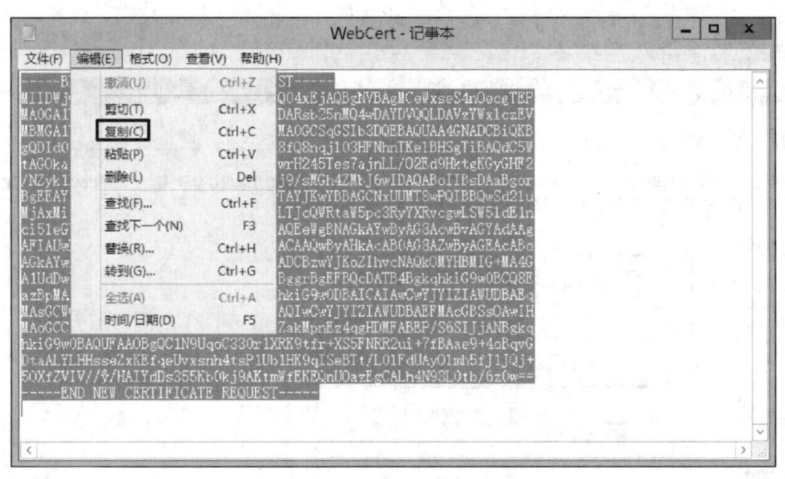

图 12-32　复制整个证书申请文件

STEP 6 将复制下来的内容粘贴到图 12-33 所示界面的“Base-64 编码的证书申请（CMC 或 PKCS # 10 或 PKCS # 7）”文本框中，完成后单击“提交”按钮。

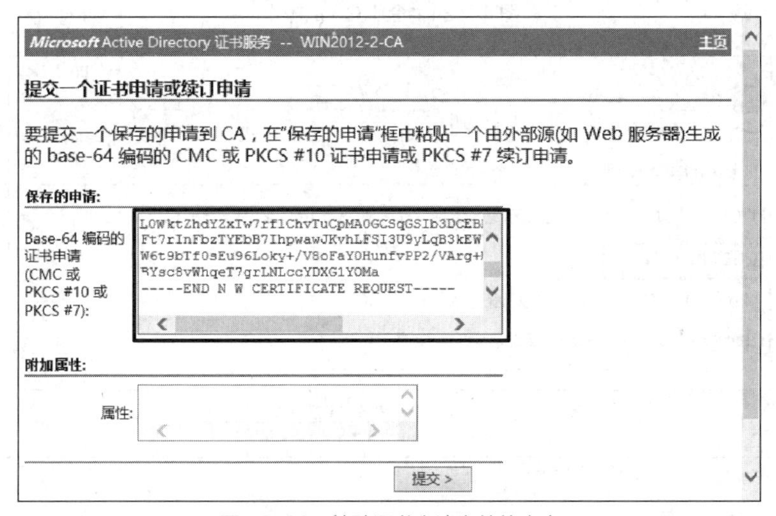

图 12-33　粘贴证书申请文件的内容

> **注意**　若是企业 CA，则将复制下来的内容粘贴到图 12-34 所示界面的“Base-64 编码的证书申请(CMC 或 PKCS # 10 或 PKCS # 7)”文本框中，在“证书模板”下拉列表中选择“Web 服务器”选项并单击“提交”按钮，直接跳转到 STEP 10。

STEP 7 因为独立根 CA 默认并不会自动颁发证书，故按图 12-35 所示的要求，等 CA 系统管理员发放证书后，再来连接 CA 与下载证书。该证书 ID 为 2。

STEP 8 在 CA 服务器（DNS2）上按 Windows 键，选择“开始”→“Windows 管理工具”→“证书颁发机构”→“挂起的申请”选项，选中图 12-36 所示的证书请求并单击鼠标右键，在弹出的快捷菜单中选择“所有任务”→“颁发”选项。颁发完成后，该证书由“挂起的申请”移动到“颁发的证书”中。

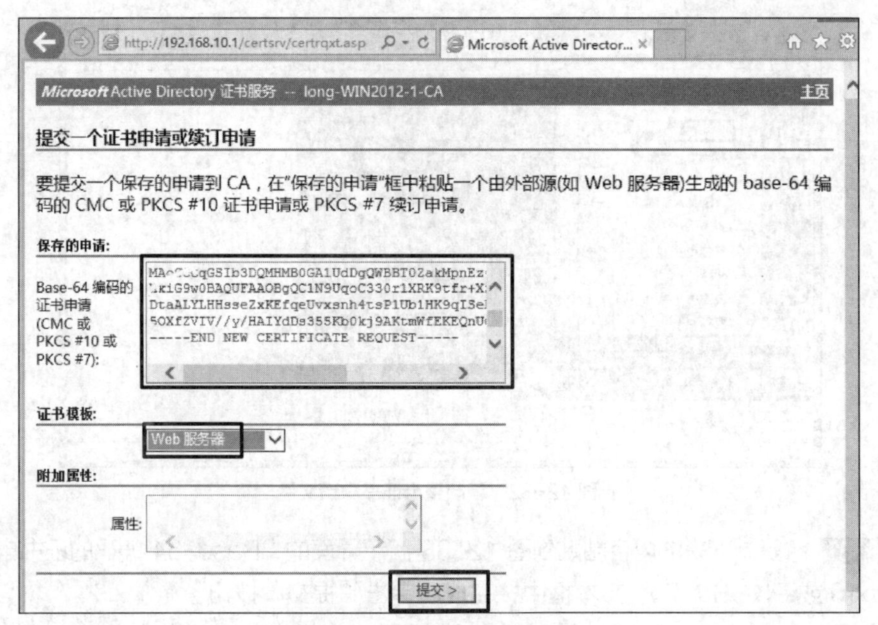

图 12-34　企业 CA 的操作

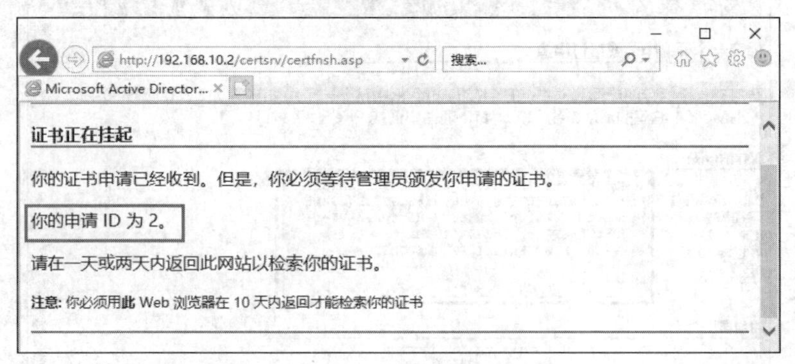

图 12-35　等待 CA 系统管理员发放证书

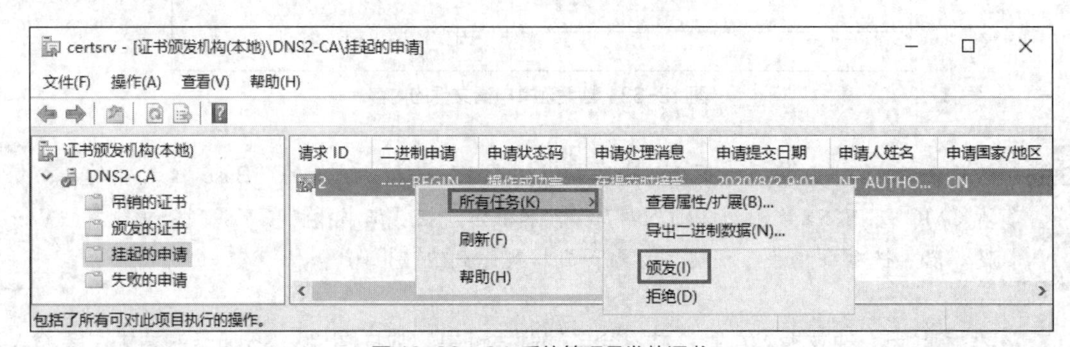

图 12-36　CA 系统管理员发放证书

STEP 9 回到 Web 服务器（DNS1），打开浏览器，连接到 CA 网页（如 http://192.168.10.2/certsrv），按图 12-37 所示的内容进行选择，查看挂起的证书申请的状态。

STEP 10 在图 12-38 所示的窗口中单击“下载证书”超链接，在弹出的对话框中单击“保存”按钮，将证书保存到本地，其默认的文件名为 certnew.cer。

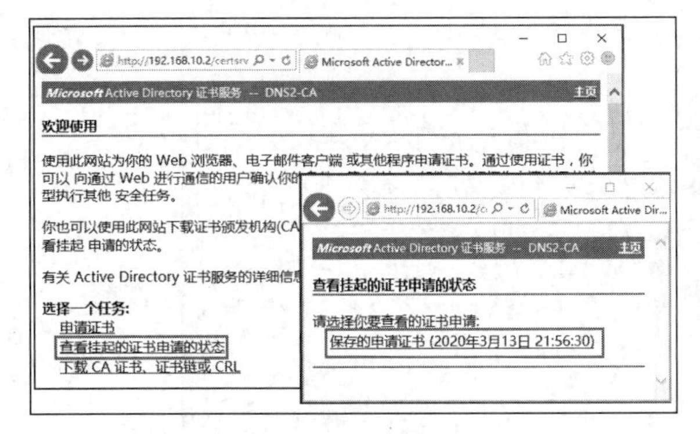

图 12-37　查看挂起的证书申请的状态

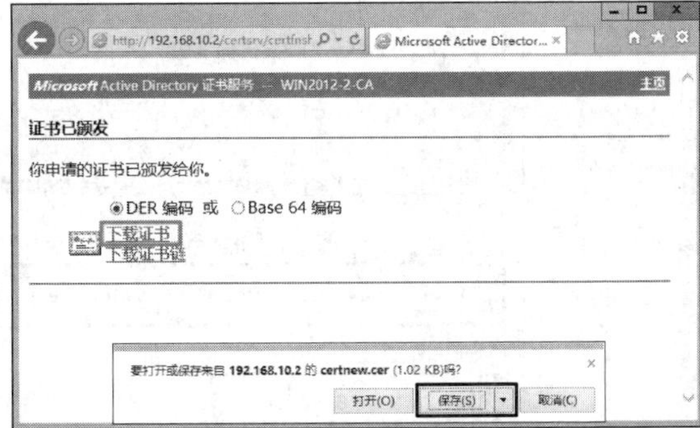

图 12-38　下载证书并保存到本地

注意　该证书默认保存在用户的 downloads 文件夹下，如 C:\Users\Administrator\Downloads\certnew.cer。如果单击"另存为"按钮，则可以更改此默认文件夹。

3. 安装证书（DNS1）

将从 CA 下载的证书安装到 IIS 服务器（DNS1）上。

STEP 1 选择"DNS1(LONG\Administrator)"选项，双击"服务器证书"按钮，单击"完成证书申请"超链接，如图 12-39 所示。

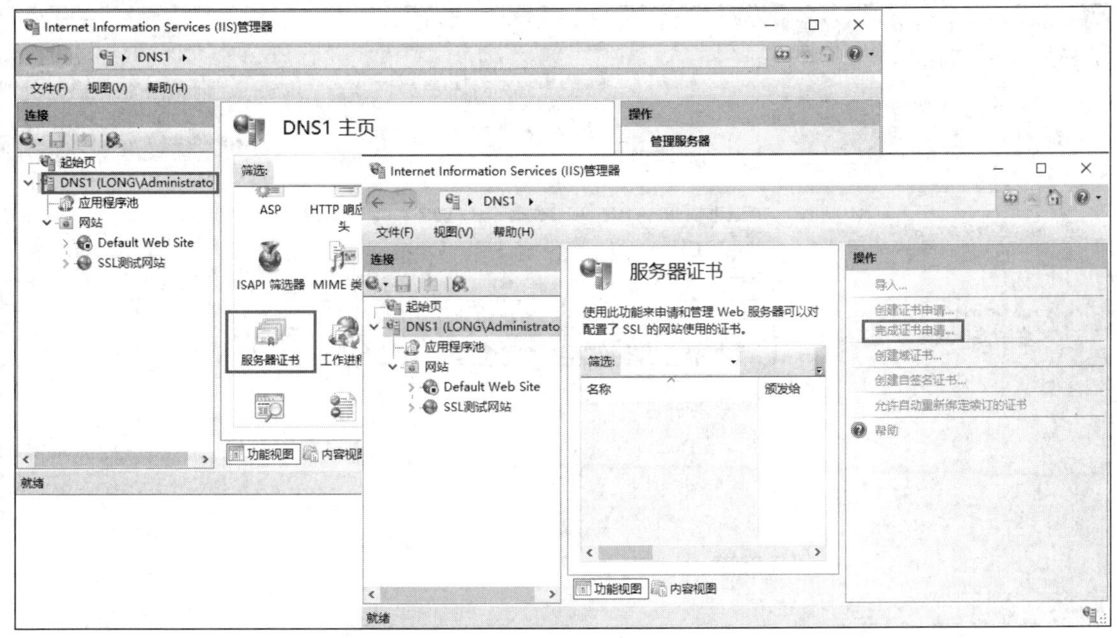

图 12-39　"完成证书申请"超链接

STEP 2 在图 12-40 所示的"完成证书申请"对话框中选择前面下载的证书文件，为其设置一个好记的名称（如 Web Test Site Certificate）。将证书存储到"个人"证书存储区，单击"确定"按钮。图 12-41 所示为证书安装完成后的界面。

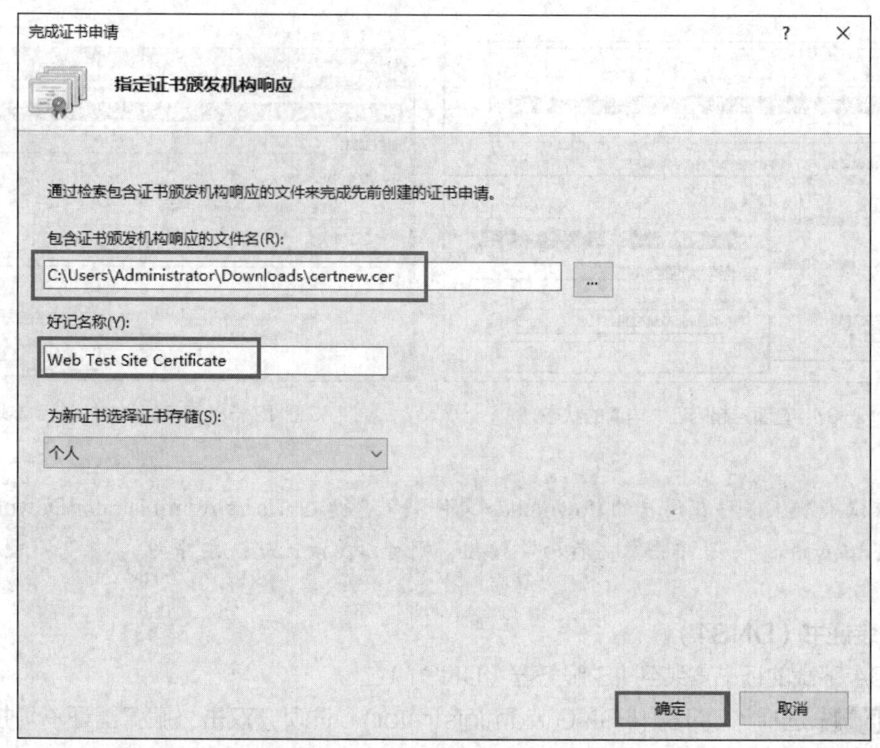

图 12-40 “完成证书申请”对话框

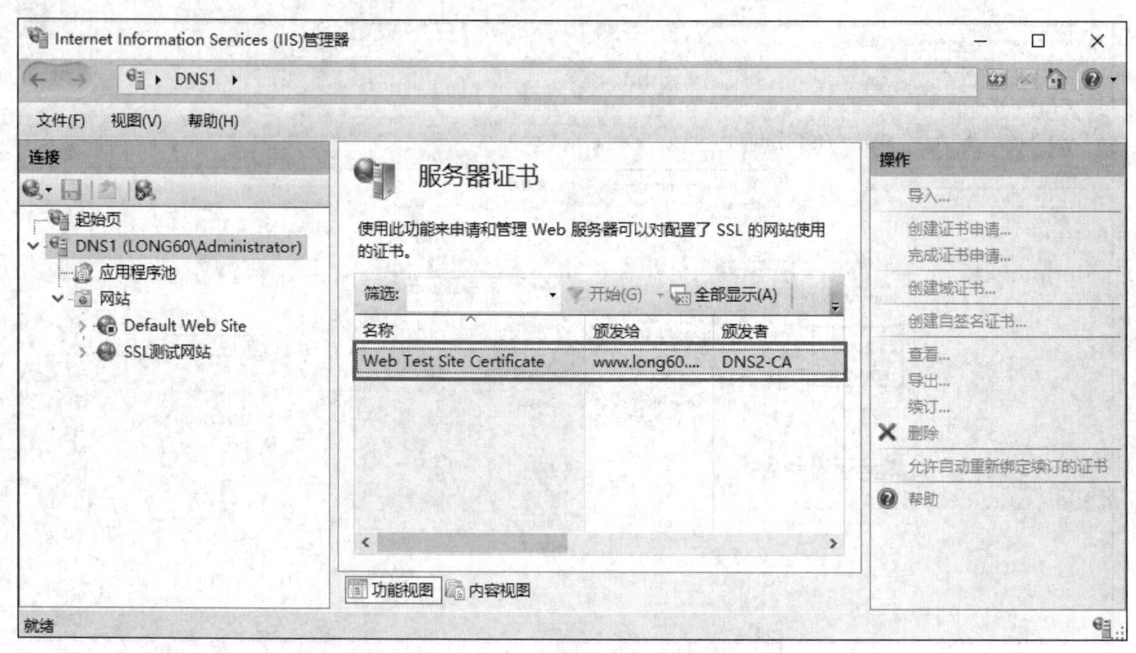

图 12-41 证书安装完成后的界面

4. 绑定 HTTPS

STEP 1 单击“SSL 测试网站”选项右侧“操作”窗格中的“绑定”超链接，将 HTTPS 绑定到“SSL 测试网站”，如图 12-42 所示。

图 12-42　绑定 HTTPS

STEP 2 在“网站绑定”对话框中单击“添加”按钮，在“添加网站绑定”对话框的“类型”下拉列表中选择“https”选项，在“IP 地址”文本框中输入“192.168.10.1”，在“SSL 证书”下拉列表中选择“Web Test Site Certificate”选项，单击“确定”按钮，再单击“关闭”按钮，如图 12-43 所示。图 12-44 所示为绑定完成后的界面。

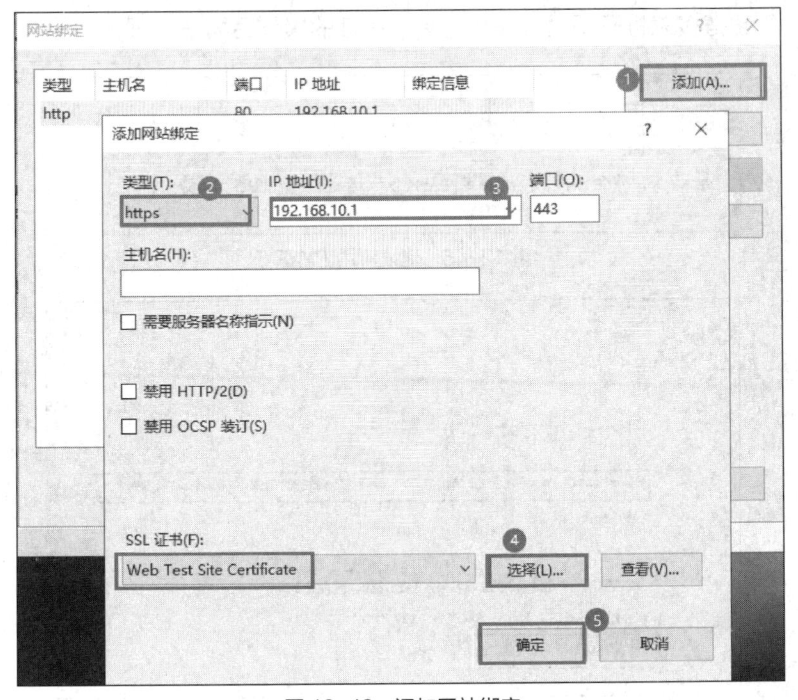

图 12-43　添加网站绑定

图 12-44 绑定完成后的界面

任务 12-5 测试 SSL 安全连接

STEP 1 利用 WIN9-1 计算机来尝试与 SSL 网站建立 SSL 安全连接。打开桌面版 IE 浏览器，利用一般连接方式 http://192.168.10.1 来连接网站，此时会进入图 12-45 所示的页面。

STEP 2 利用 SSL 安全连接方式 https://192.168.10.1 来连接网站，此时会看到图 12-46 所示的警告页面，表示这台 WIN9-1 计算机并未信任发放 SSL 证书的 CA，此时仍然可以单击 “转到此网页(不推荐)” 超链接来打开网页或先执行有关信任的操作后再来测试。

图 12-45 测试网站正常运行

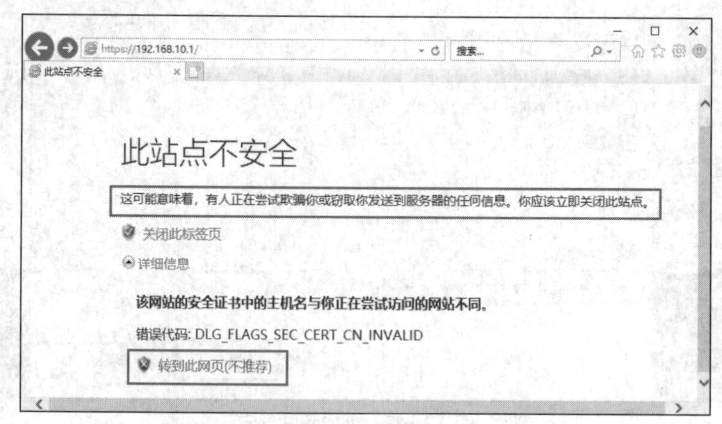

图 12-46 利用 SSL 安全连接方式来连接网站

注意 如果确定所有的设置都正确，但是在这台 Windows 10 计算机的浏览器页面中没有出现应该出现的结果，则可将 Internet 临时文件删除后再试试看，方法如下：选择“工具”（若没有显示“工具”菜单，则按“Alt”键）→“Internet 选项”选项，单击“浏览历史记录”选项组中的“删除”按钮，确认“Internet 临时文件”复选框已勾选后单击“删除”按钮，或者按“Ctrl+F5”组合键要求它不要读取临时文件，而是直接连接网站。

STEP 3 系统默认并未强制客户端需要利用 HTTPS 的 SSL 方式来连接网站，因此也可以通过 HTTP 方式来连接网站。若要采取强制方式，则可以针对整个网站、单一文件夹或单一文件来设置。以整个网站为例，其设置方法如下：选择“SSL 测试网站”选项，双击“SSL 设置”按钮，勾选“要求 SSL”复选框后单击“应用”超链接，如图 12-47 所示。

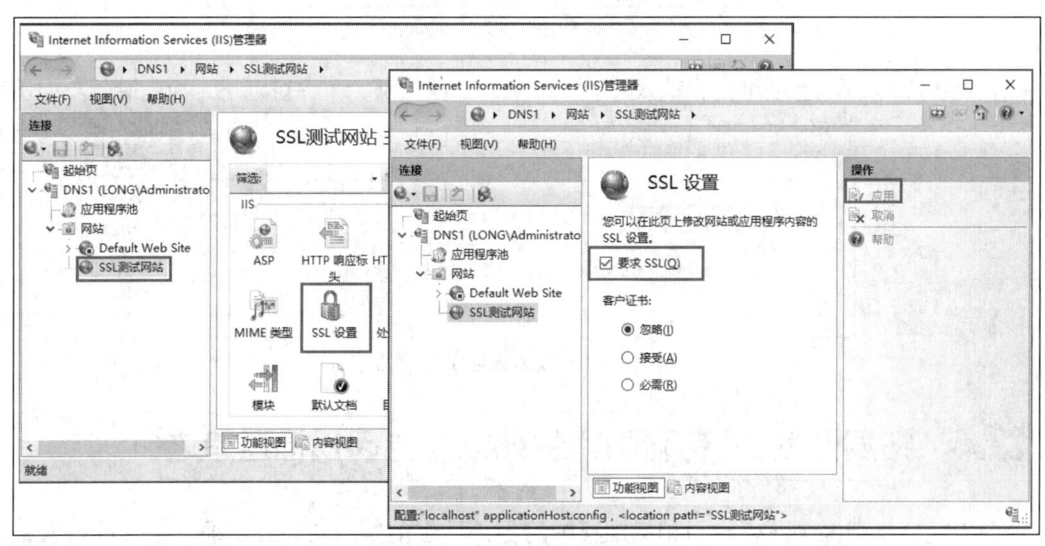

图 12-47 设置整个网站的 SSL

注意 ① 如果仅针对某个文件夹进行设置，那么应选中要设置的文件夹而不是整个网站。
② 若要针对单一文件进行设置，则先单击文件所在的文件夹，单击中间窗格下方的“内容视图”按钮，再单击右侧窗格中的“切换至功能视图”超链接，通过中间窗格中的“SSL 设置”来进行设置。

STEP 4 在客户端 WIN9-1 上再次进行测试。打开浏览器，在其地址栏中输入“http://192.168.10.1”或者“http://www.long60.cn”并按“Enter”键，由于需要 SSL 链接，所以出现服务器错误提示，表明非 SSL 连接被禁止访问，如图 12-48 所示。

图 12-48 非 SSL 连接被禁止访问

STEP 5 打开浏览器，在其地址栏中输入“https://192.168.10.1”并按“Enter”键，此时进入图 12-46 所示的警告页面，表示 WIN9-1

计算机并未信任发放 SSL 证书的 CA，此时仍然可以单击“转到此网页(不推荐)”超链接来打开网页，但在打开网页的同时，也会出现证书错误信息“不匹配的地址”，如图 12-49 所示。因为在前面设置的通用名称是 www.long60.cn，而不是 192.168.10.1。

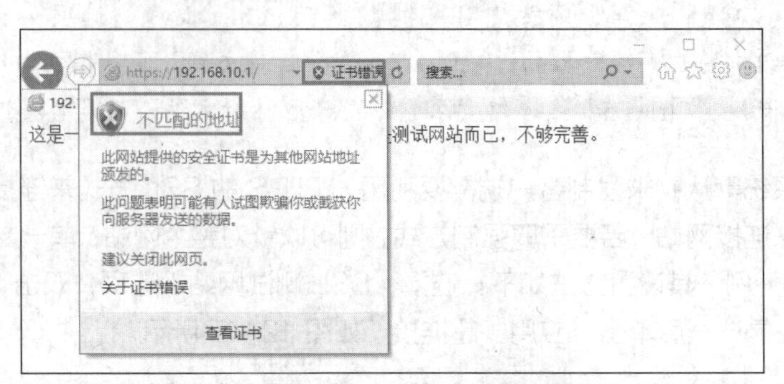

图 12-49　证书错误信息：不匹配的地址

STEP 6 在浏览器地址栏中输入“https://www.long60.cn”并按“Enter”键，发现正常运行，可成功访问 SSL 网站，如图 12-50 所示。

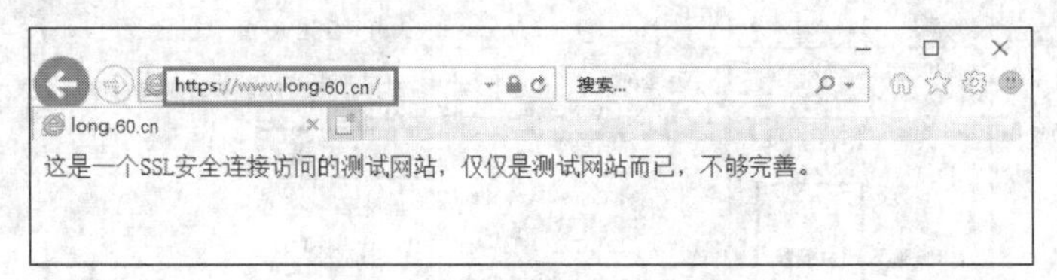

图 12-50　成功访问 SSL 网站

12.4　拓展阅读　“苟利国家生死以，岂因祸福避趋之”

中华传统文化博大精深，学习和掌握其中的各种思想精华，对树立正确的世界观、人生观、价值观很有益处。古人所说的“先天下之忧而忧，后天下之乐而乐”的政治抱负，“位卑未敢忘忧国”“苟利国家生死以，岂因祸福避趋之”的报国情怀，“富贵不能淫，贫贱不能移，威武不能屈”的浩然正气，“人生自古谁无死？留取丹心照汗青”“鞠躬尽瘁，死而后已”的献身精神等，都体现了中华民族的优秀传统文化和民族精神，我们应该继承和发扬。我们还应该了解一些文学知识，通过提高文学鉴赏能力和审美能力，陶冶情操，培养高尚的生活情趣。许多老一辈革命家都有很深厚的文学素养，在诗词歌赋方面有很高的造诣。总之，学史可以看成败、鉴得失、知兴替；学诗可以情飞扬、志高昂、人灵秀；学伦理可以知廉耻、懂荣辱、辨是非。我们不仅要了解我国的历史文化，还要睁眼看世界，了解世界上不同民族的历史文化，取其精华，去其糟粕，从中获得启发，为我们所用。

12.5　习题

一、填空题

1. 数字签名通常利用公钥加密算法实现，其中，发件人签名使用的密钥为发件人的________。

2．身份验证机构的________可以确保证书信息的真实性，用户的________可以保证数字信息传输的完整性，用户的________可以保证数字信息的不可否认性。

3．认证中心颁发的数字证书均遵循________标准。

4．PKI 的中文名称是________，英文全称是________。

5．________专门负责数字证书的发放和管理，以保证数字证书的真实可靠，也称为________。

6．Windows Server 2019 支持两类认证中心，即________和________，每类 CA 中都包含根 CA 和从属 CA。

7．申请独立 CA 证书时，只能通过________方式。

8．独立 CA 在收到申请信息后，不能自动核准与发放证书，需要________证书，此后客户端才能安装证书。

二、简答题

1．对称密钥和非对称密钥的特点各是什么？

2．什么是数字证书？

3．证书的用途是什么？

4．企业根 CA 和独立根 CA 有什么不同？

5．安装 Windows Server 2019 网络操作系统认证服务的核心步骤是什么？

6．证书与 IIS 结合实现 Web 站点的安全管理的核心步骤是什么？

7．简述证书的颁发过程。

12.6 项目实训 实现网站的 SSL 连接访问

一、实训目的

- 掌握企业 CA 的安装与证书申请方法。
- 掌握数字证书的管理方法及技巧。

二、项目环境

本项目实训需要两台计算机，DNS 域为 long60.cn。一台计算机安装 Windows Server 2019 企业版，用作 CA 服务器、DNS 服务器和 Web 服务器，IP 地址为 192.168.10.2/24，DNS 服务器的 IP 地址为 192.168.10.2，计算机名为 DNS2。另一台计算机安装 Windows 10 操作系统作为客户端进行测试，IP 地址为 192.168.10.10，DNS 服务器的 IP 地址为 192.168.10.2，计算机名为 WIN9-1。

另外，需要 Windows Server 2019 安装光盘或其映像文件、Windows 10 操作系统安装光盘或其映像文件。

三、项目要求

在默认情况下，IIS 使用 HTTP 以明文形式传输数据，没有采取任何加密措施，用户的重要数据很容易被窃取，如何才能保证局域网中重要数据的安全性呢？可以利用 CA 证书使用 SSL 增强 IIS 服务器的通信安全。

SSL 网站不同于一般的 Web 站点，它使用的是 HTTPS，而不是普通的 HTTP，因此它的 URL 格式为“https://网站域名”。

具体实现方法如下。

（1）在 DNS2 网络中安装证书服务。

安装独立根 CA，设置证书的有效期限为 5 年，指定证书数据库和证书数据库日志采用默认位置。

（2）在 DNS2 中利用 IIS 创建 Web 站点。

利用 IIS 创建一个 Web 站点。具体方法详见“项目 8 配置与管理 Web 服务器”的相关内容，在此不赘述。注意创建 www1.long60.cn（IP 地址为 192.168.10.2）的 A 记录。

（3）使浏览器计算机 WIN9-1 信任 CA。

（4）在服务器端（Web 站点）安装证书。

① 在网站上创建证书申请文件。

设置参数如下。

- 此网站使用的方法是“新建证书”，并立即请求证书。
- 新证书的名称是 smile，加密密钥的位长是 512。
- 单位信息：组织名 jn（济南）和部门名称×××（数字工程学院）。
- 站点的公用名称：www1.long60.cn。
- 证书的地理信息：中国，山东省，济南市。

② 安装证书。

③ 绑定 HTTPS。强制客户端利用 HTTPS 的 SSL 方式来连接网站。

（5）进行安全通信（验证实验结果）。

① 利用普通的 HTTP 浏览时，将会得到警告信息“该网页必须通过安全频道查看”。

② 利用 https://192.168.10.2 浏览时，系统将通过 IE 浏览器提示客户 Web 站点的安全证书问题，单击“确定”按钮，可以浏览该站点。

③ 利用 https://www1.long60.cn 浏览时，可以浏览该站点。

提示  客户端将向 Web 站点提供自己从 CA 申请的证书，此后客户端（IE 浏览器）和 Web 站点之间的通信就被加密了。

四、做一做

根据项目实训视频进行项目的实训，检查学习效果。

综合实训一

一、实训场景

假如你是某公司的系统管理员，现在公司要搭建一台文件服务器。公司购买了一台某品牌的服务器，在这台服务器内插有 3 块硬盘。

公司有 3 个部门：销售部门、财务部门、技术部门。每个部门有 3 名员工，其中一名是部门经理，另外两名是副经理。

二、实训要求

1. 在 3 块硬盘上共创建 3 个分区（盘符），并要求在创建分区时，使磁盘实现容错的功能。

2. 在文件服务器上创建相应的用户账号和组。

命名规范，例如，用户名为 sales-1、sales-2……；组名为 sale、tech……

要求用户账号只能从网络访问服务器，不能在服务器本地登录。

3. 在文件服务器上创建 3 个文件夹，分别存放各部门的文件，并要求只有本部门的用户才能访问其部门的文件夹（完全控制权限），每个部门的经理和公司总经理可以访问所有文件夹（读取权限），另外创建一个公共文件夹，使得所有用户都能在里面查看和存放公共的文件。

4. 每个部门的用户可以在文件服务器上存放最多 500MB 的文件。

5. 做好文件服务器的备份工作以及灾难恢复的备份工作。

三、实训前的准备

进行实训之前完成以下任务。

1. 画出拓扑图。

2. 写出具体的实施方案。

四、实训后的总结

完成实训后，进行以下工作。

1. 完善拓扑图。

2. 修改实施方案。

3. 写出实训心得和体会。

综合实训二

一、实训场景

假如你是某公司的系统管理员，公司内有 500 台计算机，现在公司的网络要进行规划，现有条件如下：公司已租借了公用网络的一个 IP 地址 100.100.100.10 和 ISP 提供的公用网络 DNS 服务器的一个 IP 地址 100.100.100.200。

二、实训要求

1. 搭建一台 NAT 服务器，使公司的 Intranet 能够通过租借的公用网络的 IP 地址访问 Internet。

2. 搭建一台 VPN 服务器，使不在公司内的员工可以从 Internet 访问内部网络资源（访问时间为 09:00—17:00）。

3. 在公司内部搭建一台 DHCP 服务器，使网络中的计算机可以自动获得 IP 地址以访问 Internet。

4. 在内部网络中搭建一台 Web 服务器，并通过 NAT 服务器将 Web 服务发布出去。

5. 公司内部用户访问此 Web 服务器时，使用 HTTPS，在内部搭建一台 DNS 服务器，使 DNS 能够解析当前主机名，并使内部用户能够通过此 DNS 服务器解析 Internet 主机名。

6. 在 Web 服务器上搭建 FTP 服务器，使用户可以远程更新 Web 站点。

三、实训前的准备

进行实训之前，完成以下任务。

1. 画出拓扑图。
2. 写出具体的实施方案。

注意 在拓扑图和实施方案中，要求公用网络和私有网络部分都要模拟实现。

四、实训后的总结

完成实训后，进行以下工作。

1. 完善拓扑图。
2. 修改实施方案。
3. 写出实训心得和体会。

电子活页

电子活页 1　利用 VMware Workstation 构建网络环境

h1-1　链接克隆虚拟机

h1-2　修改系统 SID 和配置网络适配器

h1-3　启用 LAN 路由

h1-4　测试客户机和域服务器的连通性

电子活页 2　使用组策略管理用户工作环境

h2-1　管理“计算机配置的管理模板策略”

h2-2　管理“用户配置的管理模板策略”

h2-3　配置账户策略

h2-4　配置用户权限分配策略

h2-5　配置安全选项策略

h2-6　登录/注销、启动/关机脚本

h2-7　文件夹重定向

h2-8　使用组策略限制访问可移动存储设备

h2-9　使用组策略的首选项管理用户环境

电子活页 3　利用组策略部署软件与限制软件的运行

h3-1　计算机分配软件部署

h3-2　用户分配软件部署

h3-3　用户发布软件部署

h3-4　对软件进行升级和重新部署

h3-5　对特定软件启用软件限制策略

电子活页 4　管理组策略

h4-1　组策略的备份、还原与查看

h4-2　使用 WMI 筛选器

h4-3　管理组策略的委派

h4-4　设置和使用 Starter GPO

参 考 文 献

[1] 杨云，徐培镟，吴敏，等．Windows Server 网络操作系统项目教程（微课版）【M】．北京：人民邮电出版社，2021.

[2] 杨云，徐培镟，杨昊龙．Windows Server 2016 网络操作系统企业应用案例详解【M】．北京：清华大学出版社，2021.

[3] 戴有炜．Windows Server 2016 网络管理与架站【M】．北京：清华大学出版社，2018.

[4] 戴有炜．Windows Server 2016 系统配置指南【M】．北京：清华大学出版社，2018.

[5] 杨云，汪辉进．Windows Server 2012 网络操作系统项目教程【M】．4 版．北京：人民邮电出版社，2016.

[6] 杨云．Windows Server 2012 技术与实训【M】．4 版．北京：人民邮电出版社，2019.

[7] 杨云．Windows Server 2008 组网技术与实训【M】．3 版．北京：人民邮电出版社，2015.

[8] 杨云．Windows Server 2012 活动目录企业应用（微课版）【M】．北京：人民邮电出版社，2018.

[9] 杨云，康志辉．网络服务器搭建、配置与管理——Windows Server【M】．2 版．北京：清华大学出版社，2015.

[10] 黄君羡．Windows Server 2012 活动目录项目式教程【M】．北京：人民邮电出版社，2015.

[11] 微软公司．Windows Server 2008 活动目录服务的实现与管理【M】．北京：人民邮电出版社，2010.

[12] 韩立刚，韩立辉．掌控 Windows Server 2008 活动目录【M】．北京：清华大学出版社，2010.